工业产品三维造型设计系列教材

轻松玩转 CAXA 实体设计

王　姬　主编

方意琦　副主编

应钏钏　陶　慧　参编

科学出版社

北　京

内容简介

本书以CAXA 3D实体设计2019的应用为主线，精选贴近生活的8个典型实例，以浅显易懂的语言、丰富的图示、详细的操作步骤，对设计过程进行了细致的讲解。读者参照本书，可边学习、边操作，在较短的时间内熟练掌握CAXA 3D实体设计2019的应用技巧。

为方便教学，本书配套有免费的立体化教学资源包（下载地址：www.abook.cn）；书中穿插有丰富的二维码资源链接，读者通过手机等终端扫描后可观看相关微课。

本书内容翔实、图文并茂、条理清晰、重点突出，可以作为大中专院校、中高职院校和社会相关培训机构的教材，也可以作为CAXA 3D实体设计学习者及工程技术人员的自学用书。

图书在版编目(CIP)数据

轻松玩转CAXA实体设计/王姬主编．一北京：科学出版社，2019.10

工业产品三维造型设计系列教材

ISBN 978-7-03-062337-9

Ⅰ．①轻…　Ⅱ．①王…　Ⅲ．①自动绘图-软件包-职业教育-教材
Ⅳ．①TP391.72

中国版本图书馆CIP数据核字（2019）第206912号

责任编辑：张振华 / 责任校对：陶丽荣
责任印制：吕春珉 / 封面设计：东方人华平面设计部

科学出版社 出版
北京东黄城根北街16号
邮政编码：100717
http://www.sciencep.com

北京市京宇印刷厂印刷

科学出版社发行　各地新华书店经销

*

2019年10月第　一　版　开本：787×1092　1/16
2019年10月第一次印刷　印张：12 1/2
字数：280 000

定价：36.00元

（如有印装质量问题，我社负责调换〈北京京宇〉）
销售部电话 010-62136230　编辑部电话 010-62130874（VA03）

前　言

CAXA 3D 实体设计 2019 是一款国产三维数字化设计软件，具有强大的实体造型功能。它贴近国内设计人员的使用习惯，具有 Windows 界面风格，易学易用，能够使设计者专注于设计创意的发挥，进行工业产品创新设计。

本书通过 8 个实例由浅入深地讲解了软件的操作方法和设计技巧，使读者在学习和实践的过程中逐步加深对产品设计的理解，熟练掌握相关的技能和技巧，做到举一反三，融会贯通。

本书编写摈弃了过多的理论描述，突出应用，强调对读者自主学习能力、动手能力和创新能力的培养。相较以往同类图书，本书具有许多特点和亮点，具体体现在以下几方面。

1）理念新颖。8 个实例均以任务驱动的形式进行编排，每个实例都由“任务要求”“任务分析”“任务实施”“知识链接”“拓展练习”模块构成。

2）实例经典。本书中所有实例均取材于与生活密切相关的产品，如手机壳、篮球、共享单车等。使读者学习时会有亲切感，不易产生畏难情绪。

3）步骤详细。根据读者的认知和学习规律，本书以浅显易懂的语言和丰富的图示对“任务实施”模块进行分步图解。读者只要跟随操作步骤完成每个实例的设计，就可以掌握 CAXA 产品设计的精髓。读者可以参照本书边学习、边操作，在较短的时间内掌握 CAXA 3D 实体设计 2019 的应用技巧。

本书由浙江省特级教师王姬担任主编并负责统稿，方意琦担任副主编，应钏钏、陶慧参编。编者均为长期担任工业产品设计教学和技能竞赛集训的骨干教师。

由于编者水平有限，书中难免有疏漏之处，敬请广大读者批评指正。

目 录

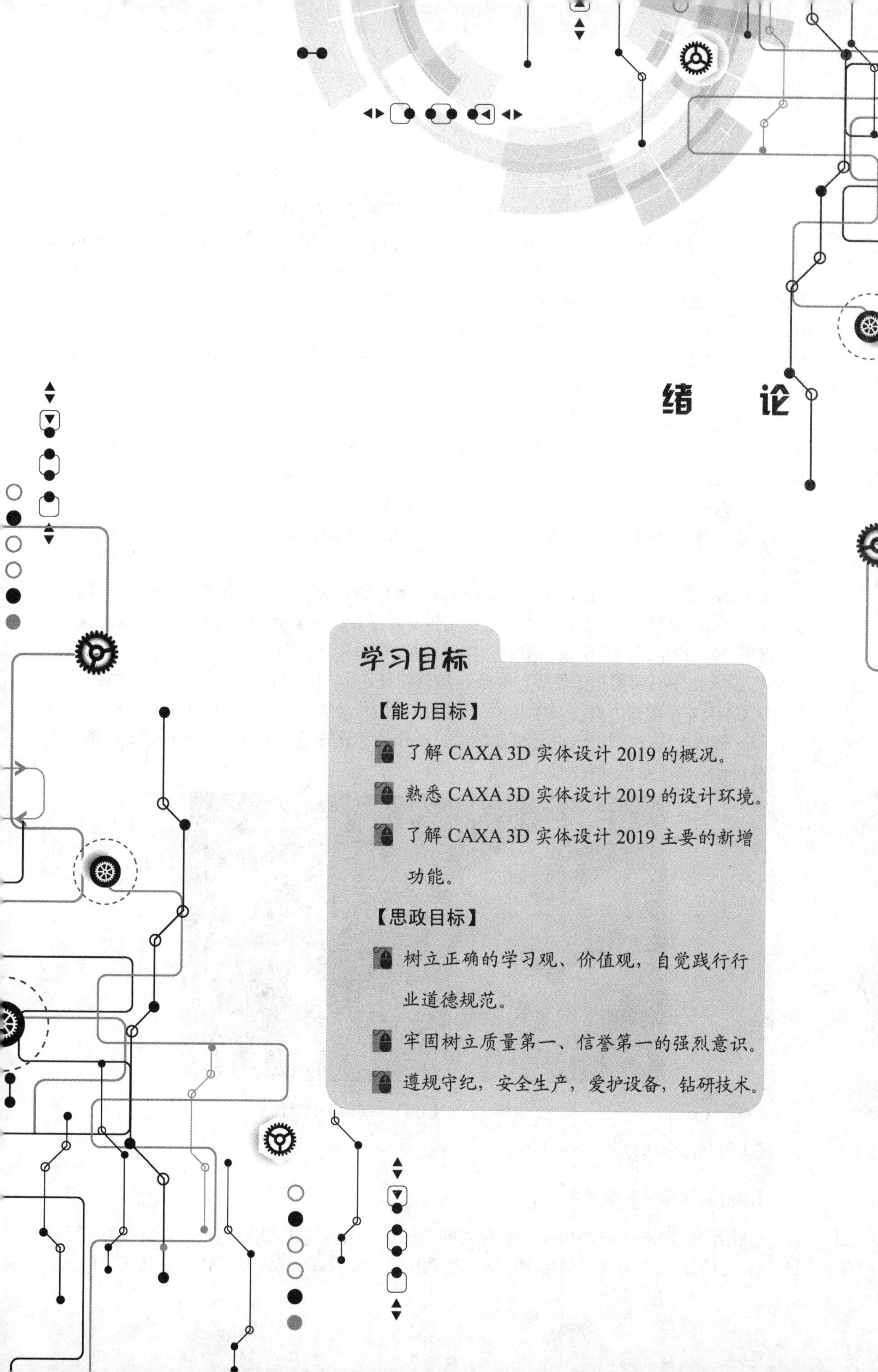

绪　论

学习目标

【能力目标】

- 了解 CAXA 3D 实体设计 2019 的概况。
- 熟悉 CAXA 3D 实体设计 2019 的设计环境。
- 了解 CAXA 3D 实体设计 2019 主要的新增功能。

【思政目标】

- 树立正确的学习观、价值观，自觉践行行业道德规范。
- 牢固树立质量第一、信誉第一的强烈意识。
- 遵规守纪，安全生产，爱护设备，钻研技术。

一、CAXA 3D 实体设计 2019 简介

CAXA 是我国具有自主知识产权软件的知名品牌，是 CAD（computer aided design，计算机辅助设计）/CAM（computer aided manufacturing，计算机辅助制造）/CAPP（computer aided process planning，计算机辅助工艺规划）/PDM（product data management，产品数据管理）/PLM（product lifecycle management，产品生命周期管理）软件的优秀代表，在国内设计、制造领域拥有广泛的用户基础。CAXA 软件最初起源于北京航空航天大学，经过多年市场化、产业化和国际化的快速发展，产品已覆盖设计（CAD）、工艺（CAPP）、制造（CAM）与协同管理（EDM/PDM）等几大领域。

CAXA 3D 实体设计使实体设计突破了传统参数化造型 CAD 软件的复杂性限制。无论是经验丰富的专业人员，还是刚接触 CAXA 实体设计的初学者，CAXA 3D 实体设计都能为其提供便利的操作。它采用鼠标拖放式全真三维操作环境，具有强大的功能和无可比拟的灵活性，可以使用户获得更好的设计体验。CAXA 实体设计支持网络环境下的协同设计，可以与其他主流 PLM 软件集成工作。使用 CAXA 实体设计软件，用户能够更快地从事创新设计。

CAXA 3D 实体设计 2019 是 CAXA 品牌系列化软件之一，界面如图 0-1 所示。其具有全功能一体化集成的三维设计环境，包括实体与特征设计、复杂曲线曲面设计、钣金设计、虚拟装配与设计验证、真实效果渲染、动画模拟仿真、二维工程图生成、设计借用/重用、标准化/参数化图库应用和扩展等，是唯一集创新设计、工程设计、协同设计于一体的新一代 3D CAD 系统解决方案，易学易用和兼容协同是其最大的特点。它包含三维建模、协同工作和分析仿真等各种功能，其无可匹敌的易操作性和设计速度可以使用户将更多的精力用于产品设计，而不是软件使用。

图 0-1　CAXA 3D 实体设计 2019 初始界面

CAXA 3D 实体设计 2019 主要有以下特点。

1. 创新模式与工程模式并存

CAXA 3D 实体设计 2019 有创新模式和工程模式两种模式，用户可以根据自己的需要进行选择。创新模式将可视化的自由设计与精确化设计结合在一起，使实体设计突破了传统参

数化造型 CAD 软件的复杂性限制，无论是经验丰富的专业人员，还是刚进入设计领域的初学者，都能轻松开展产品创新设计。工程模式是传统 3D 软件普遍采用的全参数化设计模式，符合大多数用户操作习惯。

2. 集成二维工程图环境

CAXA 3D 实体设计 2019 集成了 CAXA 电子图板，用户可在同一软件环境下自由进行 3D 和 2D 设计，无须转换文件格式，即可直接读写 DWG/DXF/EXB 等数据，利用二维资源快速创建三维模型。

3. 数据兼容

CAXA 3D 实体设计 2019 的数据交互能力处于业内领先水平，兼有 ACIS 和 Parasolid 两种内核，兼容各种 3D 软件，方便用户之间的交流和协作。

二、应用 CAXA 3D 实体设计 2019 的设计流程

应用 CAXA 3D 实体设计 2019 的设计流程包括以下 6 个可能的阶段。

1. 创建零件

由“智能图素”构造零件。从 CAXA 3D 实体设计的设计元素库中选择适当的图素或为 CAXA 3D 实体设计创建二维轮廓，然后将其延展成三维自定义形状。

2. 组装多个零件

在有必要或需要将多个零件处理成一个零件时，可以将它们组装成一个装配件。这一功能实现了对多个对象的同时操作，同时又使各个组合部分保持了各自的原有特性。

3. 生成零件的二维图样

在 CAXA 实体设计阶段，可以生成三维零件的二维图样。选择适当的绘图尺寸和视图，在与相应的三维零件文件建立了关联关系之后，就可以利用 CAXA 3D 实体设计软件生成标准视图，并指定替换视图、注释、图层及其他二维图样特征。

4. 渲染零件

零件生成阶段一旦结束，就可以得到一个逼真但所有表面颜色都一样的三维零件。若要使外观更加逼真，可在零件上添加智能渲染。除颜色和纹理外，CAXA 3D 实体设计软件还提供灯光效果、凸痕、反射和透明度等渲染手段，以使零件生成效果更加逼真。

5. 制作零件的动画

零件创建、组装、渲染完毕后，可以使用智能动画功能为零件设置一些动态效果。

6. 共享零件

零件图生成后，可以通过多种渠道将生成的零件图发送给其他人。CAXA 3D 实体设计不仅支持电子邮件和 OLE（object link and embedding，对象链接与嵌入）功能，还支持将零

件图导出到其他软件包中。

当然，并非所有的 CAXA 3D 实体设计项目都要经历上述所有阶段，工作任务完全有可能在经历创建和渲染阶段后就已经完成，具体应根据实际需求而定。

三、CAXA 3D 实体设计 2019 的设计环境

演员进行表演，舞台、灯光和音响等条件构成了演出环境；工人在车间生产，机床、各种工具、刀具、量具及明亮的照明条件构成了生产环境。同样，产品设计人员使用现代化的设计手段进行产品创新设计也应当在设计环境中进行。

CAXA 3D 实体设计 2019 的设计环境是一个三维设计文件。这个三维设计文件包含了产品设计过程和最终结果，也包括设计中使用的各种工具和属性设置，以及为烘托设计效果而提供的各种环境条件，如背景、灯光和颜色等。

三维设计环境的设置对设计模型的展示是非常重要的。在实际中要注意各选项的综合应用，以获得最佳的设计环境。

1. 设计环境模板

在开始设计时，可以按照期望的设计结果进行一些选择。选择的主要内容包括要建立的模型、该模型所处的环境及与三维设计环境相关的其他方面。

开始新的设计项目时，可以在“新设计环境”对话框中选择三维设计环境的类型。可供使用的设计环境模板很多，这些模板包含了一些预设的设计环境特征，如比例、测量单位和采光等。

启动 CAXA 3D 实体设计 2019，弹出“欢迎”对话框，如图 0-2 所示。选择“新建”下的“3D 设计环境”选项，弹出如图 0-3 所示“零件模式选择”对话框。在对话框中可选择“工程模式零件”或“创新模式零件”选项。

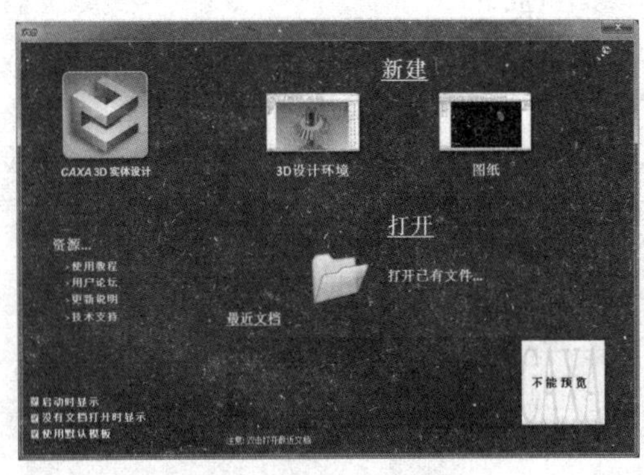

图 0-2 “欢迎”对话框

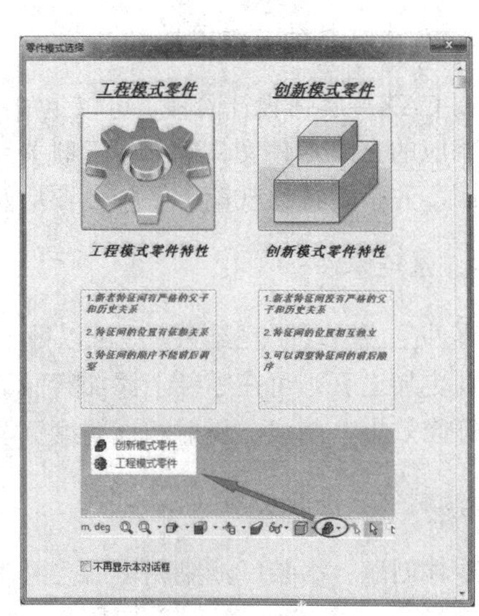

图 0-3 “零件模式选择”对话框

选择相应的选项后，屏幕上将显示出一个空白的三维设计环境。这一设计环境模板为模型设计工作准备了一个标准的三维设计环境。在开始设计模型时，模型的尺寸、采光效果和其他参数就已经设置好了。

2. 设计环境工作界面

CAXA 3D 实体设计 2019 的默认模板设计环境工作界面，如图 0-4 所示。

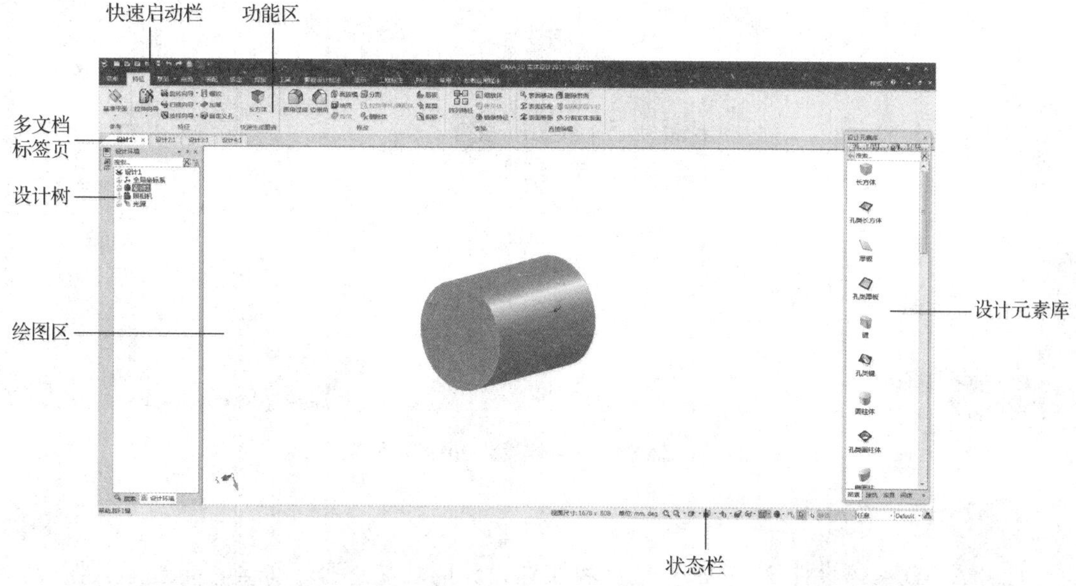

图 0-4　CAXA 3D 实体设计 2019 的默认模板设计环境工作界面

CAXA 3D 实体设计 2019 的设计环境提供了多种工具。设计环境工作界面的最上方为快速启动栏；其下方是按照功能划分的功能区；中间是绘图区；绘图区上方为多文档标签页，左边显示设计树、属性等，右边是可以自动隐藏的设计元素库；最下方是状态栏，这里主要有操作提示、视图尺寸、单位、视向设置、设计模式选择、配置设置等内容。

用户可定制界面上显示的内容。在设计环境的功能区上右击，弹出如图 0-5 所示的快捷菜单。若选项前面有“√”，表明选中此选项，则设计环境界面上就会显示此选项，否则不显示。

选择“切换用户界面”选项或按 Ctrl+Shift+F9 组合键，可切换用户界面为 CAXA 3D 实体设计 2018 的界面，如图 0-6 所示。

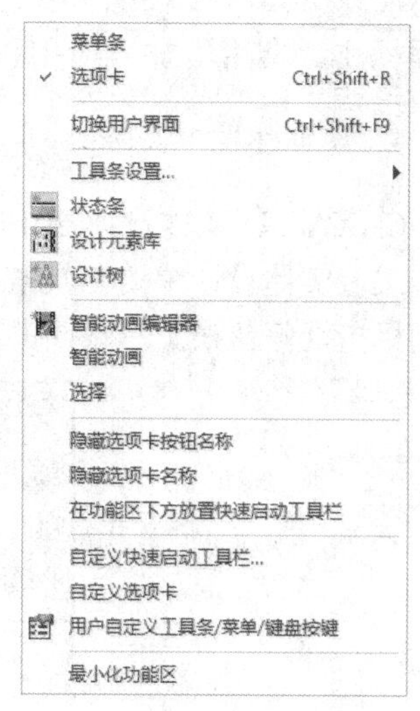

图 0-5　快捷菜单

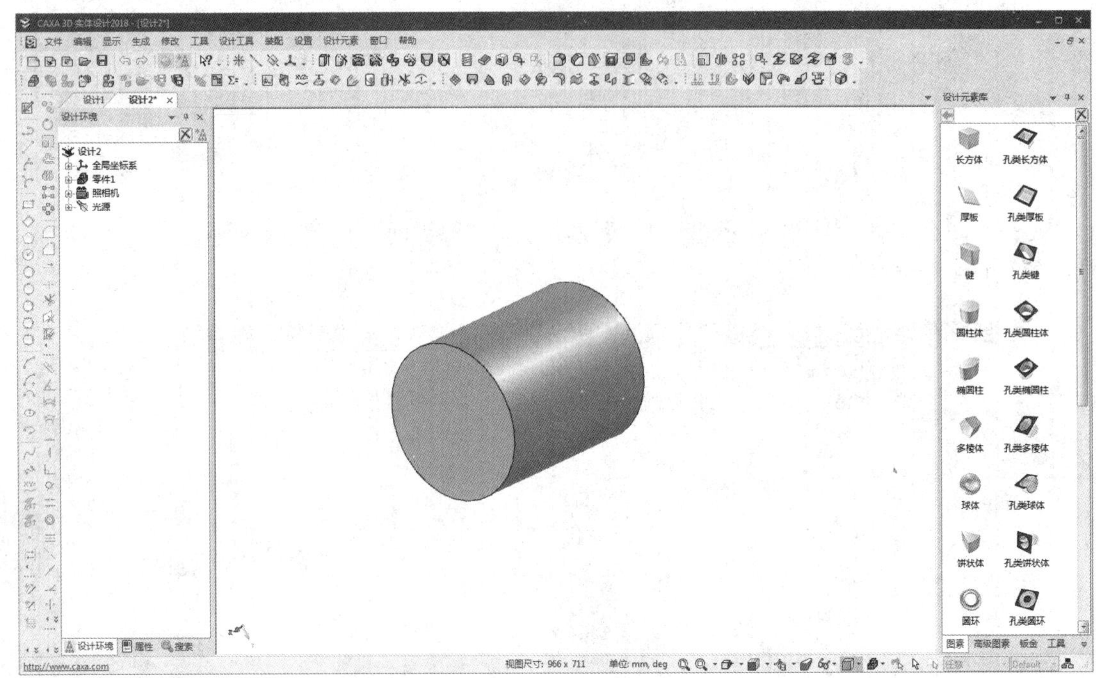

图 0-6　CAXA 3D 实体设计 2018 版本界面

3. 设计环境功能区

CAXA 3D 实体设计 2019 的功能区将实体设计的功能进行了分类，可显示大图标，这样用户在使用其中某些功能时，可以方便地单击此功能区中的任何一个有效按钮。在 CAXA 3D 实体设计 2019 中，功能区分为特征、草图、曲面、装配、钣金、工具、显示、工程标注、常用、加载应用程序等。

4. 设计环境工具条

CAXA 3D 实体设计 2019 工具条为零件设计和图样绘制中最常用的功能选项提供了快捷方式。实体设计中的工具条全部可以自定义，下面仅对其默认设计环境工具条进行介绍。将鼠标指针停留在工具条中的某个按钮上，将出现该按钮的功能提示，如图 0-7 所示。

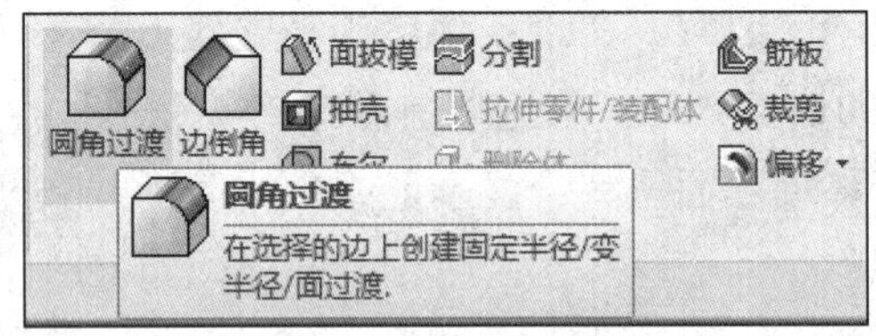

图 0-7　功能提示

在 CAXA 3D 实体设计 2019 中，因为有了功能区，默认状态下不显示工具条。如果要显示某个工具条，可以在功能区上右击，在弹出的快捷菜单中选择“工具条设置”选项，工具条名称会全部显示出来，如图 0-8 所示，然后选择需要显示的工具条名称即可。

图 0-8　选择“工具条位置”选项

四、快捷键操作方式

为了提高效率，大部 CAXA 3D 实体设计工作可以通过调用快捷键来完成。这些快捷键是系统默认的。同时，CAXA 3D 实体设计 2019 也支持用户自定义快捷键。

1）标准功能快捷键，如表 0-1 所示。

表 0-1　标准功能快捷键

功能图标	快捷键	功能图标	快捷键
新建：	Ctrl+N	剪切：	Ctrl+X
打开：	Ctrl+O	复制：	Ctrl+C
保存：	Ctrl+S	粘贴：	Ctrl+V
打印：	Ctrl+P	全选：	Ctrl+A
撤销：	Ctrl+Z	删除：	Delete
重复操作：	Ctrl+Y	—	—

2）视图操作功能快捷键，如表 0-2 所示。

表 0-2　视图操作功能快捷键

功能图标	快捷键	功能图标	快捷键
平移视向：	F2	任意视向：	Ctrl+F2
动态旋转：	F3	局部放大：	Ctrl+F5
前后缩放：	F4	指定面：	F7
动态缩放：	F5	指定视向点：	Ctrl+F7
显示全部：	F8	激活三维球：	F10
透视：	F9	三维球脱离/附着实体	Space

3）三键式鼠标功能。按鼠标中间键可以实现动态旋转功能；按 Shift+鼠标中间键，可以实现平移视向的功能；按 Ctrl+鼠标中间键，可以实现动态缩放的功能；按 Ctrl+Shift+鼠标中间键，可以实现指定视向点功能。

4）自定义快捷键的方法。除了软件自身默认的一些快捷键外，用户还可以依据自己的设计习惯，设置相应的功能快捷键。

在功能区上右击，在弹出的如图 0-5 所示的快捷菜单中，选择"用户自定义工具条/菜单/键盘按键"选项，弹出"自定义"对话框。选择"键盘"选项卡，如图 0-9 所示，即可设置新的快捷键。

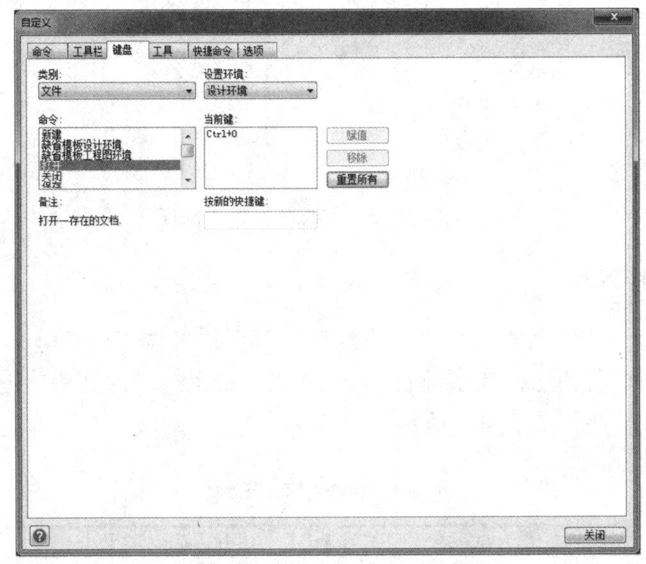

图 0-9　"自定义"对话框

五、CAXA 3D 实体设计 2019 主要的新增功能

（一）性能的增强

1. 灯光、零件表面显示性能的优化

CAXA 3D 实体设计 2019 在真实感渲染参数中增加了"简化模型表面显示（仅颜色）"选项，在大型装配体中选择此选项后系统会简化灯光、零件表面及边界的显示效果，从而优化整个系统的显示性能，如图 0-10 所示。

2. 大装配下机构仿真速度优化，支持快速干涉检查

CAXA 3D 实体设计 2019 在动态干涉检查中增加了手动选择“碰撞组件”的功能，用户可以单独指定需要检查的零件，在进行动态干涉检查过程中，系统将只检查指定的零件，这在进行大型装配体动态干涉检查时会大幅提高检查的速度，如图 0-11 所示。

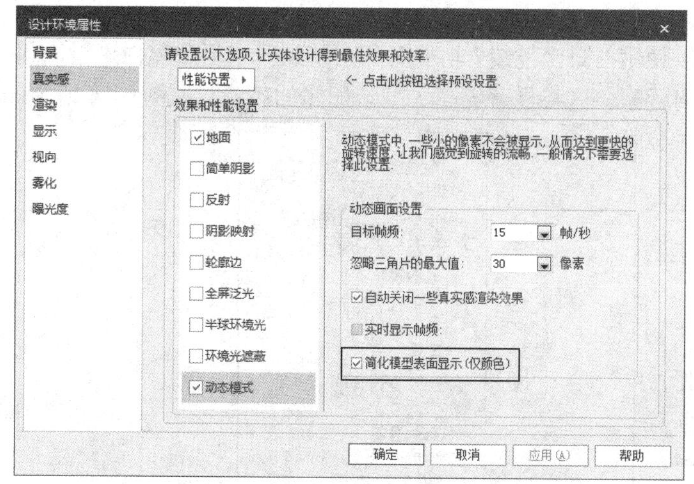

图 0-10 “简化模型表面显示”选项

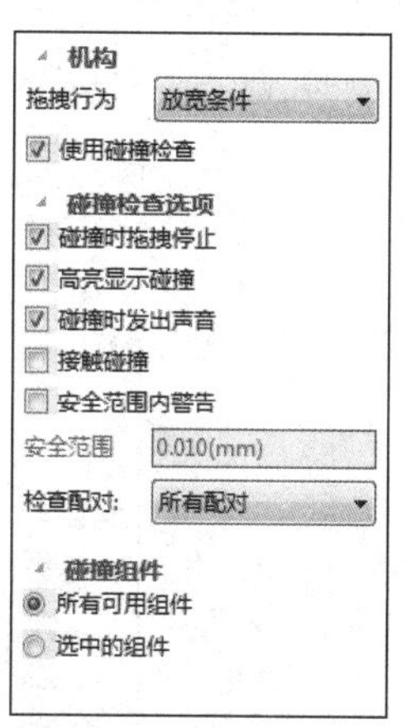

图 0-11 “碰撞组件”功能

（二）建模功能的增强

1. 扫描功能的增强

在 CAXA 3D 实体设计 2019 的扫描特征中，新增了“圆形草图”选项，用户可以直接选择扫描命令生成圆形扫描特征，如图 0-12 所示。

2. 旋转功能的增强

在 CAXA 3D 实体设计 2019 的旋转特征选项中，切换方向的选择由原先的一个增加为两个，图 0-13 所示。

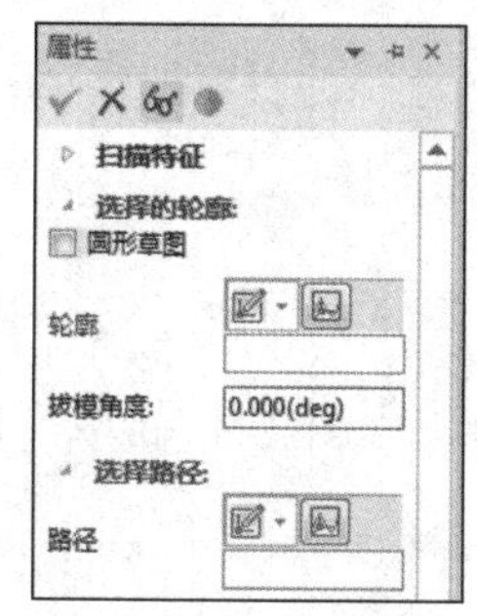

图 0-12 “圆形草图”选项

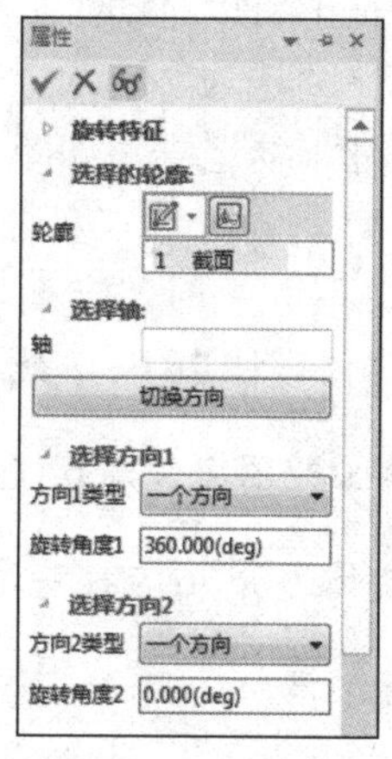

图 0-13 双向角度选择

3. 拉伸功能的增强

CAXA 3D 实体设计 2019 支持三维曲线拉伸成体、拉伸除料支持薄壁特征、拉伸除料支持拉伸方向自动切换及支持直接拾取面和草图创建拉伸特征。

4. 模型简化功能

在进行大型装配体设计时，可以使用“简化包装”功能对复杂装配体或复杂零件进行简化处理，同时保留进行装配所需的几何元素。这将显著提高大型装配体的性能，如图 0-14 所示。

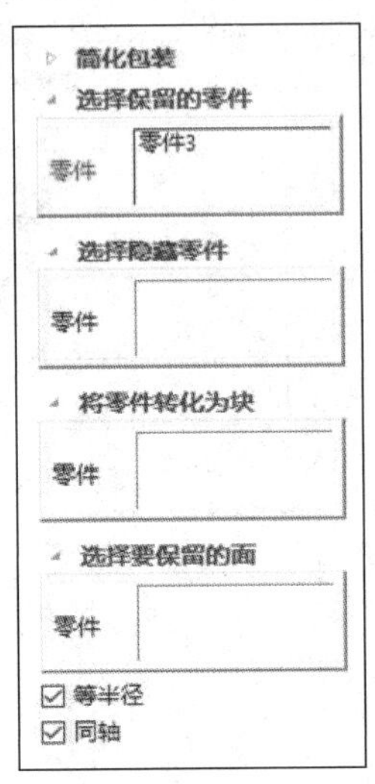

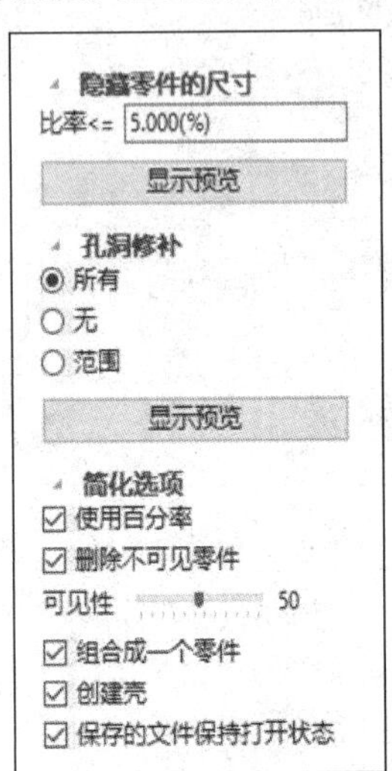

图 0-14 “简化包装”功能

5. 钢结构对接处理添加简单切除

在以前的版本中，钢结构对接处理只支持封顶切除。CAXA 3D 实体设计 2019 新增了简单切除，即使用钢构件外表面的平面作为裁剪工具进行修剪。

6. 在拖放的特征上自动添加位置约束尺寸

在拖放的特征上可以自动添加参考尺寸到最近的平面边缘。若要启用此选项，则选择“菜单”→“工具”→“选项”选项，在弹出的“选项-交互”对话框中选中“在拖放的特征上自动添加位置尺寸”复选框，如图 0-15 所示，然后单击“确定”按钮。

7. 紧固件库更新

CAXA 3D 实体设计 2019 按最新国家标准更新了紧固件库。

8. 插入二维工程图文件新增 EXB 格式

CAXA 3D 实体设计 2019 在三维设计环境中插入二维工程图文件，新增了 EXB 格式文件。

9. 轴承设计工具

CAXA 3D 实体设计 2019 新增了轴承设计工具，并按照最新国家标准将球轴承、滚子轴承、推力轴承的标准进行了更新。

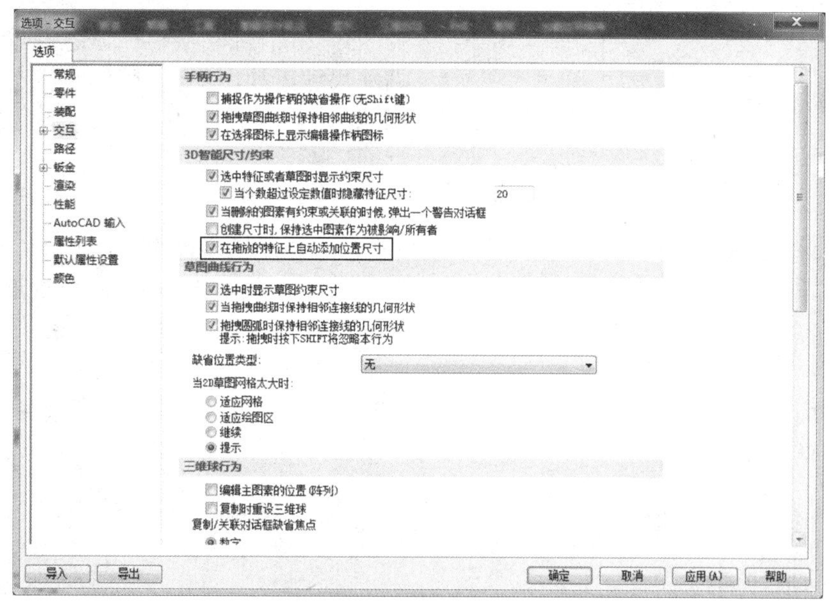

图 0-15　选中“在拖放的特征上自动添加位置尺寸”复选框

（三）工程图功能的增强

1. 支持在截断视图上添加局部放大视图

CAXA 3D 实体设计 2019 允许在截断视图上添加局部放大视图和裁剪视图，如图 0-16 所示。

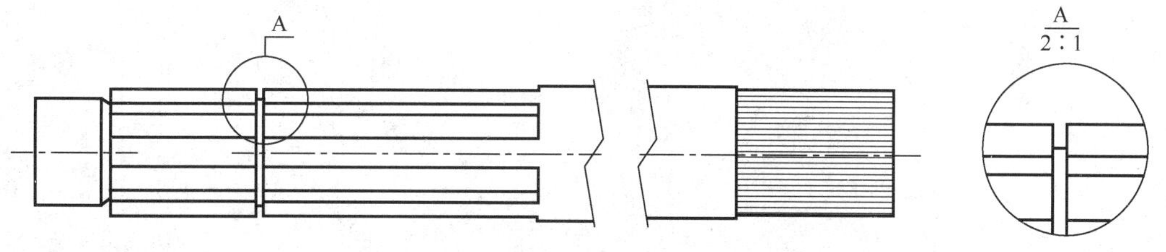

图 0-16　在截断视图上添加局部放大视图

2. 支持输出圆弧的中心标记

在视图投影选项中增加了“圆弧中心标志”选项，选择此选项后，在投影时可以输出圆弧的中心标记。

（四）交互功能的增强

1. 快捷悬浮菜单

可以通过按 S 键调出快捷悬浮菜单，如图 0-17 所示。菜单以环形方式排列，使用鼠标可以快速选择所需的命令。可以将鼠标指针移动到圆圈之外使其消失，或按 S 键使其消失/出现。

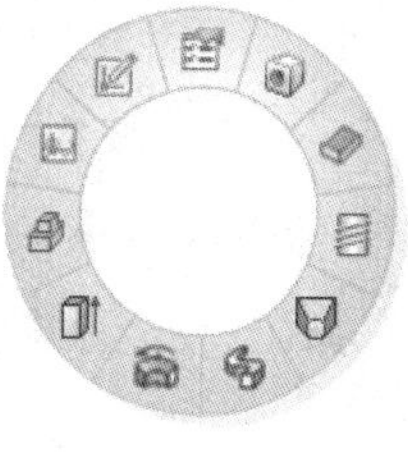

图 0-17　快捷悬浮菜单

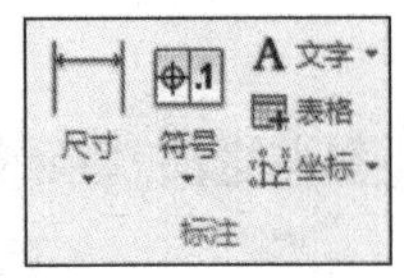

图 0-18 “三维接口”选项卡中的“标注”选项组

2. “三维接口”选项卡中增加尺寸工具

在“工程图”→“三维接口”选项卡中增加尺寸工具，以方便用户的使用，如图 0-18 所示。

3. 快速草图创建

为了提升用户体验，CAXA 3D 实体设计 2019 简化了草图创建流程。在一个空的设计环境中创建草图时，单击命令按钮就可以创建一个草图，而不用输入各种定位选项。

4. 快速创建特征

当选中面或草图时可以快速创建拉伸、旋转等特征。在一个空的设计环境中可以直接在原点创建零件，而不必选择定位点以减少操作步骤。

（五）钣金功能的增强

1. 折弯自动关联

在以前的版本中，如果调整了折弯的长度，折弯和钣金基板的关联就被打断了，CAXA 3D 实体设计 2019 提供了“与依附的边的末点关联”选项，如图 0-19 所示，选择此项可以重建关联关系。

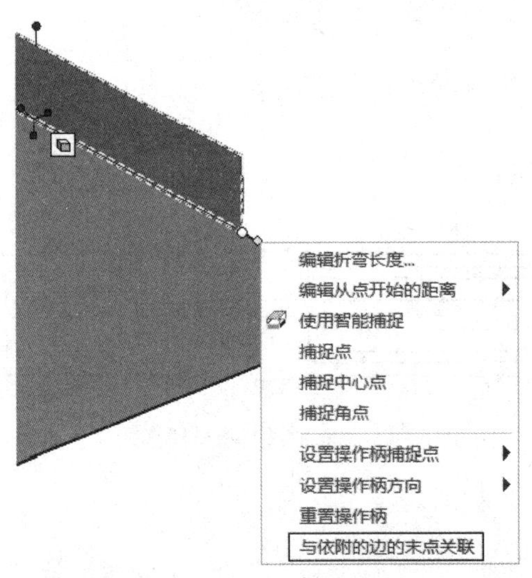

图 0-19 “与依附的边的末点关联”选项

2. 折弯余量、折弯扣除、k 因子支持参数控制

可以通过参数或公式控制折弯余量、折弯扣除和 k 因子（k 因子是中性层到折弯内表面的距离同钣金厚度的比值）。

实例一
手机壳造型

学习目标

【能力目标】

- 了解产品建模流程。
- 掌握创建拉伸特征的方法。
- 熟悉编辑拉伸特征的方法。

【思政目标】

- 树立正确的学习观、价值观，自觉践行行业道德规范。
- 牢固树立质量第一、信誉第一的强烈意识。
- 遵规守纪，安全生产，爱护设备，钻研技术。

任务要求

创建如图 1-1 所示的手机壳实体造型。

微课：手机壳造型

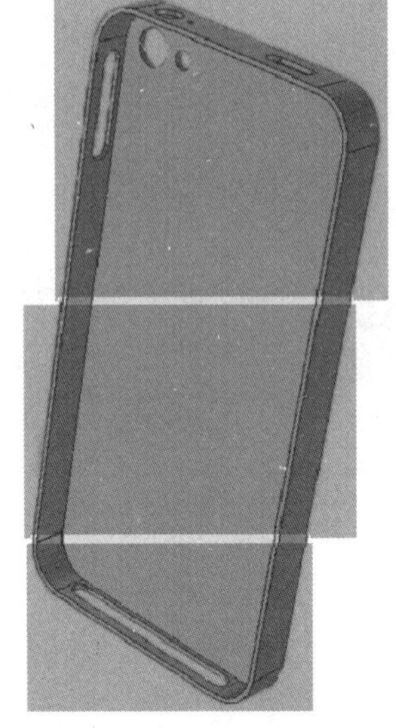

图 1-1　手机壳实体造型

任务分析

手机壳的实体造型建模流程如图 1-2 所示。

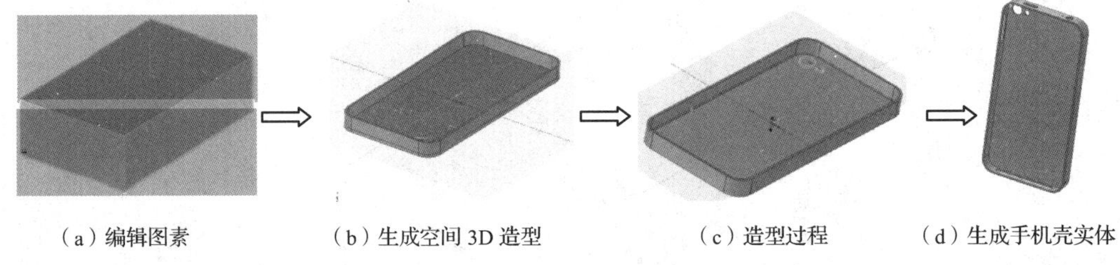

（a）编辑图素　（b）生成空间 3D 造型　（c）造型过程　（d）生成手机壳实体

图 1-2　手机壳的实体造型建模流程

任务实施

步骤 1： 打开 CAXA 3D 实体设计 2019，“欢迎”对话框如图 1-3 所示。选择“新建”下的“3D 设计环境”选项，在弹出的“零件模式选择”对话框中选择“创新模式零件”选项，如图 1-4 所示，进入设计环境。

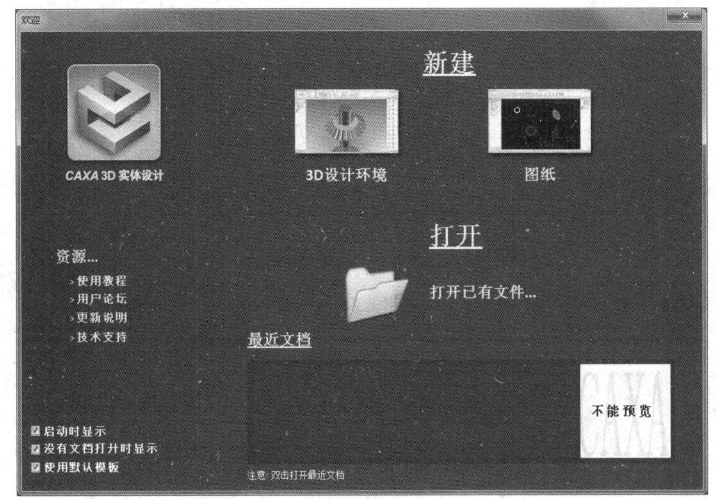

图 1-3　选择“3D 设计环境”选项

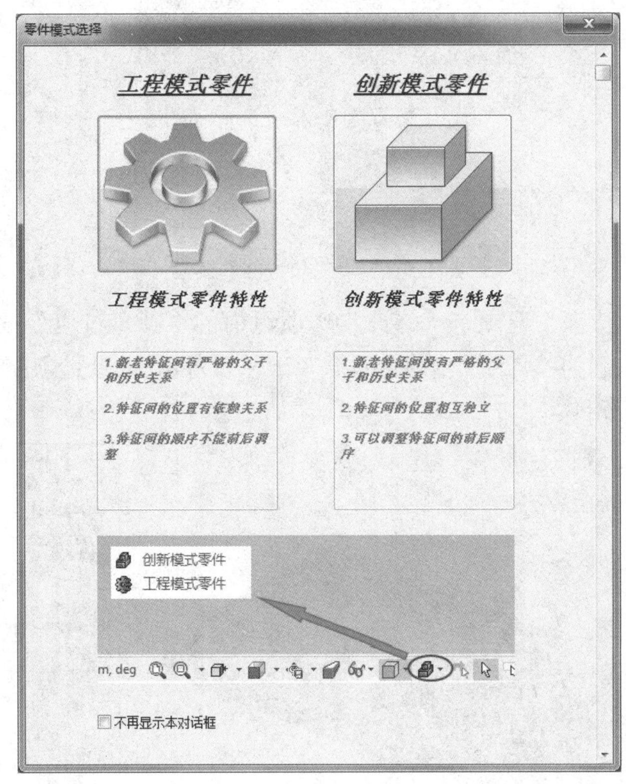

图 1-4　选择零件模式

步骤 2：从设计元素库中拖动“长方体”图素到设计环境中，右击操作柄的拖动点，在弹出的快捷菜单中选择“编辑包围盒”选项，弹出“编辑包围盒”对话框。在该对话框中，设置包围盒尺寸为长度 114、宽度 57、高度 8，如图 1-5 所示，然后单击“确定”按钮，完成“长方体”图素的编辑操作。

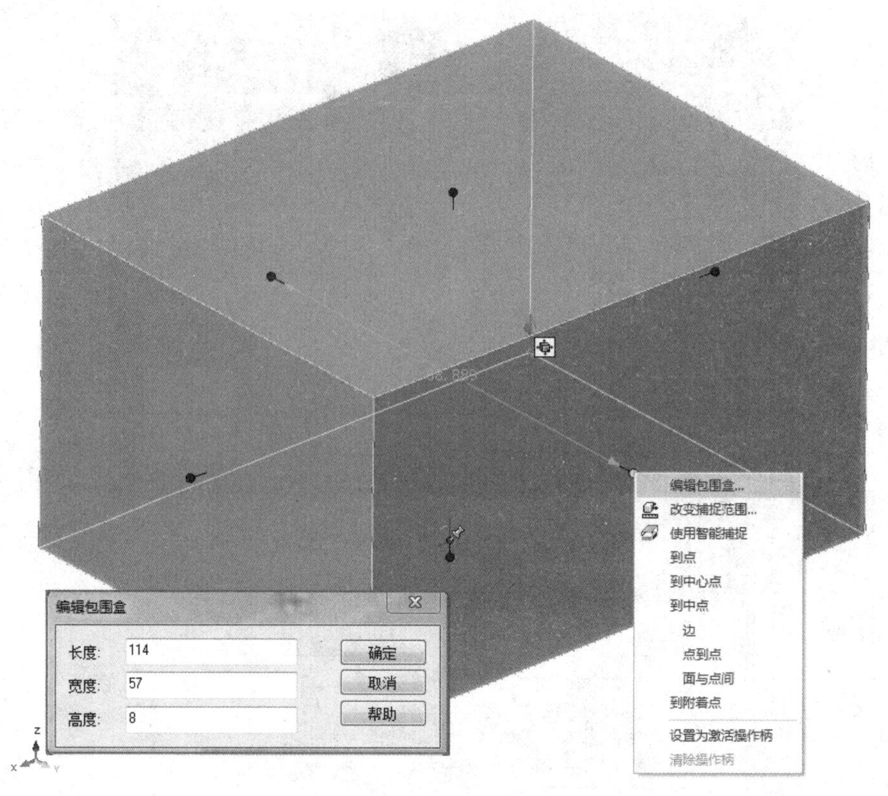

图 1-5 编辑“长方体”图素

步骤 3：单击“特征”选项卡“修改”选项组中的“圆角过渡”按钮，单击图 1-6 所示的 4 条边，在左侧的“属性”窗格中设置“半径”为 8，其余选项默认，如图 1-6 所示，然后单击“确定”按钮。

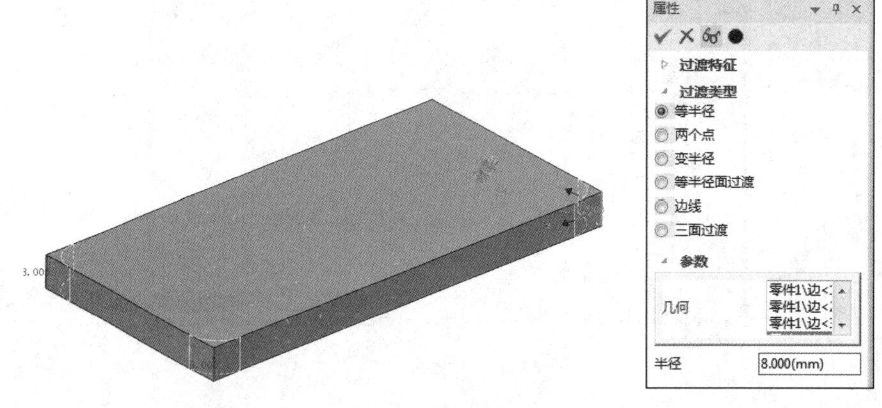

图 1-6 编辑“圆角过渡”图素

步骤 4：单击“特征”选项卡“修改”选项组中的“抽壳”按钮，单击长方体的上表面，如图 1-7 所示，在左侧的“属性”窗格中设置“抽壳类型”为内部，设置“厚度”为 1，其余选项默认，然后单击“确定”按钮。

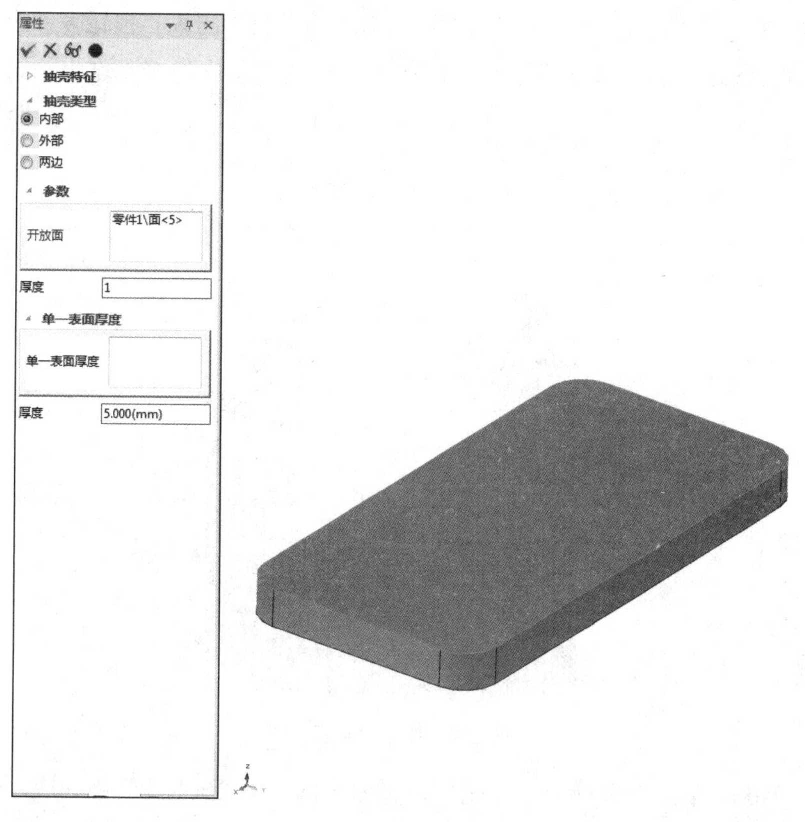

图 1-7　编辑“抽壳”图素

步骤 5：单击“草图”选项卡“草图”选项组中的“二维草图”按钮，在图 1-8 所示的内部表面创建二维草图，左侧的“属性”窗格中选项默认，然后单击“确定”按钮。

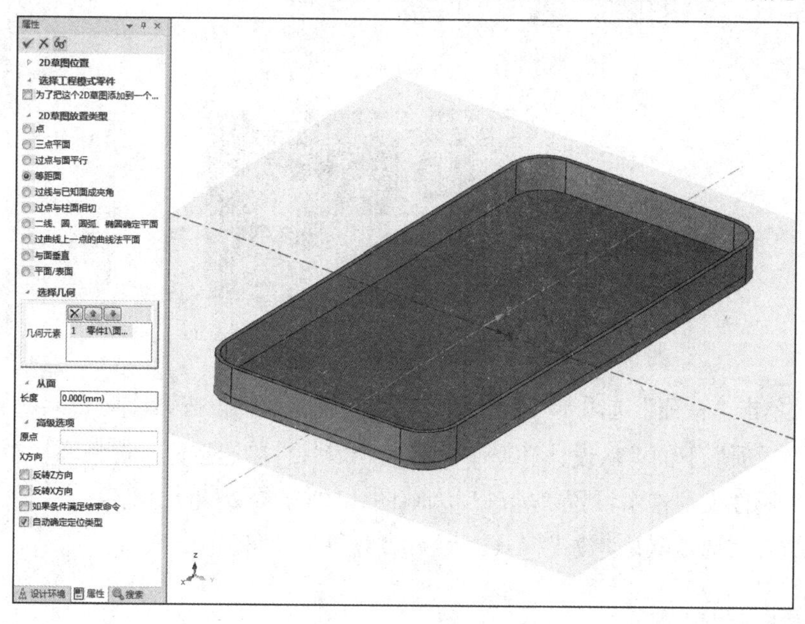

图 1-8　新建二维草图 1

步骤6：单击“草图”选项卡“绘制”选项组中的“投影约束”按钮，投影如图1-9所示的黄色的一条边，然后右击投影线，在弹出的快捷菜单中选择“作为构造辅助元素”选项。

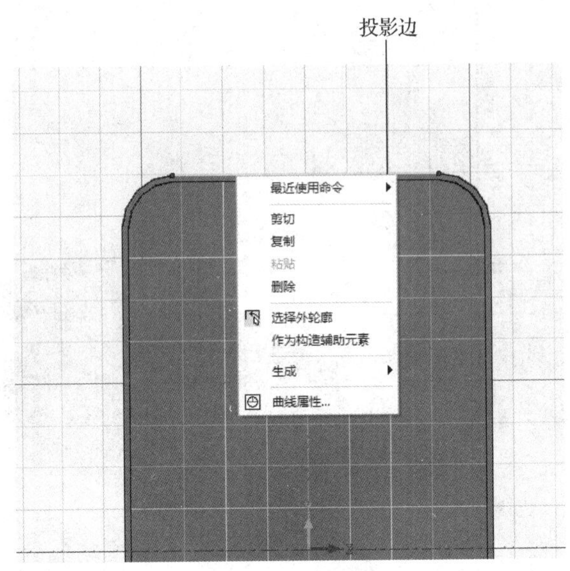

图1-9　投影约束线

步骤7：单击“草图”选项卡“绘制”选项组中的“圆心+半径”按钮，在草图中画两个圆；单击“草图”选项卡“约束”选项组中的“智能标注”按钮，标注如图1-10所示的尺寸，然后单击“草图”选项卡“草图”选项组中的“完成”按钮。

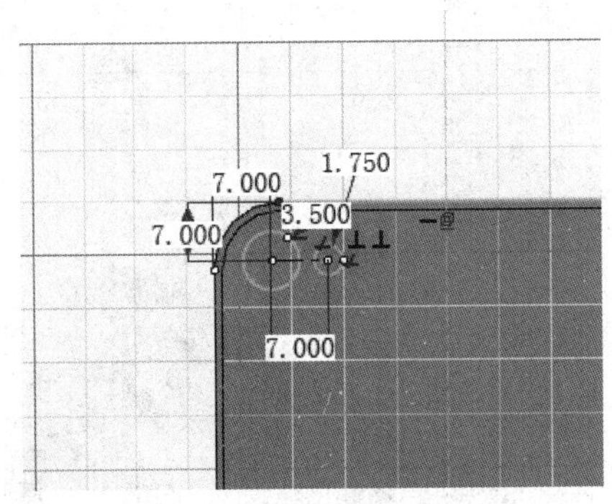

图1-10　标注尺寸

步骤8：单击“特征”选项卡“特征”选项组中的“拉伸”按钮，在其左侧的“属性”窗格中选中“选项”下的“从设计环境中选择一个零件”单选按钮；选择环境中的实体，在拉伸特征的“属性”窗格中设置“轮廓”为草图1、“方向2”的“高度值”为1、“一般操作”为除料，其余选项默认，如图1-11所示，然后单击“确定”按钮。

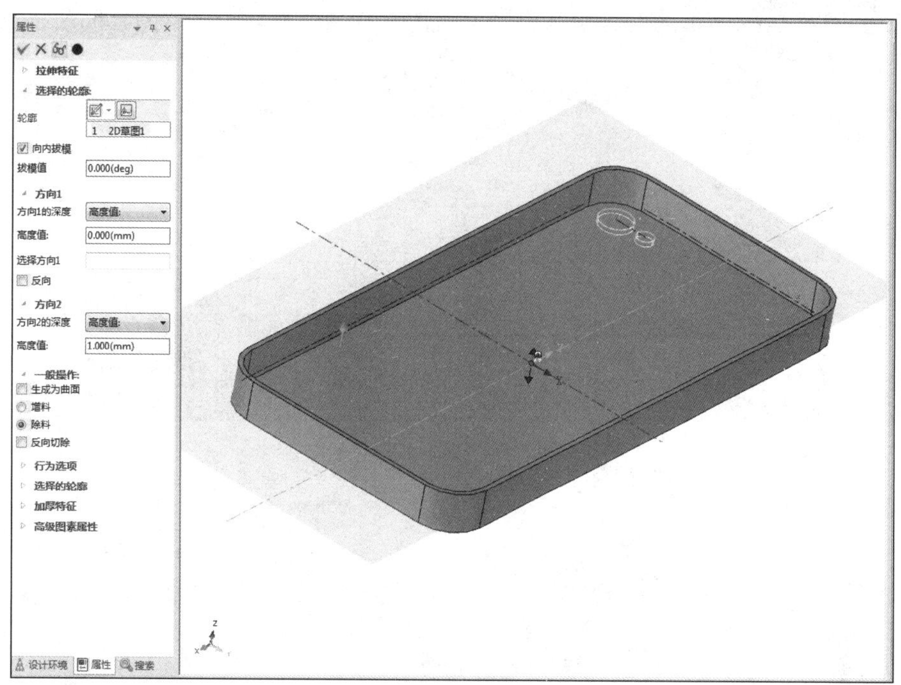

图 1-11　完成“拉伸”造型

步骤 9：单击“草图”选项卡“草图”选项组中的“二维草图”按钮，在如图 1-12 所示的表面创建二维草图，左侧的“属性”窗格中选项默认，然后单击“确定”按钮。

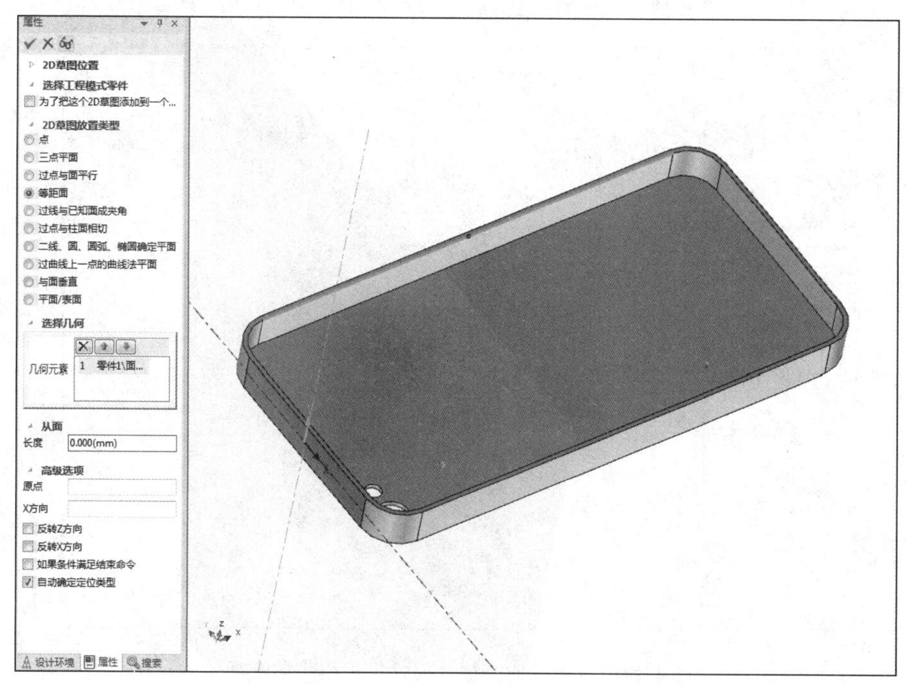

图 1-12　新建二维草图 2

步骤 10：单击“草图”选项卡“绘制”选项组中的“圆心+半径”按钮和“2 点线”按

钮 ，画出如图 1-13 所示的二维草图，然后单击“草图”选项卡“草图”选项组中的“完成”按钮。

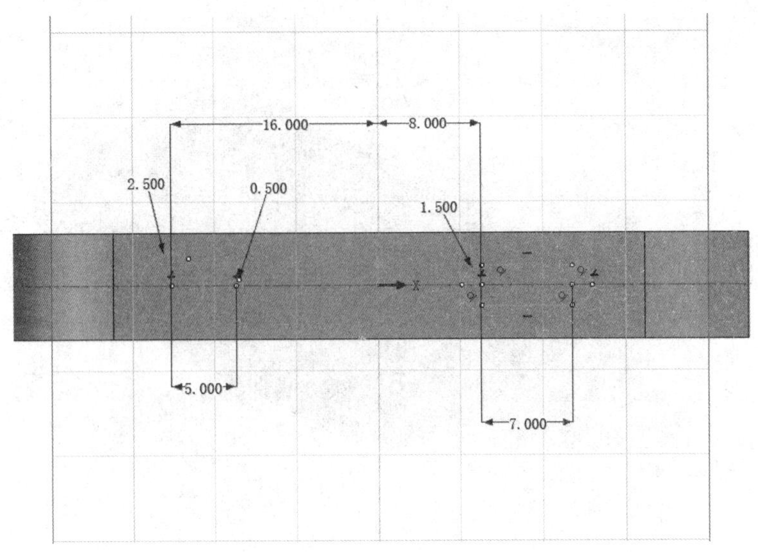

图 1-13　画出的二维草图

步骤 11：单击“特征”选项卡“特征”选项组中的“拉伸”按钮，在其左侧的“属性”窗格中选中“选项”下的“从设计环境中选择一个零件”单选按钮；选择设计环境中的实体，在拉伸特征的“属性”窗格中设置“轮廓”为草图 2、“方向 2”的“高度值”为 1、“一般操作”为除料，其余选项默认，如图 1-14 所示，然后单击“确定”按钮。

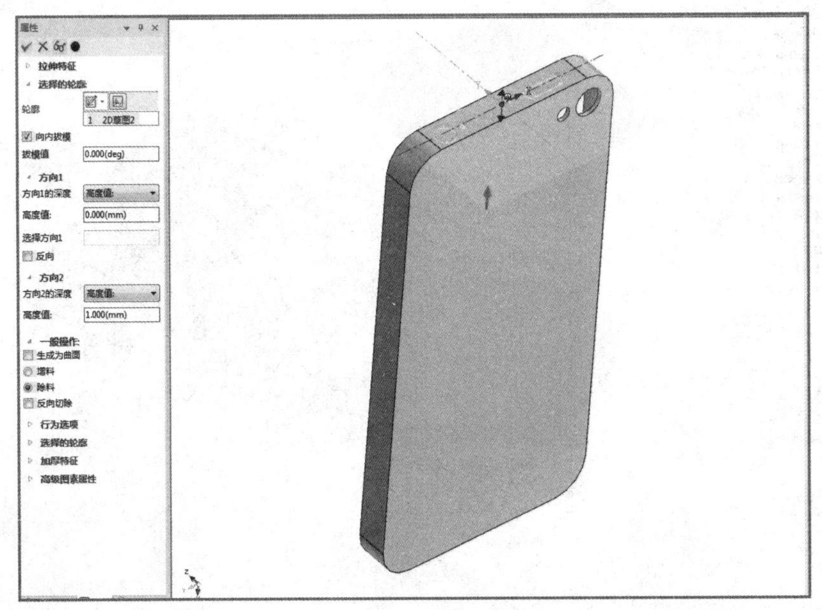

图 1-14　设置拉伸特征“属性”窗格中的参数

步骤 12：从设计元素库中拖动“孔类键”图素到图 1-15 所示的表面中点，右击操作柄的拖动点，在弹出的快捷菜单中选择“编辑包围盒”选项，在弹出的“编辑包围盒”对话框中设置包围盒的尺寸为长度 40、宽度 4、高度 40，然后单击“确定”按钮。

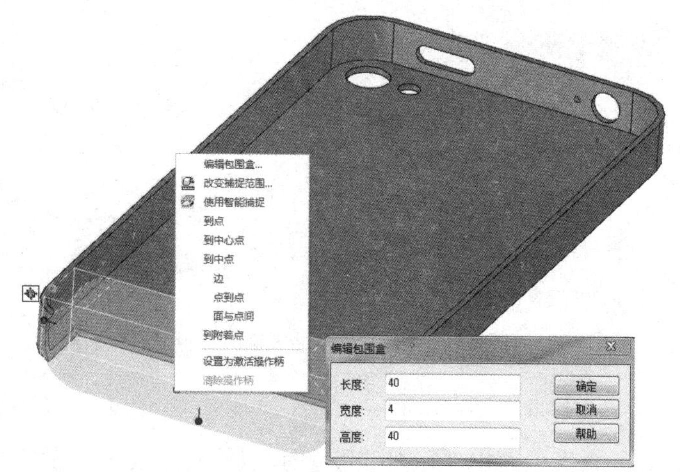

图 1-15　编辑“孔类键”图素

步骤 13：单击“草图”选项卡“草图”选项组中的“二维草图”按钮，在如图 1-16 所示的表面创建二维草图，左侧的“属性”窗格中选项默认，然后单击“确定”按钮。

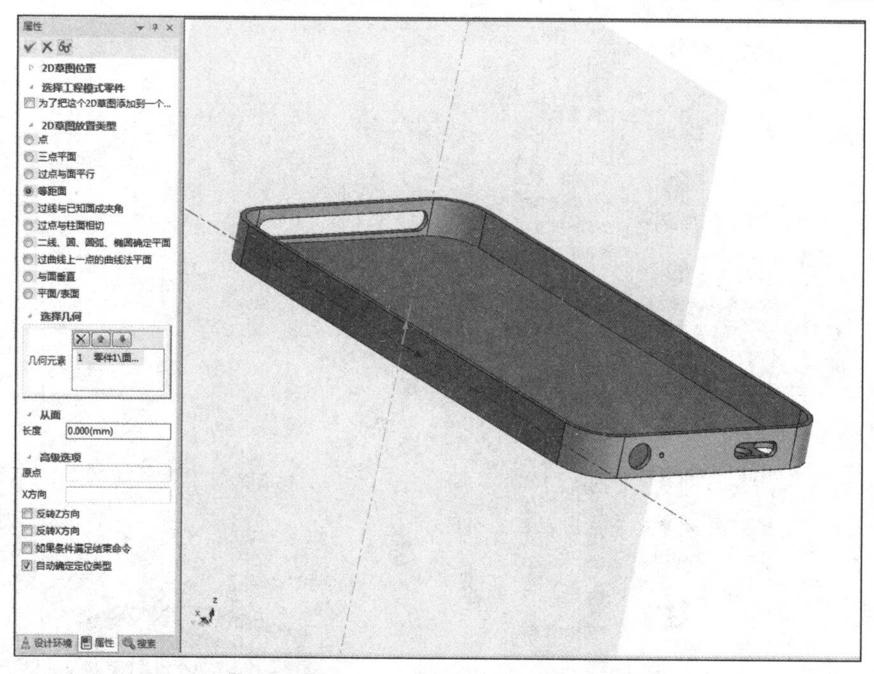

图 1-16　创建二维草图

步骤 14：单击“草图”选项卡“绘制”选项组中的“投影约束”按钮，投影如图 1-17 所示的黄色的一条边，然后右击投影线，在弹出的快捷菜单中选择“作为构造辅助元素”选项。

步骤 15：单击“草图”选项卡“绘制”选项组中的“点”按钮，单击“约束”选项组中的“智能标注”按钮，约束点为如图 1-18 所示的点，然后单击“完成”按钮。

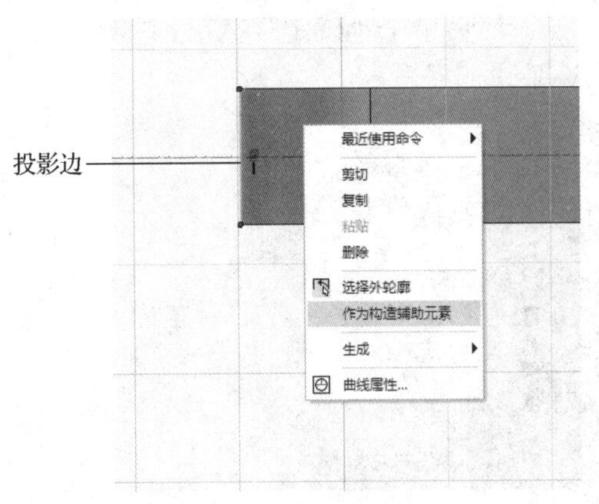

图 1-17　投射约束

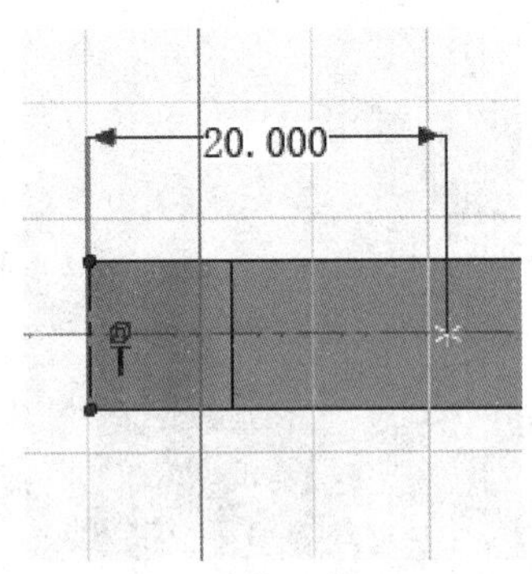

图 1-18　约束点

步骤 16：在设计元素库中右击“孔类键”，在弹出的快捷菜单中选择“拖放后激活三维球”选项，结果如图 1-19 所示。

图 1-19　激活三维球

步骤 17：从设计元素库中拖动“孔类键”到图 1-20 所示表面上的点，右击操作柄的拖动点，在弹出的快捷菜单中选择“编辑包围盒”选项，在弹出的“编辑包围盒”对话框中设置包围盒的尺寸为长度 20、宽度 4、高度 10，然后单击“确定”按钮，完成如图 1-1 所示的手机壳造型。

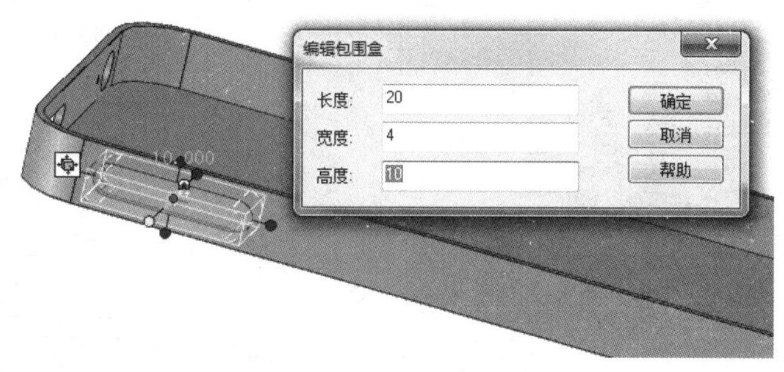

图 1-20 “编辑包围盒”对话框

知识链接

1. 利用拉伸工具创建拉伸特征

1）单击“特征”选项卡“特征”选项组中的“拉伸”按钮，弹出如图 1-21 所示拉伸特征“属性”窗格。可以从设计环境中选择一个零件，也可以新生成一个独立的零件，为其添加拉伸特征。单击“确定”按钮后，进入下一个“属性”窗格界面，如图 1-22 所示。

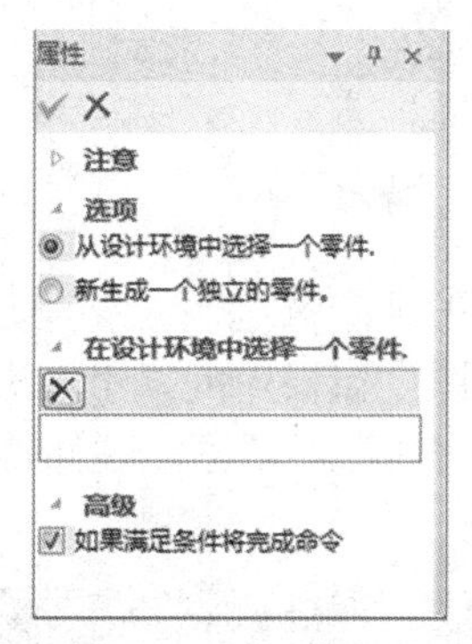

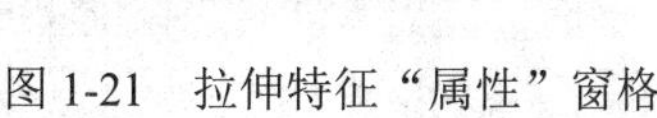
图 1-21 拉伸特征“属性”窗格

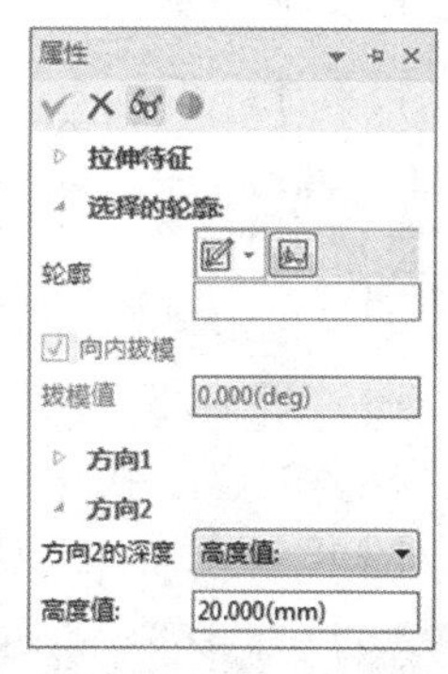

图 1-22 “属性”窗格

2）如果此时设计环境中存在拉伸需要的草图，单击该草图，则它的名称出现在“选择的轮廓”下。如果不存在，可以单击“创建草图”按钮来创建一个新草图进行拉伸。草图绘制完成后，选择该草图，此时会在设计环境中显示拉伸效果，可以根据显示的拉伸效果再进行其他选择。CAXA 3D 实体设计 2019 在“创建草图”按钮旁新增了“插入 3D 曲线”按钮，单击该按钮，会出现如图 1-23 所示的“三维曲线”窗格，即可绘制三维曲线。

3）拔模：可以选中“向内拔模”复选框，然后输入“拔模值”，在拉伸的同时进行拔模，生成一个有拔模斜度的拉伸零件。

4）方向选择：选择拉伸方向。

5）反向：将进行目前预显的反方向拉伸。

6）方向深度：选择该方向上的拉伸深度。可以用高度值表示，也可以选择到某特征，如贯穿、到顶点、到曲面、到下一面等选项，如图 1-24 所示。

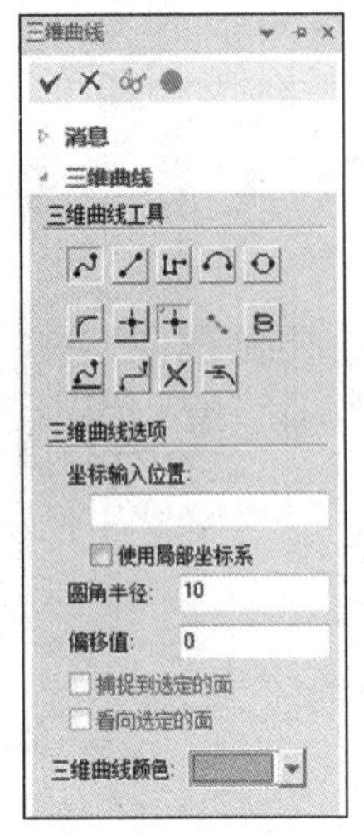

图 1-23 “三维曲线”窗格

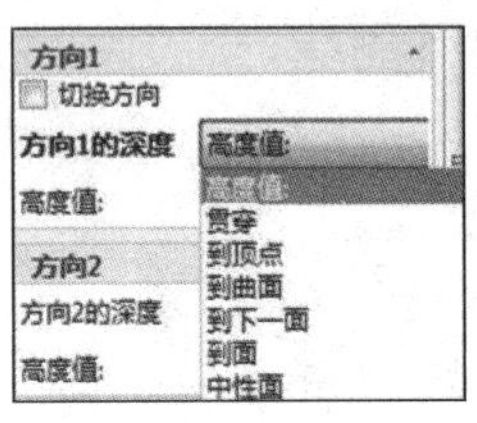

图 1-24 方向深度选项

2. 工程模式创建拉伸特征

如果是在工程模式下，新建一个零件，则该零件自动激活如图 1-22 所示的拉伸特征“属性”窗格。与前面“拉伸”步骤相同，此处不再赘述。

3. 利用拉伸向导创建拉伸特征

单击“特征”选项卡“特征”选项组中的“拉伸向导”按钮，在如图 1-25 所示的“2D 草图”窗格中的“平面类型”下拉列表中选择基准点，弹出“拉伸特征向导”对话框。拉伸特征向导共 4 步，如图 1-26～图 1-29 所示。

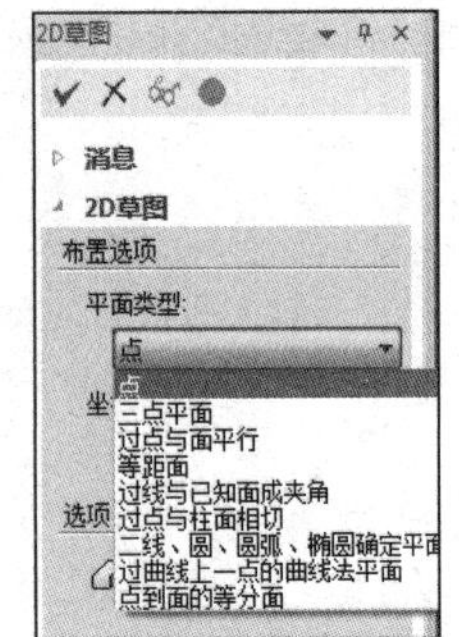

图 1-25 拉伸平面定位

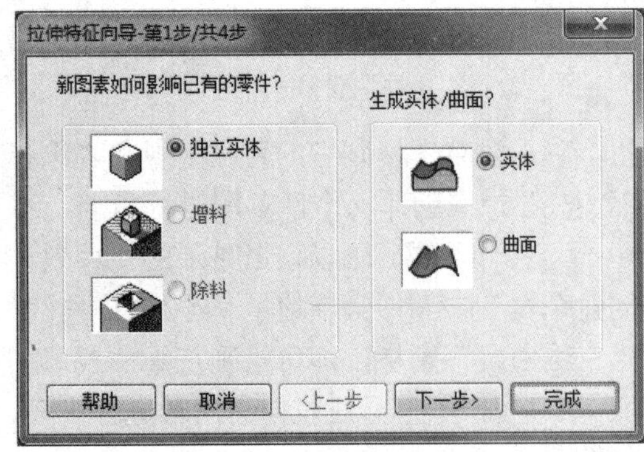

图 1-26 拉伸特征向导第 1 步

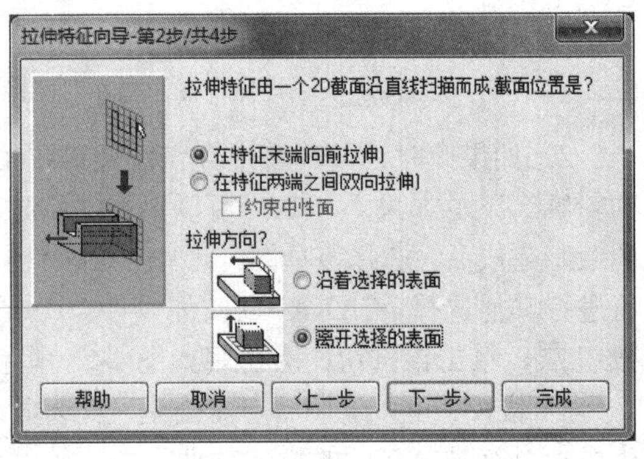

图 1-27 拉伸特征向导第 2 步

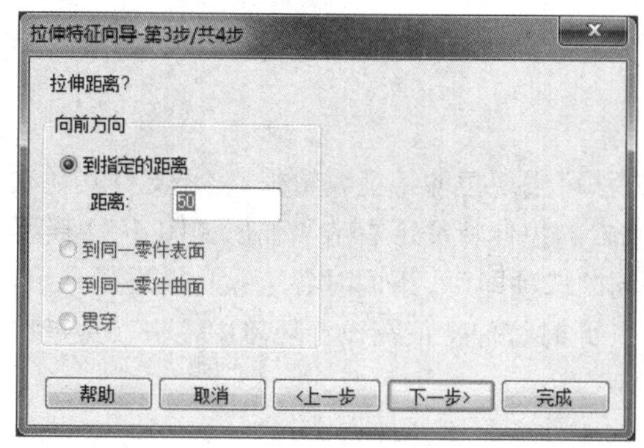

图 1-28 拉伸特征向导第 3 步

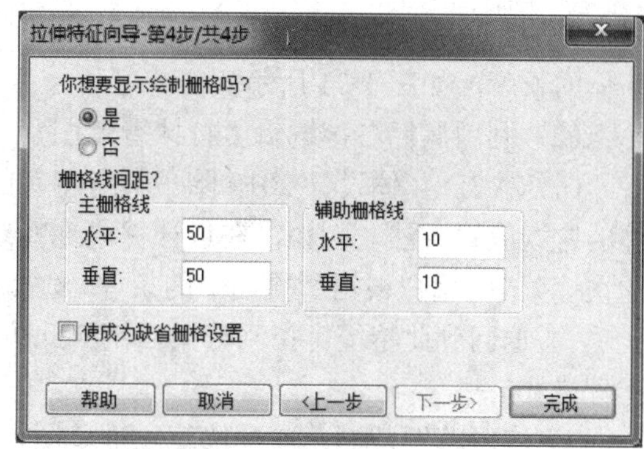

图 1-29 拉伸特征向导第 4 步

在图 1-26～图 1-29 所示的对话框中，可以设置拉伸特征的一系列参数。设定好后，单击“完成”按钮即可。此时，屏幕上显示二维草图栅格和“编辑草图截面”对话框。利用二维草图所提供的功能绘制好所需草图，在“编辑草图截面”对话框中单击“完成造型”按钮，即可把二维草图轮廓拉伸成三维实体造型。

4. 对已存在的草图轮廓拉伸

CAXA 3D 实体设计 2019 支持对已存在的草图轮廓进行拉伸。选择草图中绘制的几何图形，右击，在弹出的快捷菜单中选择“生成”→“拉伸”选项，如图 1-30 所示。

系统进入拉伸状态，并弹出“创建拉伸特征”对话框；同时，在设计区中以灰白色箭头显示拉伸方向。用户可以在“方向”选项组中选中“拉伸反向”复选框，使拉伸方向反向。

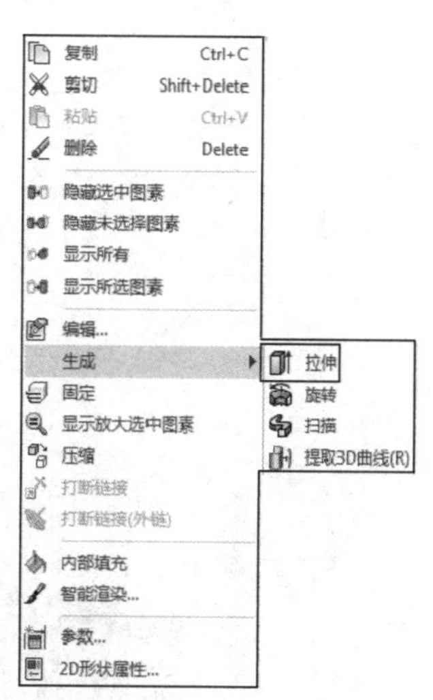

图 1-30 拉伸操作

5. 对草图轮廓分别拉伸

CAXA 3D 实体设计 2019 可将同一视图的多个不相交轮廓一次性输入草图中，将多个轮廓在同一个草图中约束完成，并在草图中选择性地建构特征。对于习惯在实体草图中输入 EXB/DWG 文件，并利用输入 EXB/DWG 文件后生成的轮廓建构特征的用户，这个功能就比较实用。

步骤 1：在草图中绘制多个封闭不相交的草图轮廓。

步骤 2：选择某一个封闭轮廓，右击，在弹出的快捷菜单中选择“生成”→“拉伸”选项。

步骤 3：完成一次拉伸，再次进行拉伸草图编辑，拉伸其他封闭轮廓。

6. 拉伸特征的编辑

即使二维草图已经拉伸成三维状态，只要对所生成的三维造型不满意，仍然可以编辑它的草图轮廓或其他属性。

（1）利用图素手柄编辑

在“智能图素”编辑状态中选中已拉伸图素。注意，标准“智能图素”上默认显示的是图素手柄，而不是包围盒手柄。三角形拉伸手柄用于编辑拉伸特征的后表面，以此来改变拉伸体的长度，如图 1-31 所示。

（2）利用鼠标右键编辑“拉伸智能图素”

CAXA 3D 实体设计 2019 除了具有特有的方法可实现拉伸特征编辑外，它还支持其他软件的常规编辑方法。例如，在设计树中选择要编辑的拉伸特征，右击，弹出如图 1-32 所示的快捷菜单。用户根据所要编辑的条件，选择不同的选项即可。下面对各选项功能进行介绍。

1）退回到此特征：指回滚条回滚到此位置。此时拉伸特征在设计环境中消失（特指在工程模式）。

2）编辑草图截面：通过修改二维草图轮廓，来修改三维拉伸特征。

3）编辑特征操作：选择该选项，可以在拉伸特征“属性”窗格中修改生成特征时的各项设置。

4）编辑前端条件：在特征零件上表面拉伸加长。

5）编辑后端条件：在特征零件下表面拉伸加长。

6）切换拉伸方向：使拉伸方向反向。

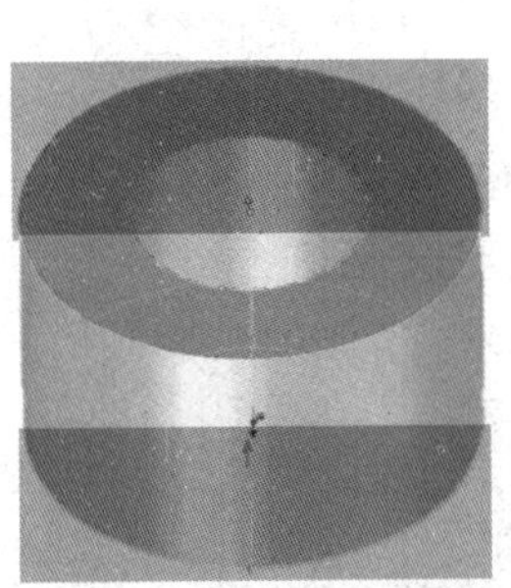

图 1-31　使用智能图素手柄编辑拉伸体

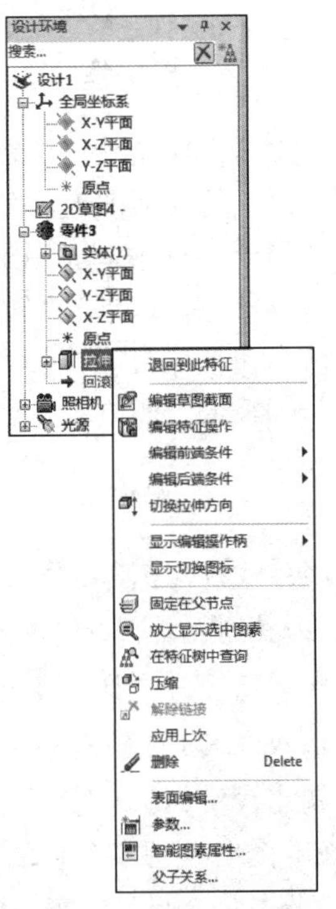

图 1-32　编辑拉伸快捷菜单

拓展练习

1. 根据如图 1-33 所示的图样，完成三通管造型。
2. 根据如图 1-34 所示的图样，完成肥皂盒造型。
3. 根据如图 1-35 所示的图样，完成墨水瓶造型。

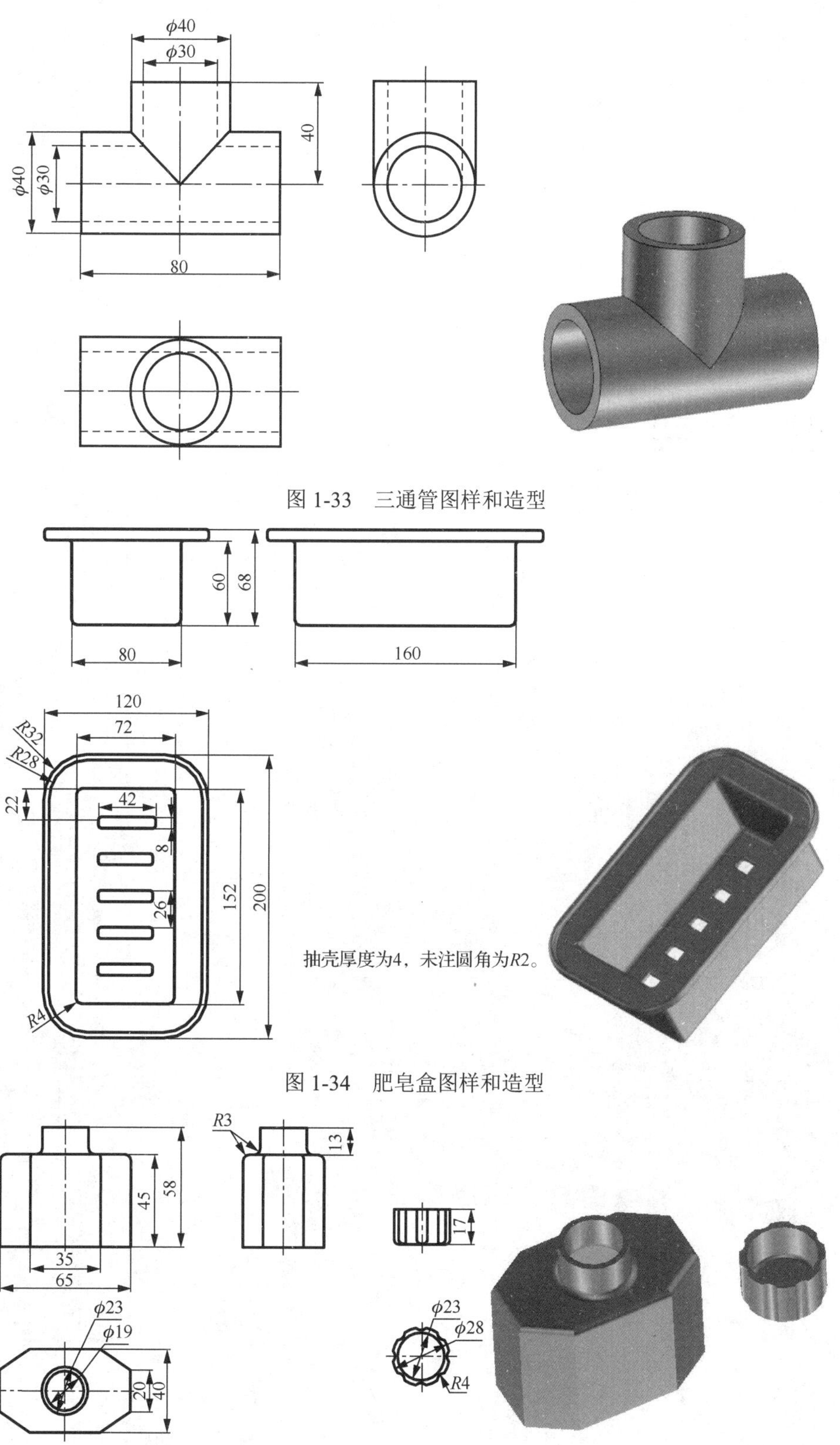

图 1-33　三通管图样和造型

图 1-34　肥皂盒图样和造型

图 1-35　墨水瓶图样和造型

实例二

水杯造型

学习目标

【能力目标】

- 熟悉约束的应用。
- 掌握创建旋转特征的方法。
- 熟悉编辑旋转特征的方法。

【思政目标】

- 树立正确的学习观、价值观，自觉践行行业道德规范。
- 牢固树立质量第一、信誉第一的强烈意识。
- 遵规守纪，安全生产，爱护设备，钻研技术。

任务要求

创建如图 2-1 所示的水杯实体造型。

微课：水杯造型

图 2-1　水杯实体造型

任务分析

水杯的实体造型建模流程如图 2-2 所示。

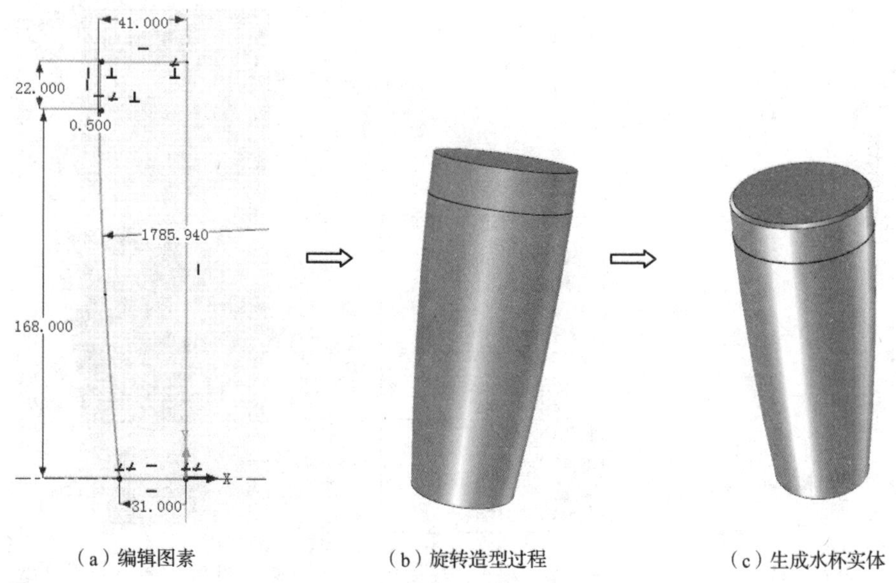

（a）编辑图素　（b）旋转造型过程　（c）生成水杯实体

图 2-2　水杯的实体造型建模流程

任务实施

步骤1：打开 CAXA 3D 实体设计 2019，进入设计环境。在设计树中选择“全局坐标系”下的“X-Y 平面”，右击，在弹出的如图 2-3 所示的快捷菜单中选择“在等距平面上生成草图轮廓”选项，弹出“平面等距”对话框，如图 2-4 所示。在该对话框中设置 X、Y、Z 的距离均为 0，单击“确定”按钮。

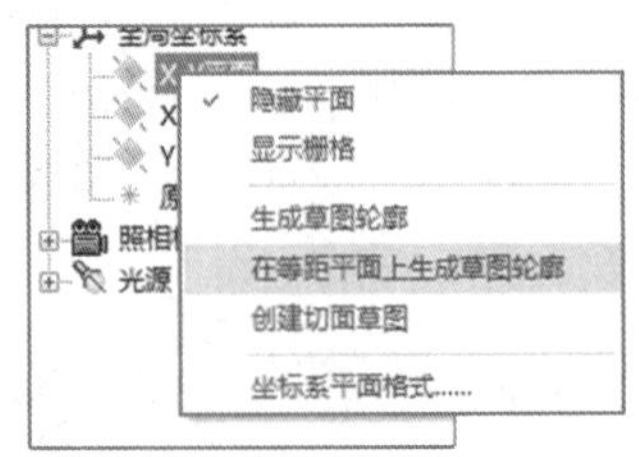

图 2-3 “X-Y 平面”快捷菜单

图 2-4 “平面等距”对话框

步骤2：创建草图。单击“草图”选项卡“绘制”选项组中的“2 点线”按钮，单击“约束”选项组中的“智能标注”按钮，绘制出图 2-5 中的直线；然后单击“草图”选项卡“绘制”选项组中的“用三点”按钮，绘制成如图 2-5 所示的草图。

步骤3：单击“特征”选项卡“特征”选项组中的“旋转”按钮，在其左侧的“属性”窗格中选中“选项”下的“新生成一个独立的零件”单选按钮，如图 2-6 所示。选择旋转轮廓，以草图的中心线作为旋转轴，完成的旋转造型如图 2-7 所示。

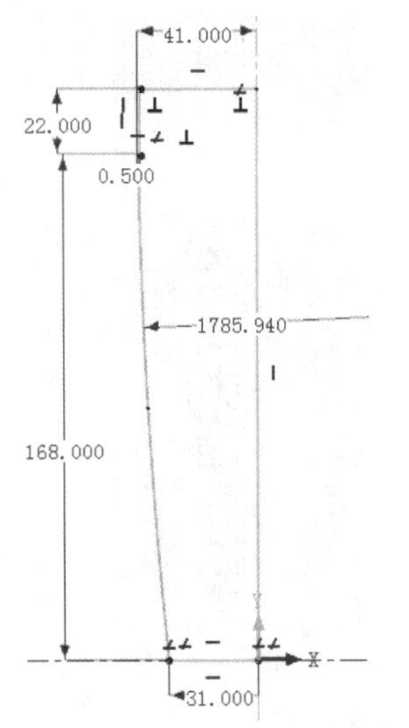

图 2-5 编辑旋转草图

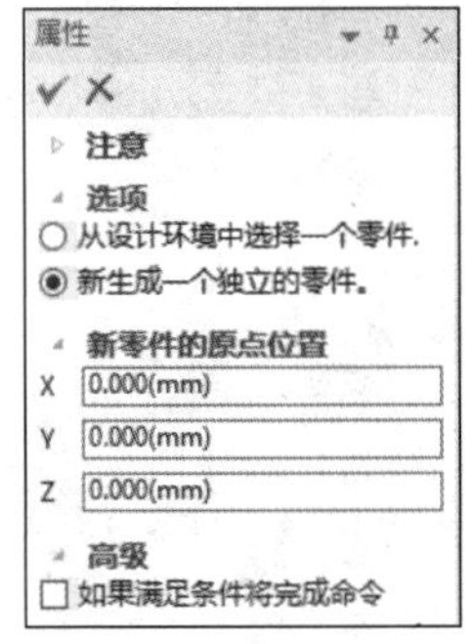

图 2-6 编辑旋转操作

图 2-7 完成旋转造型

步骤4：单击“特征”选项卡“特征”选项组中的“边倒角”按钮，在左侧的边倒角“属性”窗格中，设置“倒角类型”为距离，“几何”选择图 2-8 所示的一条边，其余选项默认，单击“确定”按钮，完成如图 2-1 所示的水杯实体造型。

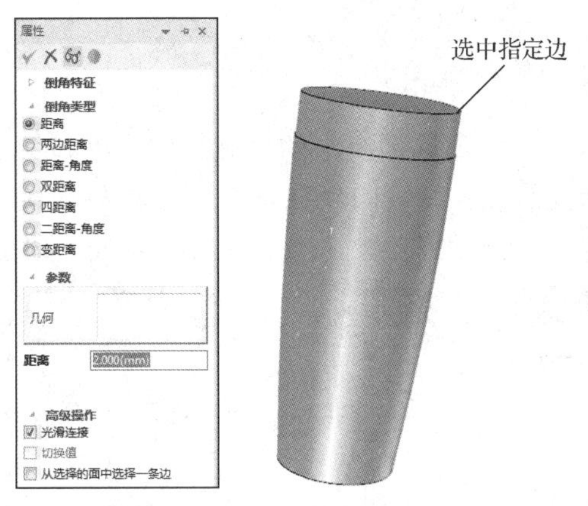

图 2-8　边倒角操作

知识链接

1. 利用旋转工具创建旋转特征

1）单击“特征”选项卡“特征”选项组中的“旋转”按钮，在左侧弹出的“属性”窗格中的“选项”下有“从设计环境中选择一个零件”“新生成一个独立的零件”两个单选按钮，选中“新生成一个独立的零件”单选按钮，然后单击“确定”按钮。

2）单击“属性”窗格中的“创建草图”按钮，按照创建草图的过程绘制草图，然后选择一条线作为旋转轴。如果旋转轴选择合理，此时会在设计环境中预显旋转结果；否则，用户可以根据需要进行调整。“属性”窗格中的各项参数设置完成后，单击“确定”按钮，生成如图 2-9 所示的预显中的旋转体。

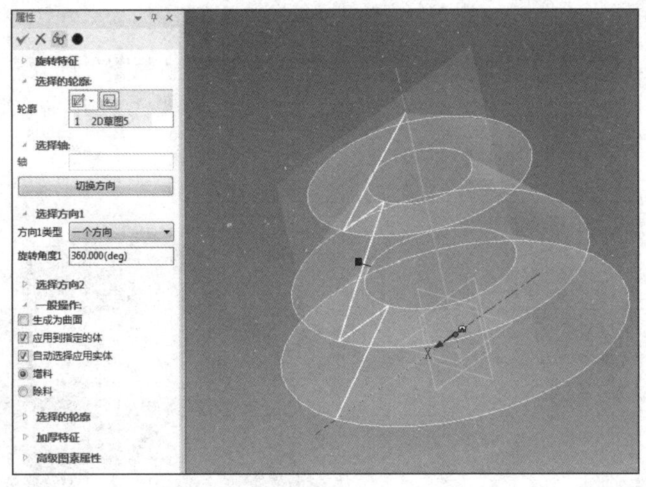

图 2-9　预显旋转结果

在工程模式下生成旋转体，需要新建一个零件并激活它，然后在此零件基础上绘制草图。或者在选择了“旋转”操作后，在旋转特征“属性”窗格中单击“创建草图”按钮。在工程模式下，不能选择未激活的草图作为截面创建旋转体。

2. 利用旋转向导创建旋转特征

单击“特征”选项卡“特征”选项组中的“旋转向导”按钮，选择基准点以后，弹出“旋转特征向导”对话框。旋转特征向导共有 3 步，如图 2-10～图 2-12 所示。在这些对话框中，可以设置旋转特征的一系列参数，然后单击“完成”按钮。

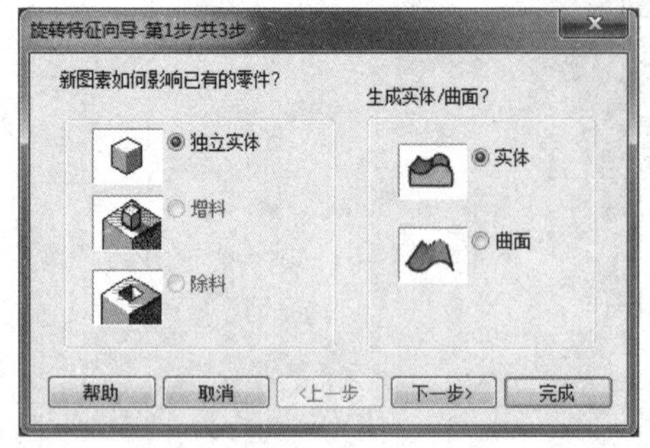

图 2-10　旋转特征向导第 1 步

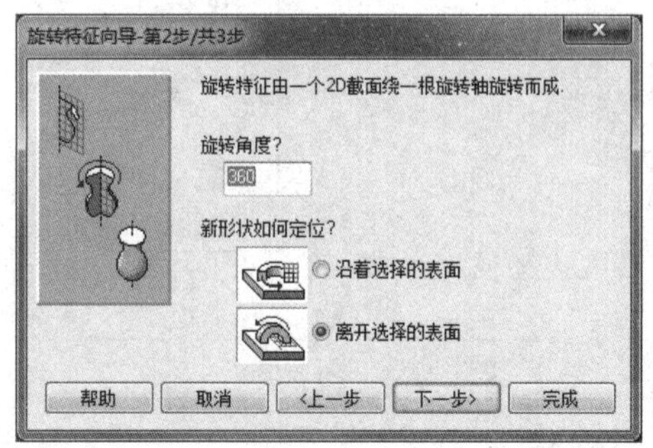

图 2-11　旋转特征向导第 2 步

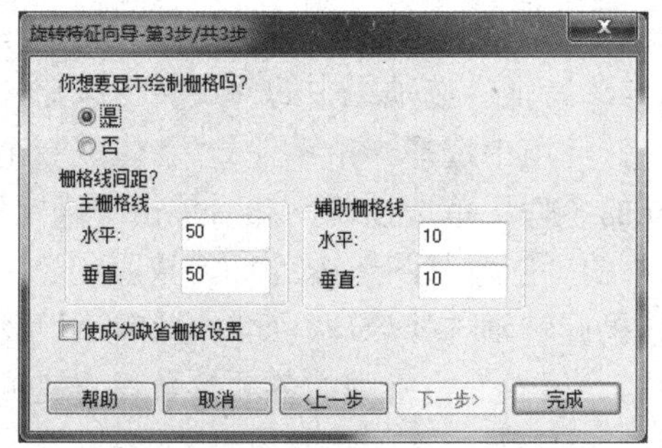

图 2-12　旋转特征向导第 3 步

此时，CAXA 3D 实体设计 2019 显示二维草图栅格和“草图”选项卡。绘制完所需草图后，单击“草图”选项卡“草图”选项组中的“完成”按钮，即可把二维草图轮廓以 Y 轴为旋转轴生成一旋转体，如图 2-13 所示。

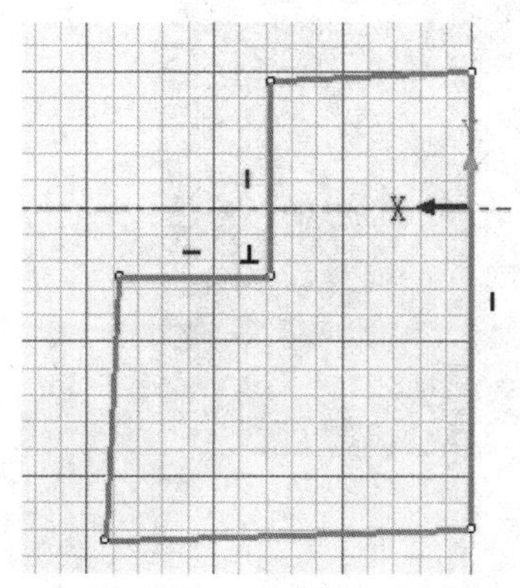

图 2-13　生成旋转体

在生成旋转特征时，二维草图轮廓需要满足以下条件。

1）生成旋转特征时，草图轮廓可以为非封闭轮廓。在轮廓开口处，轮廓端点会自动做水平延伸生成旋转特征，如图 2-14 所示。

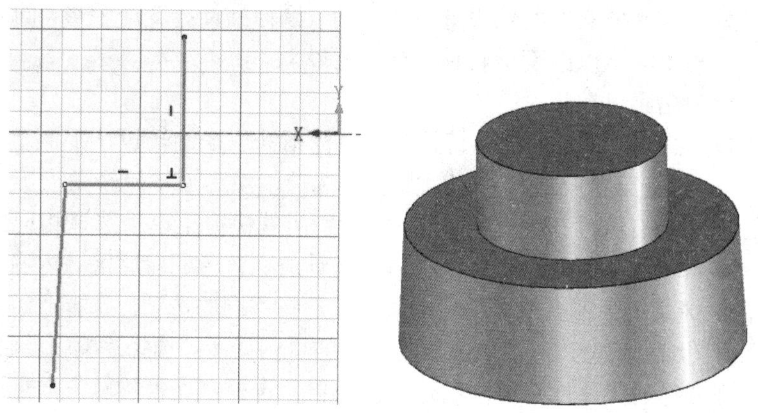

图 2-14　旋转前的草图和旋转后生成的旋转特征

2）草图的轮廓曲线不可以与 Y 轴相交，但是轮廓端点可以在 Y 轴上。

在 CAXA 3D 实体设计 2019 中，生成旋转特征时，可以将一个已存在的实体特征的边线设置为旋转轴，具体方法如下。

步骤 1：在已存在一实体特征的设计环境中，绘制一个几何轮廓。

步骤 2：选择处于“智能图素”编辑状态中的几何轮廓，右击，在弹出的快捷菜单中选择“生成”→“旋转”选项。

步骤 3：在弹出的“创建旋转特征”对话框中选中“实体”“增料”两个单选按钮，并单击选择已存在的实体特征，将其设置为相关零件，然后单击“确定”按钮。

步骤 4：右击生成的旋转特征，在弹出的快捷菜单中选择“选择实体作为旋转轴”选项。

步骤 5：单击选中已存在实体特征的一条边线作为旋转轴。

在“智能图素”编辑状态下，用图素手柄拖动旋转轴所在的面时，旋转特征的尺寸随之改变。

3. 旋转特征的编辑

即使草图已经延展到三维，只要对所生成的三维造型感到不满意，仍可以编辑它的草图轮廓或其他属性。

（1）使用“智能图素”手柄编辑

在“智能图素”编辑状态中选中已旋转的图素。与拉伸设计一样，要注意标准“智能图素”中默认显示的是图素手柄，而不是包围盒手柄，如图 2-15 所示。旋转特征的图素包括旋转设计手柄和轮廓设计手柄。

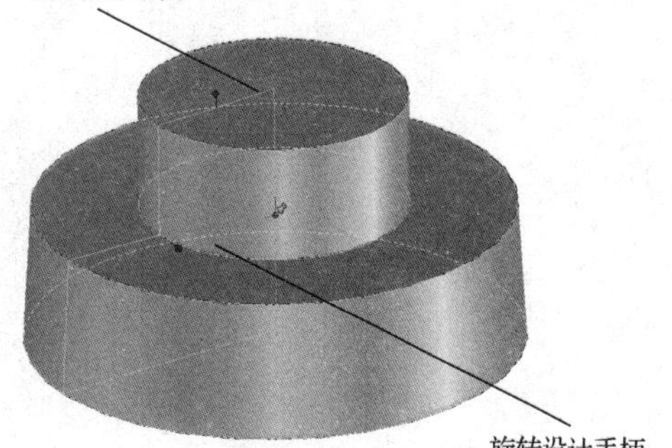

图 2-15　使用智能手柄编辑旋转特征

1）旋转设计手柄：用于编辑旋转设计的旋转角度。将鼠标指针放在相应的红色设计手柄上时，鼠标指针会变成手形，同时红色设计手柄变成亮黄色，拖动手柄即可改变旋转角度。

2）轮廓设计手柄：用于重新定位旋转设计的各个表面，来修改旋转特征的截面轮廓。将鼠标指针放在相应轮廓要素的红色设计手柄上时，鼠标指针会变成手形，同时红色设计手柄变成亮黄色，拖动手柄可以改变旋转体的轮廓形状。

（2）利用右键弹出菜单编辑

选择处于“智能图素”状态的旋转特征，将鼠标指针放在旋转设计手柄上右击，在弹出的如图 2-16 所示的快捷菜单中选择“编辑数值”选项，然后编辑旋转角度数值。将鼠标指针放在轮廓设计手柄上右击，在弹出的如图 2-17 所示的快捷菜单中选择相应的选项，然后编辑轮廓要素。编辑轮廓要素时，还可以将鼠标指针放在蓝色的轮廓区域内右击，在弹出的如图 2-18 所示的快捷菜单中根据所要编辑的条件，选择不同的选项。选择“编辑草图截面”选项，可以进入草图编辑状态，修改生成旋转造型的草图截面；选择“编辑特征操作”选项，可以进入旋转特征操作的“属性”窗格进行重新设置；选择“切换旋转方向”选项，可以切换旋转设计的转动方向。

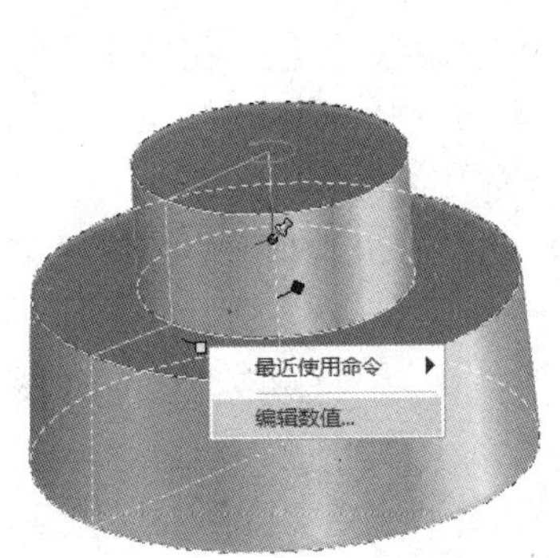

图 2-16　旋转设计手柄快捷菜单

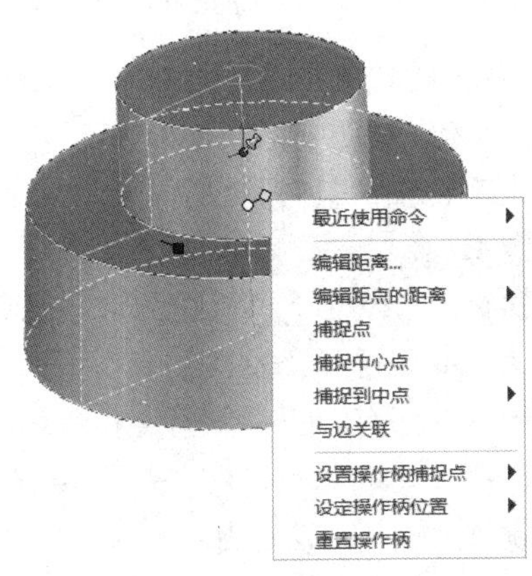

图 2-17　轮廓设计手柄快捷菜单

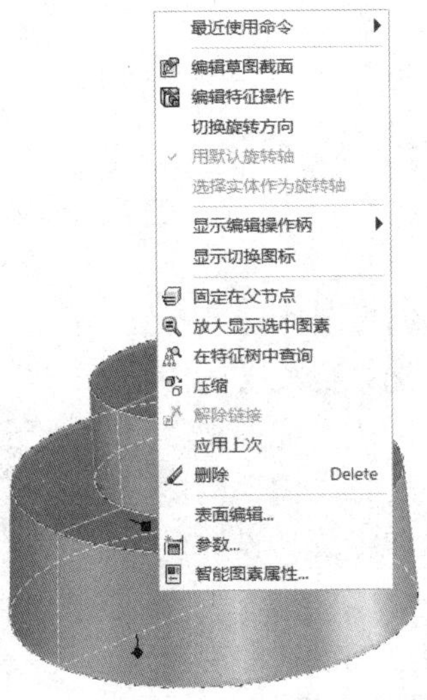

图 2-18　编辑草图截面快捷菜单

（3）使用“智能图素属性”选项编辑

在“智能图素”状态下选择旋转特征，右击，在弹出的快捷菜单中选择“智能图素属性”选项，在弹出的“旋转特征”对话框中选择如图 2-19 所示的“旋转”选项卡，然后编辑旋转角的数值。

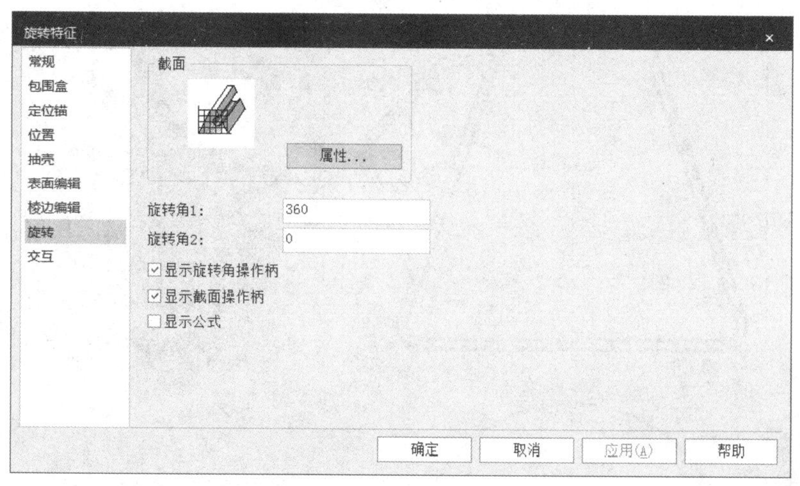

图 2-19 “旋转”选项卡

拓展练习

1. 使用旋转功能完成如图 2-20 所示的笔筒和笔的造型。

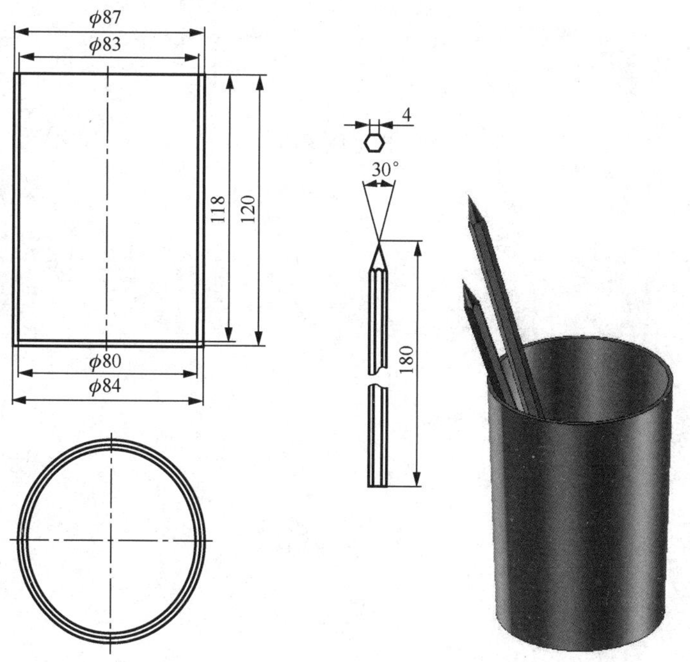

图 2-20 笔筒和笔的图样和造型

2. 根据如图 2-21 所示的图样，完成锥形瓶主体造型（把手不需要绘制）。

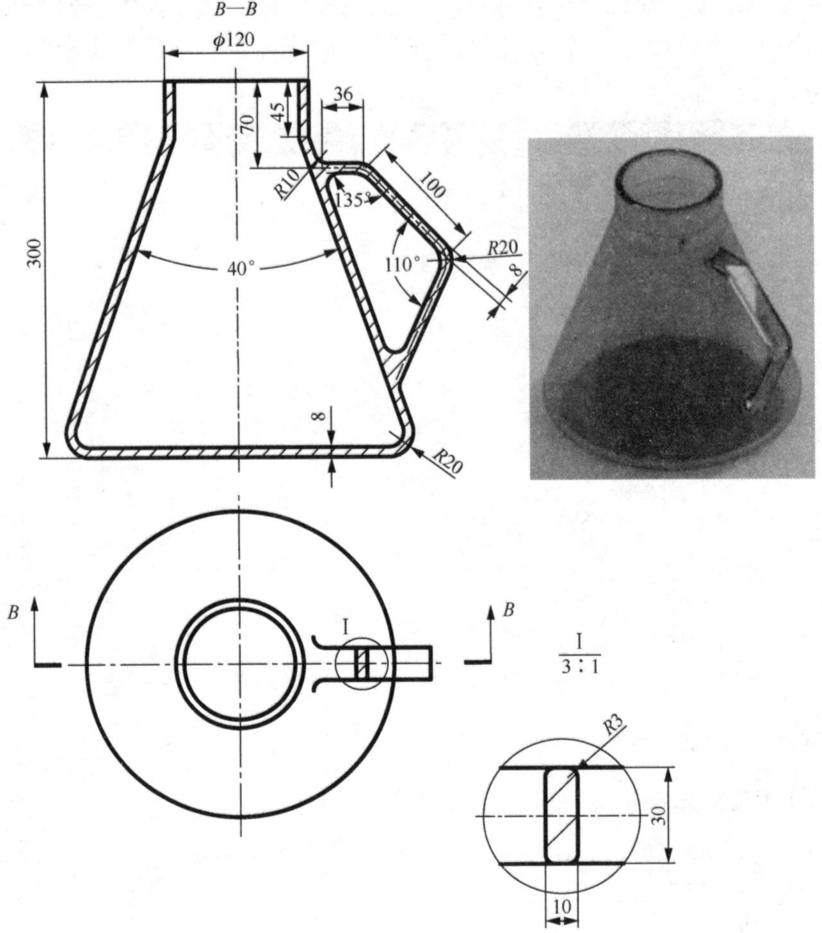

图 2-21　锥形瓶图样和造型

实例三

衣架造型

学习目标

【能力目标】

- 熟悉扫描的功能。
- 掌握创建扫描特征的方法。
- 熟悉编辑扫描特征的方法。

【思政目标】

- 树立正确的学习观、价值观，自觉践行行业道德规范。
- 牢固树立质量第一、信誉第一的强烈意识。
- 遵规守纪，安全生产，爱护设备，钻研技术。

任务要求

创建如图 3-1 所示的衣架实体造型。

微课：衣架造型

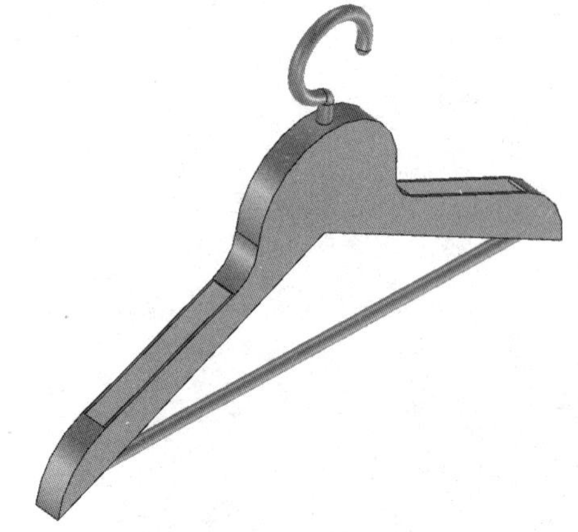

图 3-1　衣架实体造型

任务分析

衣架实体造型的建模流程如图 3-2 所示。

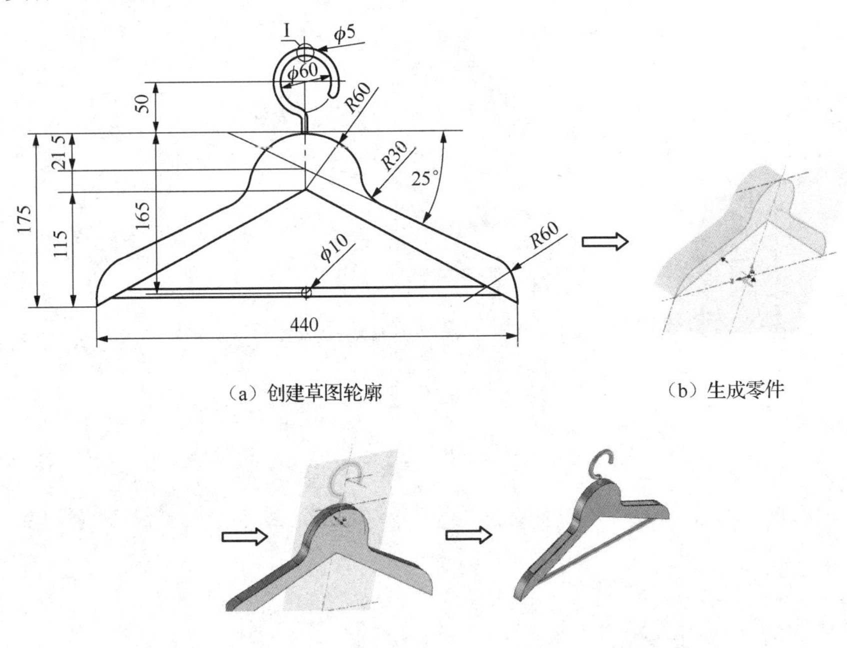

（a）创建草图轮廓　（b）生成零件

（c）扫描造型　（d）生成衣架实体

图 3-2　衣架实体造型的建模流程

任务实施

步骤 1：打开 CAXA 3D 实体设计 2019，进入设计环境。在设计树中选择“全局坐标系”下的“X-Y 平面”，右击，在弹出的快捷菜单中选择“在等距平面上生成草图轮廓”选项，如图 3-3 所示，在弹出的“平面等距”对话框中输入 X、Y、Z 的距离均为 0，然后单击“确定”按钮。

步骤 2：在 X-Y 坐标系上，根据如图 3-4 所示的尺寸，绘制衣架草图。绘制完成后的衣架主体草图如图 3-5 所示。

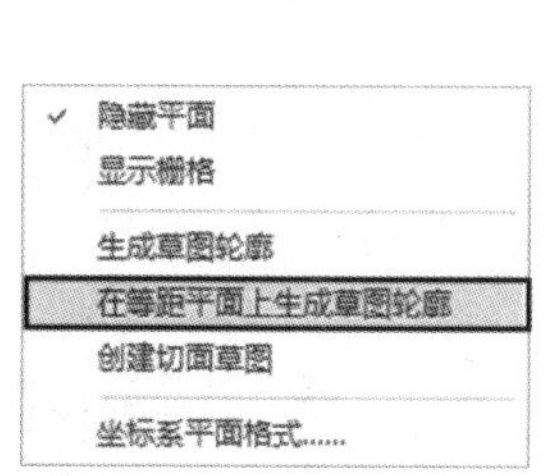

图 3-3　选择“在等距平面上生成草图轮廓”选项

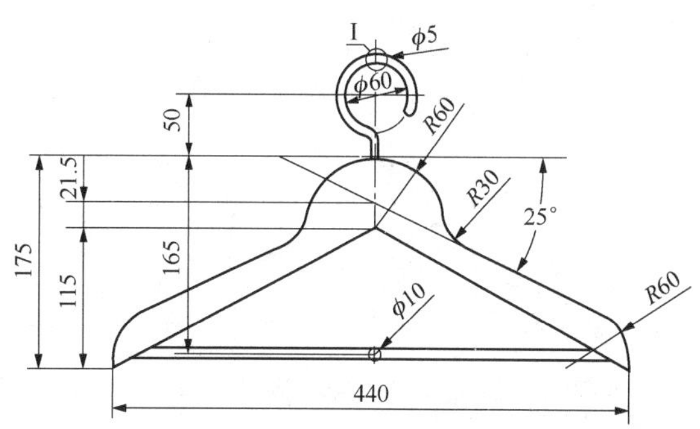

图 3-4　衣架尺寸标注

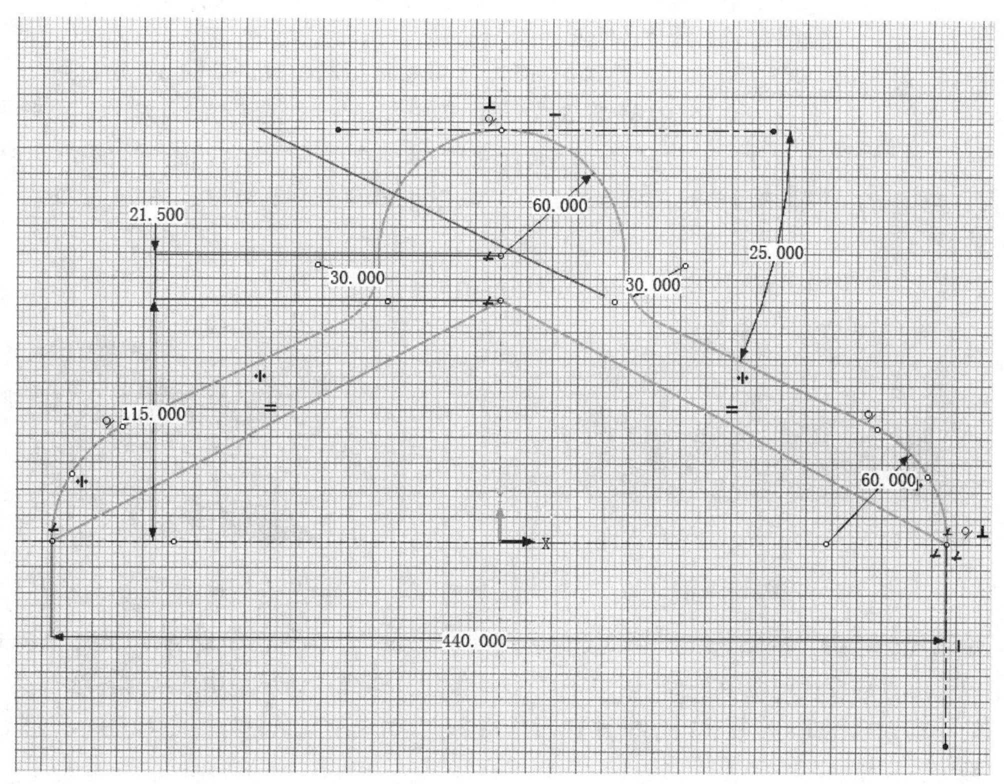

图 3-5　绘制完成后的衣架主体草图

步骤 3：单击“特征”选项卡“特征”选项组中的“拉伸”按钮，在左侧的“属性”窗格中选中“新生成一个独立的零件”单选按钮；选择草图轮廓，设置“方向 2”的“高度值”为 20、“一般操作”为增料，其余选项默认，如图 3-6 所示，然后单击“确定”按钮。

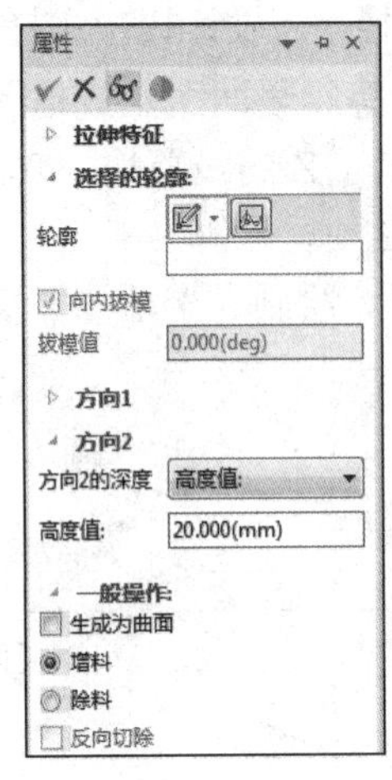

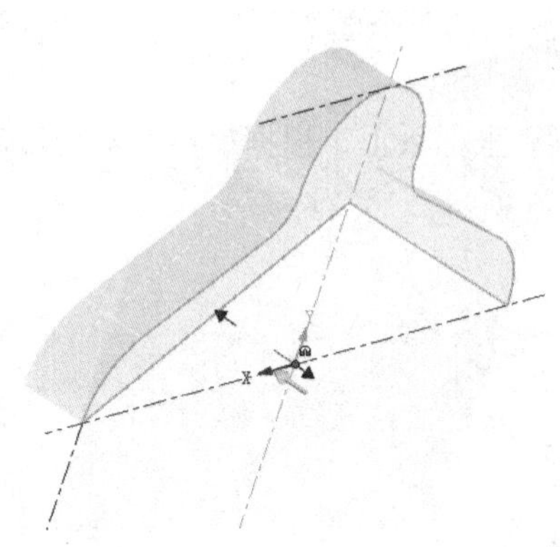

图 3-6　编辑“拉伸”操作

步骤 4：在设计树中选择“全局坐标系”下的“X-Z 平面”，右击，在弹出的快捷菜单中选择“在等距平面上生成草图轮廓”选项，在弹出的“平面等距”对话框中输入 X、Y、Z 的距离分别为 0、170、0，如图 3-7 所示，然后单击“确定”按钮。

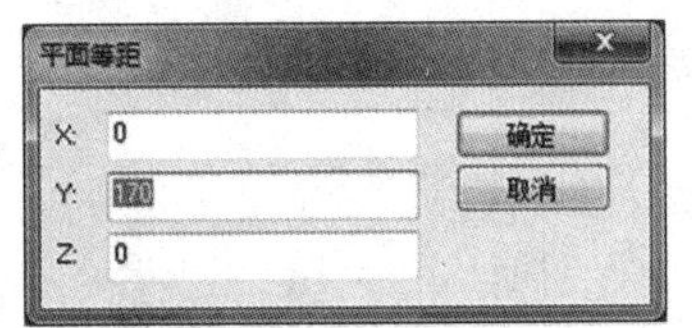

图 3-7　“平面等距”对话框

步骤 5：在平面中绘制扫描轮廓，如图 3-8 所示。

步骤 6：在设计树中选择“全局坐标系”下的“X-Y 平面”，右击，在弹出的快捷菜单中选择“在等距平面上生成草图轮廓”选项，在弹出的“平面等距”对话框中输入 X、Y、Z 的距离分别为 0、0、10，然后单击“确定”按钮。

步骤 7：在平面中绘制如图 3-9 所示的扫描路径。

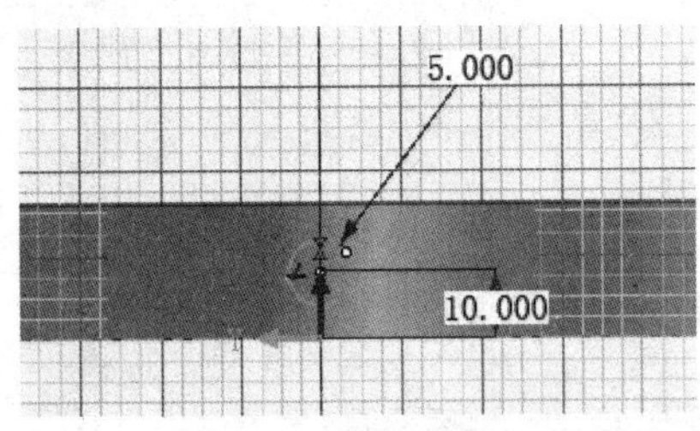

图 3-8　绘制扫描轮廓

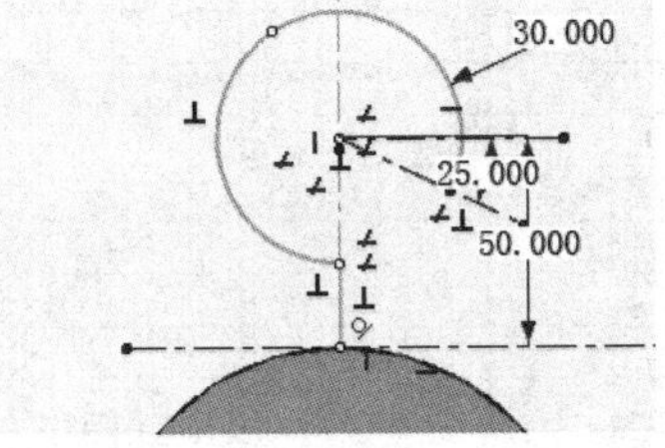

图 3-9　绘制扫描路径

步骤 8：单击“特征”选项卡“特征”选项组中的“扫描”按钮，在左侧“属性”窗格中选中“从设计环境中选择一个零件”单选按钮；选择设计环境中的实体，选择步骤 6 绘制的轮廓为草图 1、步骤 7 绘制的路径为草图 2，其余选项默认，如图 3-10 所示，然后单击“确定”按钮。

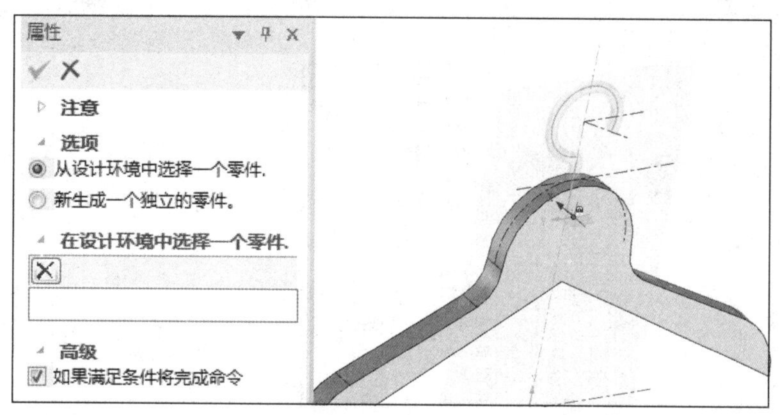

图 3-10 编辑“扫描”操作

步骤 9：单击“特征”选项卡“修改”选项组中的“圆角过渡”按钮，选择如图 3-11 所示的轮廓，设置“半径”为 5，然后单击“确定”按钮，完成圆角过渡。

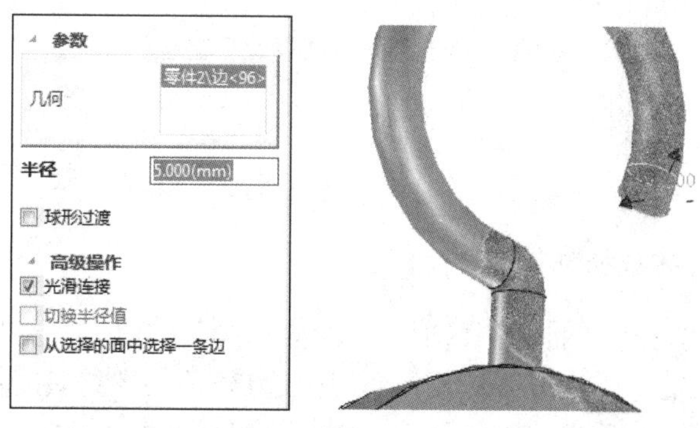

图 3-11 编辑圆角过渡

步骤 10：在设计树的设计环境中，选择“全局坐标系”下的“Y-Z 平面”，右击，在弹出的快捷菜单中选择“在等距平面上生成草图轮廓”选项，在弹出的“平面等距”对话框中输入 X、Y、Z 的距离均为 0，然后单击“确定”按钮。

步骤 11：在平面中绘制如图 3-12 所示的拉伸轮廓。

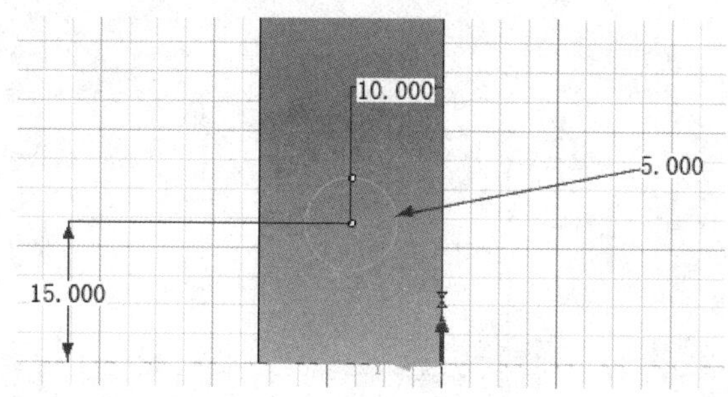

图 3-12 绘制拉伸轮廓

步骤 12：单击“特征”选项卡“特征”选项组中的“拉伸”按钮，在左侧的“属性”窗格中选择草图轮廓，设置“方向 1”的“高度值”为 210、“方向 2”的“高度值”为 210、“一般操作”为增料，其余选项默认，如图 3-13 所示，然后单击“确定”按钮，完成衣架造型，如图 3-1 所示。

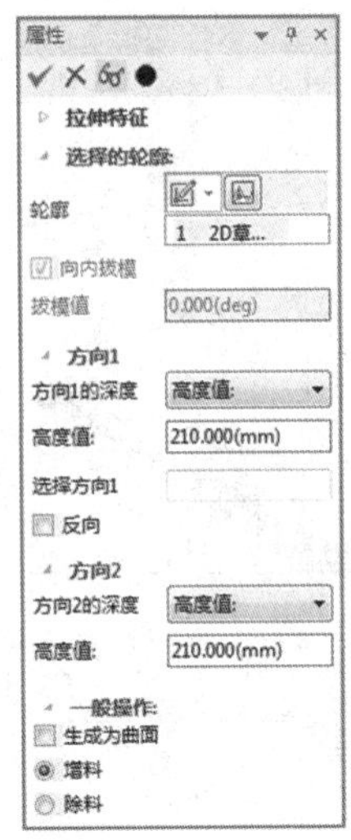

图 3-13　拉伸特征的“属性”窗格

知识链接

1. 利用扫描工具创建扫描特征

1）单击“特征”选项卡“特征”选项组中的“扫描”按钮，在左侧的“属性”窗格中选中“新生成一个独立的零件”或“从设计环境中选择一个零件”单选按钮，如图 3-14 所示。这里选中“新生成一个独立的零件”单选按钮，然后单击“确定”按钮。

2）在设计环境弹出如图 3-15 所示的扫描特征“属性”窗格，单击“创建草图”按钮旁的下拉按钮，在弹出的如图 3-16 所示的下拉列表中选择截面绘制平面，在“路径”选项组中选择二维平面或三维曲线作为扫描路径，然后单击“确定”按钮，完成路径导动线的绘制。绘制完成二维草图截面后单击“草图”选项卡“草图”选项组中的“完成”按钮，生成扫描特征。

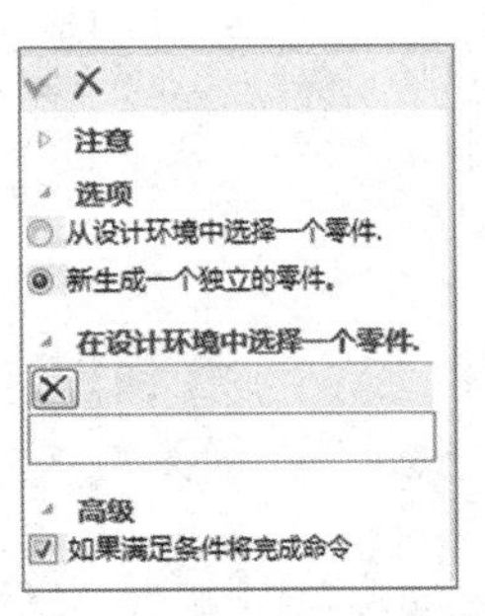

图 3-14　扫描按钮“属性”窗格

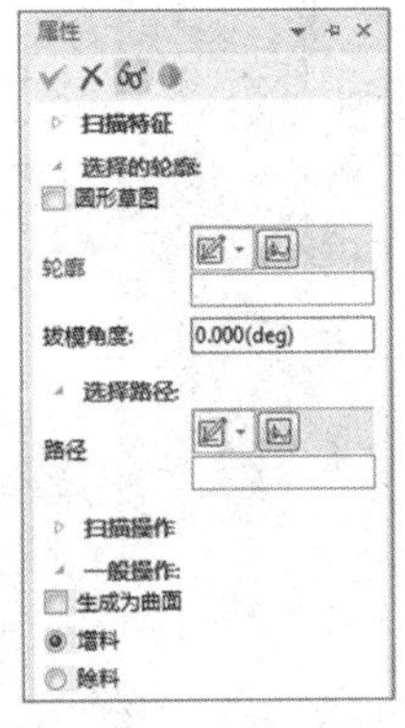

图 3-15　扫描特征“属性”窗格

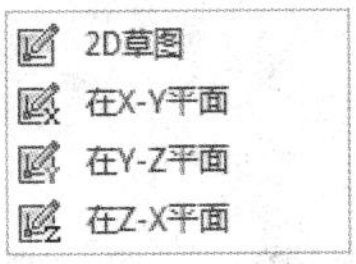

2D草图
在X-Y平面
在Y-Z平面
在Z-X平面

图 3-16　“创建草图”下拉列表

在拉伸特征和旋转特征中，CAXA 3D 实体设计 2019 把自定义二维草图轮廓沿着预先设定的路径移动，从而生成三维造型。而使用扫描特征时，除了需要二维草图外，还需要指定一条扫描曲线。扫描曲线可以为一条直线、一系列直线、一条 B 样条曲线或一条弧线。扫描特征的生成结果，两端表面完全一样。

2. 使用扫描特征向导

生成一个新的设计环境后，单击“特征”选项卡“特征”选项组中的“扫描向导”按钮，弹出如图 3-17 所示的“扫描特征向导-第 1 步/共 4 步”对话框。

1）独立实体：新建一个新的零件。

2）增料：对已存在零件，进行扫描增料操作。

3）除料：对已存在零件，进行扫描除料操作。

4）实体：扫描特征为实体造型。拉伸实体时，二维草图轮廓必须为封闭曲线。

5）曲面：扫描造型为曲面。拉伸曲面时，二维草图轮廓可以为非封闭曲线。

完成第 1 步后，单击“下一步”按钮，弹出“扫描特征向导-第 2 步/共 4 步”对话框，如图 3-18 所示。完成第 2 步后，单击“下一步”按钮，弹出“扫描特征向导-第 3 步/共 4 步”对话框，如图 3-19 所示。完成第 3 步后，单击“下一步”按钮，弹出如图 3-20 所示的“扫描特征向导-第 4 步/共 4 步”对话框。在此对话框中，可以设置显示/隐藏绘制栅格，以及设定栅格的间距。设置好后，单击“完成”按钮退出向导。此时，图形窗口显示二维草图栅格，而功能区自动切换至“草图”选项卡并激活相关草图工具。利用二维草图所提供的功能先绘制导动线，然后单击“草图”选项卡“草图”选项组中的“完成”按钮，再继续绘制扫描截面，即可生成扫描特征实体造型。

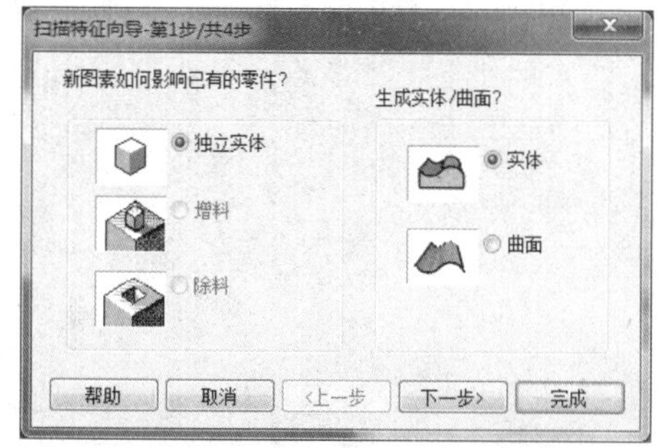

图 3-17 扫描特征向导第 1 步

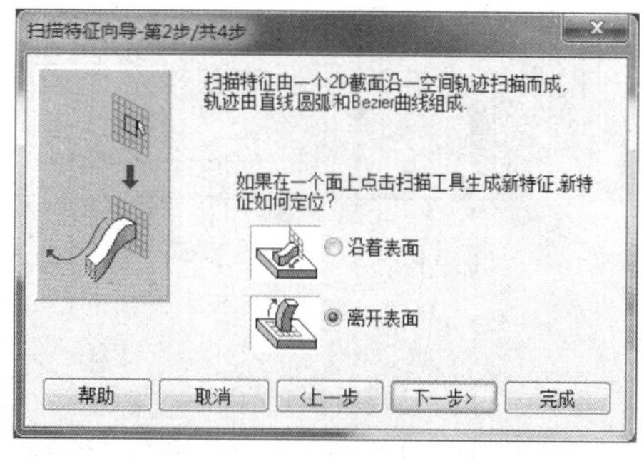

图 3-18 扫描特征向导第 2 步

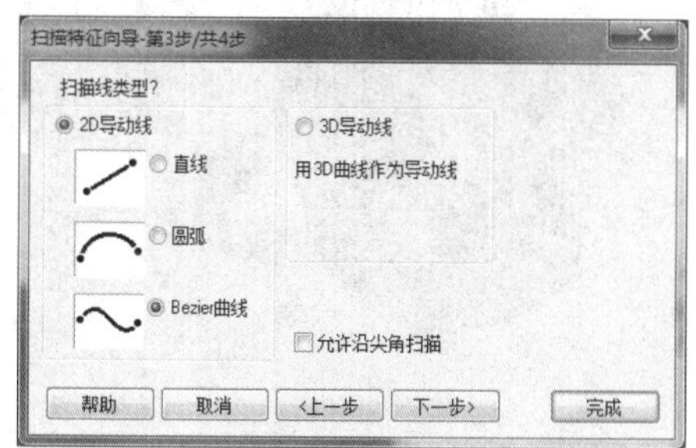

图 3-19 扫描特征向导第 3 步

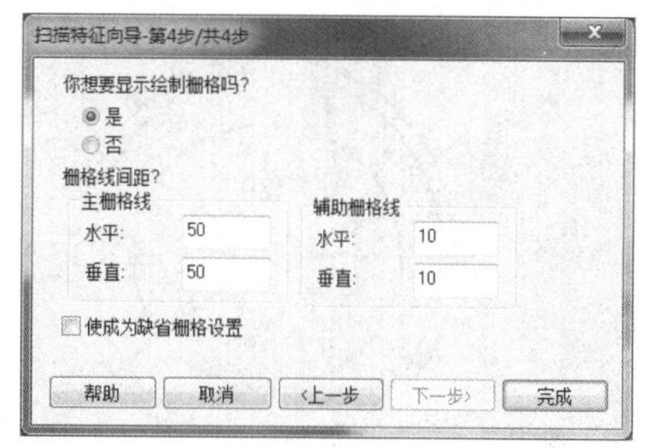

图 3-20 扫描特征向导第 4 步

3. 编辑扫描特征

即使已生成三维扫描特征，只要对所生成的三维造型感到不满意，仍可以编辑它的草图或其他属性。

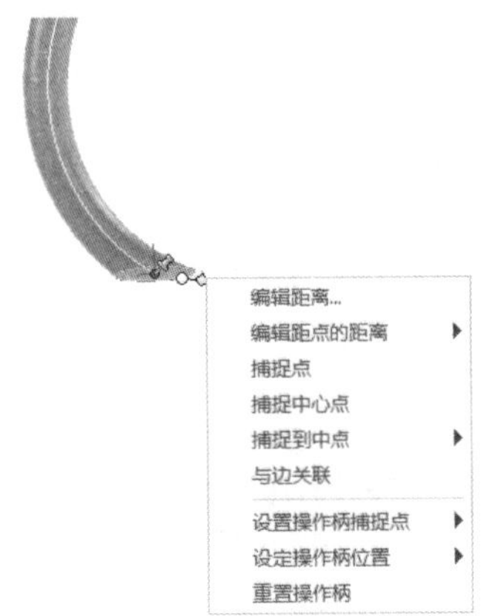

图 3-21 快捷菜单

（1）利用“智能图素”手柄编辑

在“智能图素”编辑状态中选中扫描的图素。虽然图素手柄并不总是呈现在视图上，但可以通过将鼠标指针移向导动设计图素的下部边缘，显示出图素手柄。四方形轮廓手柄用于加大/减小扫描设计的圆柱表面的半径，以此重新定位圆柱表面。要使用扫描特征手柄来进行编辑，可以通过拖动四方形手柄来改变截面形状，或右击该手柄，在弹出的如图 3-21 所示的快捷菜单中选择相应的选项进行编辑。

（2）利用右键弹出菜单编辑

可以在“智能图素”编辑状态中右击扫描图素，在弹出的快捷菜单中选择相应的选项，然后编辑扫描特征。

1）编辑草图截面：用于修改扫描特征的二维草图。

2）编辑轨迹曲线：用于修改扫描特征的导动线。

3）切换扫描方向：用于切换生成扫描特征所用的导动方向。

4）允许扫描尖角：选中/取消选中这个选项，可以规定扫描图素角是尖的还是光滑过渡的。

拓展练习

1. 根据如图 3-22 所示的图样，完成茶杯造型。

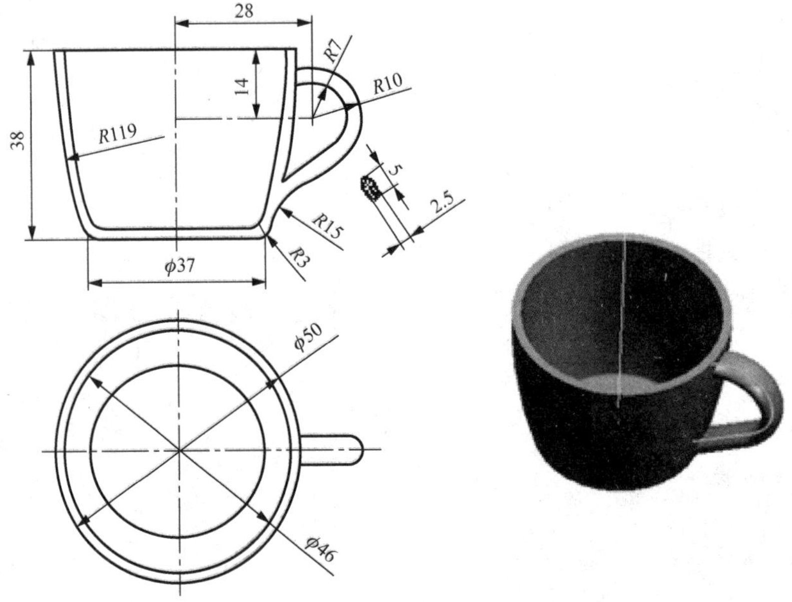

图 3-22 茶杯的图样和造型

2. 根据如图 3-23 所示图样，完成锥形瓶整体（包括把手）造型。

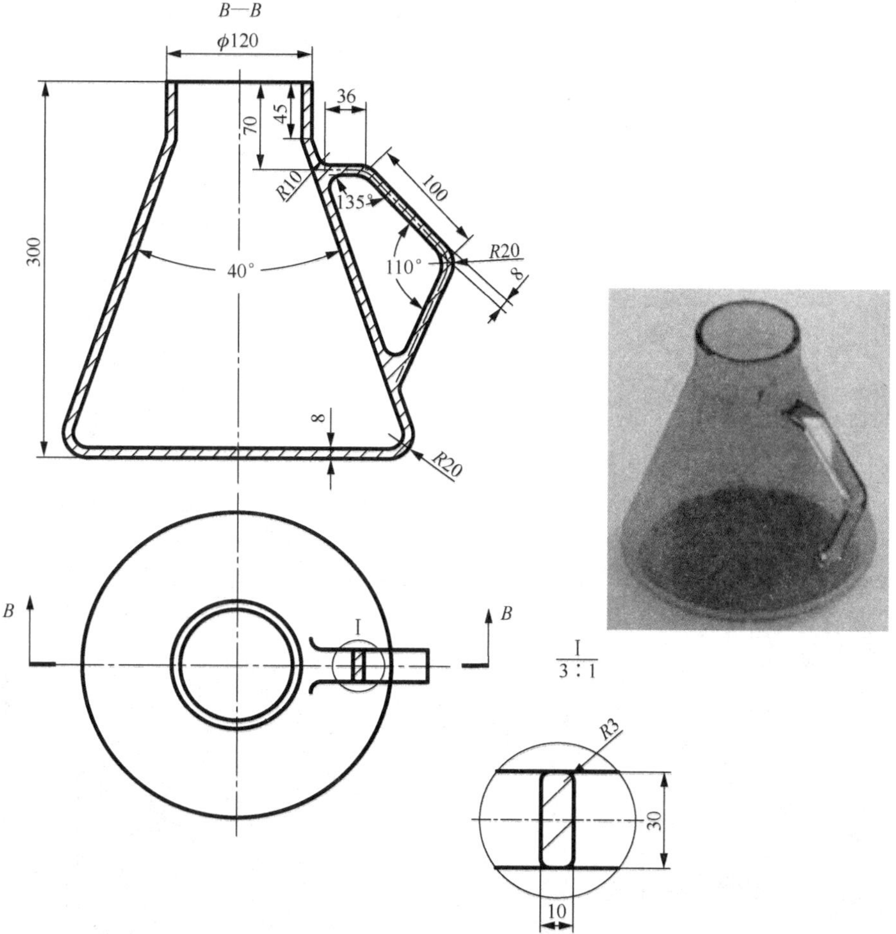

图 3-23　锥形瓶图样和造型

实例四
花 瓶 造 型

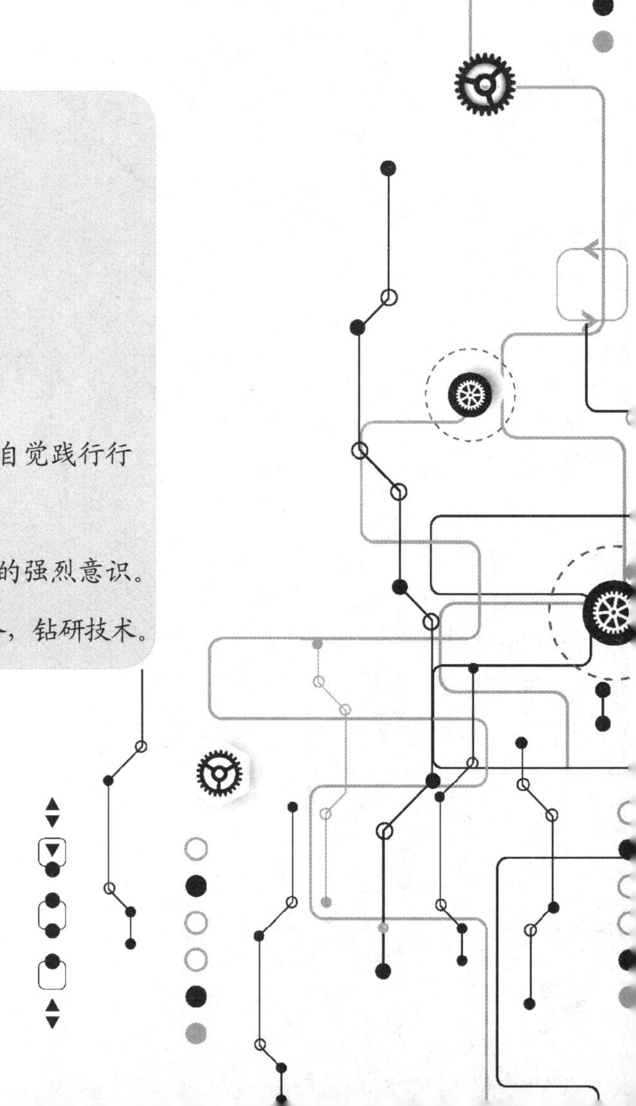

学习目标

【能力目标】

- 熟悉放样的功能。
- 掌握创建放样特征的方法。
- 熟悉编辑放样特征的方法。

【思政目标】

- 树立正确的学习观、价值观，自觉践行行业道德规范。
- 牢固树立质量第一、信誉第一的强烈意识。
- 遵规守纪，安全生产，爱护设备，钻研技术。

任务要求

创建如图 4-1 所示的花瓶实体造型。

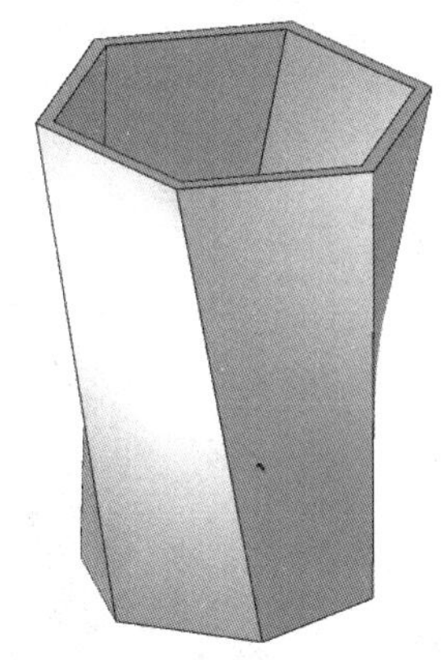

微课：花瓶造型

图 4-1　花瓶实体造型

任务分析

花瓶实体造型的建模流程如图 4-2 所示。

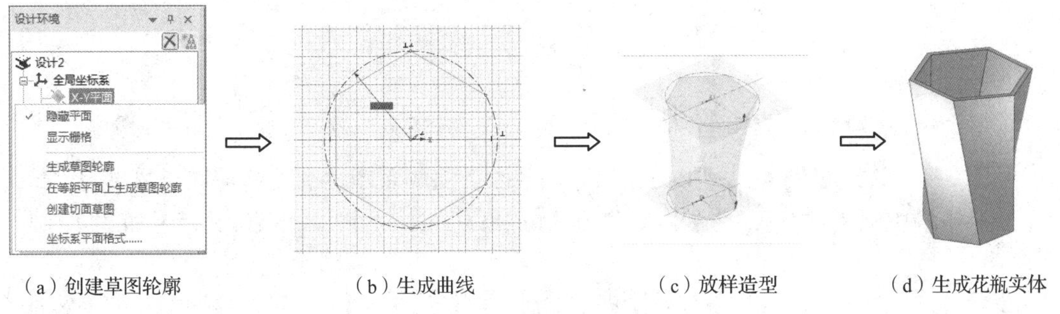

（a）创建草图轮廓　（b）生成曲线　（c）放样造型　（d）生成花瓶实体

图 4-2　花瓶实体造型建模流程

任务实施

步骤 1：打开 CAXA 3D 实体设计 2019，进入设计环境。在设计树中选择“全局坐标系”下的“X-Y 平面”，右击，在弹出的快捷菜单中选择“在等距平面上生成草图轮廓”选项，如图 4-3 所示，在弹出的“平面等距”对话框中输入 X、Y、Z 的距离均为 0，如图 4-4 所示，然后单击“确定”按钮。

步骤 2：单击“草图”选项卡“绘制”选项组中的“多边形”按钮，在左侧的多边形“属性”窗格中进行如图 4-5 所示的设置，绘制一个边数为 6、外接圆半径为 30、角度为 30 的多边形，如图 4-6 所示，然后单击“草图”选项卡“草图”选项组中的“完成”按钮。

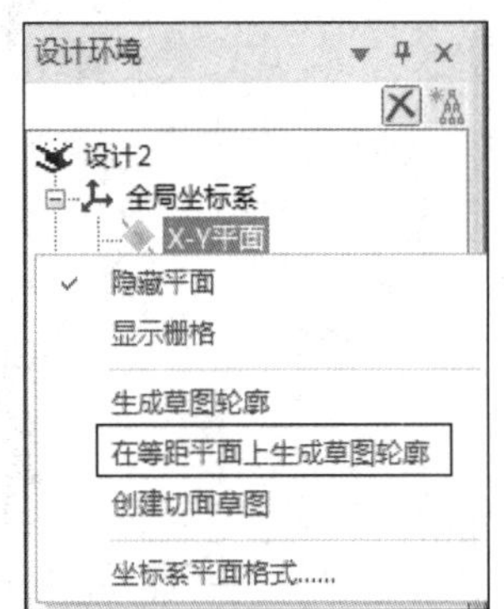

图 4-3　选择“在等距平面上生成草图轮廓”选项

图 4-4　“平面等距”对话框

图 4-5　多边形的“属性”窗格

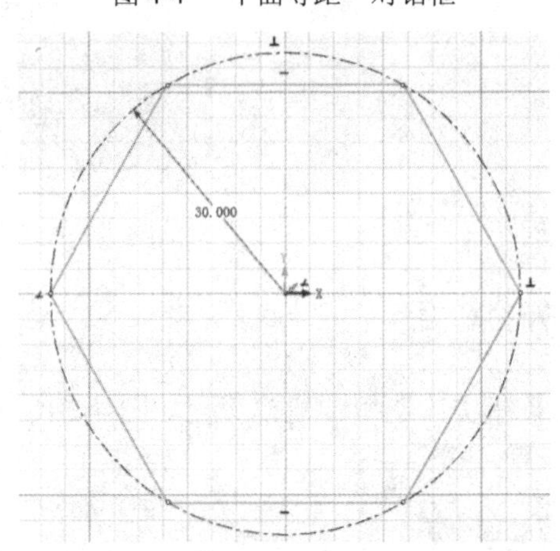

图 4-6　绘制完成的多边形草图 1

步骤 3：再次选择图 4-3 所示的“在等距平面上生成草图轮廓”选项，在弹出的“平面等距”对话框中输入 X、Y、Z 的距离分别为 0、0、100，如图 4-7 所示，然后单击“确定”按钮。

步骤 4：再绘制一个如图 4-8 所示的边数为 6、外接圆半径为 40、角度为 0 的多边形，然后单击“草图”选项卡“草图”选项组中的“完成”按钮。

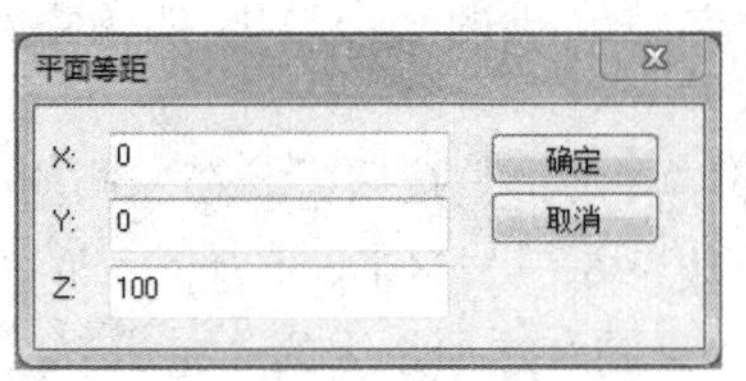

图 4-7　设置 X、Y、Z 的距离

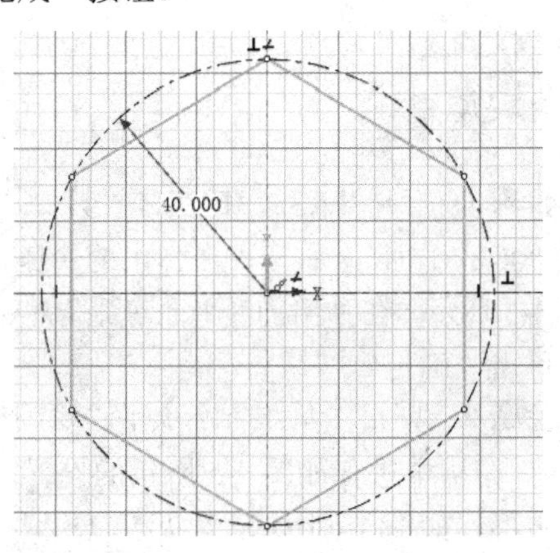

图 4-8　绘制完成的多边形草图 2

步骤 5：单击“特征”选项卡“特征”选项组中的“放样”按钮，在左侧的“属性”窗格中选中“新生成一个独立的零件”单选按钮；在弹出的放样特征“属性”窗格中选择步骤 2、步骤 4 绘制的多边形作为截面 1、截面 2，其他参数默认，如图 4-9 所示，然后单击“确定”按钮，生成如图 4-10 所示的造型。

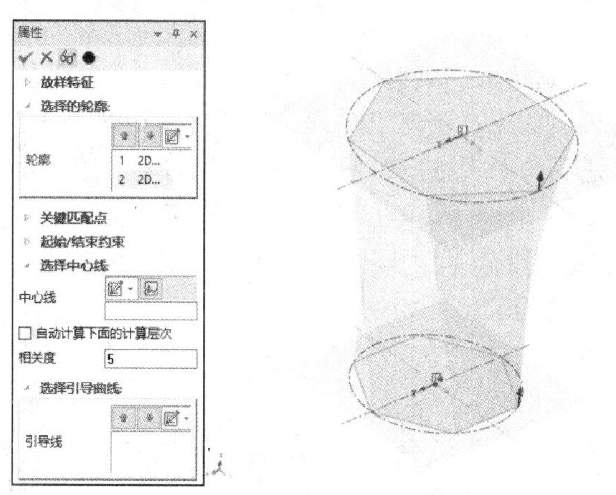

图 4-9　放样属性参数选择

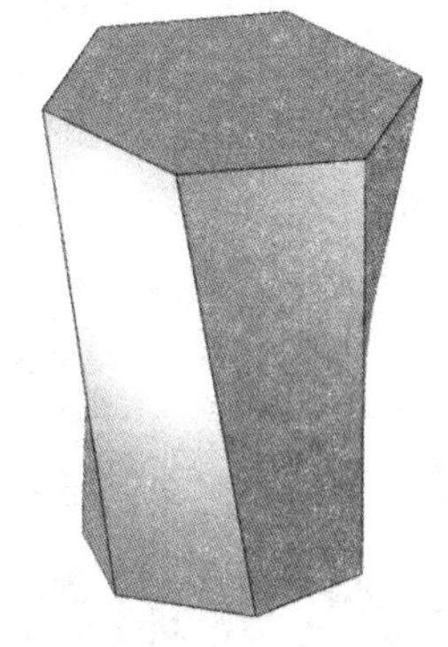

图 4-10　生成放样造型

步骤 6：单击“特征”选项卡“修改”选项组中的“抽壳”按钮，在左侧的抽壳“属性”窗格中设置“抽壳类型”为内部、“开放面”为上顶面、“厚度”为 5，如图 4-11 所示，然后单击“确定”按钮，完成如图 4-1 所示的花瓶实体造型。

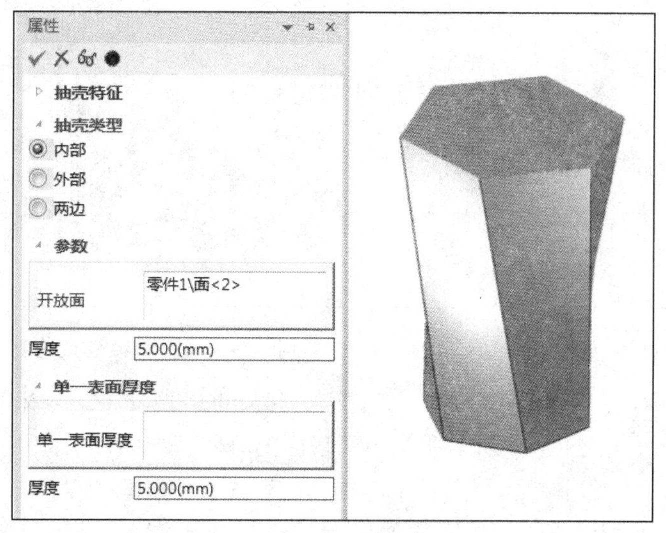

图 4-11　抽壳“属性”窗格设置

知识链接

1. 利用放样工具创建放样特征

1）单击“特征”选项卡“特征”选项组中的“放样”按钮，在左侧的“属性”窗格中选中“从设计环境中选择一个零件”或“新生成一个独立的零件”单选按钮，弹出的放样特征“属性”窗格如图 4-12 所示。

2）单击“轮廓”后的“创建草图”按钮，按照创建草图的过程绘制一草图；或者单击轮廓后的输入框，选择已有草图或平面作为截面。生成放样特征时，可以选择多个截面草图。

3）设置起始/结束约束，如图 4-13 所示。起始轮廓约束有 3 个选项，即无、正交于轮廓、与邻接面相切；结束轮廓约束也有 3 个选项，即无、正交于轮廓、与邻接面相切。这 3 个选项的含义如下：①无，即放样实体的生成处于自由状态；②正交于轮廓，与草图轮廓垂直正交，如选择该选项，则会自动在下方出现如图 4-14 所示的“起始向量长度”文本框，用以输入正交的向量长度；③与邻接面相切，当选择的截面为同一个零件的两个平面时，选择此选项，生成的放样特征起始或末端与所选平面的邻接面相切。

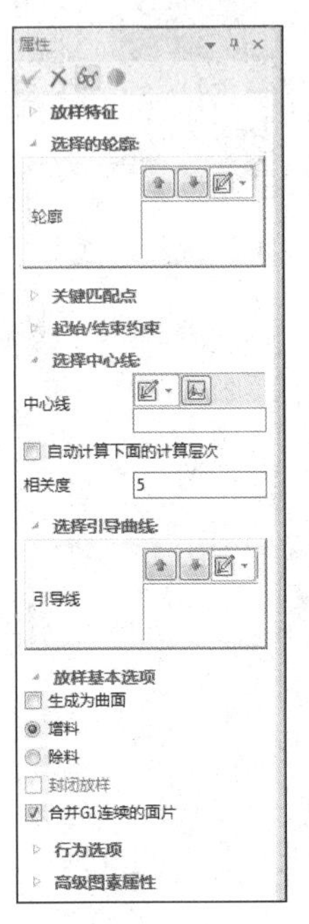

图 4-12　放样特征“属性”窗格

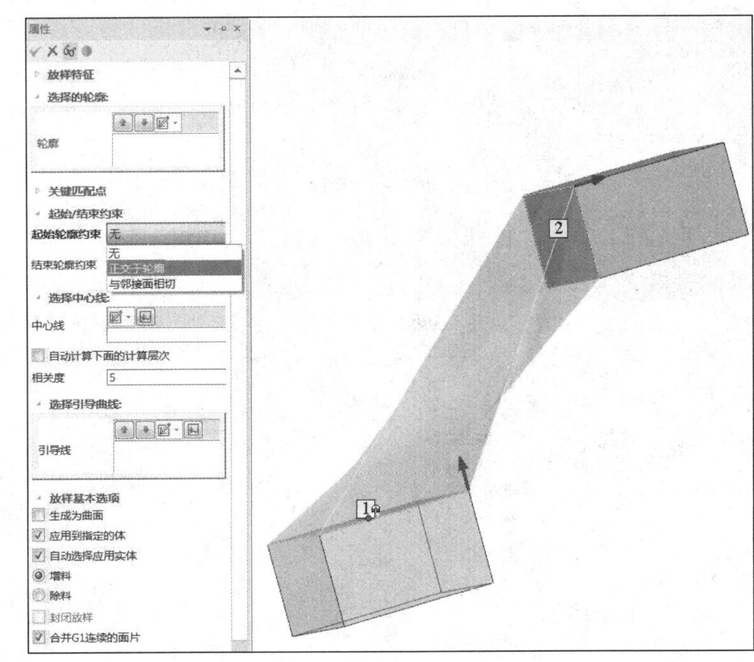

图 4-13　设置起始/结束约束

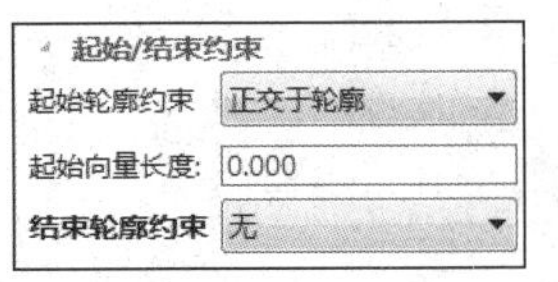

图 4-14　“起始向量长度”文本框

4）设置中心线。可以选择一条变化的引导线作为中心线。所有中间截面的草图基准面都与此中心线垂直。中心线可以是绘制的曲线、模型边线或模型曲线。

5）设置引导线。单击“引导线”后面的按钮或，可以创建一个草图或一条 3D 曲线作为放样特征的引导线，引导线可以控制所生成的中间轮廓。选择已有的草图作为轨迹，如果选择合理，会在设计环境预显扫描结果。也可以选择一条 3D 曲线作为轨迹生成扫描特征。

6）“放样基本选项”中的“生成为曲面”选项指放样得到一个曲面，而不是实体；“增料”和“除料”选项指该次放样对已有零件进行增料或除料操作；“封闭放样”选项指自动连接最后一个和第一个草图，沿放样方向生成一闭合实体；“合并 G1 连续的面片”选项指如果相邻面是 G1 连续的，则在所生成的放样中进行曲面合并。

单击“预览”按钮 预览结果，当预览结果满意后，单击“确定”按钮生成放样特征。

2. 使用放样特征向导

生成一个新的设计环境后，单击“特征”选项卡“特征”选项组中的“放样向导”按钮，弹出“放样特征向导-第 1 步/共 4 步”对话框，如图 4-15 所示。

其中各选项的含义如下。

1）独立实体：新建一个新的零件。

2）增料：对已存在零件，进行放样增料操作。

3）除料：对已存在零件，进行放样除料操作。

4）实体：放样特征为实体造型。放样实体时，二维草图轮廓必须为封闭曲线。

5）曲面：放样造型为曲面。放样曲面时，二维草图轮廓可以为非封闭曲线。

完成第 1 步后，单击“下一步”按钮，弹出“放样特征向导-第 2 步/共 4 步”对话框，如图 4-16 所示，确定放样截面数。

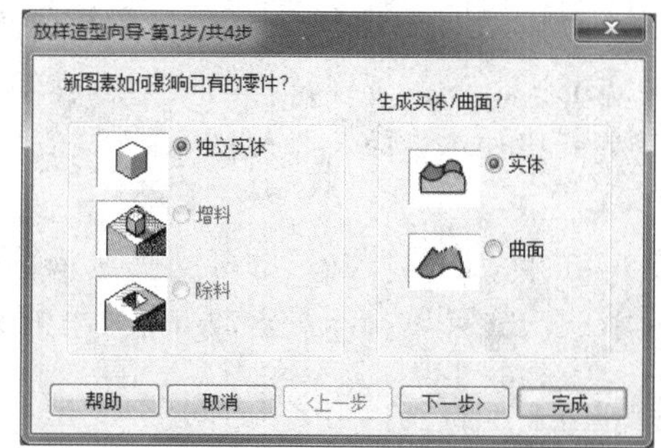

图 4-15 “放样特征向导-第 1 步/共 4 步”对话框

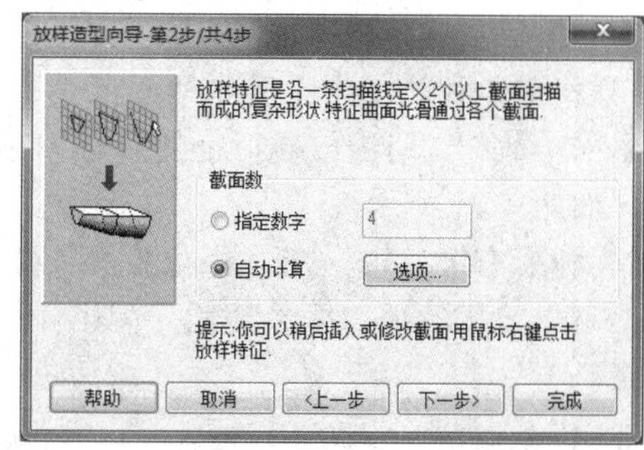

图 4-16 “放样特征向导-第 2 步/共 4 步”对话框

完成第 2 步后，单击“下一步”按钮，弹出“放样特征向导-第 3 步/共 4 步”对话框，如图 4-17 所示，选择截面类型和轮廓定位曲线的类型。

完成第 3 步后，单击“下一步”按钮，弹出“放样特征向导-第 4 步/共 4 步”对话框，如图 4-18 所示。

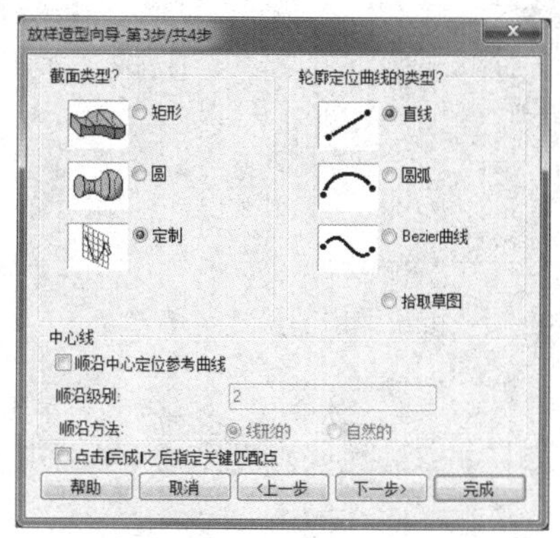

图 4-17 “放样特征向导-第 3 步/共 4 步”对话框

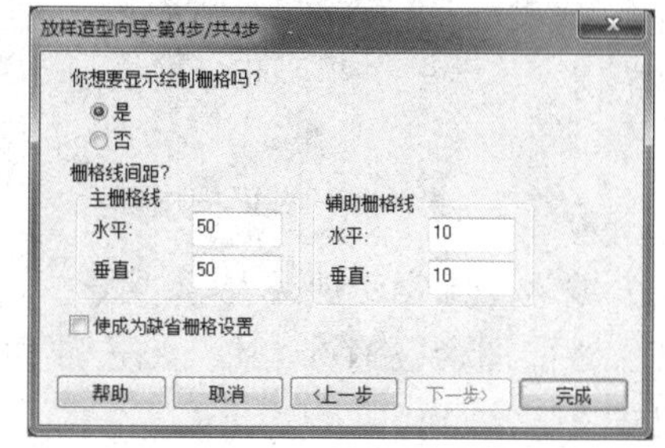

图 4-18 “放样特征向导-第 4 步/共 4 步”对话框

在此对话框中，可以设定显示/隐藏绘制栅格，以及设置栅格的间距。设置以上选项后，单击“完成”按钮退出向导。此时，图形窗口显示二维草图栅格，而功能区自动切换至“草图”选项卡并激活相关草图工具。利用二维草图所提供的功能先绘制放样定位曲线，在弹出的“编辑轮廓定位曲线”对话框中单击“完成造型”按钮，如图 4-19 所示。再继续绘制放样截面，绘制完成一个截面，在弹出的“编辑放样截面”对话框中单击“下一截面”按钮，如图 4-20 所示，全部截面绘制完成后单击“完成造型”按钮，即可生成放样特征实体造型。

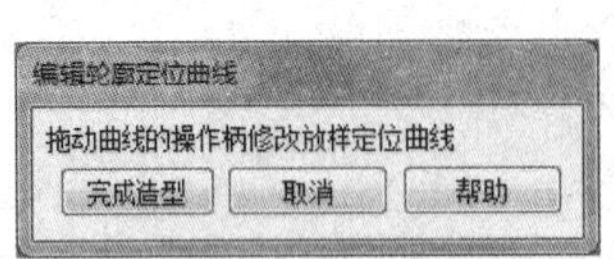

图 4-19 “编辑轮廓定位曲线”对话框

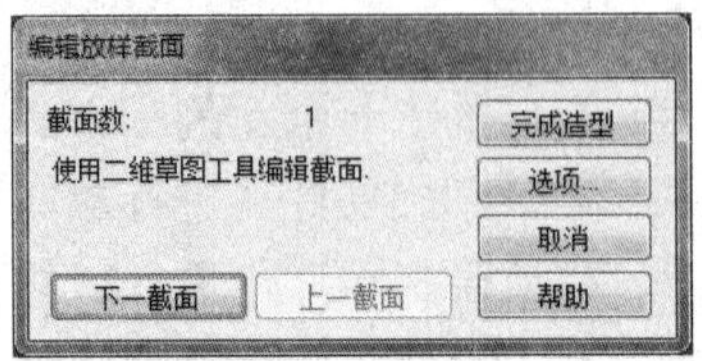

图 4-20 “编辑放样截面”对话框

3. 编辑放样特征

（1）编辑放样轮廓截面

1）利用“智能图素”操作柄。在“智能图素”编辑状态下，放样特征的草图轮廓截面上显示编号按钮，单击放样特征的编号按钮，会出现截面操作柄，拖动操作柄即可编辑轮廓截面，如图 4-21 所示。

2）利用右键编辑。在“智能图素”编辑状态下，放样特征的草图轮廓截面上显示编号按钮，右击放样特征的编号按钮，弹出如图 4-22 所示的快捷菜单，即可对放样轮廓截面进行编辑。

图 4-21 截面操作柄

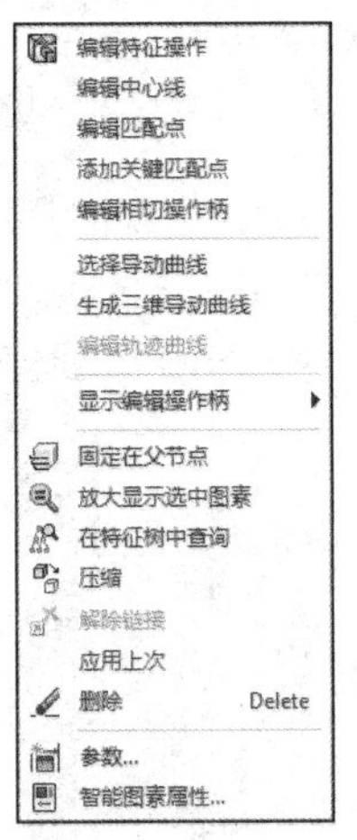

图 4-22 右击编号按钮弹出的快捷菜单

（2）编辑轮廓定位曲线及导动线

在“智能图素”编辑状态下右击放样特征，弹出如图 4-23 所示的快捷菜单，其中的选项含义如下。

1）编辑特征操作：选择该选项，将进入放样特征的编辑状态，可以重新定义截面、导动线等，还可以修改如图 4-24 所示的放样定位曲线。

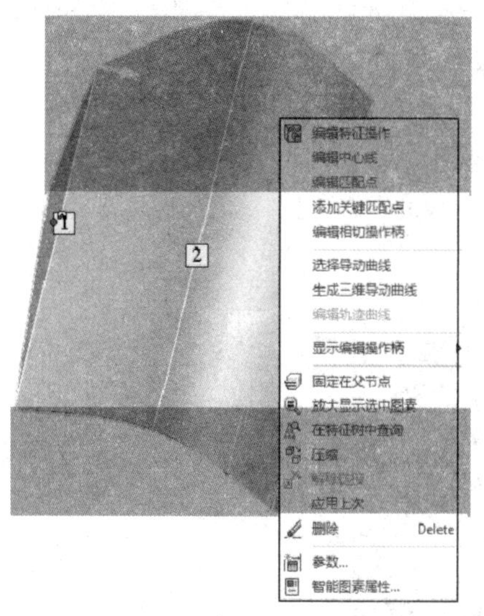

图 4-23 右击放样特征弹出的快捷菜单

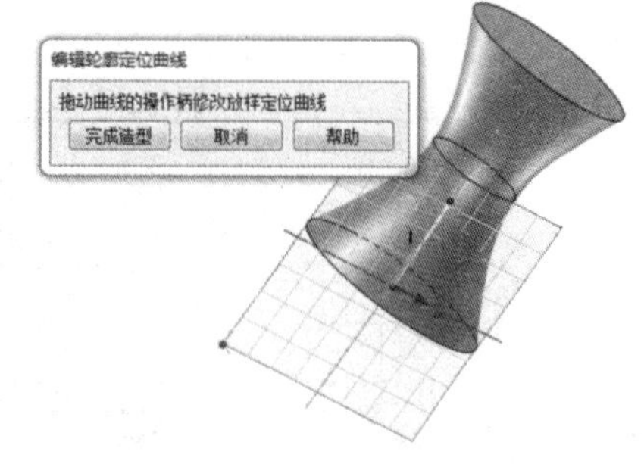

图 4-24 编辑轮廓定位曲线

2）编辑中心线：选择该选项，可在二维草图上编辑放样用的中心线。

3）编辑匹配点：该选项用于编辑放样设计截面的连接点。这些匹配点显现在轮廓定位曲线和每个截面交点的最高点，颜色是红色。编辑匹配点就是将它放于截面中的线段或曲线的端点上，本方法可以用来绘制扭曲的图形。

选择“编辑匹配点”选项后，放样体上将出现一条轮廓定位曲线。选择截面号，移动鼠标指针到匹配点，当鼠标指针变成小手形状时，即可编辑匹配点的位置，如图 4-25 所示。

4）添加关键匹配点：该选项可用于添加关键匹配点。选择该选项，将出现三维曲线工具，用来绘制一条与各截面相交的曲线作为轮廓定位曲线，各交点即为新添加的关键匹配点。

5）编辑相切操作柄：该选项用于在每个放样轮廓上编辑放样导动线的切线。选择此选项，草图轮廓的端点（折点）上会显示编号按钮。单击编号按钮，在导动线上显示红色的相切操作柄。单击并推/拉这些操作柄，手工编辑关联轮廓的切线。右击相切操作柄，弹出的快捷菜单如图 4-26 所示。创新模式和工程模式不同，后者此项为灰色不可编辑。

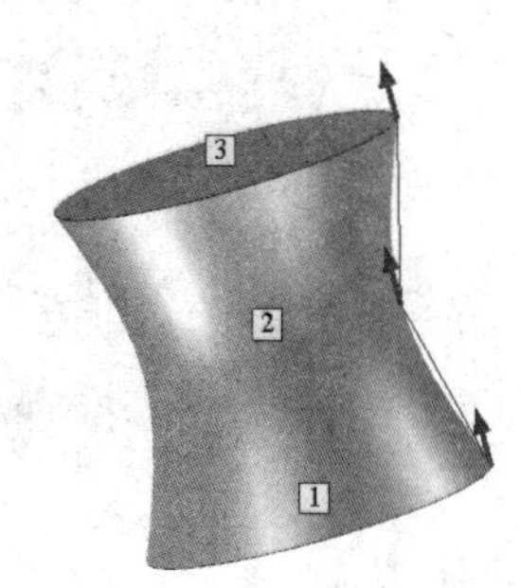

图 4-25 编辑匹配点和添加关键匹配点

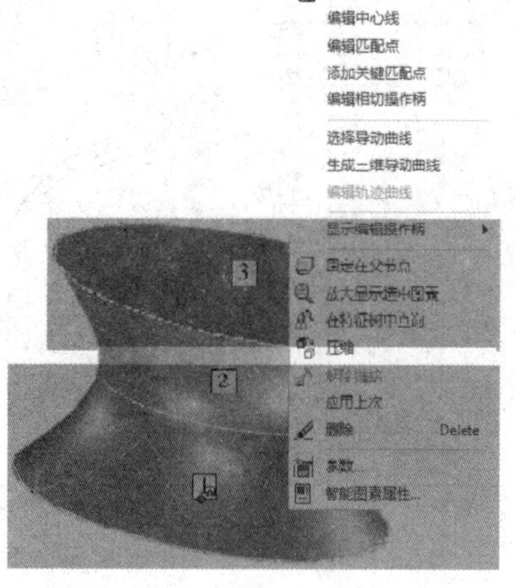

图 4-26 相切操作柄的快捷菜单

拓展练习

1. 根据如图 4-27 所示的图样，完成烟灰缸造型。

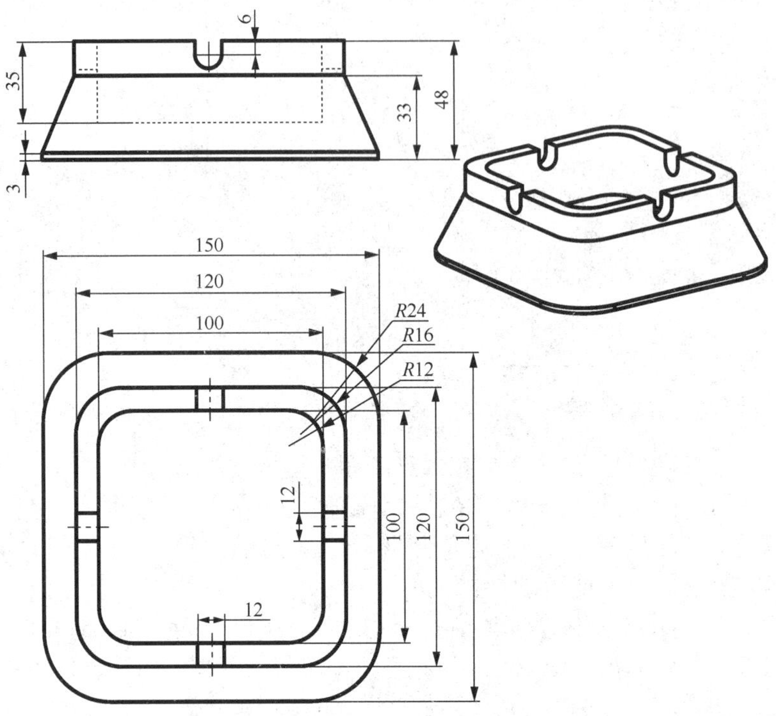

图 4-27 烟灰缸的图样和造型

2. 根据如图 4-28 所示的图样，完成咖啡壶造型。

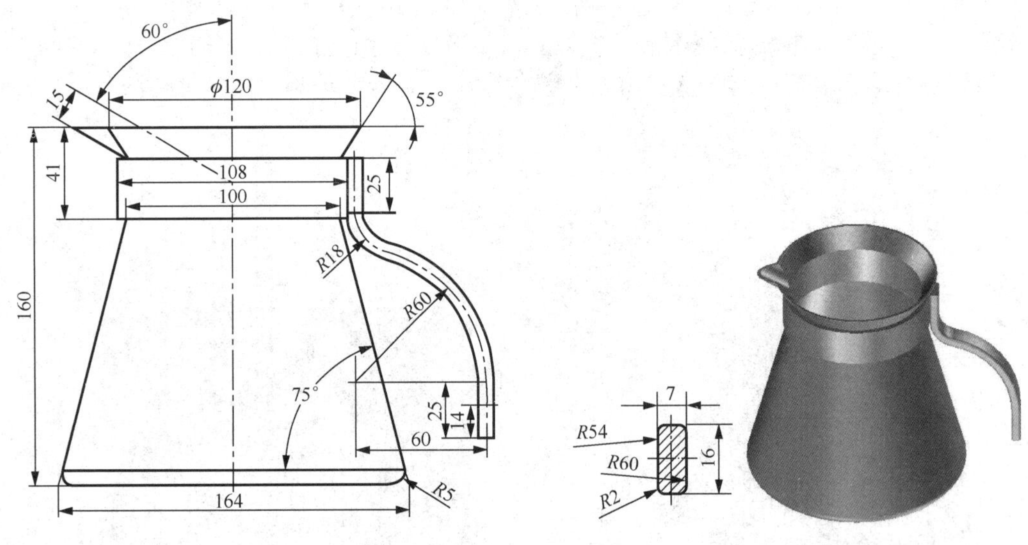

图 4-28 咖啡壶的图样和造型

实例五

篮球造型

学习目标

【能力目标】

- 掌握自定义智能图素的生成方法。
- 熟悉零件设计参数化的方法。
- 熟悉三维曲线的功能。

【思政目标】

- 树立正确的学习观、价值观，自觉践行行业道德规范。
- 牢固树立质量第一、信誉第一的强烈意识。
- 遵规守纪，安全生产，爱护设备，钻研技术。

任务要求

创建如图 5-1 所示的篮球实体造型。

微课：编辑图素

微课：生成 3D 曲线

微课：生成空间 3D 造型

微课：生成篮球实体

图 5-1　篮球实体造型

任务分析

篮球实体造型的建模流程如图 5-2 所示。

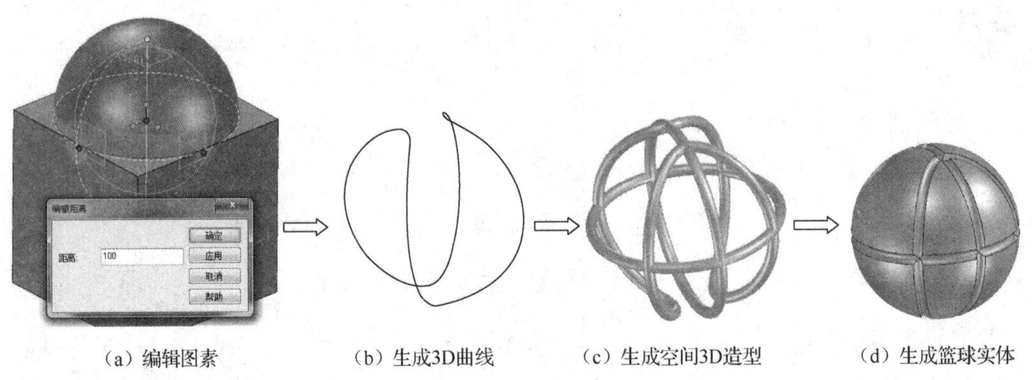

（a）编辑图素　（b）生成3D曲线　（c）生成空间3D造型　（d）生成篮球实体

图 5-2　篮球实体造型的建模流程

任务实施

步骤 1：打开 CAXA 3D 实体设计 2019，进入设计环境。从设计元素库中拖动“长方体”图素到设计环境中，右击操作柄的拖动点，在弹出的快捷菜单中选择“编辑包围盒”选项，弹出如图 5-3 所示的“编辑包围盒”对话框。在该对话框中，设置包围盒的尺寸为长度 200、宽度 200、高度 200，然后单击“确定”按钮。

步骤 2：从设计元素库中拖动“球体”图素到设计环境中，右击操作柄的拖动点，在弹出的快捷菜单中选择“编辑包围盒”选项，弹出如图 5-4 所示的“编辑包围盒”对话框。在该对话框中，设置包围盒的尺寸为长度 200、宽度 200、高度 200，然后单击“确定”按钮。

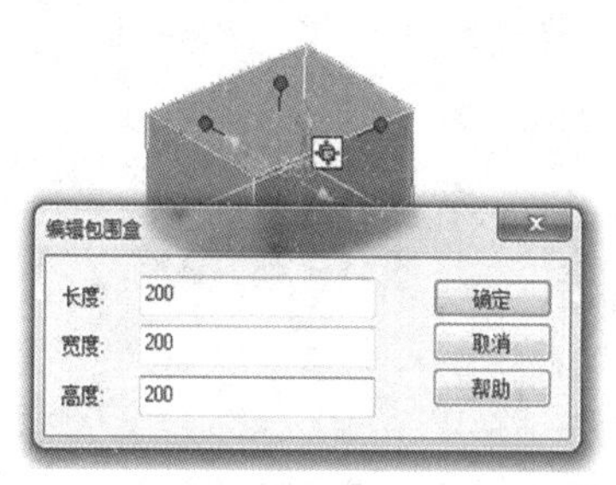

图 5-3 编辑“长方体”图素

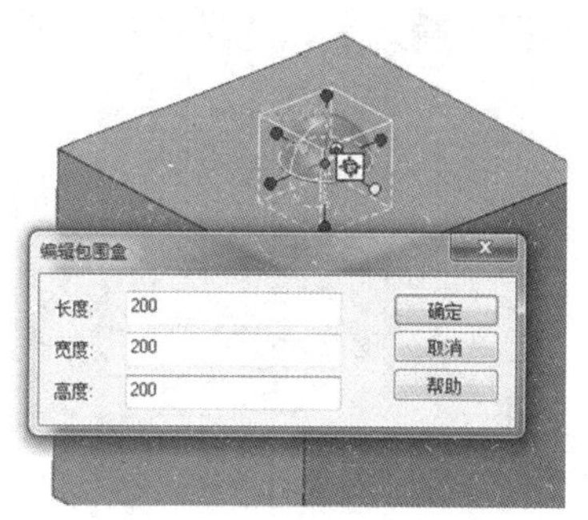

图 5-4 编辑“球体”图素

步骤 3：按 F10 键激活“球体”图素的三维球，右击拖动三维球的上部外操作柄移动一定距离后释放鼠标右键，在弹出的快捷菜单中选择“平移”选项，弹出“编辑距离”对话框，在“距离”文本框中输入 100，如图 5-5 所示，然后单击“确定”按钮，取消三维球。

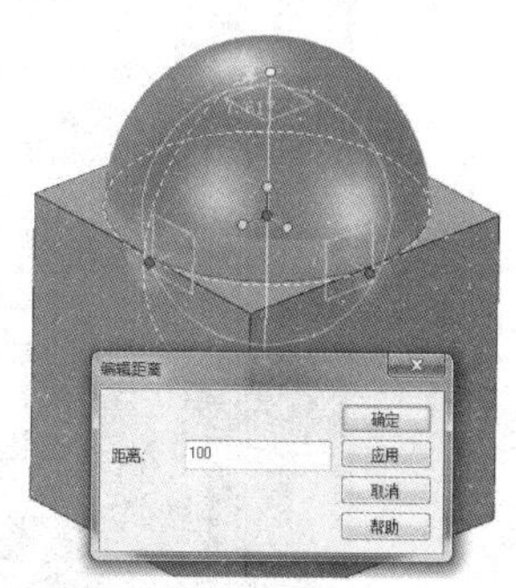

图 5-5 将球体压入长方体

步骤 4：单击“特征”选项卡“特征”选项组中的“拉伸向导”按钮，单击图 5-6 所示表面上的点，在弹出的“拉伸特征向导-第 1 步/共 4 步”对话框中选中“除料”单选按钮；单击“下一步”按钮，弹出“拉伸特征向导-第 2 步/共 4 步”对话框，默认设置；单击“下一步”按钮，在弹出的“拉伸特征向导-第 3 步/共 4 步”对话框中，选中“到指定的距离”单选按钮，并在其下的“距离”文本框中输入 200，如图 5-7 所示，然后单击“完成”按钮。

图 5-6 指定平面

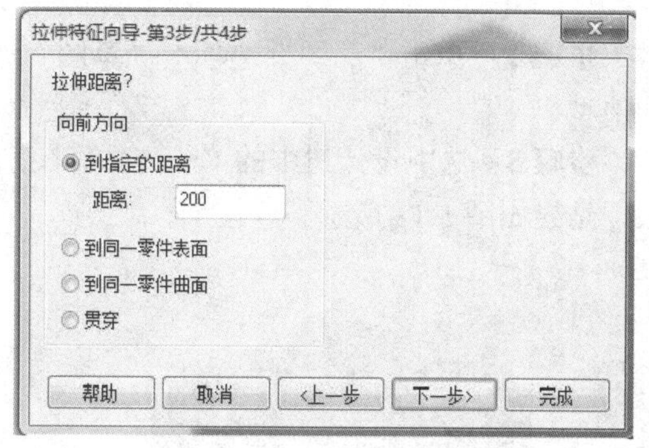

图 5-7 “拉伸特征向导-第 3 步/共 4 步”对话框

步骤 5：在随后生成的二维栅格草图中，单击“草图”选项卡“绘制”选项组中的“椭圆形”按钮，绘制一个椭圆形造型。选中该椭圆形图素，右击，在弹出的快捷菜单中选择“曲线属性”选项，如图 5-8 所示。在弹出的“椭圆”对话框中，将“长轴半径”修改为 70.7、“短轴半径”修改为 100、“定位角度”修改为 180，如图 5-9 所示，然后单击“确定”按钮，完成后的效果如图 5-10 所示。

步骤 6：按 F10 键激活“椭圆”的三维球，右击拖动上部的外操作柄移动一定距离后释放鼠标右键，在弹出的快捷菜单中选择“平移”选项，在弹出的“编辑距离”对话框中的“距离”文本框中输入 3，然后单击“确定”按钮，如图 5-11 所示。

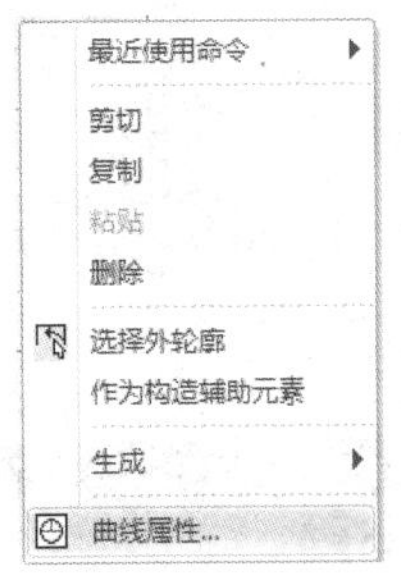

图 5-8　选择“曲线属性”选项

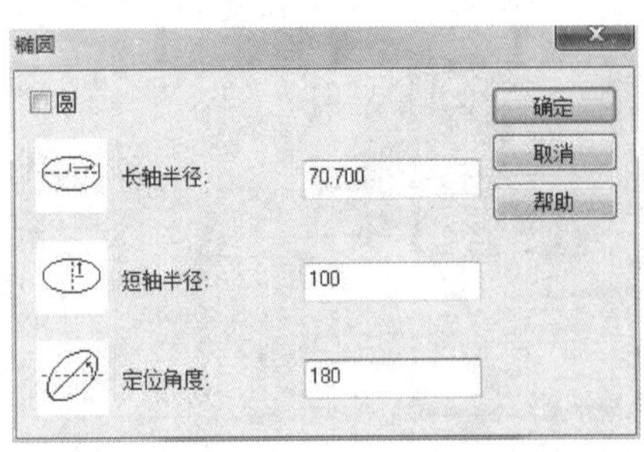

图 5-9　“椭圆”对话框

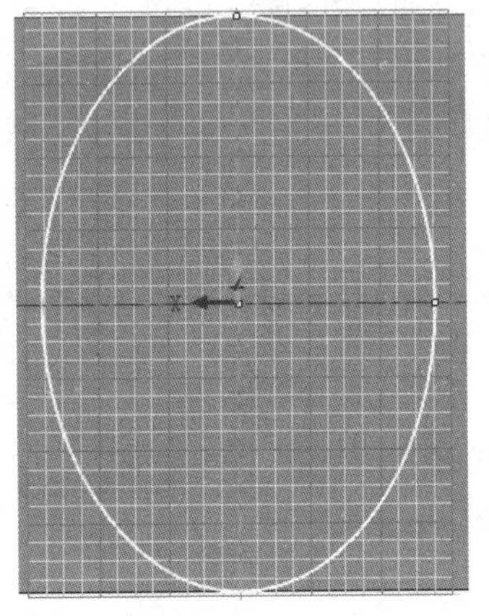

图 5-10　绘制椭圆

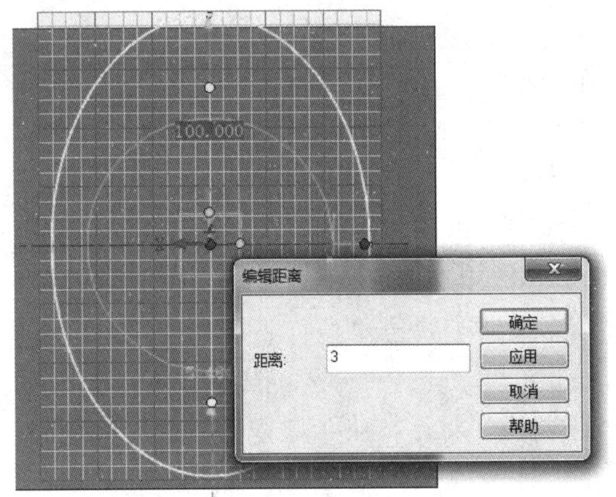

图 5-11　移动椭圆

步骤 7：单击“草图”选项卡“草图”选项组中的“完成”按钮，生成如图 5-12 所示的造型。

步骤 8：选中设计树中的“长方体”图素，右击，在弹出的快捷菜单中选择“压缩”选项，结果如图 5-13 所示。

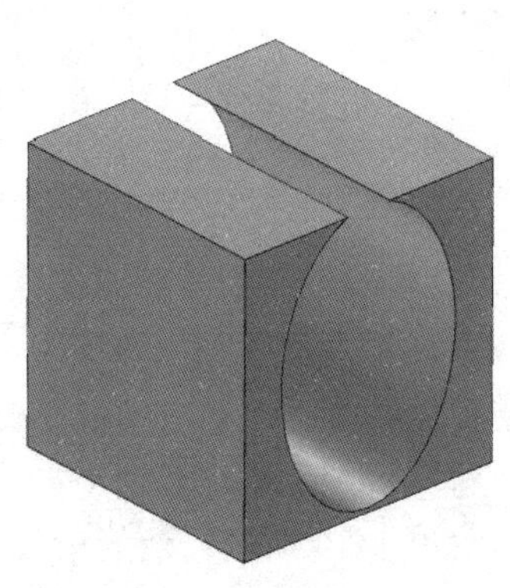

图 5-12　生成的拉伸造型

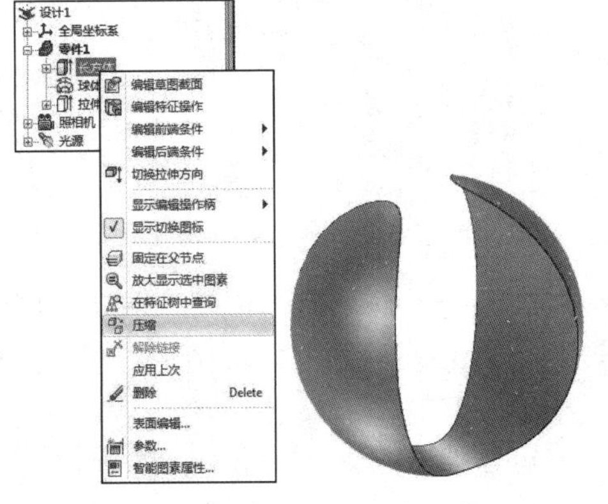

图 5-13　压缩“长方体”图素

步骤 9：单击生成的造型的内侧至高亮状态，右击，在弹出的快捷菜单中选择“生成”→“提取曲线”选项，如图 5-14 所示。

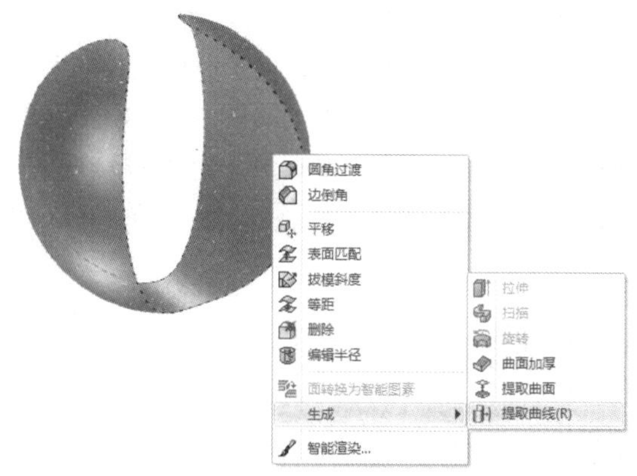

图 5-14　提取曲线

步骤 10：选中设计树中的“拉伸”图标，右击，在弹出的快捷菜单中选择“压缩”选项，结果如图 5-15 所示。

步骤 11：选中设计树中的“球体”图素，右击，在弹出的快捷菜单中选择“压缩”选项，结果如图 5-16 所示。

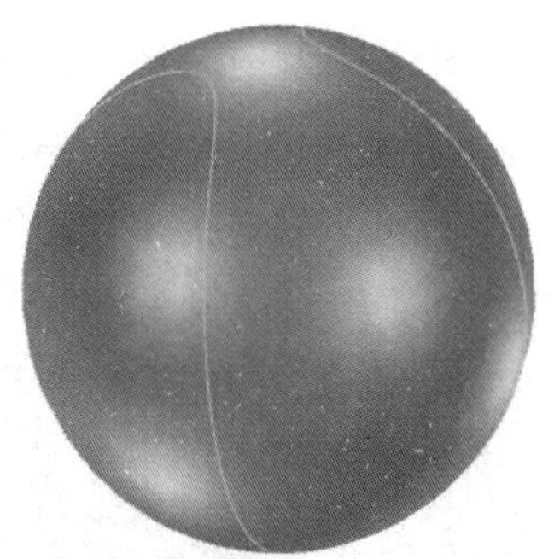

图 5-15　压缩拉伸造型

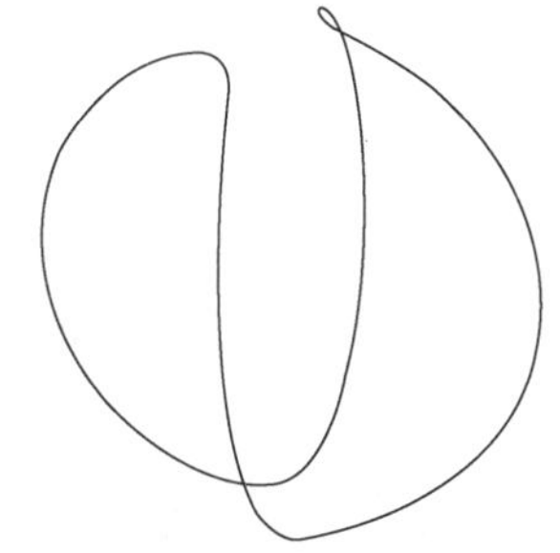

图 5-16　压缩“球体”图素

步骤 12：单击“特征”选项卡“特征”选项组中的“扫描向导”按钮，单击三维曲线，在生成的二维草图中绘制一个圆形，定义圆的半径为 6，如图 5-17 所示；然后单击“草图”选项卡“草图”选项组中的“完成”按钮，生成如图 5-18 所示的造型。

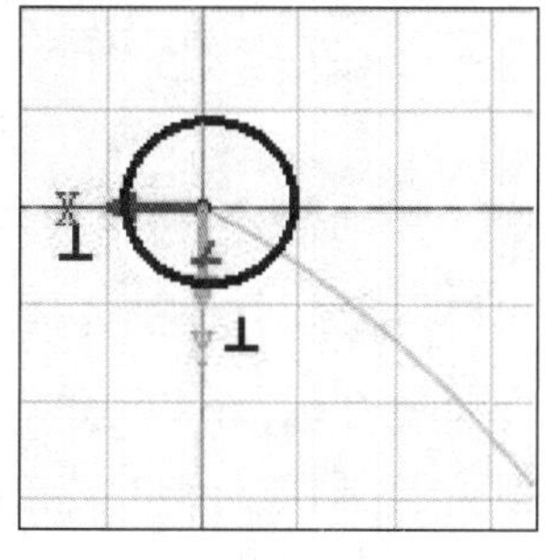

图 5-17　绘制扫描圆形截面

图 5-18　生成空间三维造型

步骤 13：选中设计树中的“长方体”图素，右击，在弹出的快捷菜单中选择“解压缩”选项。从设计元素库中拖动“球体”图素至长方体上表面，当上表面中心点呈绿色亮显后释放鼠标左键。编辑“球体”图素的包围盒尺寸，如图 5-19 所示，并设置球体直径为 200。

步骤 14：单击“曲面”选项卡“三维曲线”选项组中的“提取曲线”按钮，在左侧弹出提取曲线的“属性”窗格，单击球体上的任意一点，然后单击“确定”按钮，如图 5-20 所示。

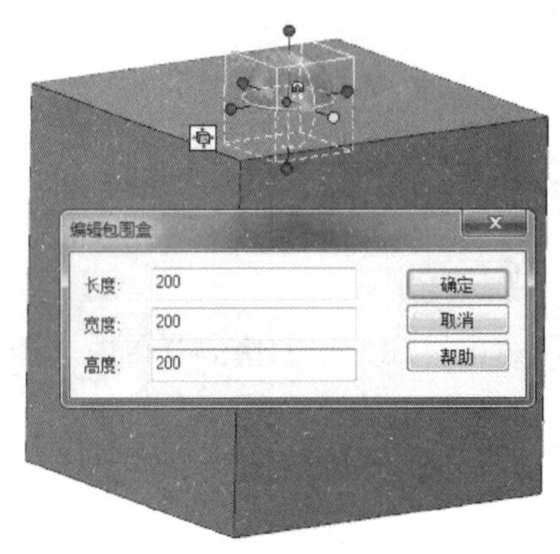

图 5-19　编辑“球体”图素

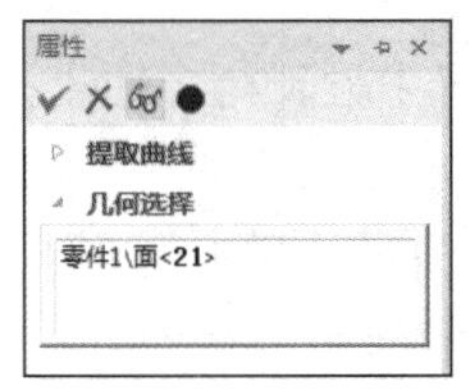

图 5-20　提取曲线的“属性”窗格

步骤 15：在设计树中单击步骤 14 所提取曲线的零件选项，按 F10 键激活三维球，单击三维球外操作柄，将鼠标指针移至三维球内，右击并拖动三维球旋转一定角度后释放鼠标右键，在弹出的快捷菜单中选择“拷贝”选项，如图 5-21 所示，在弹出的“重复拷贝/链接”对话框中的“角度”文本框中输入 90，如图 5-22 所示，然后单击“确定”按钮，取消三维球。

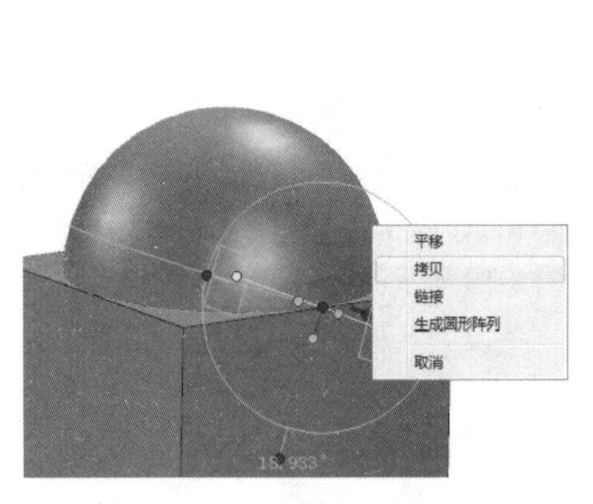

图 5-21　复制三维曲线

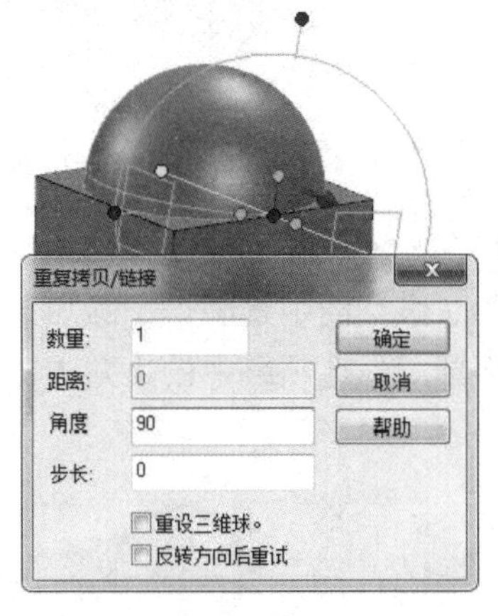

图 5-22　“重复拷贝/链接”对话框

步骤 16：将设计树中的“球体”“长方体”两个图素压缩，结果如图 5-23 所示。

步骤 17：单击“特征”选项卡“特征”选项组中的“扫描向导”按钮，单击三维曲线，在生成的二维草图中绘制一个圆形，定义圆的半径为 6，然后单击“草图”选项卡“草图”选项组中的“完成”按钮，生成如图 5-24 所示的造型。

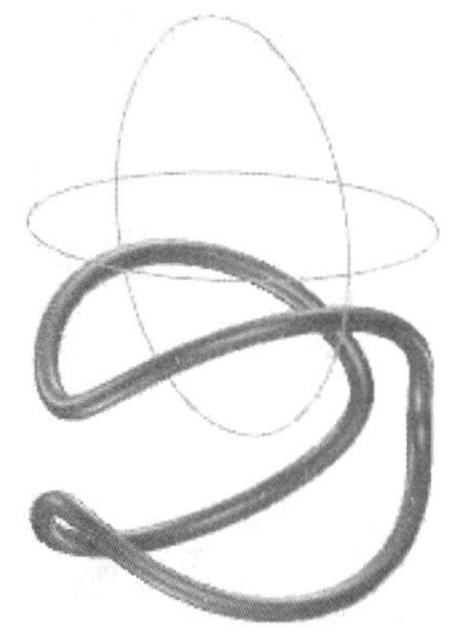

图 5-23　三维曲线

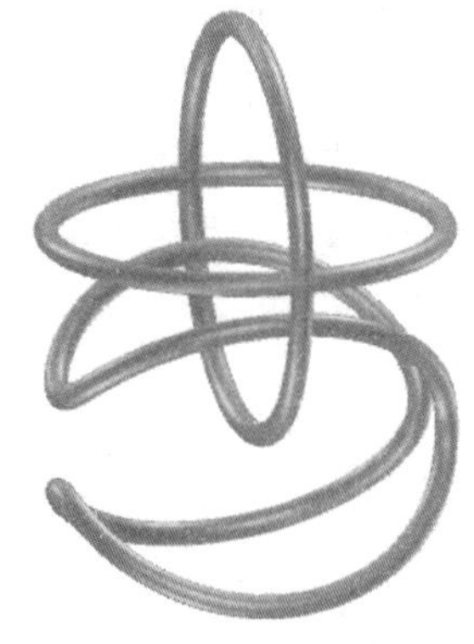

图 5-24　扫描操作后生成的造型

步骤 18：在设计树中，按住 Shift 键的同时选择步骤 17 新生成的两个零件选项。按 F10 键激活三维球，单击三维球竖直方向外操作柄，拖动三维球向下移动一定距离后释放鼠标左键。右击移动值，在弹出的快捷菜单中选择“编辑值”选项，在弹出的“编辑距离”对话框中的“距离”文本框中输入 100，如图 5-25 所示，然后单击“确定”按钮，取消三维球，并删除 3D 曲线，结果如图 5-26 所示。

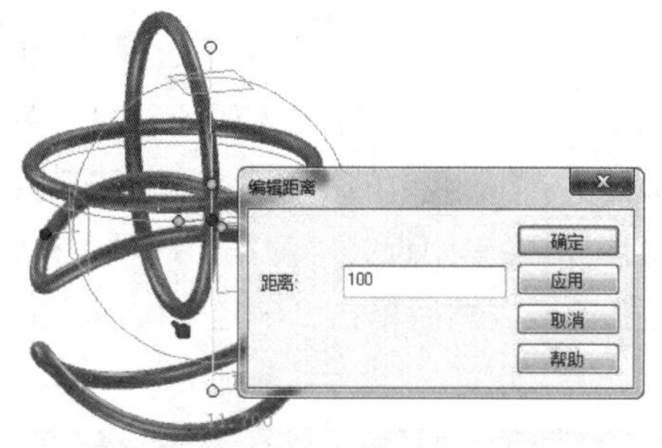

图 5-25　重新定位零件 1 和零件 2

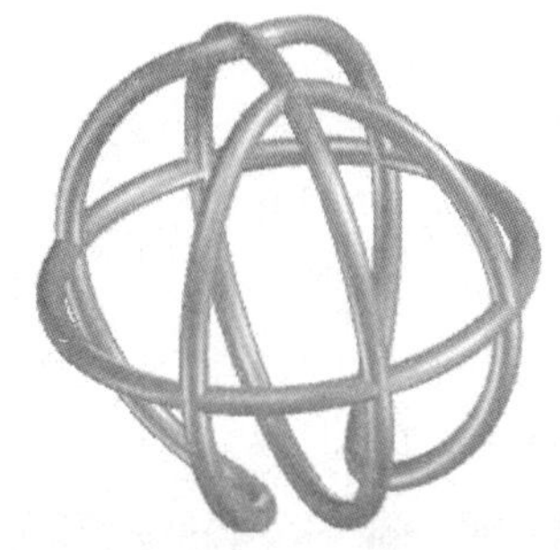

图 5-26　定位完成

步骤 19：单击“特征”选项卡“修改”选项组中的“布尔”按钮，在左侧弹出布尔特征的“属性”窗格，选中“操作类型”选项组中的“加”单选按钮，如图 5-27 所示。依次单击 3 个管状体零件，然后单击“确定”按钮，结果如图 5-28 所示。

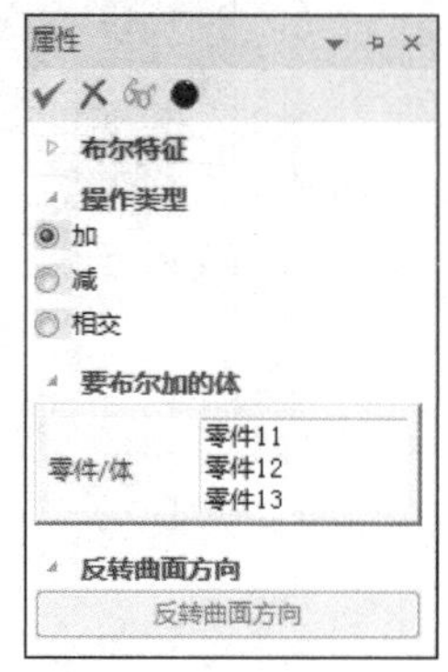

图 5-27　布尔特征的“属性”窗格

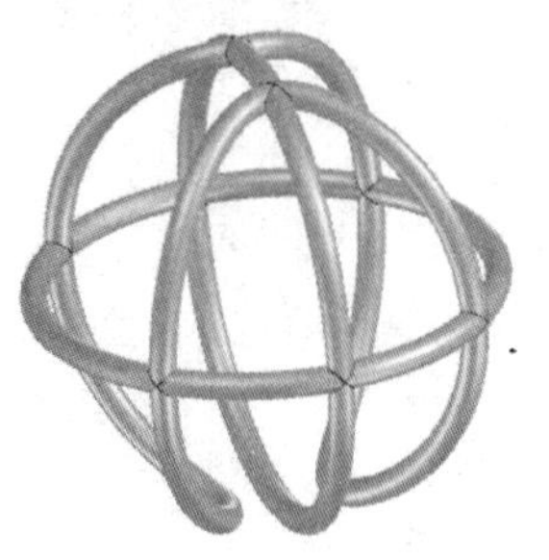

图 5-28　布尔加运算结果

步骤 20：在设计树中将“球体”图素解压缩。单击“特征”选项卡“修改”选项组中的“布尔”按钮，在左侧弹出的布尔特征的“属性”窗格中，选中“操作类型”选项组中的“减”单选按钮，在“被布尔减的体”选项组中选择球体，在“要布尔减的体”选项组中选择管状体，如图 5-29 所示。然后单击“确定”按钮，结果如图 5-30 所示。

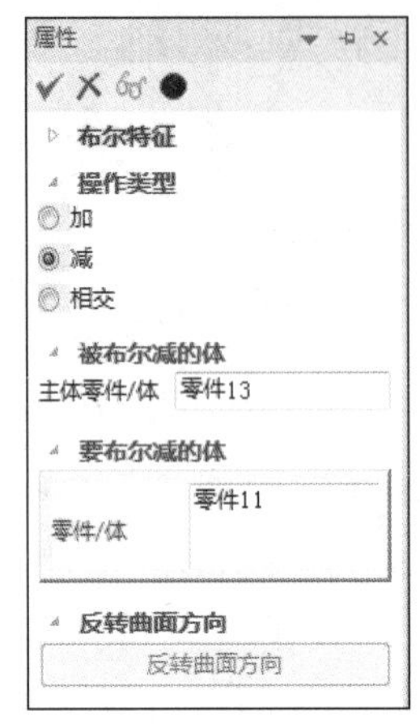

图 5-29　布尔减运算设置

图 5-30　布尔减运算结果

步骤 21：渲染篮球造型。选中篮球，右击，在弹出的快捷菜单中选择“智能渲染”选项，弹出如图 5-31 所示的“智能渲染属性”对话框，选择篮球实体颜色，然后单击“确定”按钮。选中篮球的凹槽，将设计元素库中“颜色”选项卡中的“黑色”元素拖动到凹槽图素上。在绘图区的任意空白位置右击，在弹出的快捷菜单中选择“渲染”选项，在弹出的“设计环境属性”对话框中选中如图 5-32 所示的复选框，然后单击“确定”按钮，生成如图 5-1 所示的篮球实体造型。

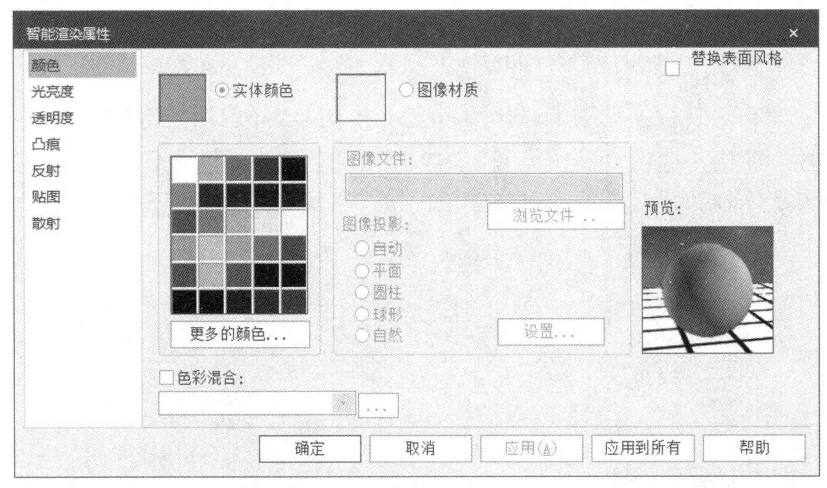

图 5-31　“智能渲染属性”对话框

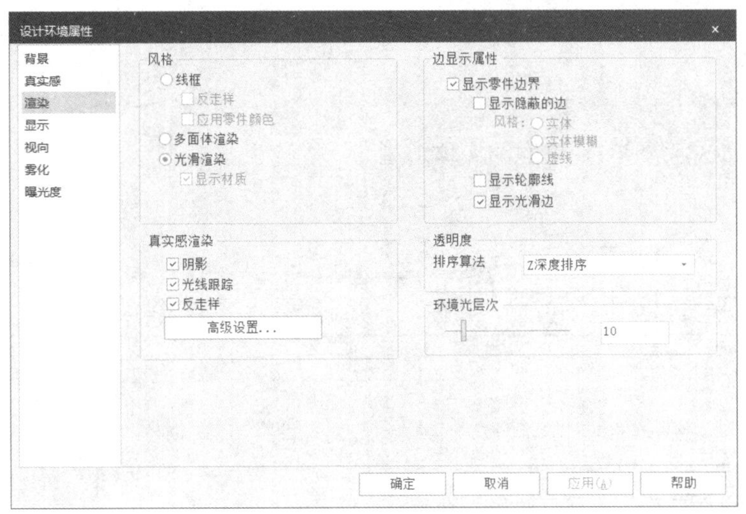

图 5-32 “设计环境属性”对话框

知识链接

三维曲线功能就是在三维空间内绘制三维曲线，其在曲面造型设计中的应用非常广泛，且种类也很多，包括三维曲线、等参数线、曲面交线、曲面投影线和公式曲线等。在 CAXA 3D 实体设计 2019 中可以通过两种方法进行三维曲线的设计。

1）在“曲面”选项卡“三维曲线”选项组中（图 5-31），有多种生成三维曲线的方法可供选择：三维曲线、提取曲线、曲面交线、公式曲线、曲面投影线、等参数线、组合投影曲线、包裹曲线和桥接曲线，如图 5-33 所示。

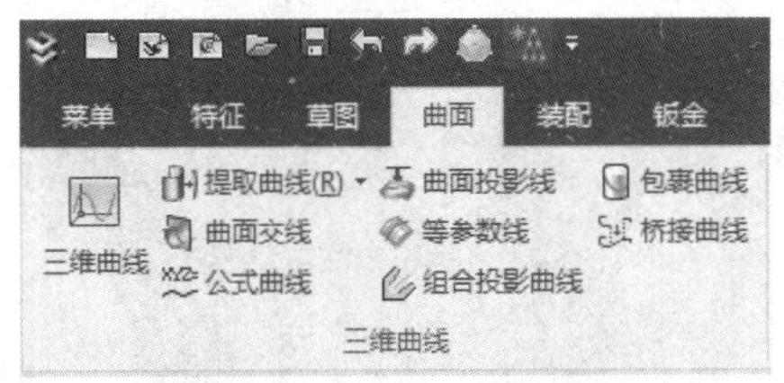

图 5-33 “曲面”选项卡“三维曲线”选项组

2）在功能区空白处右击，在弹出的快捷菜单中选择“工具条设置”→“3D 曲线”选项，如图 5-34 所示。生成“3D 曲线”工具条，如图 5-35 所示，可以在工具条上单击相应的按钮生成三维曲线。

图 5-34 选择“3D 曲线”选项

图 5-35 “3D 曲线”工具条

拓展练习

1. 完成图 5-36 所示的手机壳的实体造型。

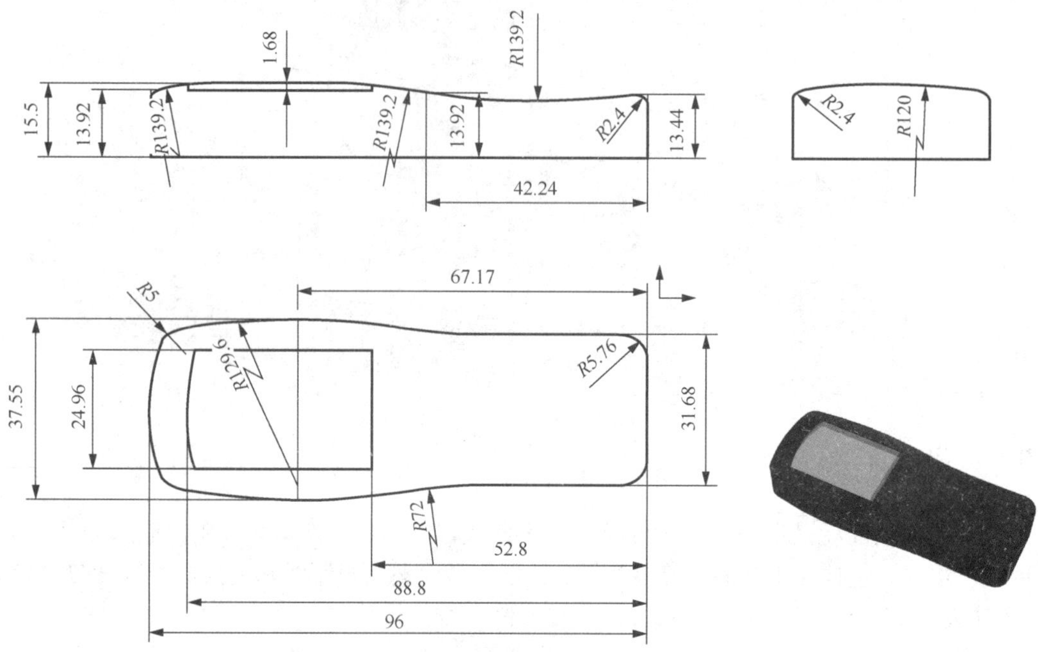

图 5-36　手机壳造型

2. 完成图 5-37 所示的莲花造型，进行适当渲染，尺寸自定。

图 5-37　莲花造型

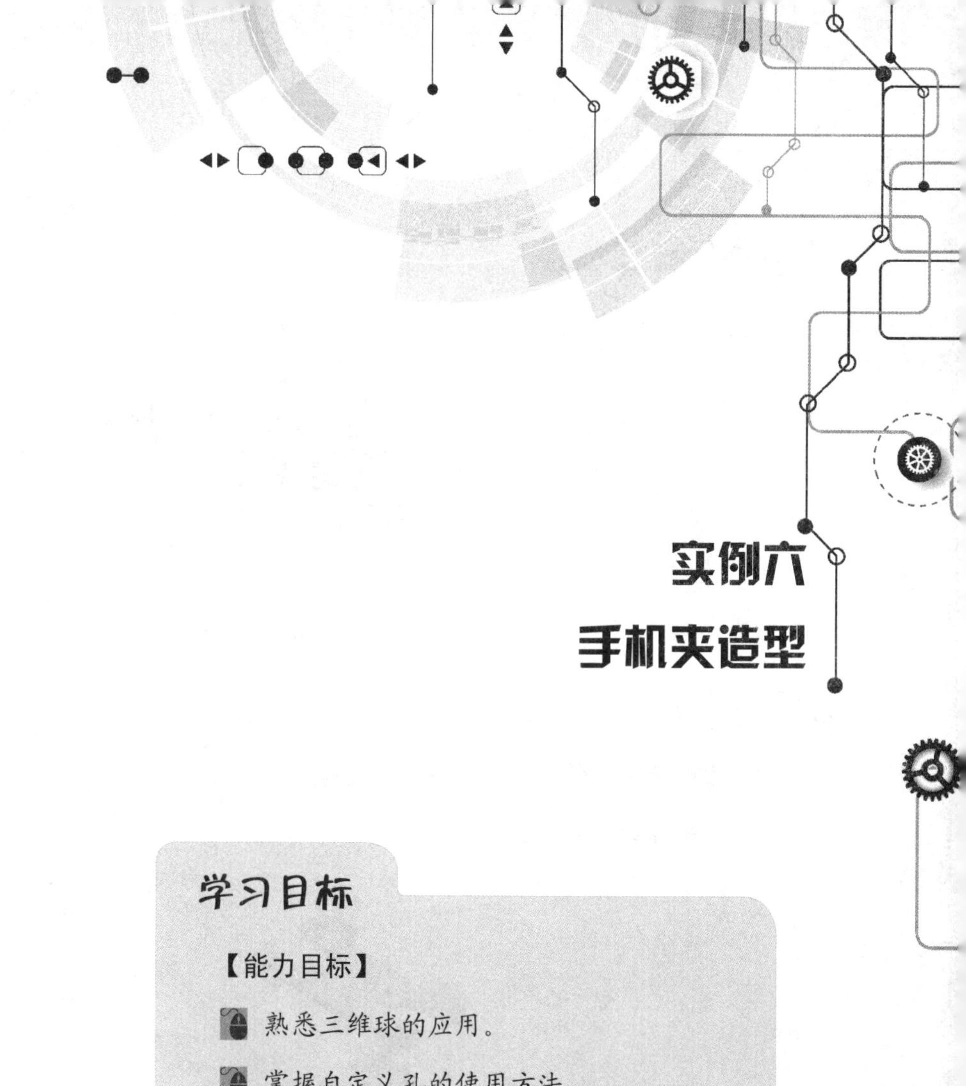

实例六
手机夹造型

学习目标

【能力目标】

- 熟悉三维球的应用。
- 掌握自定义孔的使用方法。
- 学会装配流程各约束命令的应用。

【思政目标】

- 树立正确的学习观、价值观，自觉践行行业道德规范。
- 牢固树立质量第一、信誉第一的强烈意识。
- 遵规守纪，安全生产，爱护设备，钻研技术。

任务要求

根据给定的手机夹工程图，创建如图 6-1 所示的手机夹实体造型。

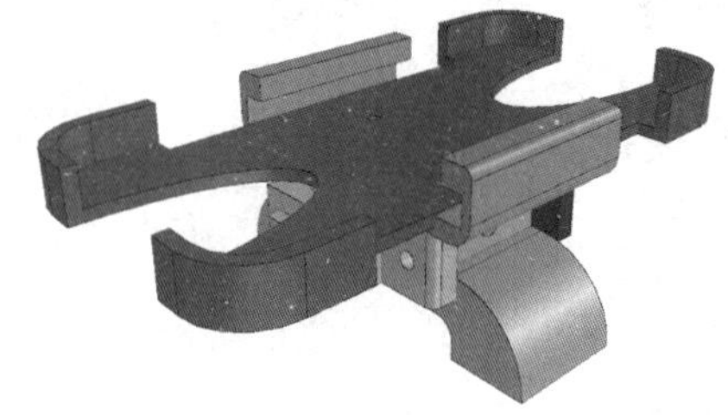

图 6-1　手机夹实体造型

任务分析

一、手机夹结构分析

手机夹整体结构如图 6-2 所示。

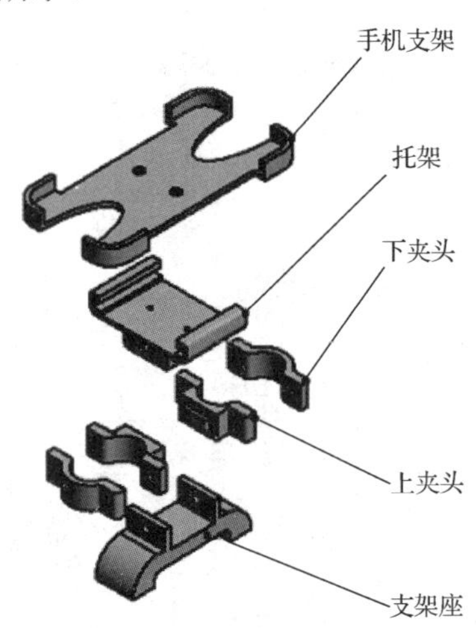

图 6-2　手机夹整体结构

二、部件整体建模分析

手机夹采用单独零件建模，然后采用部件装配的方法进行装配，部件建模及装配流程如图 6-3 所示。

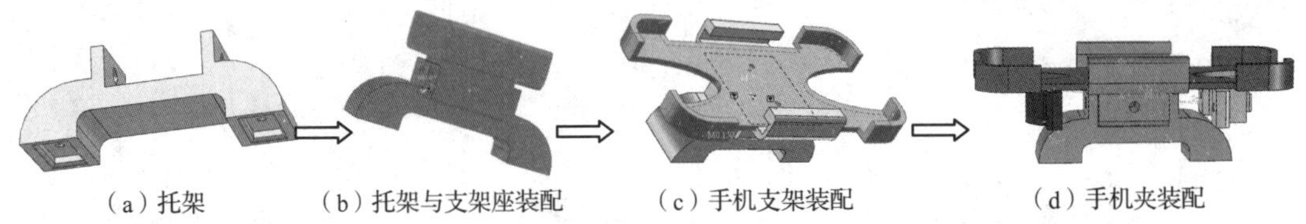

图 6-3　手机夹部件建模及装配流程

任务分解

手机夹实体设计根据结构可以拆分成托架设计、支架座设计、手机支架设计、下夹头设计、上夹头设计和手机夹装配 6 个任务，如图 6-4 所示。

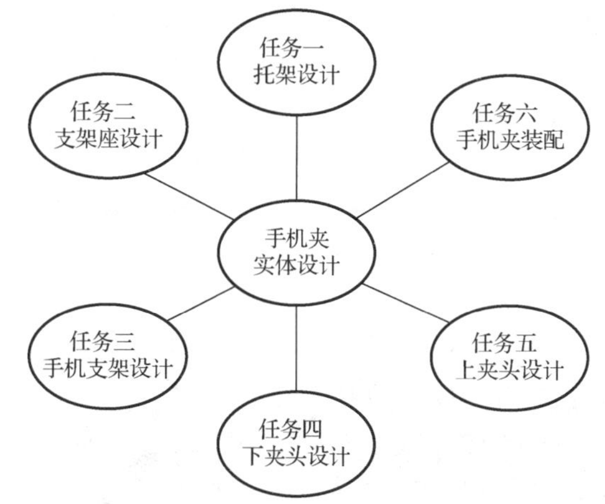

图 6-4 手机夹实体设计分解

任务一 托架设计

任务要求

根据如图 6-5 所示的图样，建立托架的三维模型。

微课：托架设计

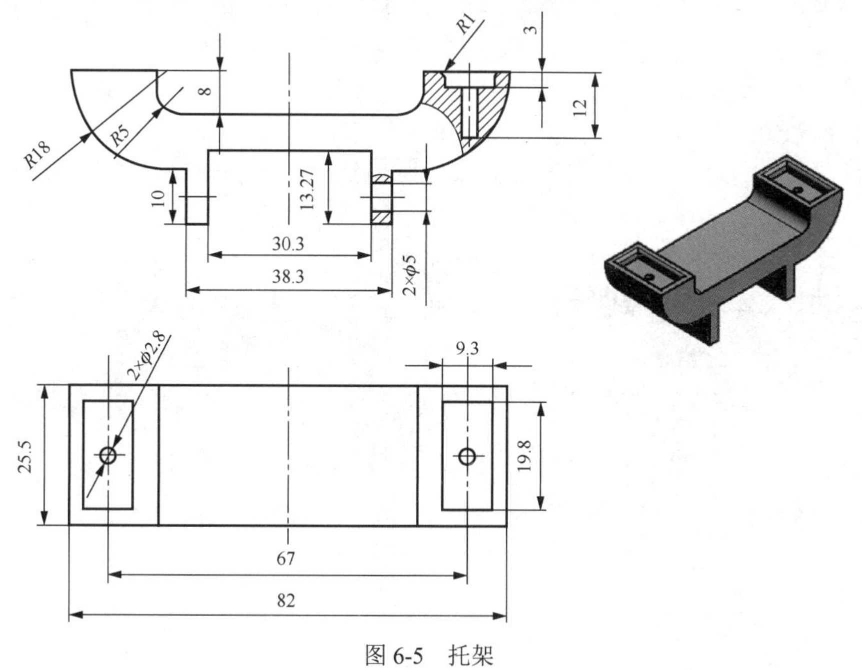

图 6-5 托架

任务实施

步骤 1：打开 CAXA 3D 实体设计 2019，进入设计环境。单击“特征”选项卡“特征”选项组中的“拉伸向导”按钮，单击绘图区的任意位置，在弹出的“拉伸特征向导-第 1 步/共 4 步”对话框中选中“独立实体”单选按钮；单击“下一步”按钮，保留默认设置；单击“下一步”按钮，在弹出的“拉伸特征向导-第 3 步/共 4 步”对话框中选中“到指定的距离”单选按钮，并在下方的“距离”文本框中输入 25.5，然后单击“完成”按钮。

步骤 2：在随后生成的二维栅格草图中，单击“草图”选项卡“绘制”选项组中的“2 点线”按钮，根据已知线段的尺寸，依次绘制轮廓线，然后单击“草图”选项卡“草图”选项组中的“完成”按钮，完成拉伸造型，如图 6-6 所示。

步骤 3：单击“特征”选项卡“修改”选项组中的“圆角过渡”按钮，在左侧“属性”窗格中选中“过渡类型”中的“等半径”单选按钮，并设置“半径”为 18，然后单击如图 6-7 所示的 2 个需要圆角过渡的边，单击“确定”按钮。

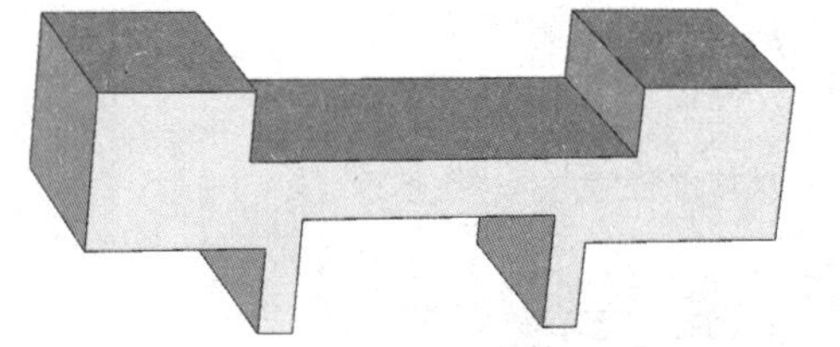

图 6-6　完成的拉伸造型 1

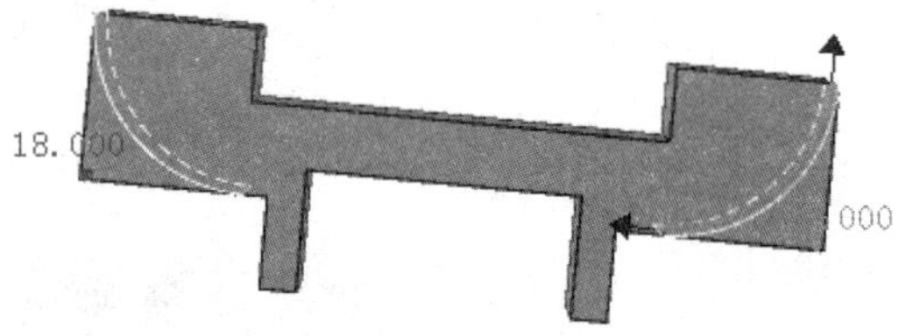

图 6-7　编辑“圆角过渡”图素 1

步骤 4：从设计元素库中拖动“孔类长方体”图素到设计环境中的相应位置，右击操作柄的拖动点，在弹出的快捷菜单中选择“编辑包围盒”选项，在弹出的“编辑包围盒”对话框中设置包围盒的尺寸为长度 9.3、宽度 19.8、高度 3，然后单击“确定”按钮，结果如图 6-8 所示。

步骤 5：从设计元素库中拖动“孔类圆柱体”图素到右侧孔类长方体的中心位置。右击孔类圆柱体，在弹出的快捷菜单中选择“智能图素属性”选项，在弹出的“编辑包围盒”对话框中设置包围盒的尺寸为长度 2.8、宽度 2.8、高度 9，然后单击“确定”按钮，结果如图 6-9 所示。

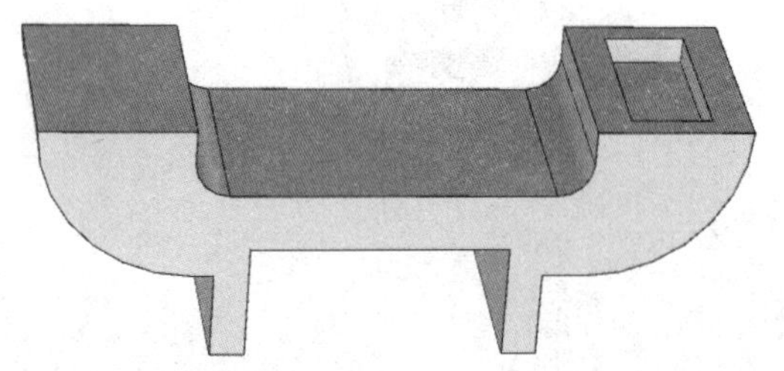

图 6-8　完成“孔类长方体”造型

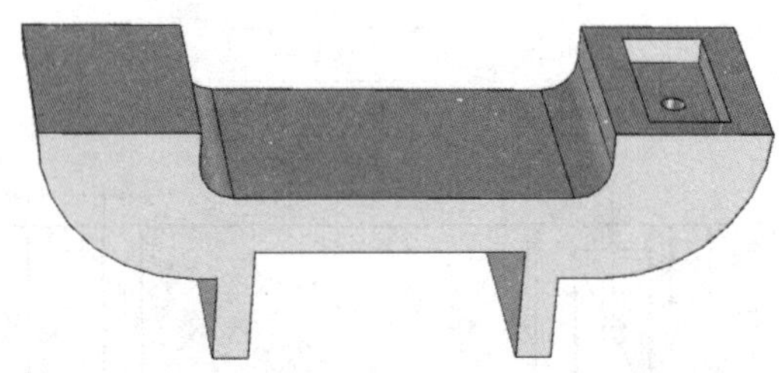

图 6-9　完成“孔类圆柱体”造型

步骤 6：单击孔类长方体，按 F10 键激活三维球。按 Space 键，使三维球脱离所附着的图素，此时三维球由蓝色变成白色。右击三维球控制手柄的中心，在弹出的快捷菜单中选择“到点”选项，将三维球定位到零件长度方向的中点位置。再按 Space 键，使三维球更新附着图素，此时的三维球从白色变回蓝色状态，如图 6-10 所示。右击里侧长度方向的短手柄，在弹出的快捷菜单中选择“镜像”→“拷贝”选项，完成 2 个孔类长方体的造型，如图 6-11 所示。

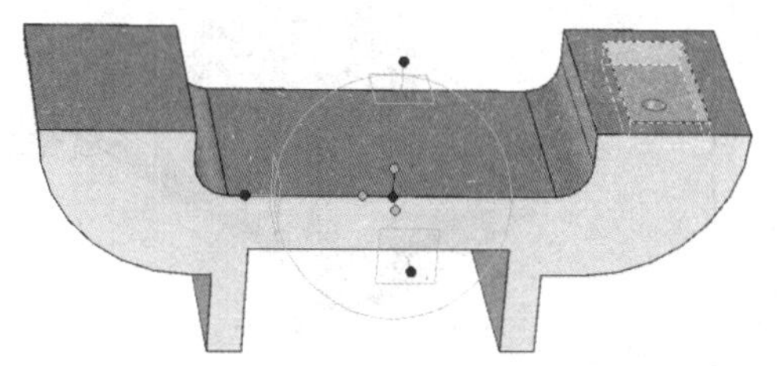

图 6-10　移动三维球到中点位置

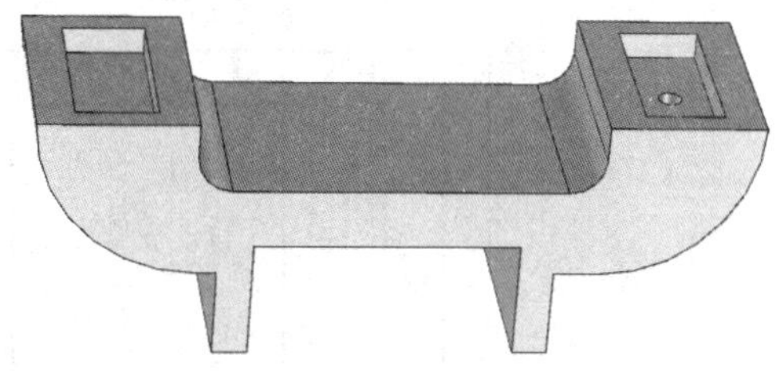

图 6-11　利用三维球复制“孔类长方体”

步骤 7：重复步骤 5，此时“孔类圆柱体”的中心在左侧的孔类长方体的中心位置。

步骤 8：重复步骤 5，此时“孔类圆柱体”的中心在底部的长方体的中心位置，激活孔类圆柱体的编辑手柄，按 Shift 键的同时用鼠标拖动长度方向的编辑手柄，对齐到另一边长方体的侧面，此时可以观察到有一条绿色的边，表明鼠标指针和绿色边所在的面对齐。完成的 2 个圆柱体的造型如图 6-12 所示。

步骤 9：单击“特征”选项卡“修改”选项组中的“圆角过渡”按钮，在左侧“属性”窗格中选中“过渡类型”中的“等半径”单选按钮，并设置“半径”为 1；单击 2 个孔类长方体所需要圆角过渡的边，单击“确定”按钮，完成如图 6-13 所示的托架造型。

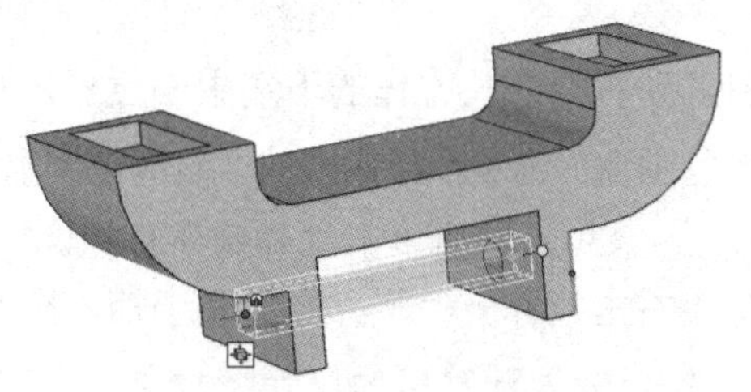

图 6-12　“孔类圆柱体”端面和边对齐

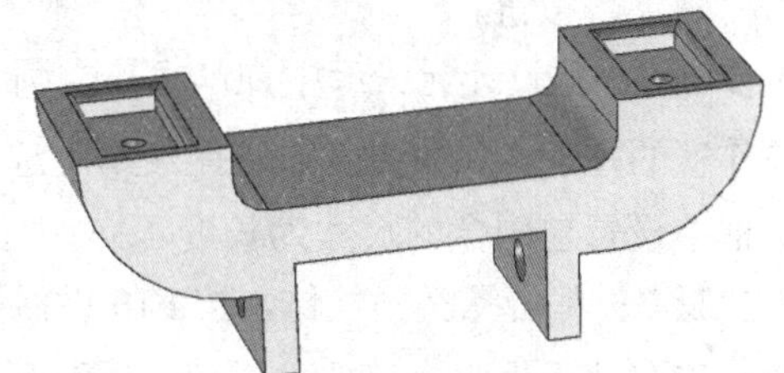

图 6-13　完成托架造型

任务二　支架座设计

任务要求

根据如图 6-14 所示的图样，建立支架座的三维模型。

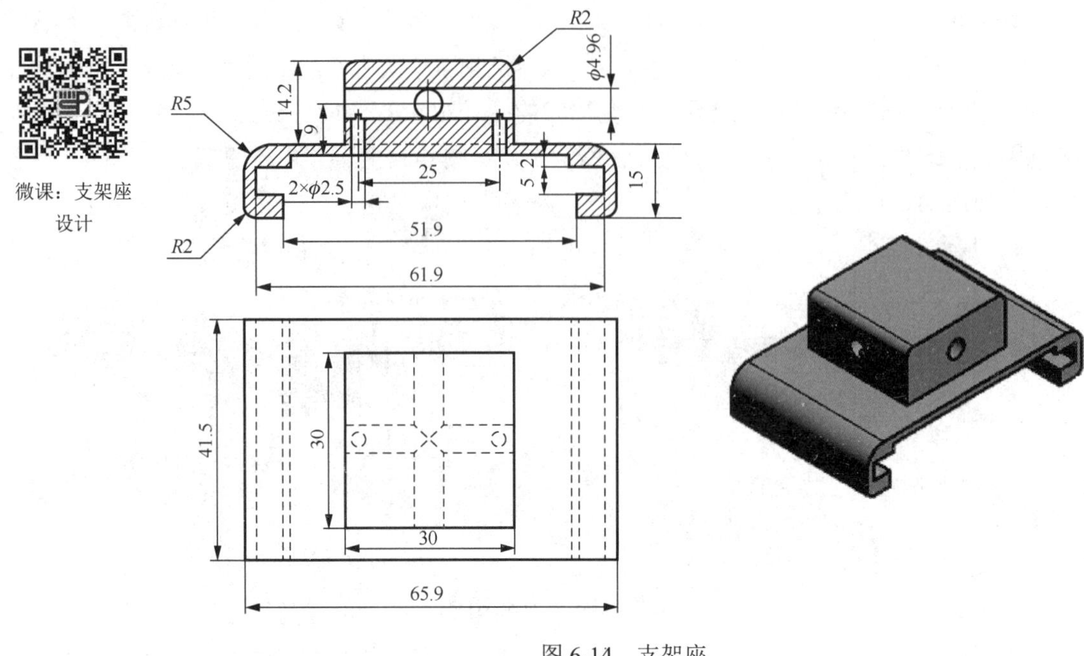

图 6-14 支架座

任务实施

步骤 1：打开 CAXA 3D 实体设计 2019，进入设计环境。从设计元素库中拖动“长方体”图素到设计环境中，右击操作柄的拖动点，在弹出的快捷菜单中选择“编辑包围盒”选项，在弹出的“编辑包围盒”对话框中设置包围盒的尺寸为长度 30、宽度 30、高度 14.2，然后单击“确定”按钮。

步骤 2：从设计元素库中拖动“孔类圆柱体”图素到右侧的长方体的下端中心位置，右击操作柄的拖动点，在弹出的快捷菜单中选择“编辑包围盒”选项，在弹出的“编辑包围盒”对话框中设置包围盒的尺寸为长度 4.36、宽度 4.36、高度 30，然后单击“确定”按钮。

步骤 3：单击孔类圆柱体，按 F10 键激活三维球，右击拉伸上、下方向的长手柄，在弹出的快捷菜单中选择“平移”选项，如图 6-15 所示。然后输入计算后的尺寸 7.2，完成一个孔的造型。

步骤 4：使用步骤 2 和步骤 3 的方法，完成另一个侧面孔类圆柱孔的造型，如图 6-16 所示。

步骤 5：单击“特征”选项卡“修改”选项组中的“圆角过渡”按钮，在左侧“属性”窗格中选中“过渡类型”中的“等半径”单选按钮，并设置“半径”为 2，然后单击如图 6-17 所示的需要圆角过渡的边，单击“确定”按钮结束。

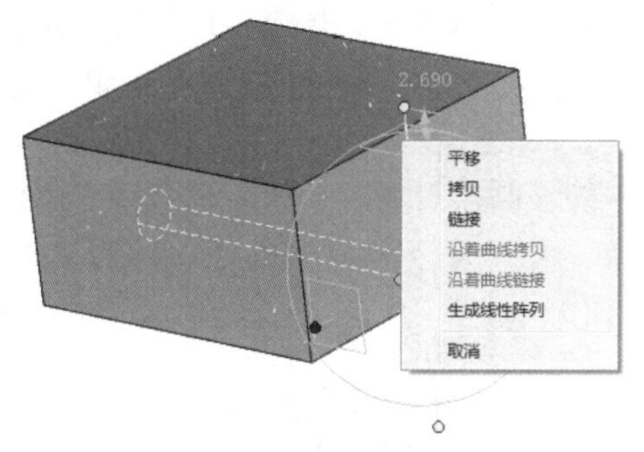

图 6-15　利用三维球编辑

图 6-16　完成“孔类圆柱体”的编辑

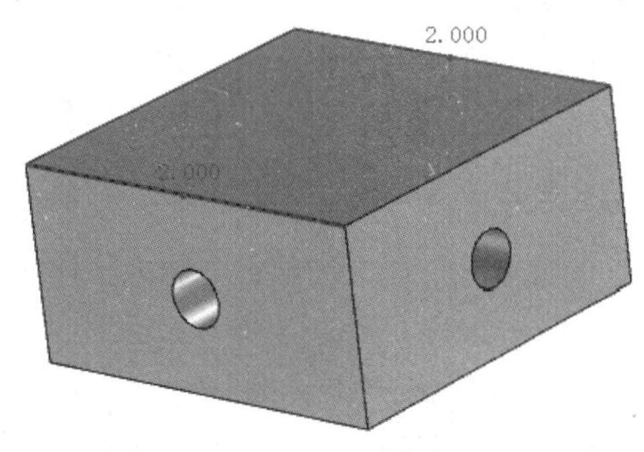

图 6-17　编辑“圆角过渡”图素 2

步骤 6：单击“特征”选项卡“特征”选项组中的“拉伸向导”按钮，单击零件表面中心的点，在弹出的“拉伸特征向导-第 1 步/共 4 步”对话框中选中“增料”单选按钮；单击“下一步”按钮，保留默认设置；单击“下一步”按钮，在弹出的“拉伸特征向导-第 3 步/共 4 步”对话框中选中“到指定的距离”单选按钮，并在下方的“距离”文本框中输入 15，然后单击“完成”按钮。

步骤 7：在随后生成的二维栅格草图中，单击“草图”选项卡“绘制”选项组中的“2 点线”按钮和“修改”选项组中的“等距”“裁剪”等按钮，根据已知线段的尺寸，完成轮廓线，如图 6-18 所示，然后单击“草图”选项组中的“完成”按钮，完成如图 6-19 所示的造型。

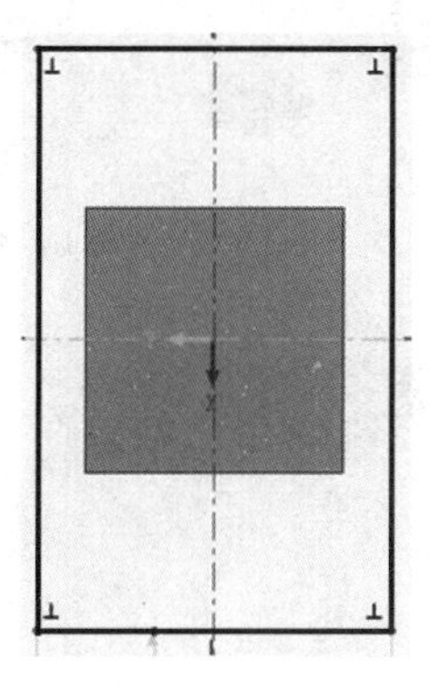

图 6-18　编辑草图

图 6-19　完成的拉伸造型 2

步骤 8：单击“特征”选项卡“修改”选项组中的“圆角过渡”按钮，在左侧“属性”窗格中选中“过渡类型”中的“等半径”单选按钮，并设置“半径”为 5，然后单击如图 6-20 所示的需要圆角过渡的边，单击“确定”按钮。

步骤 9：单击“特征”选项卡“修改”选项组中的“圆角过渡”按钮，在左侧“属性”窗格中选中“过渡类型”中的“等半径”单选按钮，并设置“半径”为 2，然后单击如图 6-21 所示的需要圆角过渡的边，单击“确定”按钮。

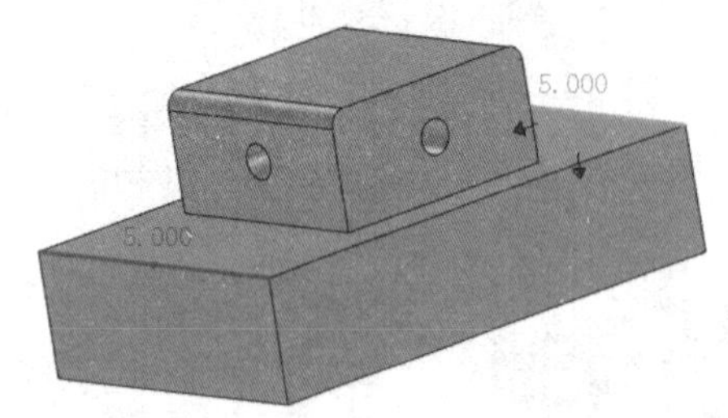

图 6-20　编辑“圆角过渡”图素 3

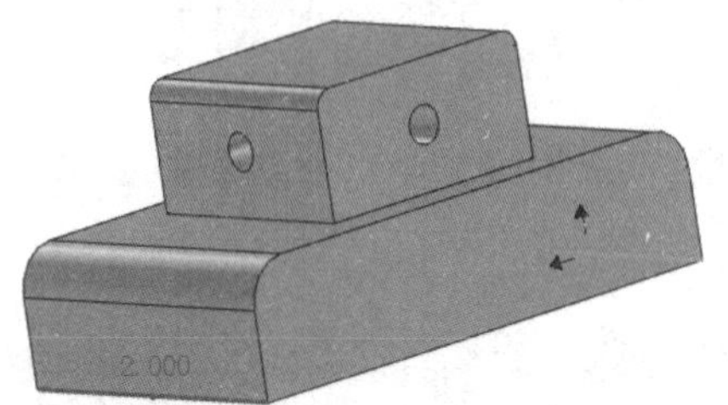

图 6-21　编辑“圆角过渡”图素 4

步骤 10：单击“特征”选项卡“特征”选项组中的“拉伸向导”按钮，单击零件表面中心的点，在弹出的“拉伸特征向导-第 1 步/共 4 步”对话框中选中“增料”单选按钮；单击“下一步”按钮，保留默认设置；单击“下一步”按钮，在弹出的“拉伸特征向导-第 3 步/共 4 步”对话框中选中“到指定的距离”单选按钮，并在下方的“距离”文本框中输入 41.5，然后单击“完成”按钮。

步骤 11：在随后生成的二维栅格草图中，单击“草图”选项卡“绘制”选项组中的“2 点线”按钮和“修改”选项组中的“等距”“裁剪”等按钮，根据已知线段的尺寸，完成轮廓线，如图 6-22 所示，然后单击“草图”选项组中的“完成”按钮，完成如图 6-23 所示的造型。

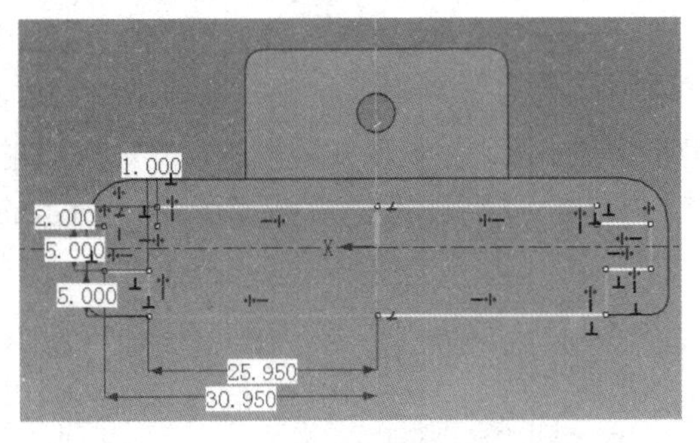

图 6-22　完成草图绘制

图 6-23　完成的支架座造型

任务三　手机支架设计

任务要求

根据如图 6-24 所示的图样，建立手机支架的三维模型。

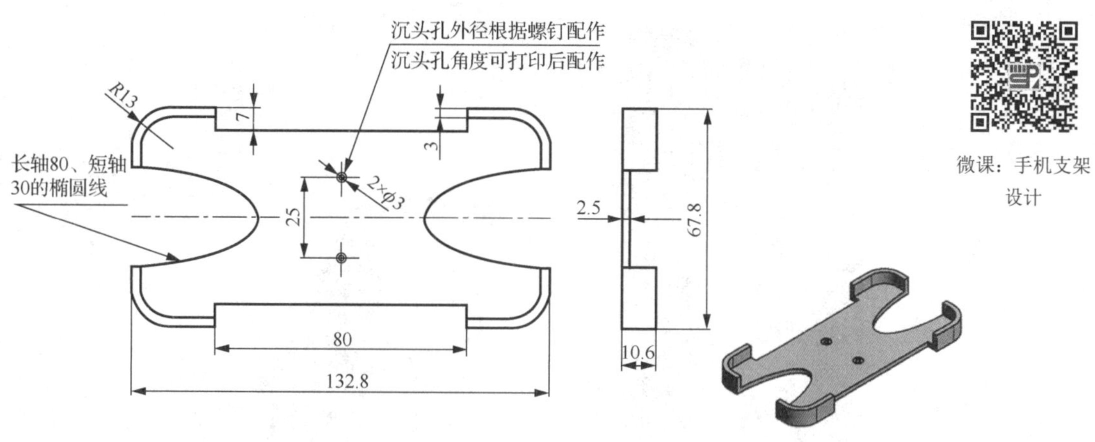

图 6-24 手机支架

微课：手机支架设计

任务实施

步骤 1：打开 CAXA 3D 实体设计 2019，进入设计环境。从设计元素库中拖动“长方体”图素到设计环境中，右击操作柄的拖动点，在弹出的快捷菜单中选择“编辑包围盒”选项，在弹出的“编辑包围盒”对话框中设置包围盒的尺寸为长度 132.8、宽度 67.8、高度 2.5，然后单击“确定”按钮。

步骤 2：单击“特征”选项卡“修改”选项组中的“圆角过渡”按钮，在左侧“属性”窗格中选中“过渡类型”中的“等半径”单选按钮，并设置“半径”为 13，然后单击如图 6-25 所示的 4 个需要圆角的边，单击“确定”按钮。

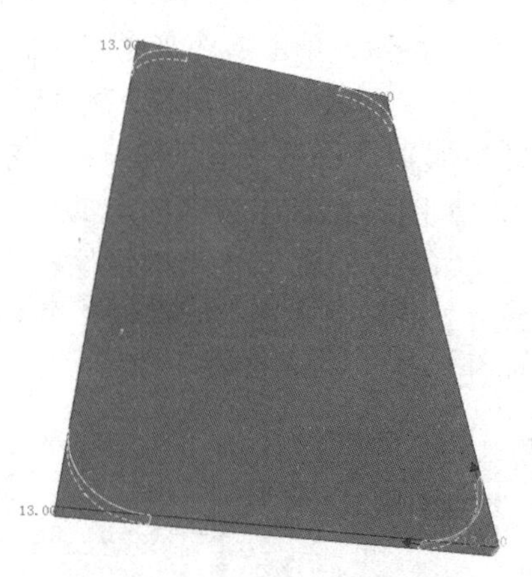

图 6-25 编辑“圆角过渡”图素 5

步骤 3：单击“特征”选项卡“特征”选项组中的“拉伸向导”按钮，单击零件上表面的点，在弹出的“拉伸特征向导-第 1 步/共 4 步”对话框中选中“增料”单选按钮；单击“下一步”按钮，保留默认设置；单击“下一步”按钮，在弹出的“拉伸特征向导-第 3 步/共 4 步”对话框中选中“到指定的距离”单选按钮，并在下方的“距离”文本框输入 8.1，然后单击“完成”按钮。

步骤 4：在随后生成的二维栅格草图中，单击“草图”选项卡“绘制”选项组中的“投影”按钮，选中零件。单击“修改”选项组中的“等距”按钮，在左侧的“属性”窗格中设置“参数”中的“距离”为 3，可以观察到所投影轮廓线的偏移位置，如果是向轮廓外偏移，则选中“切换方向”复选框，然后单击“确定”按钮，如图 6-26 所示。

步骤 5：单击“草图”选项卡“草图”选项组中的“完成”按钮，生成如图 6-27 所示的造型。

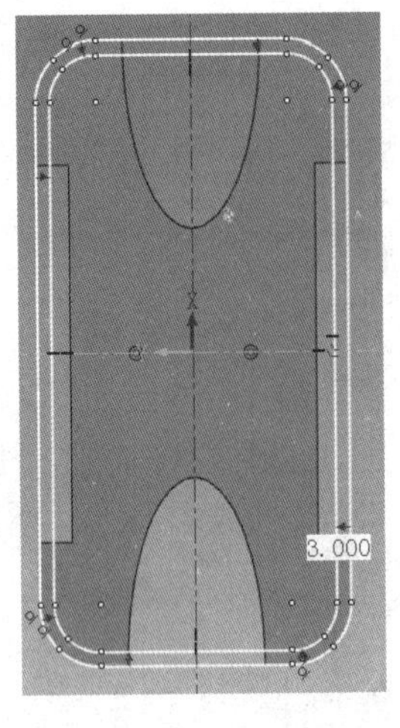

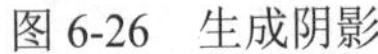
图 6-26　生成阴影

图 6-27　生成的拉伸造型 3

步骤 6：单击“特征”选项卡“特征”选项组中的“拉伸向导”按钮，单击零件表面中心的点，在弹出的“拉伸特征向导-第 1 步/共 4 步”对话框中选中“除料”单选按钮；单击“下一步”按钮，保留默认设置；单击“下一步”按钮，在弹出的“拉伸特征向导-第 3 步/共 4 步”对话框中选中“到指定的距离”单选按钮，并在下方的“距离”文本框中输入 10.6，然后单击“完成”按钮。

步骤 7：在随后生成的二维栅格草图中，单击“草图”选项卡“绘制”选项组中的“椭圆形”按钮，单击零件宽度方向上线的中点，然后在如图 6-28 所示的“属性”窗格中设置“半径”为 40、“短轴半径”为 15，完成如图 6-29 所示的“椭圆”绘制。在图形中单击“椭圆”，此时“椭圆”显示为黄线，单击“草图”选项卡“修改”选项组中的“镜像”按钮，弹出如图 6-30 所示镜像的“属性”窗格。选择 Y 轴线作为镜像轴，然后单击“确定”按钮，完成如图 6-31 所示的椭圆镜像。同样地，完成如图 6-32 所示的上下两个矩形的绘制，然后单击“草图”选项卡“草图”选项组中的“完成”按钮，完成如图 6-33 所示的手机支架造型。

属性

半径(mm)	40
短轴半径(mm)	15
角度(deg)	180
X坐标(mm)	66.400
Y坐标(mm)	0

- [ ] 用作辅助线
- [x] 显示曲线尺寸
- [ ] 显示端点尺寸

约束

可用的约束

- [ ] 锁定位置
- [ ] 锁定中心点

图 6-28　编辑椭圆形

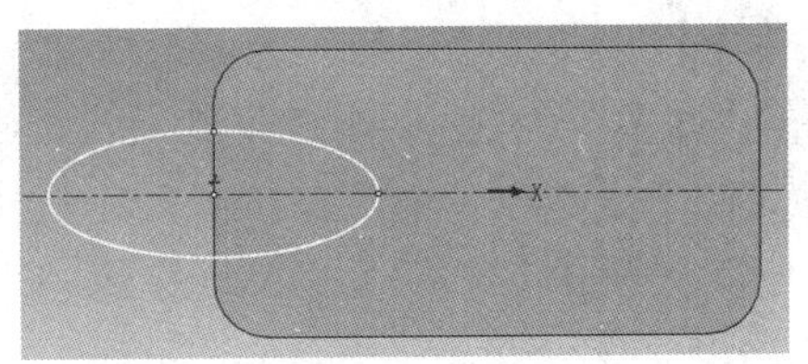
图 6-29　绘制“椭圆”

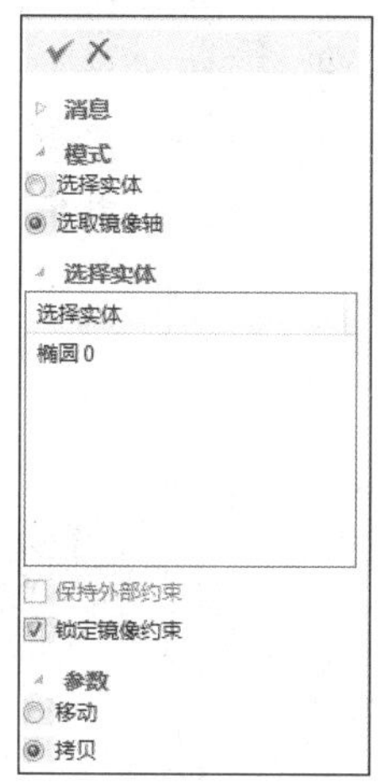

图 6-30 镜像的“属性”窗格

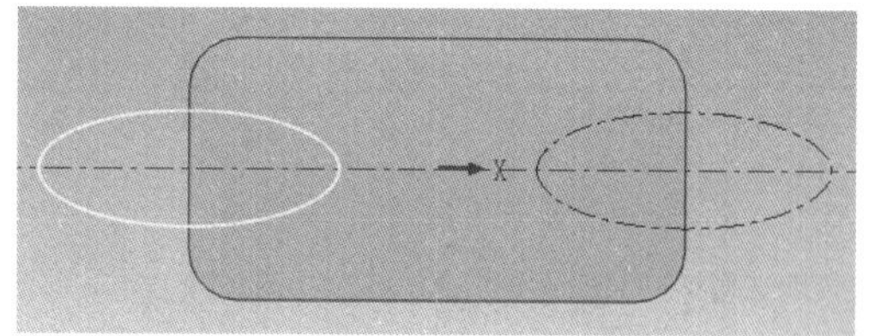

图 6-31 椭圆镜像

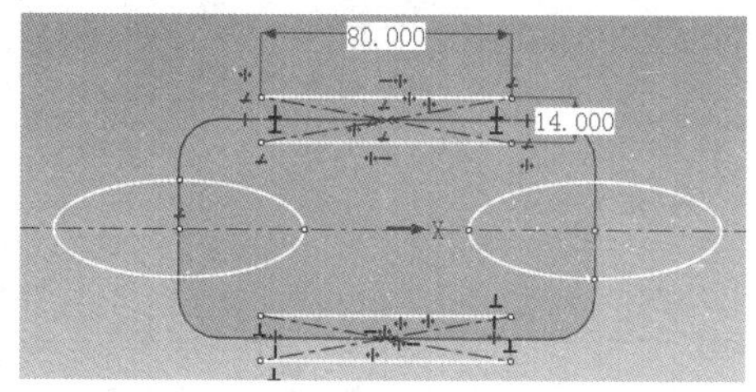

图 6-32 绘制上下两边的“矩形”

图 6-33 手机支架造型

步骤 8：从工具库中拖动“自定义孔”图素到如图 6-34 所示的手机支架的中心位置，在弹出的如图 6-35 所示的“定制孔”对话框中设置“孔直径”为 1.5、“孔深度”为 2.5、“沉头深度”为 1、“沉头直径”为 3，然后单击“确定”按钮。

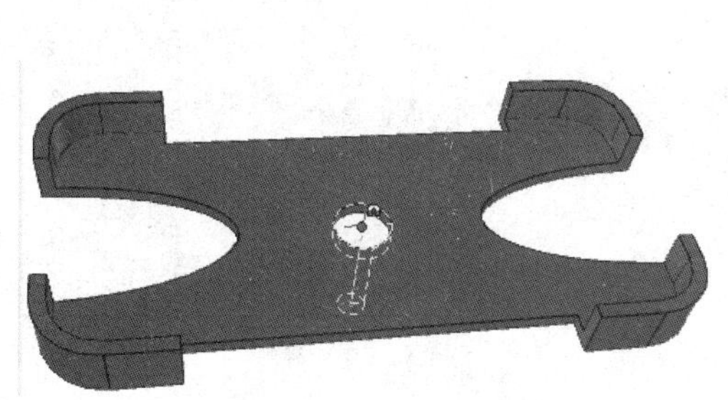

图 6-34 绘制“自定义孔”

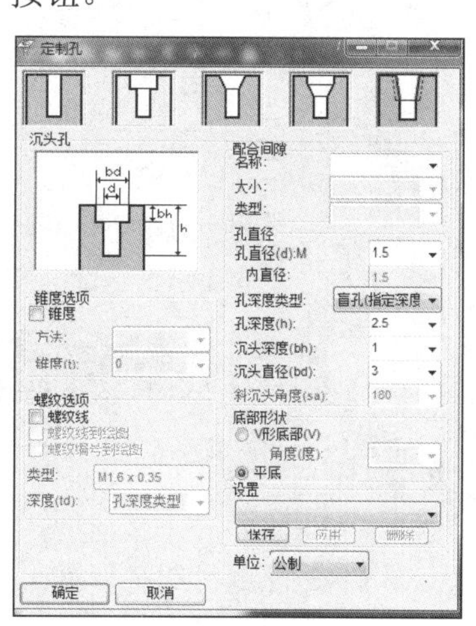

图 6-35 “定制孔”对话框

步骤 9：选中完成造型的沉头孔，按 F10 键激活三维球，按住鼠标左键并拖动宽度方向的三维球手柄，拖动距离为 12.5，如图 6-36 所示。按 Space 键，使三维球脱离所附着的图素，此时三维球由蓝色变成白色。右击三维球控制手柄的中心，在弹出的快捷菜单中选择“到点”选项，将三维球定位到零件宽度方向的中点位置，如图 6-37 所示。再按 Space 键，使三维球重新附着图素，此时的三维球从白色变成蓝色。再右击里面的宽度方向的短手柄，在弹出的如图 6-38 所示的快捷菜单中选择“镜像”→“拷贝”选项，完成 2 个沉头孔的造型，如图 6-39 所示。

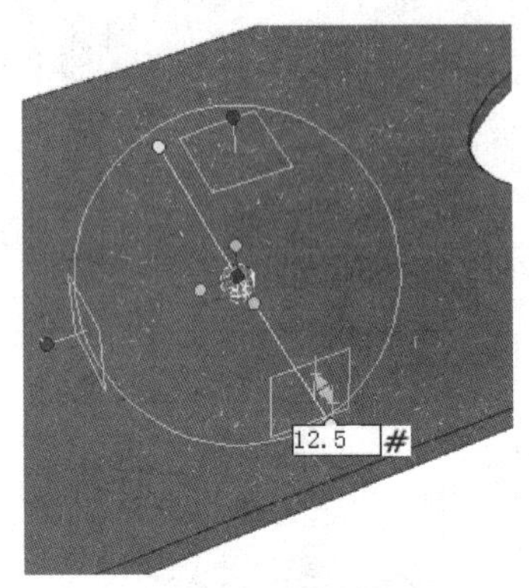

图 6-36　编辑沉头孔的位置

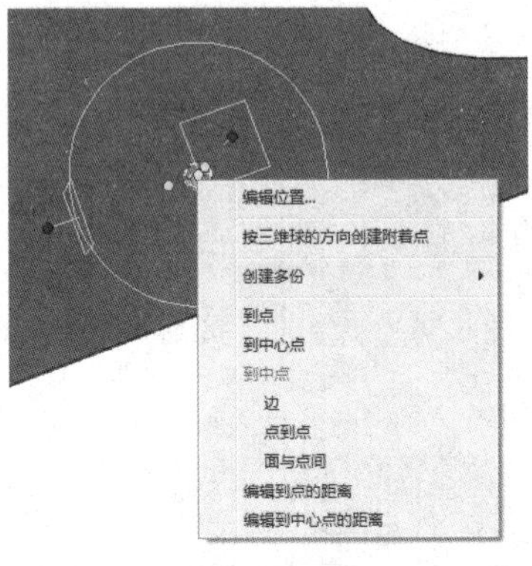

图 6-37　移动沉头孔的三维球位置

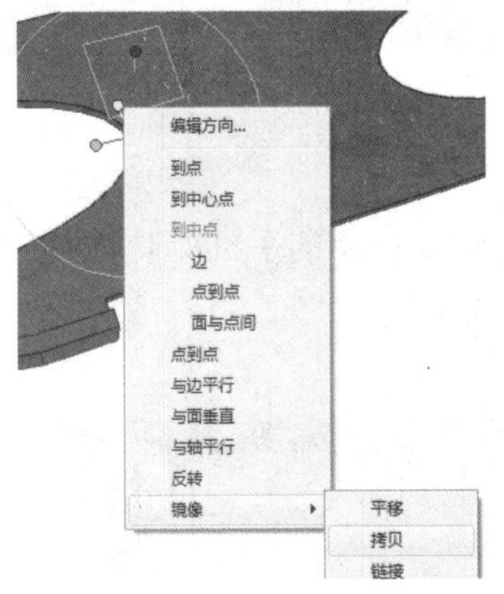

图 6-38　复制沉头孔

图 6-39　完成的手机支架造型

任务四　下夹头设计

任务要求

根据如图 6-40 所示的图样，建立下夹头的三维模型。

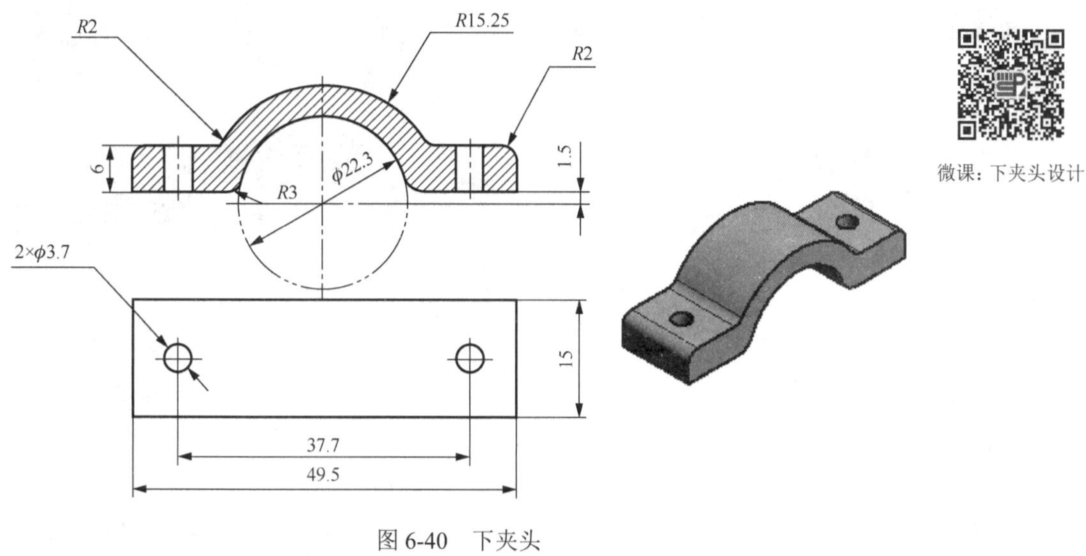

图 6-40 下夹头

任务实施

步骤 1：打开 CAXA 3D 实体设计 2019，进入设计环境。单击“特征”选项卡“特征”选项组中的“拉伸向导”按钮，单击绘图区的任意位置，在弹出的“拉伸特征向导-第 1 步/共 4 步”对话框中选中“独立实体”单选按钮；单击“下一步”按钮，保留默认设置；单击“下一步”按钮，在弹出的“拉伸特征向导-第 3 步/共 4 步”对话框中选中“到指定的距离”单选按钮，并在下方的“距离”文本框中输入 15，然后单击“完成”按钮。

步骤 2：在随后生成的二维栅格草图中，单击“草图”选项卡“绘制”选项组中的“2 点线”“圆心+半径”按钮和“修改”选项组中的“等距”“裁剪”等按钮，根据已知线段的尺寸，完成轮廓线，如图 6-41 所示。然后单击“草图”选项组中的“完成”按钮完成如图 6-42 所示的造型。

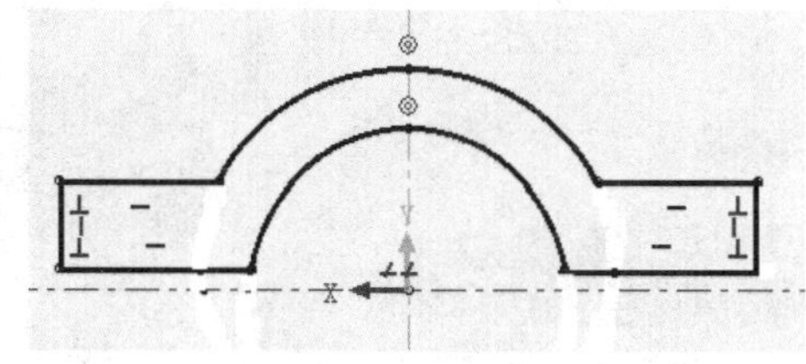

图 6-41 编辑轮廓草图

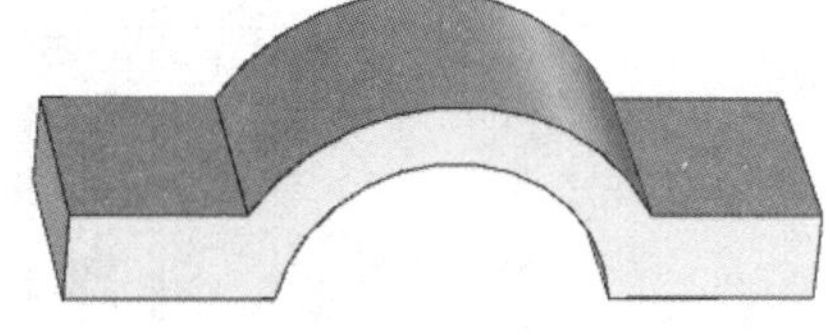

图 6-42 生成的拉伸造型 4

步骤 3：从设计元素库中拖动“孔类圆柱体”图素到右侧的长方体的中心位置。右击孔类圆柱体，在弹出的快捷菜单中选择“智能图素属性”选项，在弹出的“编辑包围盒”对话框中设置包围盒的尺寸为长度 3.7、宽度 3.7、高度 6，然后单击“确定”按钮，结果如图 6-43 所示。

步骤 4：重复步骤 3，此时“孔类圆柱体”的中心在左侧的长方体的中心位置，如图 6-44 所示。

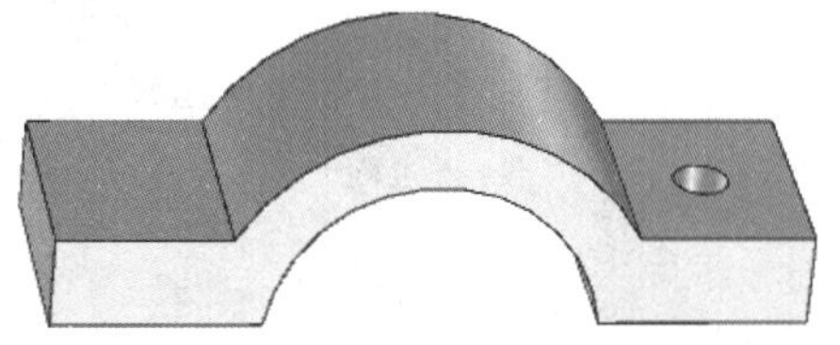

图 6-43 完成一侧“孔类圆柱体”造型 1

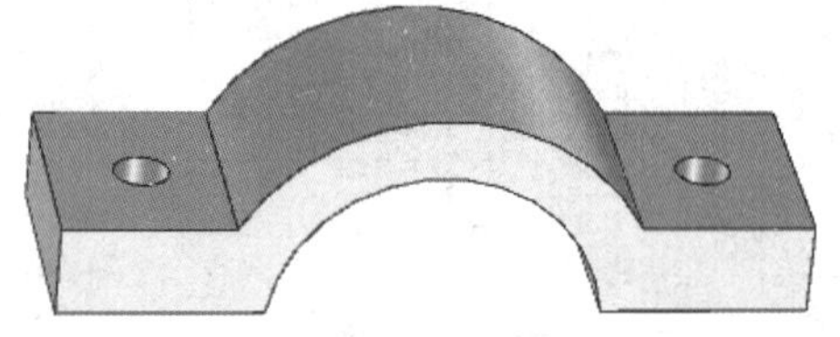

图 6-44 完成两侧“孔类圆柱体”造型 1

步骤 5：单击“特征”选项卡“修改”选项组中的“圆角过渡”按钮，在左侧“属性”窗格中选中“过渡类型”中的“等半径”单选按钮，并设置“半径”为 2，然后单击如图 6-45 所示的两侧需要圆角过渡的边，单击“确定”按钮。

步骤 6：单击“特征”选项卡“修改”选项组中的“圆角过渡”按钮，在左侧“属性”窗格中选中“过渡类型”中的“等半径”单选按钮，并设置“半径”为 3，然后单击如图 6-46 所示的圆柱孔的 2 条需要圆角过渡的边，单击“确定”按钮，完成如图 6-47 所示的下夹头造型。

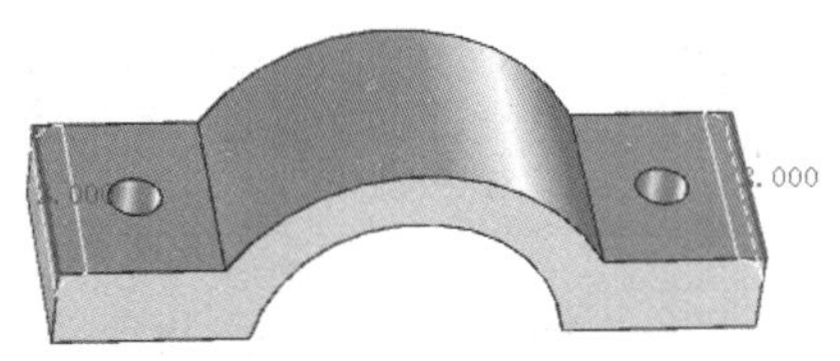

图 6-45 编辑“圆角过渡”图素 6

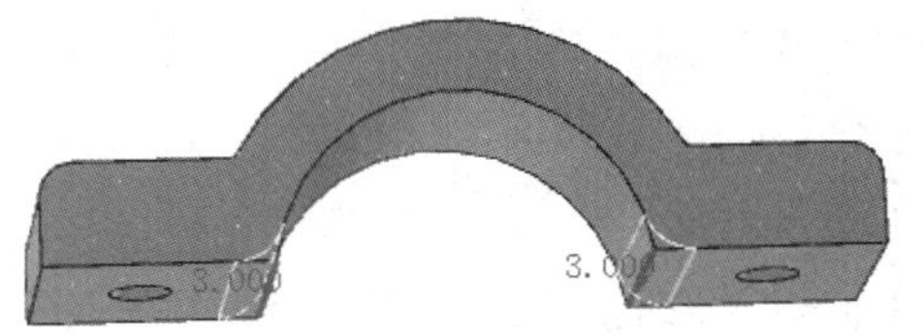

图 6-46 编辑“圆角过渡”图素 7

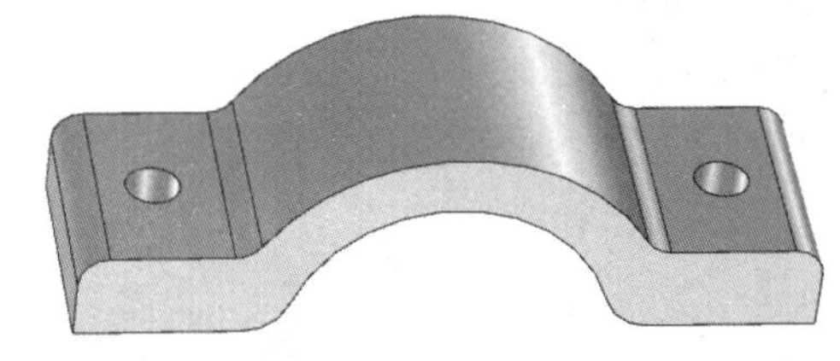

图 6-47 完成的下夹头造型

任务五 上夹头设计

任务要求

根据如图 6-48 所示的图样，建立上夹头的三维模型。

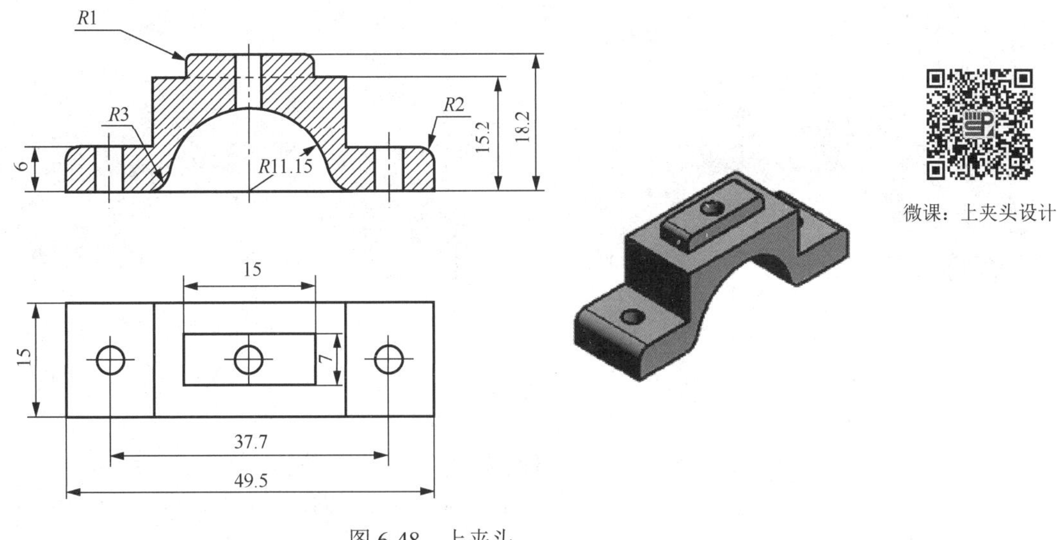

图 6-48　上夹头

任务实施

步骤 1：打开 CAXA 3D 实体设计 2019，进入设计环境。单击“特征”选项卡“特征”选项组中的“拉伸向导”按钮，单击绘图区的任意位置，在弹出的“拉伸特征向导-第 1 步/共 4 步”对话框中选中“独立实体”单选按钮；单击“下一步”按钮，保留默认设置；单击“下一步”按钮，在弹出的“拉伸特征向导-第 3 步/共 4 步”对话框中选中“到指定的距离”单选按钮，并在下方的“距离”文本框中输入 15，然后单击“完成”按钮。

步骤 2：在随后生成的二维栅格草图中，单击“草图”选项卡“绘制”选项组中的“2 点线”“圆心+半径”按钮和“修改”选项组中的“裁剪”等按钮，根据已知线段的尺寸，完成轮廓线，然后单击“草图”选项组中的“完成”按钮，结果如图 6-49 所示。

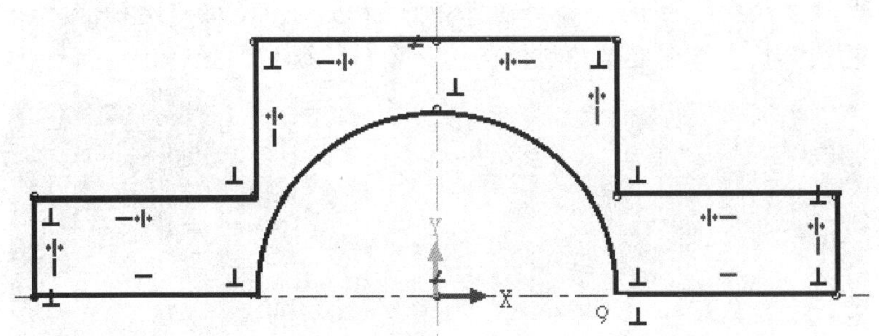

图 6-49　上夹头草图绘制

步骤 3：从设计元素库中拖动“孔类圆柱体”图素到右侧的长方体的中心位置，右击孔类长方体，在弹出的快捷菜单中选择“智能图素属性”选项，在弹出的“编辑包围盒”对话框中设置包围盒的尺寸为长度 3.7、宽度 3.7、高度 6，然后单击“确定”按钮，结果如图 6-50 所示。

步骤 4：重复步骤 3，此时“孔类圆柱体”的中心在左侧的长方体的中心位置，如图 6-51

所示。

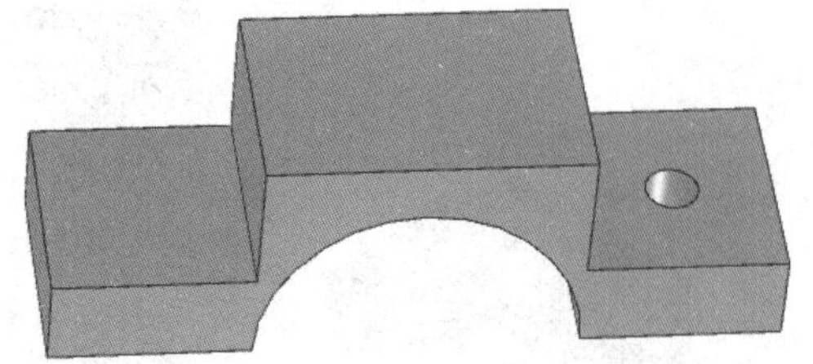

图 6-50　完成一侧“孔类圆柱体”造型 2

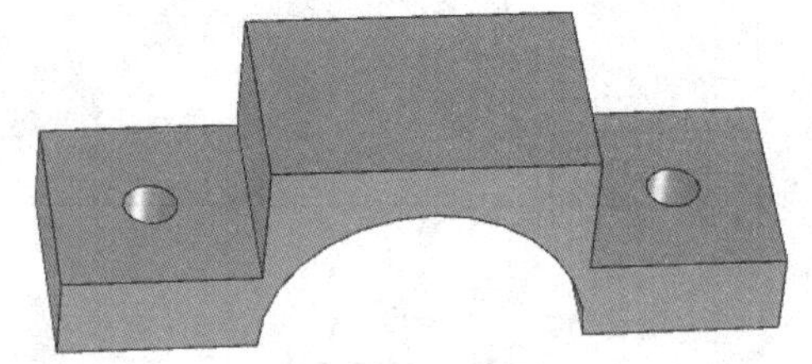

图 6-51　完成两侧“孔类圆柱体”造型 2

步骤 5：从设计元素库中拖动“长方体”图素到顶端的长方体的中心位置，右击孔类长方体，在弹出的快捷菜单中选择“智能图素属性”，在弹出的“编辑包围盒”对话框中设置包围盒的尺寸为长度 15、宽度 7、高度 3，然后单击“确定”按钮，结果如图 6-52 所示。

步骤 6：重复步骤 3，此时“孔类圆柱体”的中心在顶端的长方体的中心位置，如图 6-53 所示。

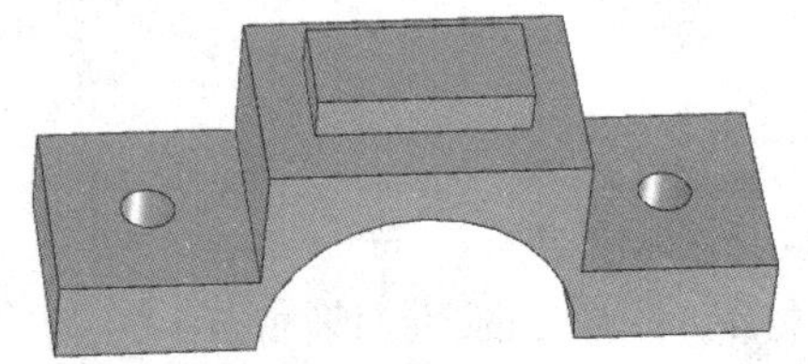

图 6-52　完成长方体图素的编辑

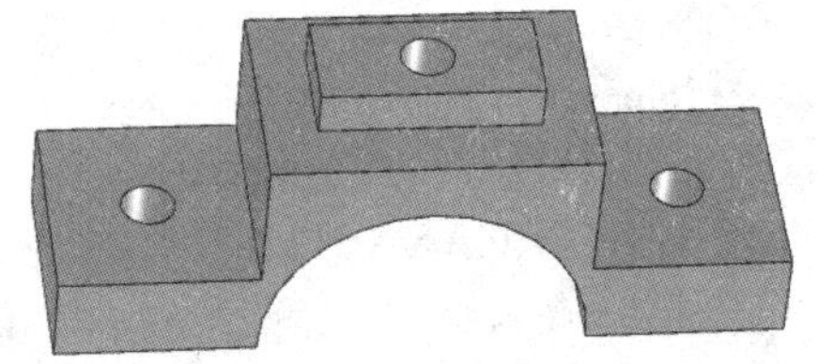

图 6-53　完成孔类圆柱体的编辑

步骤 7：单击“特征”选项卡“修改”选项组中的“圆角过渡”按钮，在左侧“属性”窗格中选中“过渡类型”中的“等半径”单选按钮，并设置“半径”为 2，然后单击如图 6-54 所示的两侧需要圆角过渡的边，单击“确定”按钮。

步骤 8：单击“特征”选项卡“修改”选项组中的“圆角过渡”按钮，在左侧“属性”窗格中选中“过渡类型”中的“等半径”单选按钮，并设置“半径”为 1，然后单击如图 6-55 所示的顶部长方体需要圆角过渡的边，单击“确定”按钮。

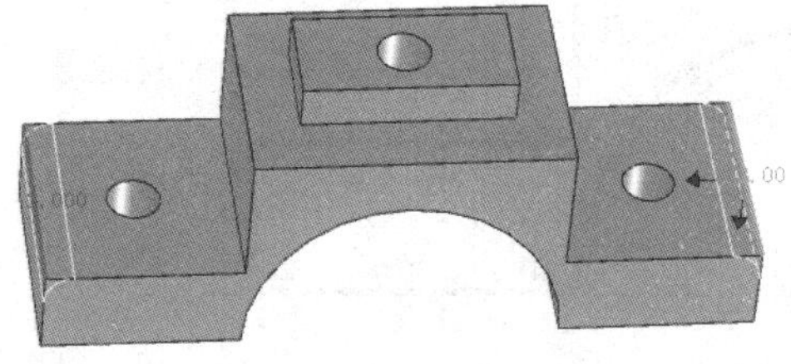

图 6-54　编辑“圆角过渡”图素 8

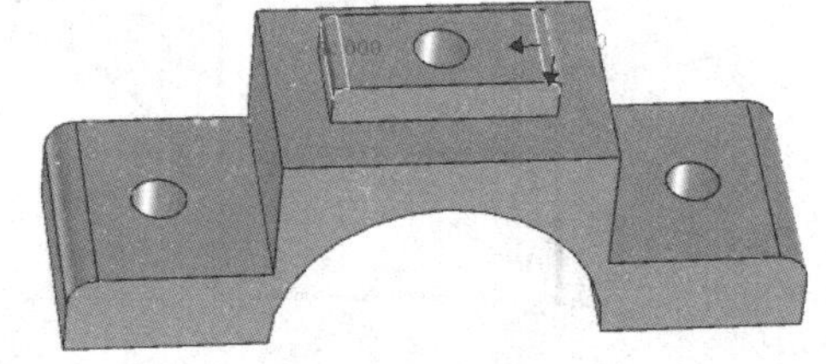

图 6-55　编辑“圆角过渡”图素 9

步骤 9：单击“特征”选项卡“修改”选项组中的“圆角过渡”按钮，在左侧“属性”窗格中选中“过渡类型”中的“等半径”单选按钮，并设置“半径”为 3，然后单击如图 6-56 所示的圆柱孔需要圆角过渡的边，单击“确定”按钮，完成如图 6-57 所示的上夹头造型。

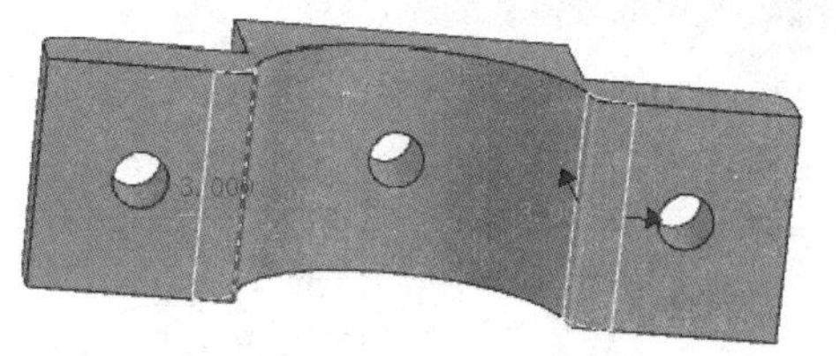

图 6-56 编辑“圆角过渡”图素 10

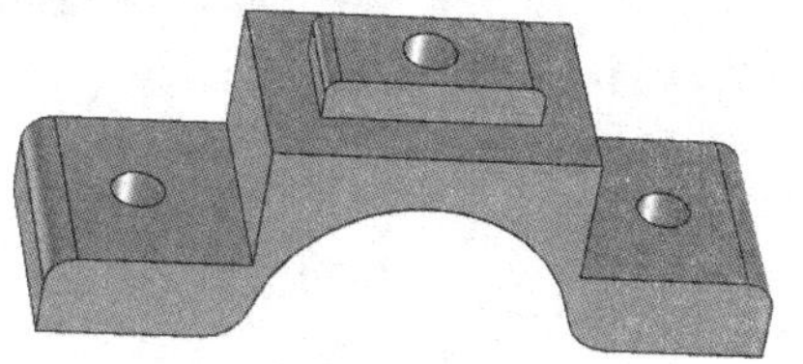

图 6-57 完成的上夹头造型

任务六 手机夹装配

任务要求

根据如图 6-58 所示的图样，进行手机夹的装配。

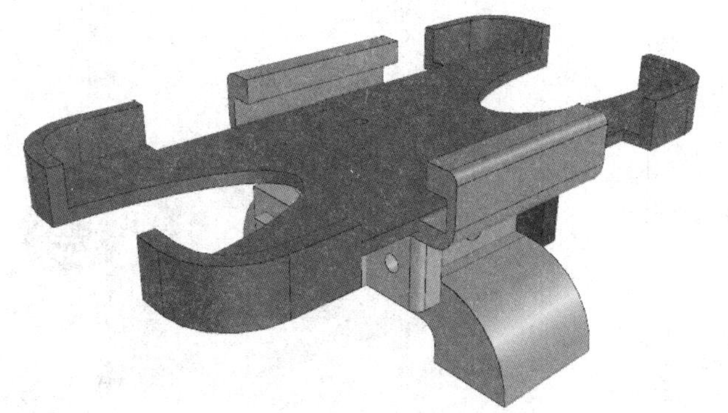

图 6-58 手机夹装配图

微课：手机夹装配

任务实施

根据装配原则，托架作为基体，支架装在支架座上，再将手机支架装配在托架上，前后两个夹头：上夹头和下夹头。

步骤 1：打开 CAXA 3D 实体设计 2019，进入设计环境。单击“装配”选项卡“生成”选项组中的“零件/装配”按钮，在弹出的“插入零件”对话框中选择“手机支架”文件夹中的“托架”零件，如图 6-59 所示。单击“打开”按钮，在设计界面中放置托架，此时选择“托架”作为装配基体。

步骤 2：单击“装配”选项卡“生成”选项组中的“零件/装配”按钮，在弹出的“插入零件”对话框中选择“手机支架”文件夹中的“支架座”零件，单击“打开”按钮，在合适的位置插入支架座。

步骤 3：托架和支架座孔的同轴约束。单击“装配”选项卡“定位”选项组中的“定位约束”按钮，在左侧“约束”窗格的“约束”中的“约束类型”下拉列表中选择“同轴”选项，如图 6-60 所示，在设计界面中分别选择支架座的圆柱孔面和托架的圆柱孔面，如图 6-61 所示。

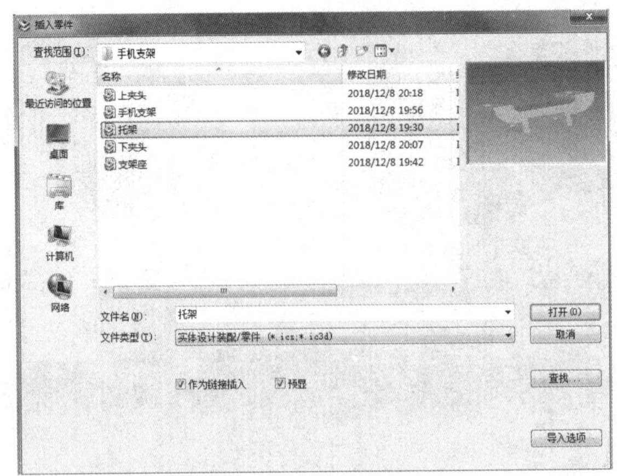

图 6-59　打开“托架”零件

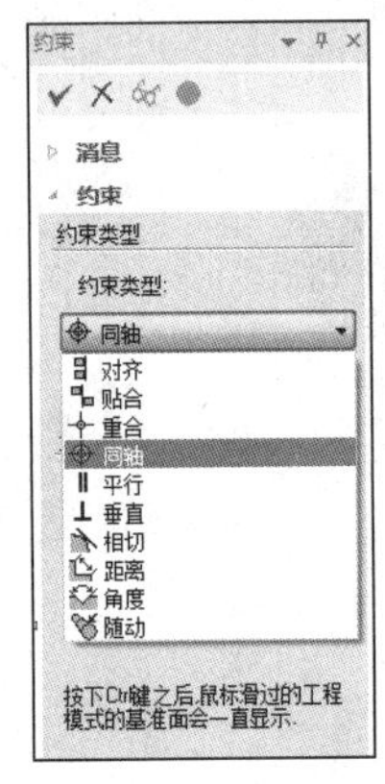

图 6-60　“约束”窗格

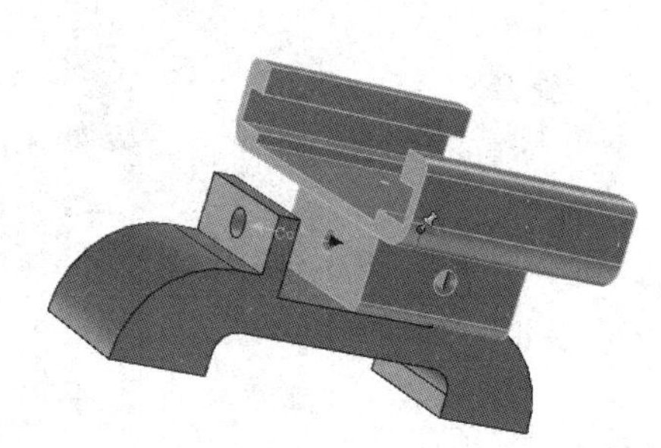

图 6-61　完成同轴约束

步骤 4：托架和支架座装配。根据给定的尺寸，在“约束”窗格的“约束类型”下拉列表中选择“贴合”选项，并设置“偏移量”为 0.15mm，如图 6-62 所示；支架座放在托架的中间，分别选择两个形体的侧面进行贴合，如图 6-63 所示；单击“约束”窗格上方的“应用并退出”按钮，完成支架座和托架的装配。

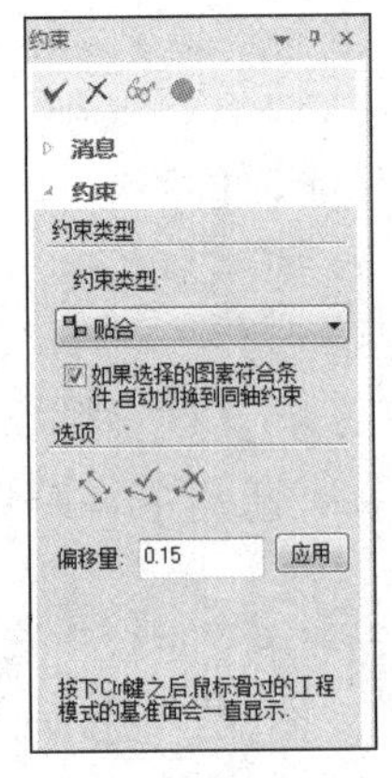

图 6-62　编辑贴合

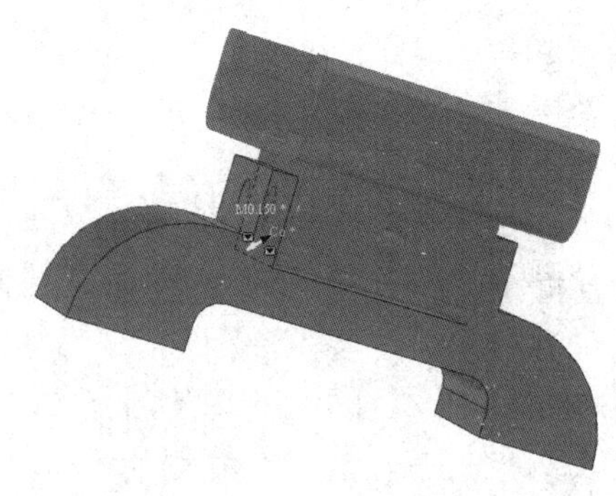

图 6-63　完成贴合约束

步骤 5：单击“装配”选项卡“生成”选项组中的“零件/装配”按钮，在弹出的“插入零件”对话框中选择“手机支架”文件夹中的“手机支架”零件，单击“打开”按钮，在合适的位置插入“手机支架”零件。

步骤 6：根据装配关系，使用手机支架和支架座上的沉头孔进行配做。单击“装配”选项卡“定位”选项组中的“定位约束”按钮，在左侧“约束”窗格的“约束”中的“约束类型”下拉列表中选择“同轴”选项，然后单击手机支架和支架座上的一个沉头孔进行同轴约束装配，如图 6-64 所示，再单击手机支架和支架座上的另一个沉头孔进行同轴约束装配，如图 6-65 所示。

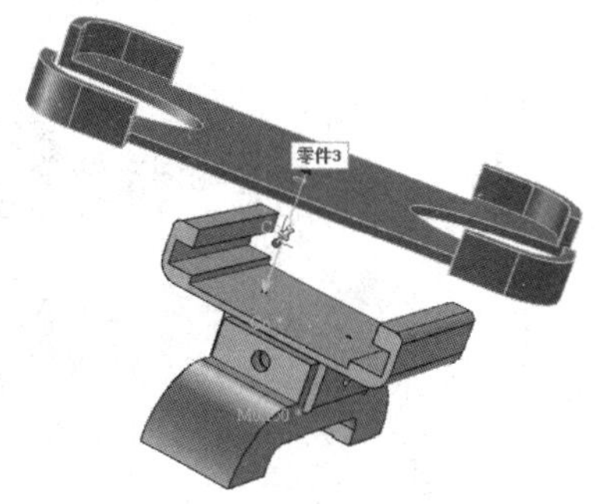

图 6-64 编辑一个沉头孔的同轴约束

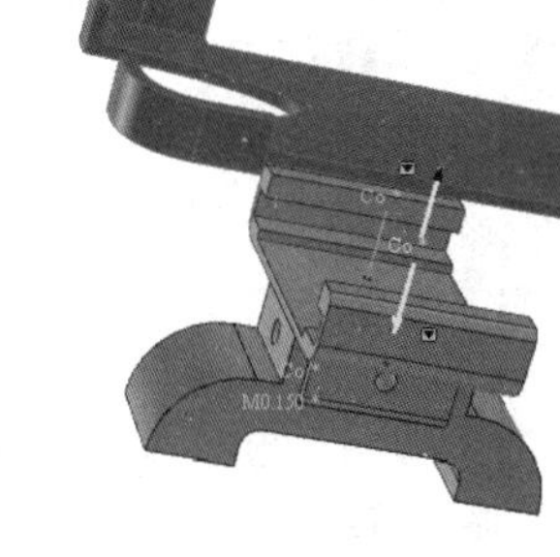

图 6-65 完成两个沉头孔的同轴约束

步骤 7：单击“装配”选项卡“定位”选项组中的“定位约束”按钮，在左侧“约束”窗格的“约束”中的“约束类型”下拉列表中选择“贴合”选项，然后单击手机支架的下底面和支架座的凹槽的上表面进行贴合约束装配，如图 6-66 所示，完成手机支架和部分装配体的装配，如图 6-67 所示。

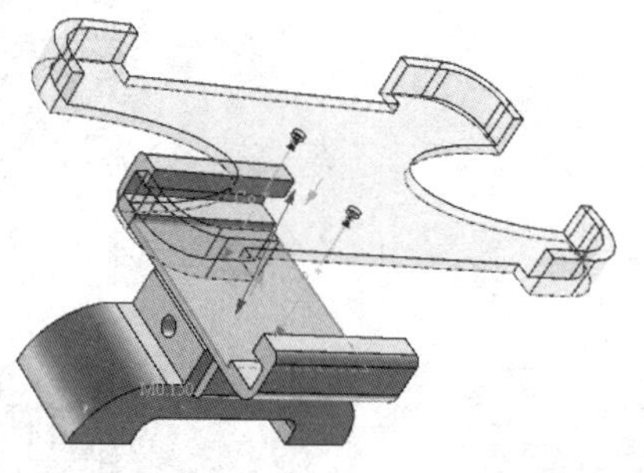

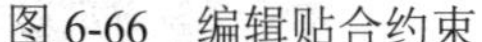

图 6-66 编辑贴合约束

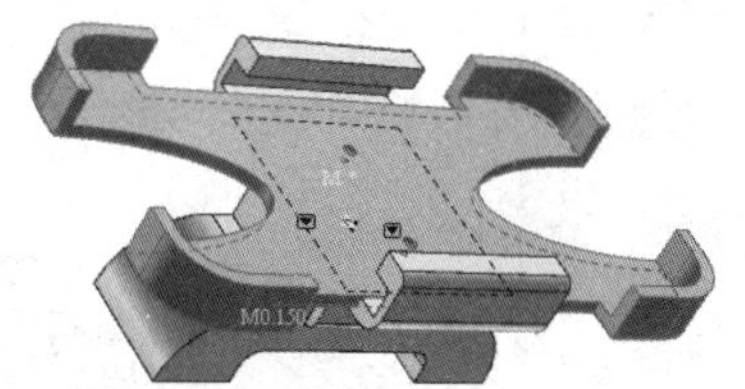

图 6-67 完成贴合约束

步骤 8：单击“装配”选项卡“生成”选项组中的“零件/装配”按钮，在弹出的“插入零件”对话框中选择“手机支架”文件夹中的“上夹头”零件，单击“打开”按钮，在合适的位置插入“上夹头”零件。

步骤 9：根据装配关系，上支架和托架的另一个圆柱孔同轴。单击“装配”选项卡“定位”选项组中的“定位约束”按钮，在左侧“约束”窗格的“约束”中的“约束类型”下拉列表中选择“同轴”选项，然后单击上支架顶端的圆柱孔面和托架还未装配的圆柱孔面进行“同轴”约束装配，如图 6-68 所示。

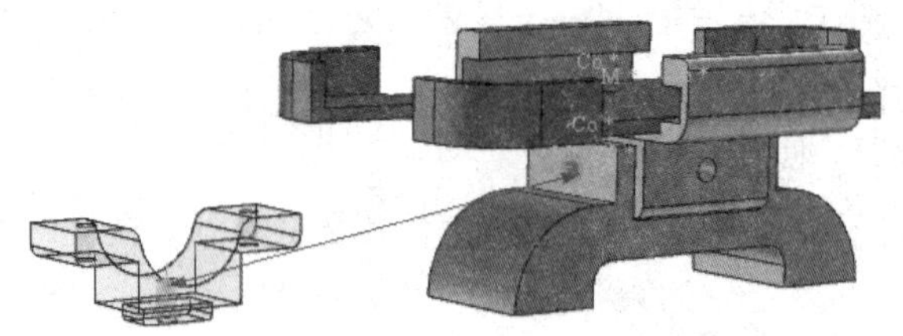

图 6-68　编辑同轴约束

步骤 10："同轴"装配完毕后，如果上夹头在装配体内部，这时可按 F10 键激活三维球，如图 6-69 所示，然后沿着黄色手柄将上夹头拖动至装配体外面，如图 6-70 所示。

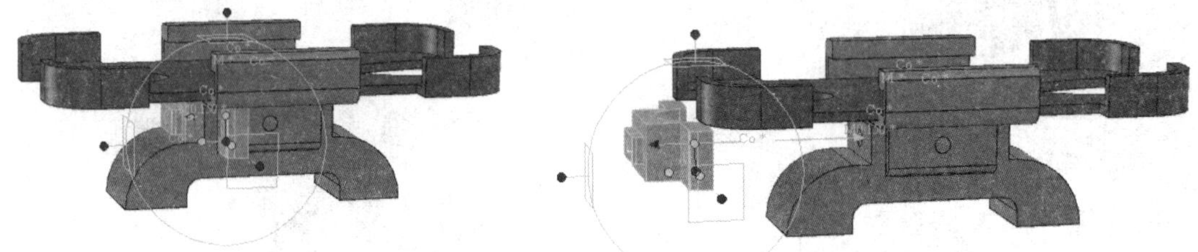

图 6-69　激活三维球　　　　图 6-70　移动上夹头

步骤 11：完成上夹头和装配体同轴、相切的装配。单击"装配"选项卡"定位"选项组中的"定位约束"按钮，在左侧"约束"窗格的"约束"中的"约束类型"下拉列表中选择"相切"选项，如图 6-71 所示，选择上夹头底边的边和托架的圆柱面相切，如图 6-72 所示，然后单击"约束"窗格上方的"应用并退出"按钮，完成上夹头和部分装配体的装配，如图 6-73 所示。

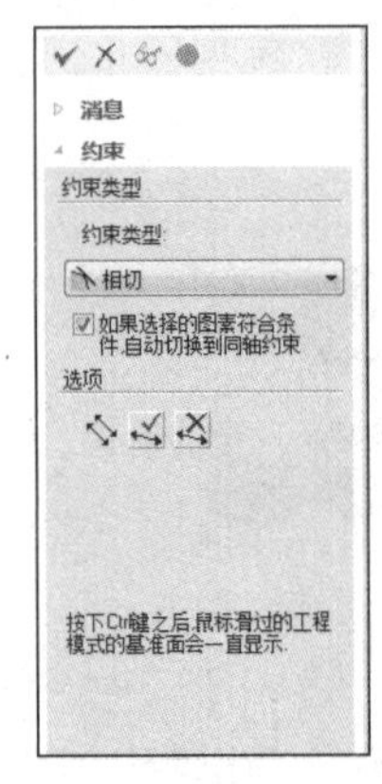

图 6-71　编辑相切约束

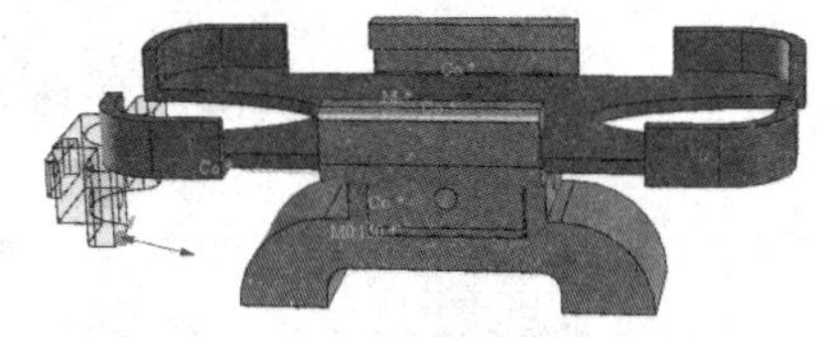

图 6-72　选择相切部位

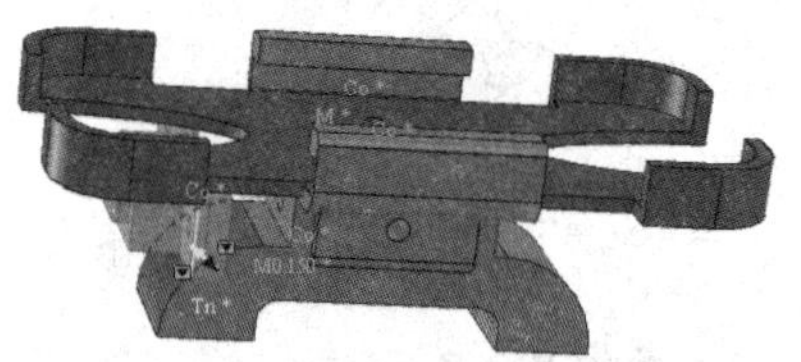

图 6-73　完成装配

步骤 12：单击"装配"选项卡"生成"选项组中的"零件/装配"按钮，在弹出的"插入零件"对话框中选择"手机支架"文件夹中的"下夹头"零件，单击"打开"按钮，在合适的位置插入"下夹头"零件。

步骤 13：完成下夹头和上夹头的对齐约束，如图 6-74 和图 6-75 所示；通过三维球将下夹头移动到装配件的另一端，如图 6-76 和图 6-77 所示；下夹头和装配体相切的装配，如图 6-78 和图 6-79 所示。完成的手机夹的装配如图 6-80 所示。

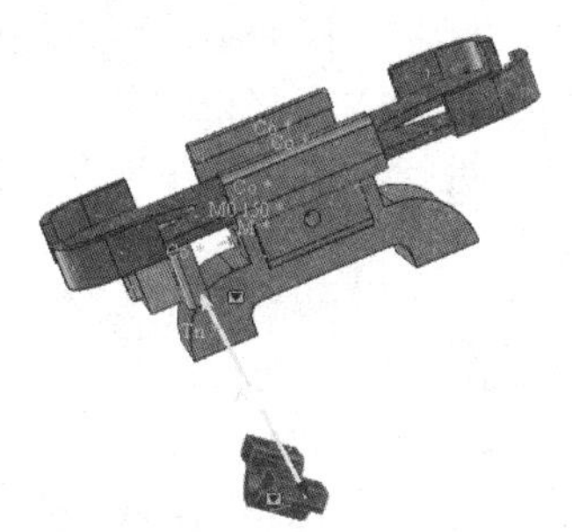

图 6-74 编辑“对齐”约束 1

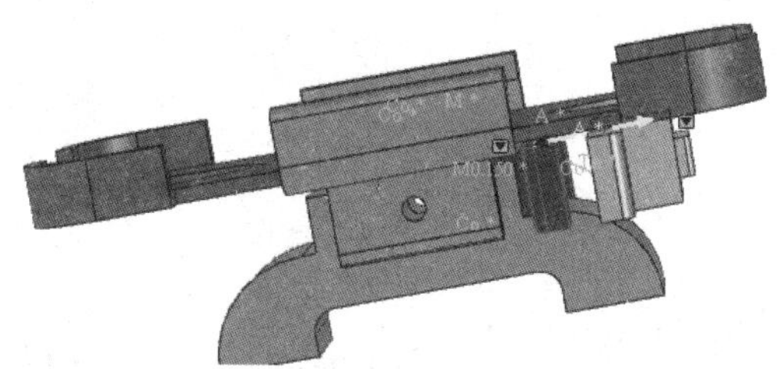

图 6-75 编辑“对齐”约束 2

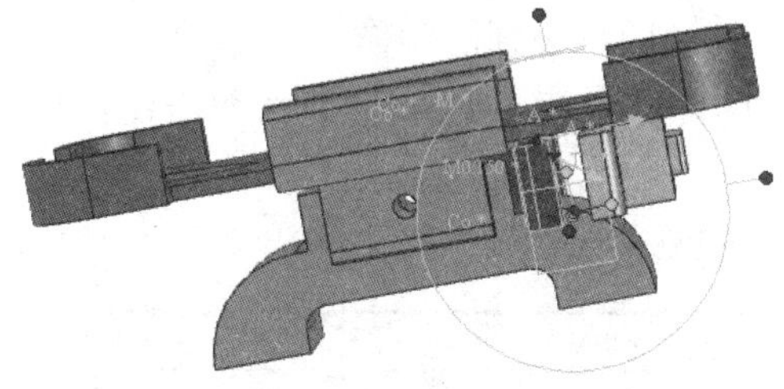

图 6-76 利用三维球移动下夹头

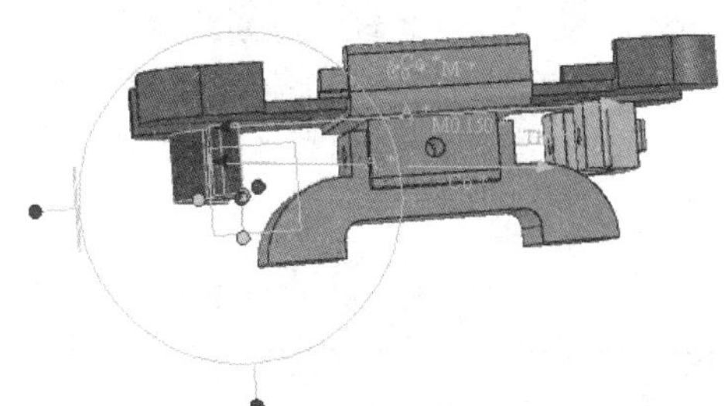

图 6-77 移动下夹头

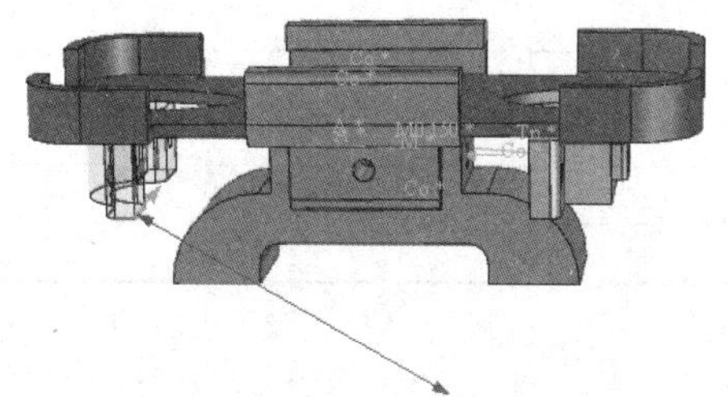

图 6-78 编辑相切约束

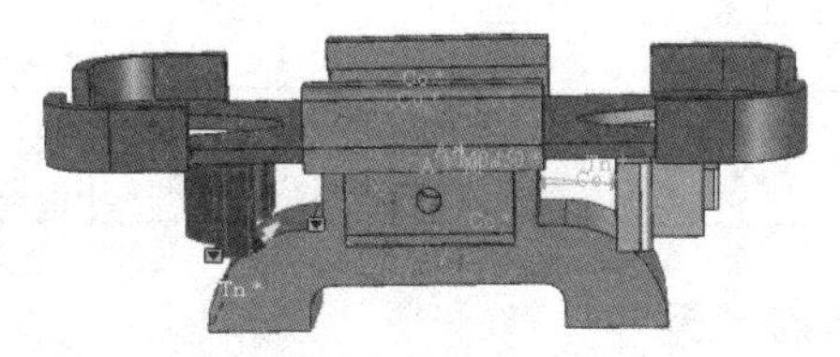

图 6-79 完成部件装配

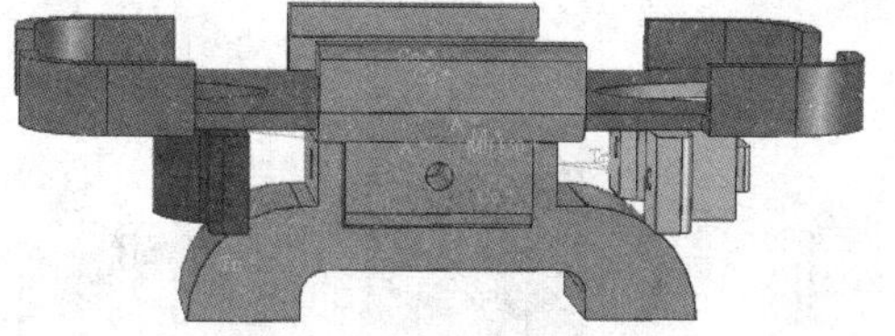

图 6-80 完成装配体的装配

知识链接

三维球工具体现了 CAXA 3D 实体设计独特的强大操作功能，借助于三维球，可以方便地实现实体的移动、旋转、复制、镜像、阵列、动画和装配等操作。

三维球可以附着在多种三维物体之上。在选中零件、智能图素、锚点、表面、视向、光源、动画路径关键帧等三维元素后，可通过按 F10 键或单击“三维球”按钮，激活三维球。三维球主要由一个圆周、3 个二维平面及通过球心的中心手柄、定向控制手柄和外控制手柄组成，如图 6-81 所示。

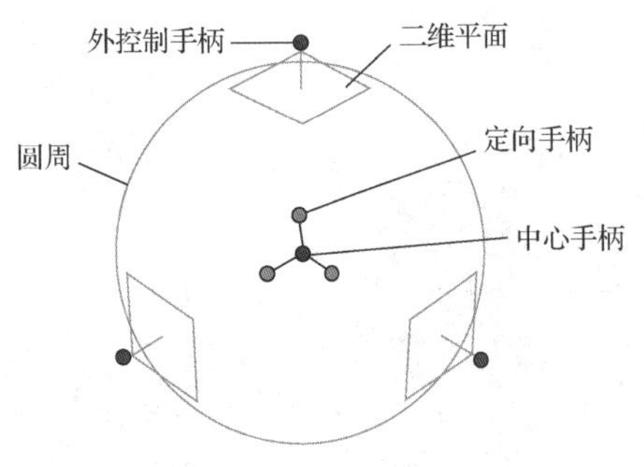

图 6-81　三维球的组成

1）“圆周”：按住鼠标左键拖动圆周可以围绕从视点延伸到三维球球心的一条虚拟轴线旋转。

2）“外控制手柄”：进行沿相应轴线方向上的线性平移或指定旋转轴线。

3）“定向手柄”：以三维球的中心作为一个固定支点，为设计对象进行定向。

4）“中心手柄”：进行点的平移。

5）“二维平面”：在虚拟平面内自由移动。

三维球附着在这些三维物体之上，从而方便地对它们进行移动、相对定位、距离测量和其他的三维空间变换；同时三维球还可以完成对智能图素、零件或组合件生成复制、直线阵列、矩形阵列和圆形阵列的操作。

当操作三维球时会出现不同形式的图标，不同的图标引导或指示不同的操作，具体如表 6-1 所示。

表 6-1　不同图标的具体操作含义

图标	图标的操作含义
	拖动光标，使操作对象绕选定轴旋转
	拖动光标，利用选定的定向手柄重新定位
	拖动光标，利用中心手柄重新定位
	拖动光标，利用选定的一维（外）控制手柄重新定位
	拖动光标，利用选定的二维平面重新定位
	沿着三维球圆周拖动光标，使操作对象绕三维球中心旋转
	拖动光标，可以绕任意方向自由旋转

拓展练习

完成如图 6-82 所示的千斤顶装配设计，各零件图样如图 6-83～图 6-85 所示。

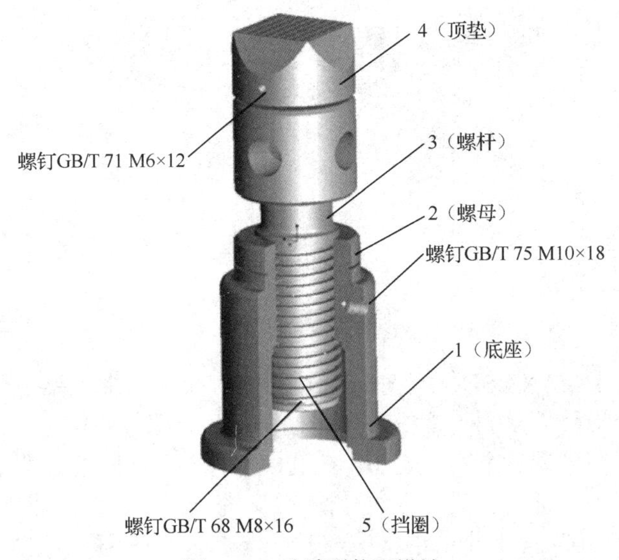

图 6-82　千斤顶装配设计

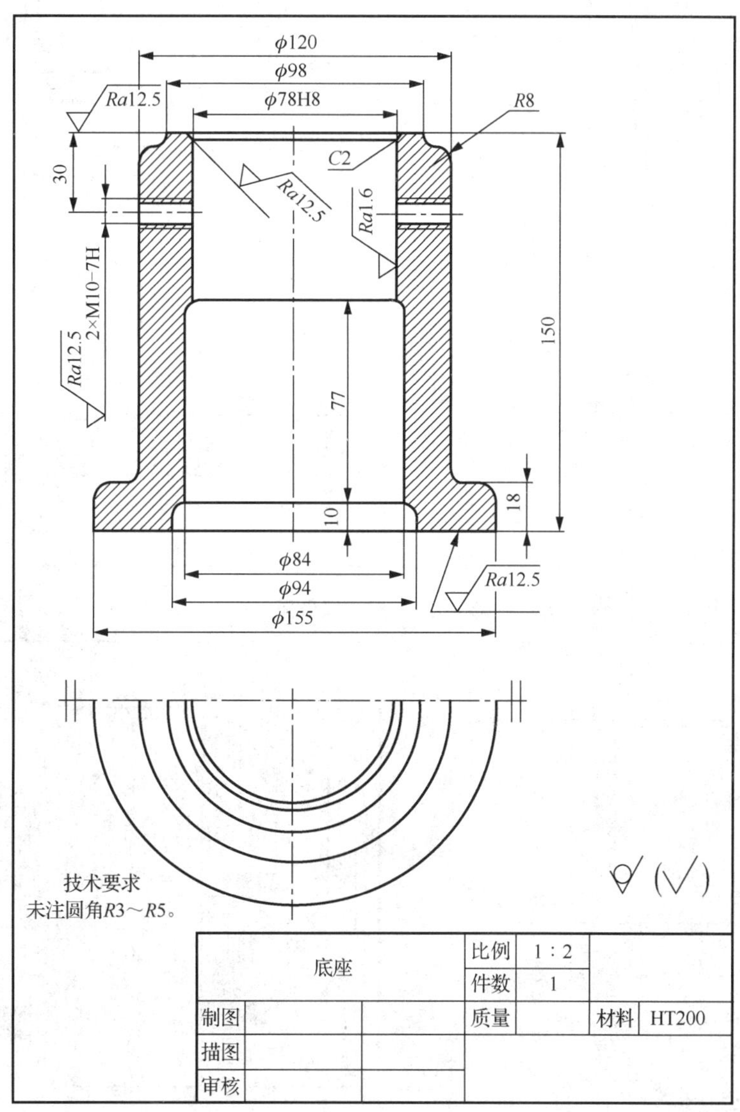

ϕ120
ϕ98
ϕ78H8
Ra12.5
R8
C2
Ra12.5
Ra1.6
30
2×M10-7H
Ra12.5
150
77
18
10
ϕ84
ϕ94
ϕ155
Ra12.5
技术要求
未注圆角R3～R5。
底座
比例 1∶2
件数 1
质量
材料 HT200
制图
描图
审核

图 6-83　底座零件图

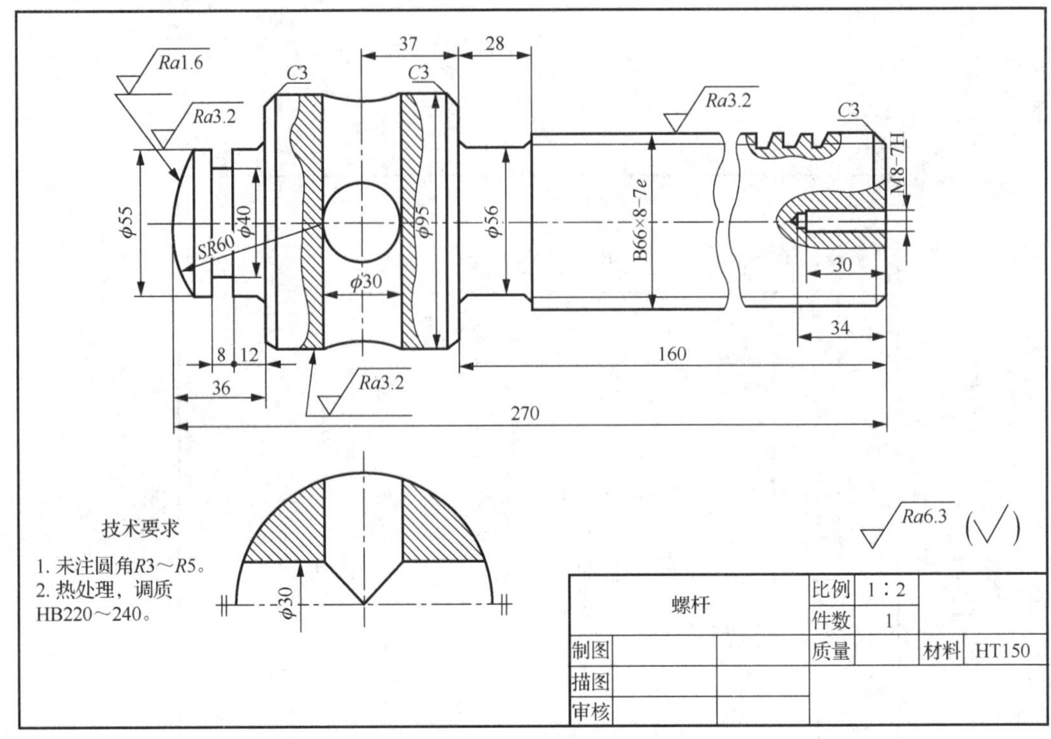

图 6-84　螺杆零件图

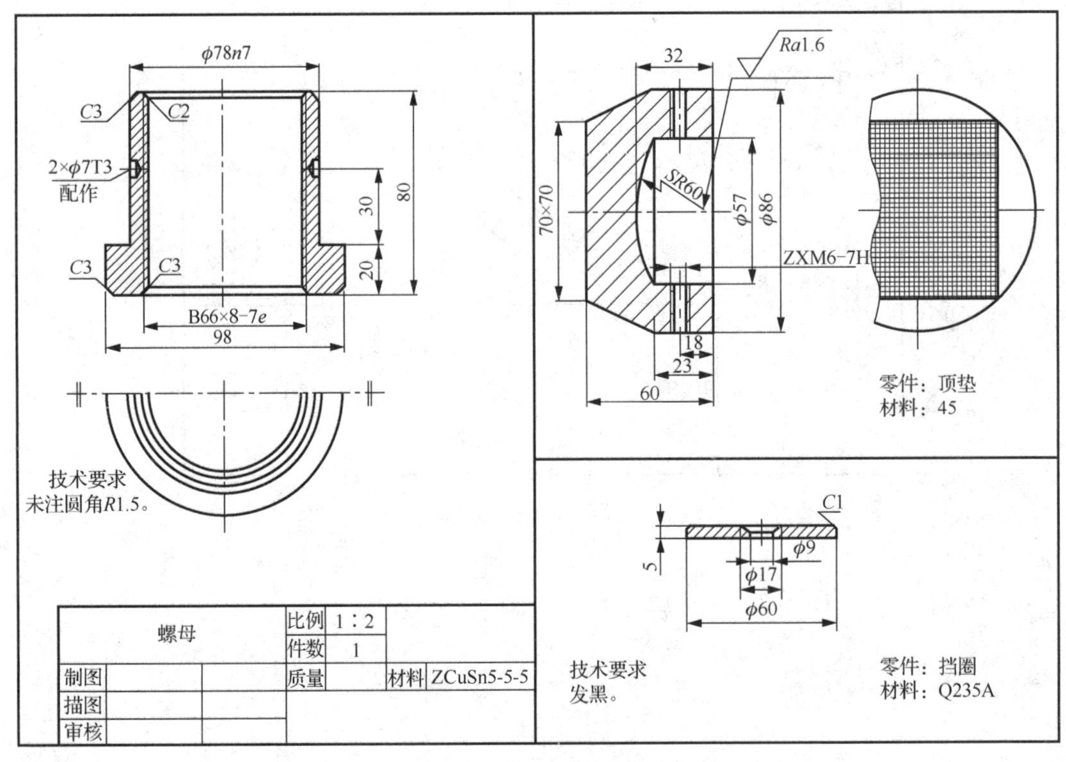

图 6-85　螺母、顶垫、挡圈零件图

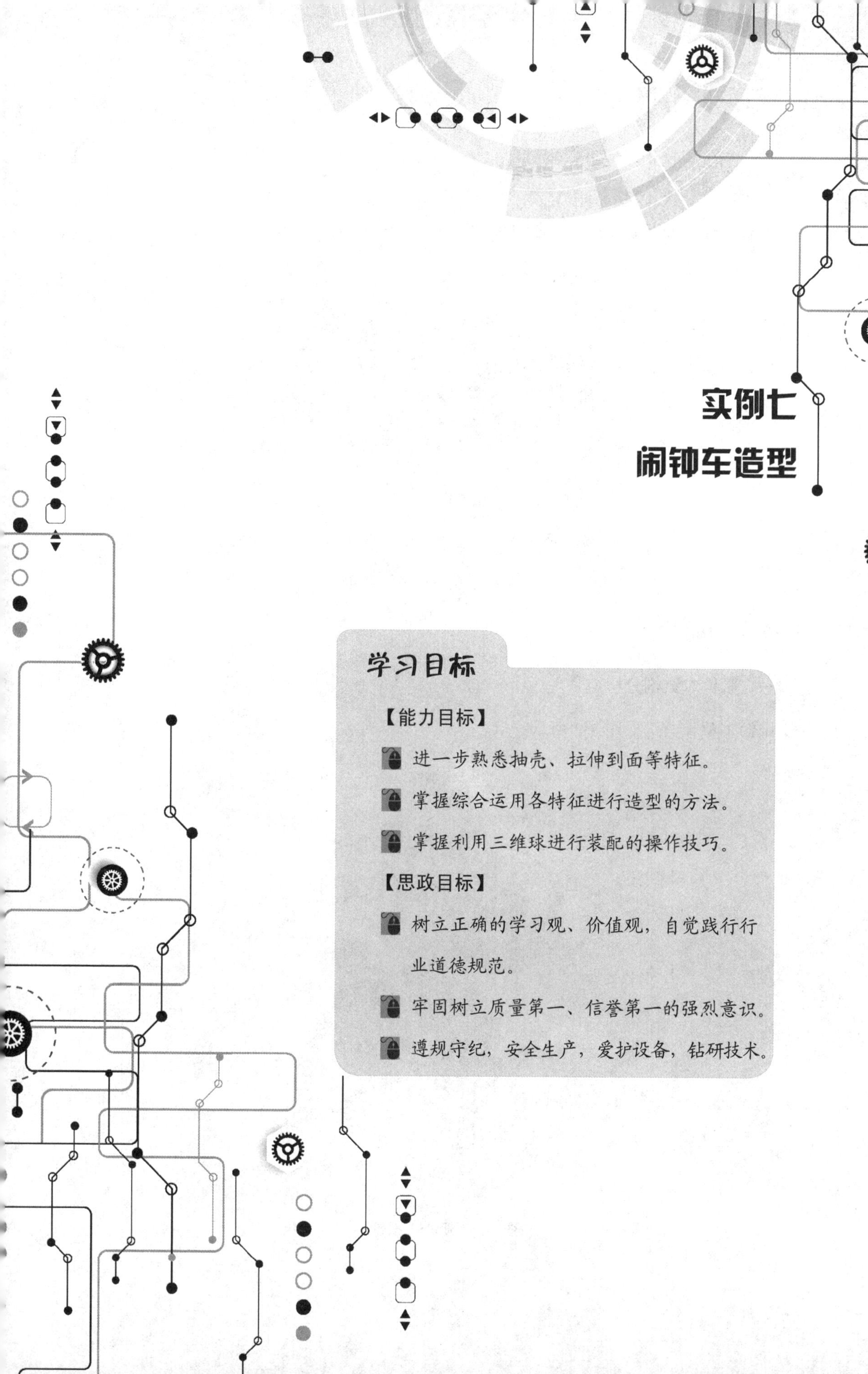

实例七

闹钟车造型

学习目标

【能力目标】

- 进一步熟悉抽壳、拉伸到面等特征。
- 掌握综合运用各特征进行造型的方法。
- 掌握利用三维球进行装配的操作技巧。

【思政目标】

- 树立正确的学习观、价值观，自觉践行行业道德规范。
- 牢固树立质量第一、信誉第一的强烈意识。
- 遵规守纪，安全生产，爱护设备，钻研技术。

任务要求

根据给定的闹钟车工程图，创建如图 7-1 所示的闹钟车实体造型。

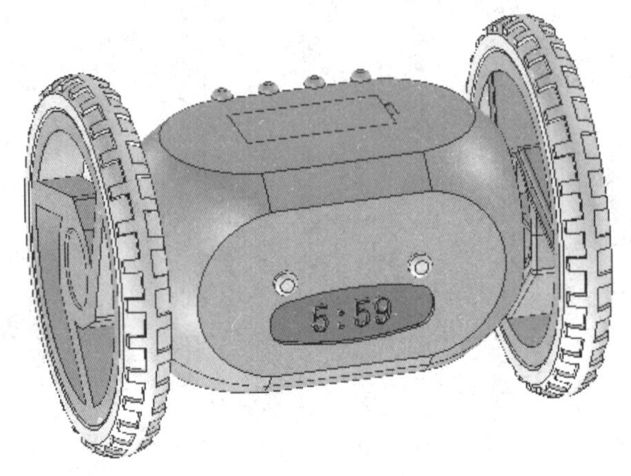

图 7-1　闹钟车实体造型

任务分析

一、闹钟车结构分析

闹钟车整体结构如图 7-2 所示。

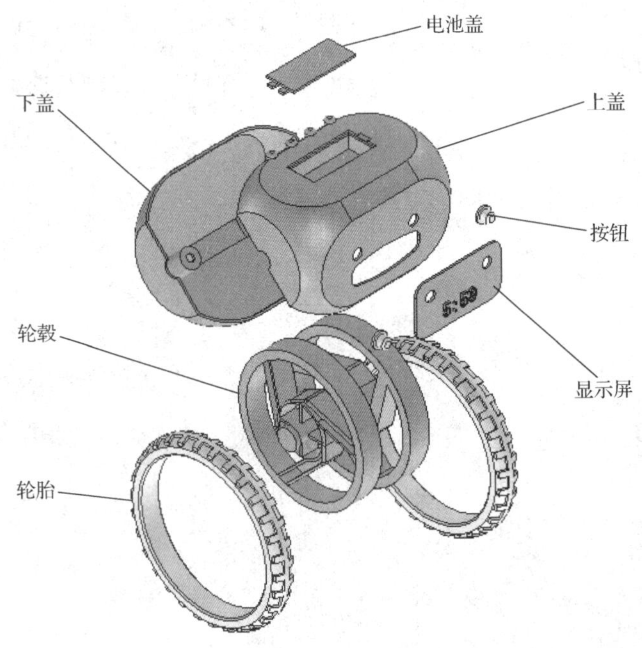

图 7-2　闹钟车整体结构

二、部件整体建模分析

闹钟车采用单独零件建模，然后采用部件装配的方法进行装配，部件建模及装配流程如图 7-3 所示。

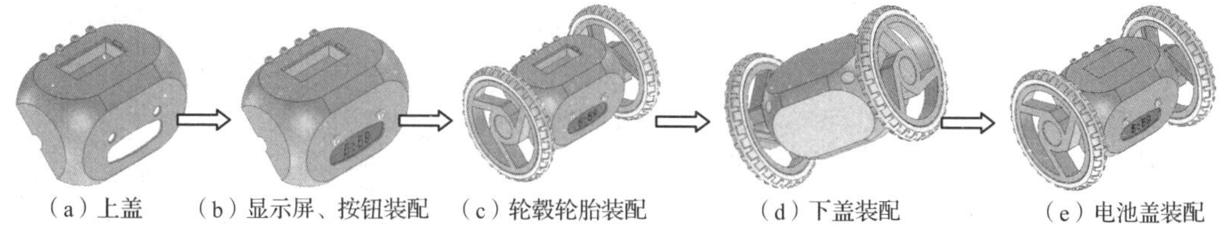

图 7-3　闹钟车部件建模及装配流程

任务分解

闹钟车实体设计根据结构可以拆分成上盖和下盖的设计，显示屏、按钮和电池盖的设计，轮毂和轮胎的设计，以及闹钟车的装配 4 个任务，如图 7-4 所示。

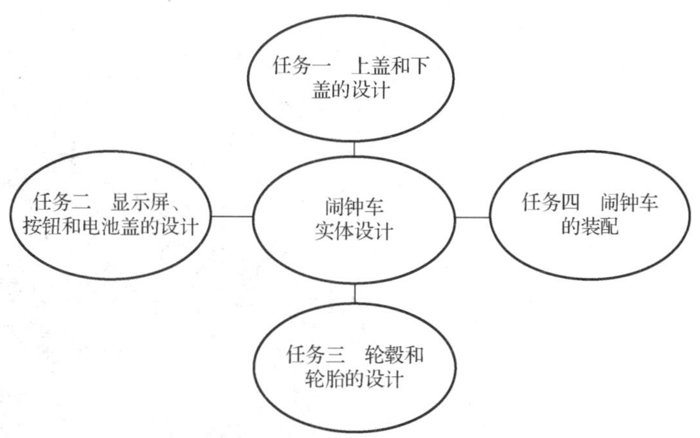

图 7-4　闹钟车实体设计分解

任务一　上盖和下盖设计

任务要求

根据如图 7-5 和图 7-6 所示的图样，建立闹钟车上盖和下盖的三维模型。

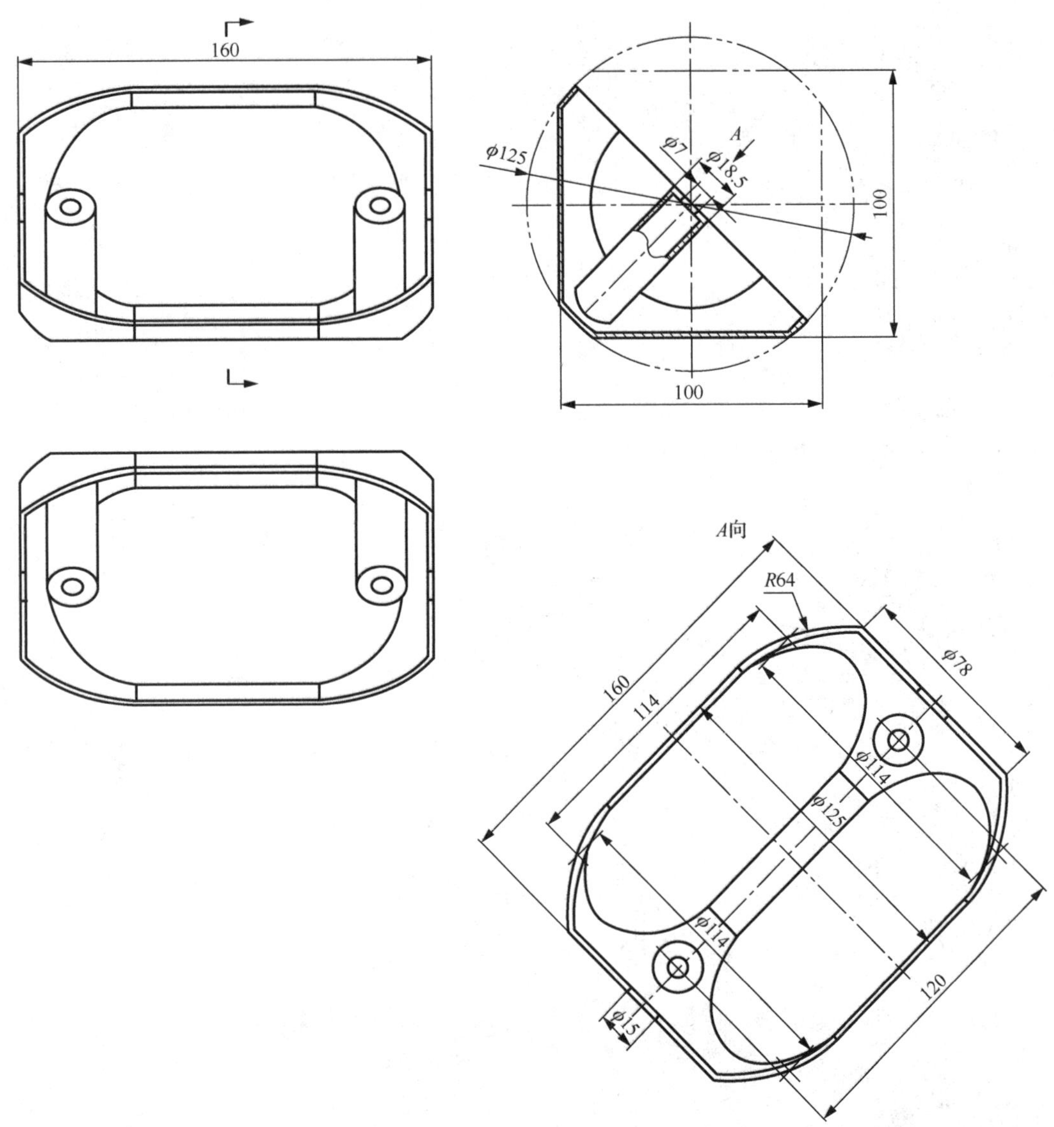
160
φ125
φ7
A
φ18.5
100
100
A向
R64
160
114
φ78
φ114
φ125
φ114
φ15
120

图 7-5 闹钟车上盖图样

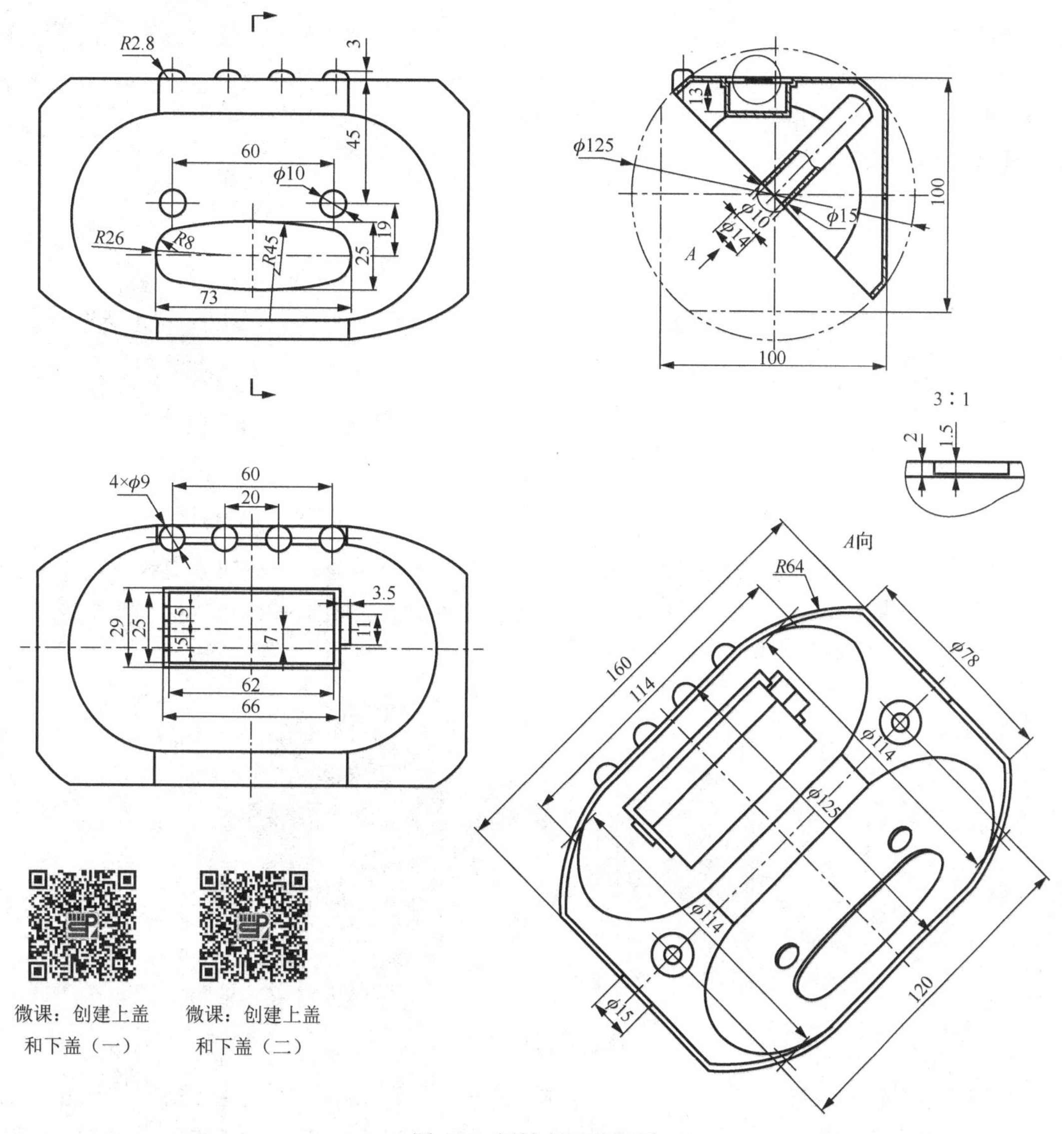

微课：创建上盖和下盖（一）

微课：创建上盖和下盖（二）

图 7-6　闹钟车下盖图样

任务分析

上盖和下盖合起来是一个整体。故先将整体创建好后利用分割命令分割成上盖和下盖两个单独的零件即可。

任务实施

步骤 1： 打开 CAXA 3D 实体设计 2019，进入设计环境。从设计元素库中拖动“长方体”图素到设计环境中，右击操作柄的拖动点，在弹出的快捷菜单中选择“编辑包围盒”选项，在弹出的“编辑包围盒”对话框中设置包围盒的尺寸为长度 160、宽度 100、高度 100，然后单击“确定”按钮。在设计元素库中找出“颜色”库，将“橙红”图素拖放到长方体上，将其渲染为橙红色，结果如图 7-7 所示。

步骤 2：单击“特征”选项卡“特征”选项组中的“拉伸向导”按钮，在弹出的“拉伸特征向导”对话框中设置参数为拉伸除料、距离为 160mm，草图内圆半径为 62.5mm，外圆半径只要大于长方体轮廓即可。然后单击“草图”选项卡“草图”选项组中的“完成”按钮，草图和结果如图 7-8 所示。

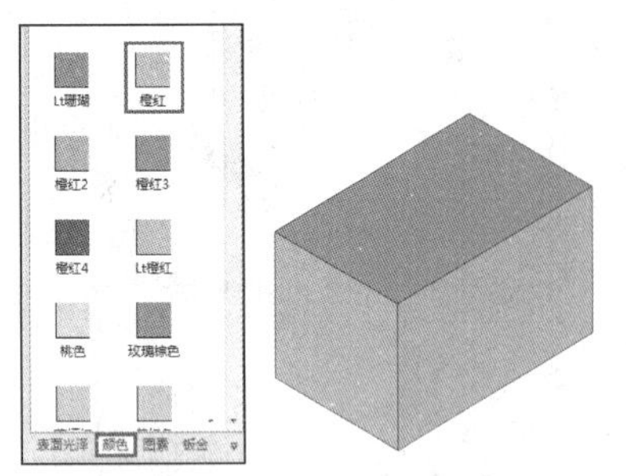

图 7-7 创建并渲染长方体

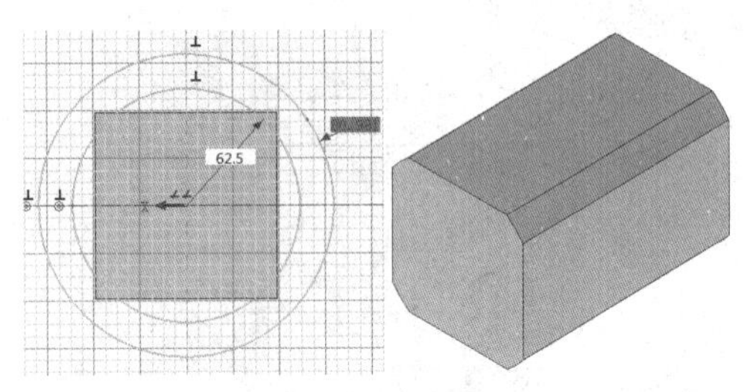

图 7-8 拉伸除料

步骤 3：单击“特征”选项卡“特征”选项组中的“旋转向导”按钮，在弹出的“旋转特征向导”对话框中设置参数为旋转除料，草图轮廓和结果如图 7-9 所示。然后单击“草图”选项卡“草图”选项组中的“完成”按钮。

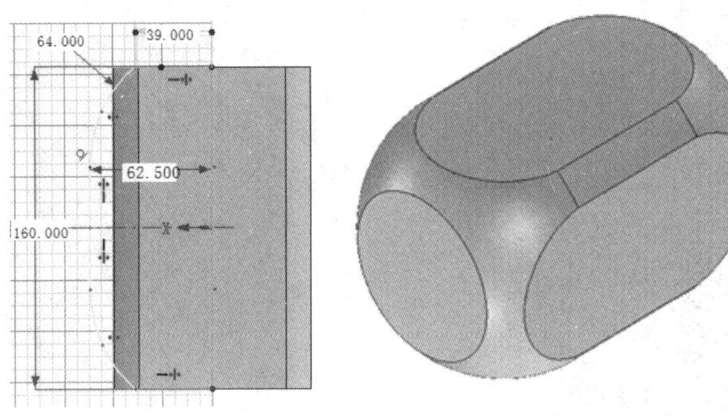

图 7-9 旋转除料

步骤 4：创建电池槽。拖入“孔类长方体”图素，设置其长度、宽度、高度的尺寸分别为 66mm、29mm、2mm，然后将其放在主体上表面的中心点，如图 7-10 所示。按 F10 键激活三维球，使用三维球将其后移 7mm，如图 7-11 所示。再按 F10 键取消三维球。

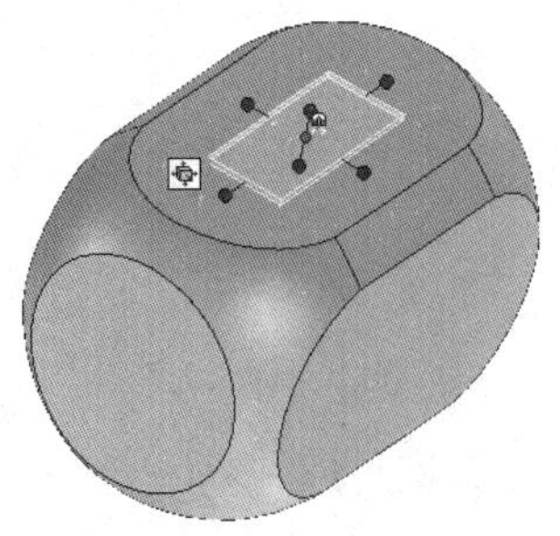

图 7-10 放置孔类长方体

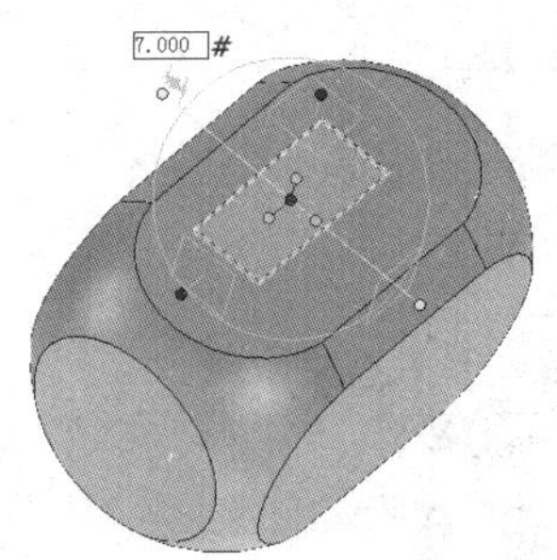

图 7-11 将孔类长方体往后移动 7mm

步骤 5：继续拖入“孔类长方体”图素，将其放在上一步长方体孔底中心，设置其长度、宽度、高度的尺寸分别为 62mm、25mm、13mm，如图 7-12 所示。

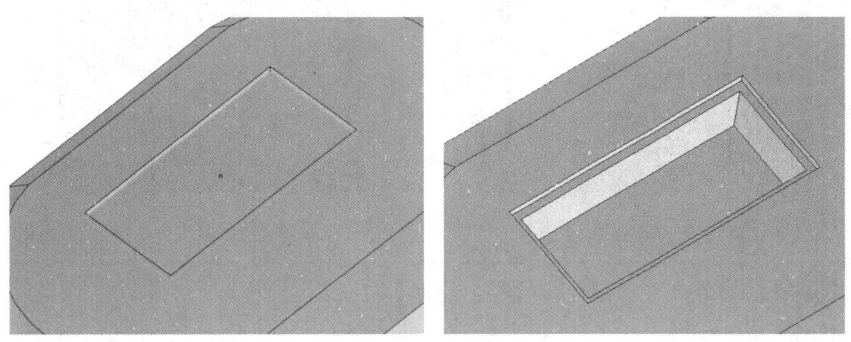

图7-12　继续放置孔类长方体

步骤 6：用双向拉伸除料的方法创建斜槽，距离各为 5.5mm，草图和结果如图 7-13 所示。

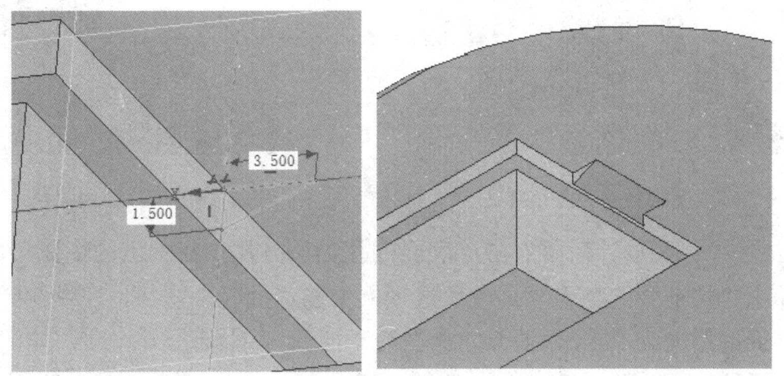

图 7-13　创建斜槽

步骤 7：用拉伸除料的方法创建卡槽，拉伸距离为 7mm，草图和结果如图 7-14 所示。

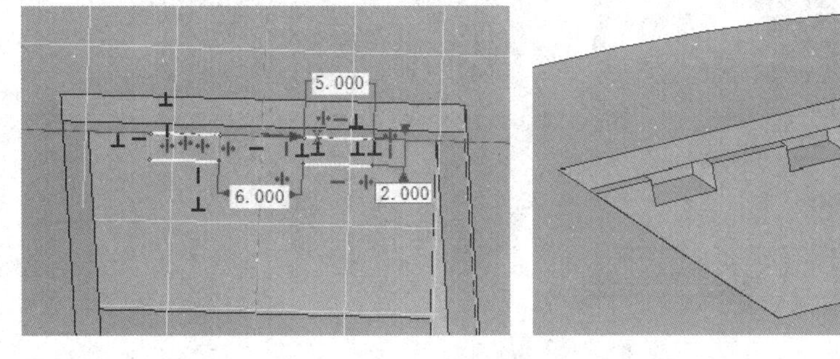

图 7-14　创建卡槽

步骤 8：创建 4 个小圆柱。为方便定位，在设计树中右击上表面的孔类长方体，在弹出的快捷菜单中选择“压缩”选项，将其压缩。拖入“圆柱体”图素，将其放至上表面中心点，如图 7-15 所示。

步骤 9：编辑小圆柱的尺寸，直径为 9mm，使其超出上表面 3mm，底部拉长延伸到主体内部，然后使用三维球将它后移 40mm，再往左移动 10mm，结果如图 7-16 所示。

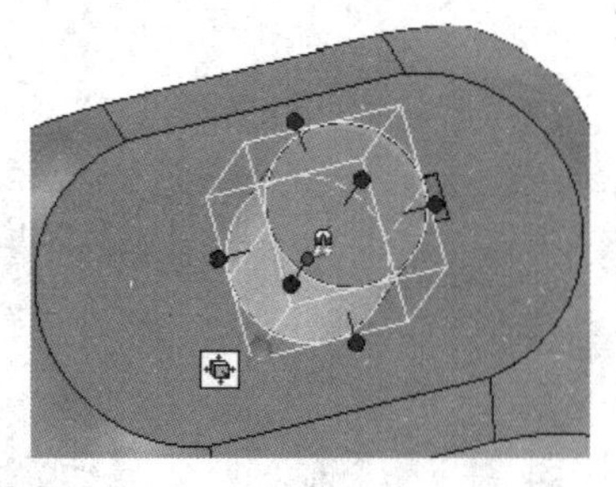

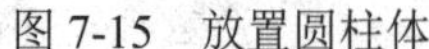

图 7-15　放置圆柱体

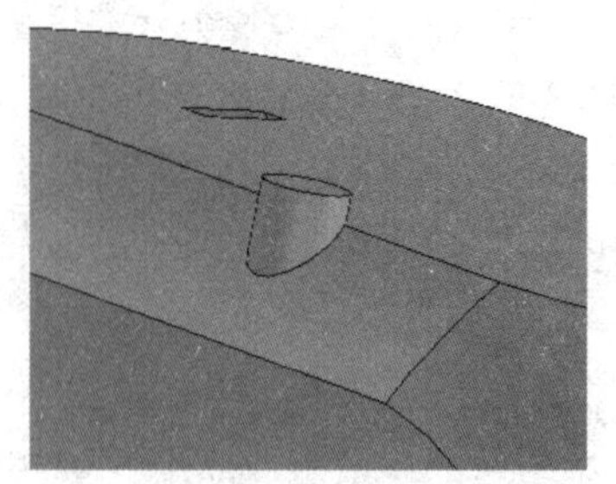

图 7-16　编辑和移动圆柱体后的结果

步骤 10：复制另外 3 个小圆柱。使用三维球复制出另外 3 个小圆柱，如图 7-17 所示，圆柱之间的距离为 20mm。

步骤 11：倒圆角。圆角的半径为 2.8，结果如图 7-18 所示。

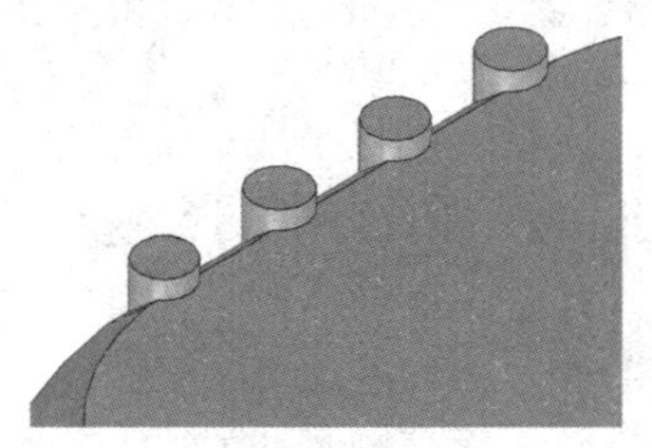

图 7-17　复制另外 3 个小圆柱

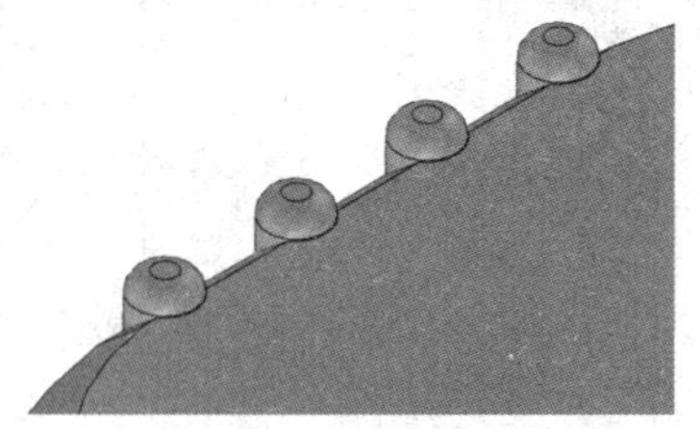

图 7-18　小圆柱倒圆角

步骤 12：抽壳。在设计树中右击上表面的孔类长方体，在弹出的快捷菜单中选择“压缩”选项。单击“特征”选项卡“修改”选项组中的“抽壳”按钮，在左侧弹出的“属性”窗格中设置抽壳的厚度为 2mm，抽壳的类型为“内部”，不选择开口面，如图 7-19（a）所示，然后单击“确定”按钮，结果如图 7-19（b）所示。

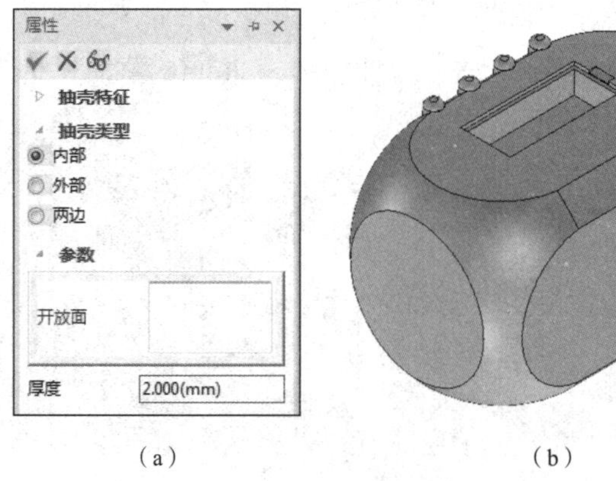

（a）　（b）

图 7-19　抽壳设置及结果

步骤 13：创建左右两端两个小孔。拖动“孔类圆柱体”图素到左右两端面的中心点，并设置其直径为 15mm，结果如图 7-20 所示。

步骤 14：分裂主体。在左右两端面绘制 45°线的草图，单击“曲面”选项卡“曲面”选项组中的“直纹面”按钮，选择两条 45°线，创建直纹面，如图 7-21 所示。

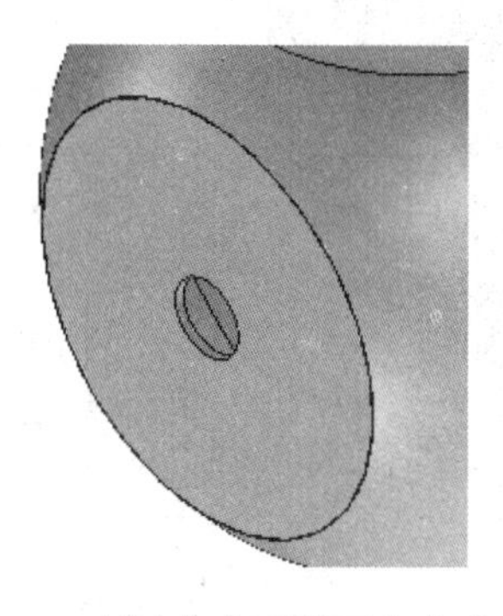
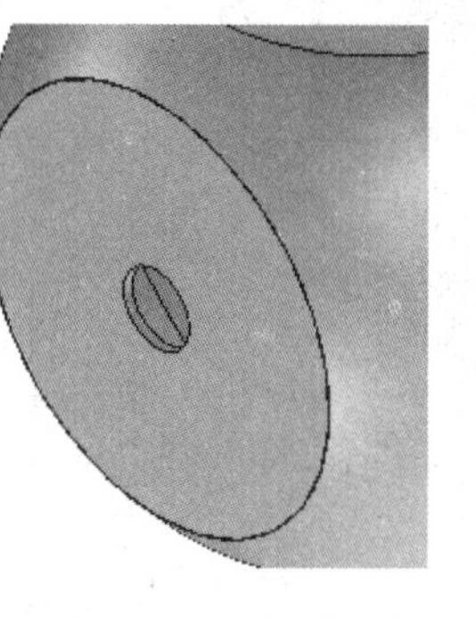

图 7-20 创建左右两端两个小孔

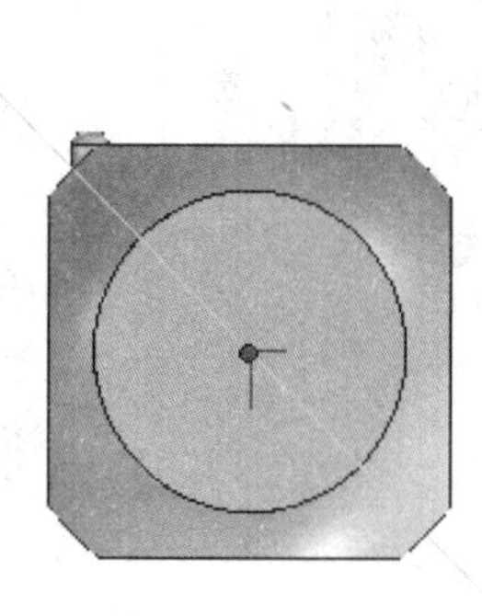
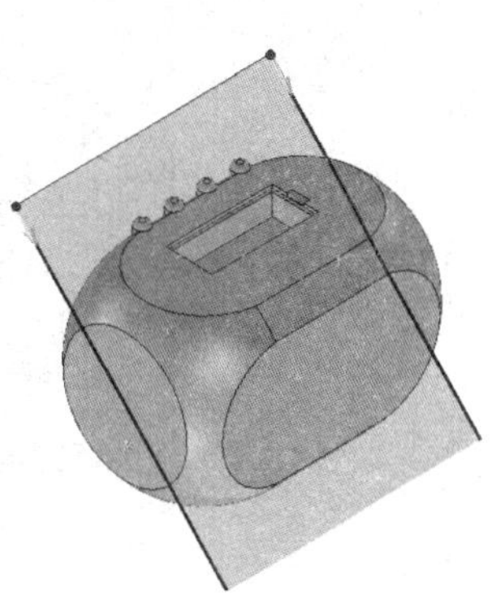

图 7-21 绘制草图和直纹面

步骤 15：使用“分割”按钮将主体分割成两部分。单击“特征”选项卡“修改”选项组中的“分割”按钮，在左侧的分割“属性”窗格中选择“主体”为目标零件、“直纹面”为工具零件，单击“确定”按钮，主体被分割成两部分，如图 7-22 所示。这里将这两个零件命名为上盖和下盖。

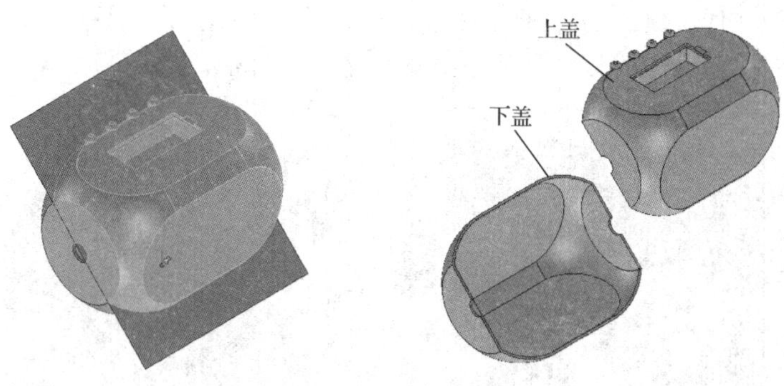

图 7-22 分割主体

步骤 16：用拉伸除料的方法创建上盖的两个按钮孔和显示屏窗口，草图和结果如图 7-23 所示。

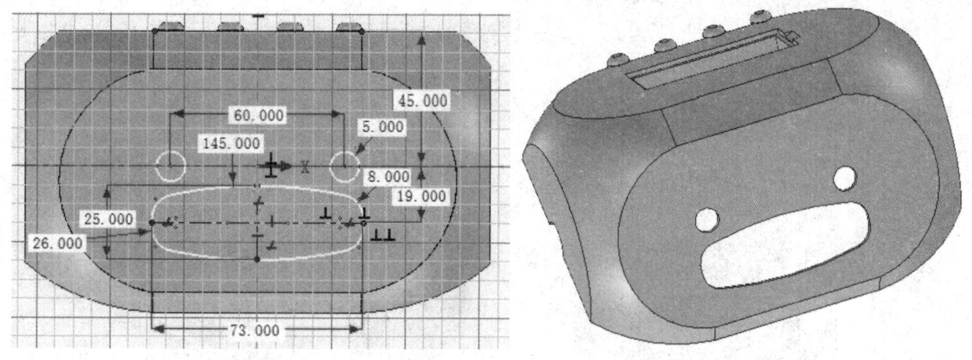

图 7-23 创建上盖的两个按钮孔和显示屏窗口

步骤 17：用拉伸到面的方法创建上盖的两个导柱，草图和结果如图 7-24 所示。

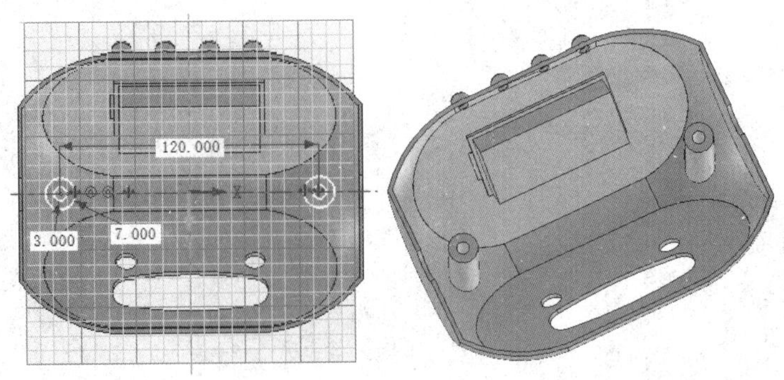

图 7-24 创建上盖的两个导柱

步骤 18：单击快速访问工具栏中的“保存”按钮，在弹出的“另存为”对话框中设置保存路径，并在“文件名”文本框中输入“下盖.ics”，单击“保存”按钮将文件保存。然后使用同样的方法将文件另存为“上盖.ics”文件。在上盖文件中删除下盖部分，再保存一次文件后关闭上盖文件。

步骤 19：单击快速访问工具栏中的“打开”按钮，在弹出的“打开”对话框中选择保存的“下盖.ics”文件，单击“打开”按钮打开文件，删除上盖后保存文件。

步骤 20：用拉伸到面的方法创建下盖的两个导柱外形，草图和结果如图 7-25 所示。

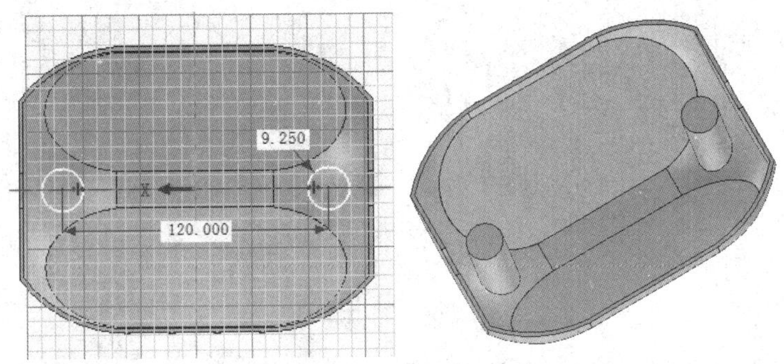

图 7-25 创建下盖的两个导柱

步骤 21：使用“圆柱体”图素创建两边导柱的内孔，尺寸和结果如图 7-26 所示。完成一边的导柱内孔后，另外一边可以用三维球镜像复制得到。完成后的下盖如图 7-27 所示。

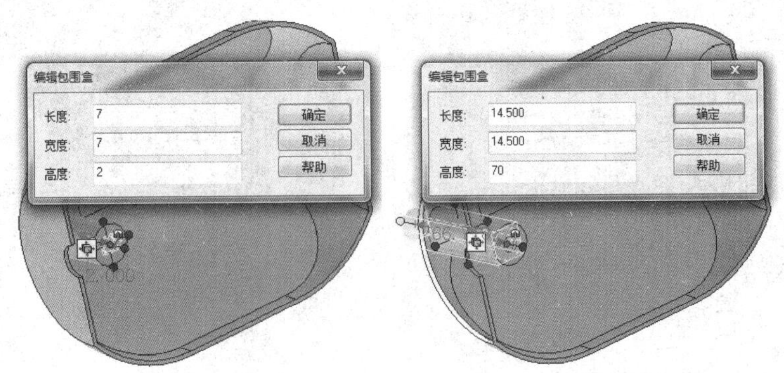

图 7-26 创建下盖两个导柱的内孔

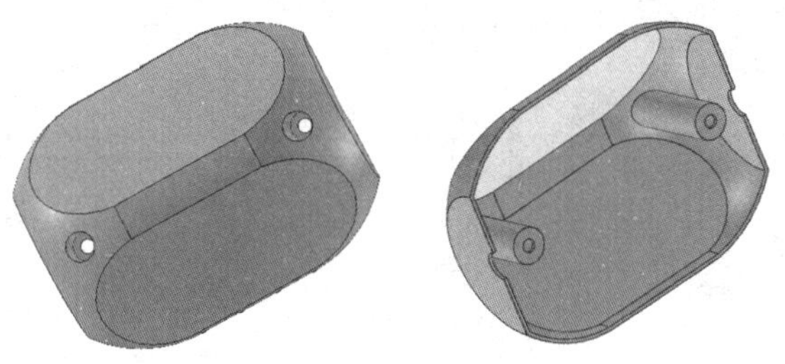

图 7-27　完成下盖的创建

任务二　显示屏、按钮和电池盖设计

任务要求

根据如图 7-28～图 7-30 所示的图样，分别建立显示屏、按钮和电池盖的三维模型。

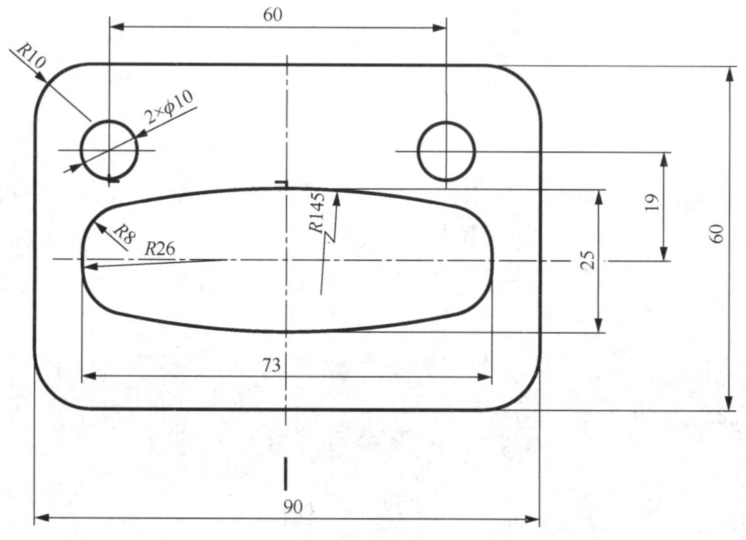

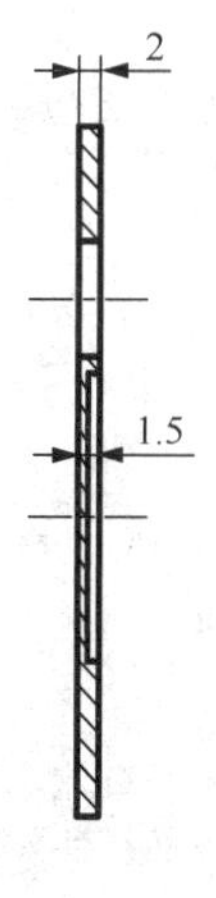

图 7-28　显示屏的图样

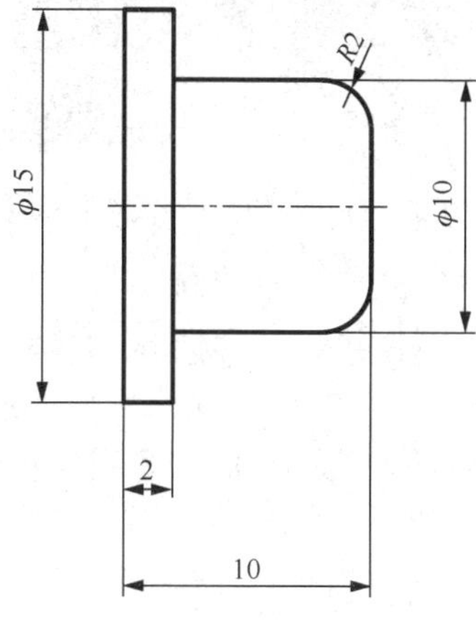

图 7-29　按钮的图样

微课：创建显示屏

微课：创建按钮和电池盖

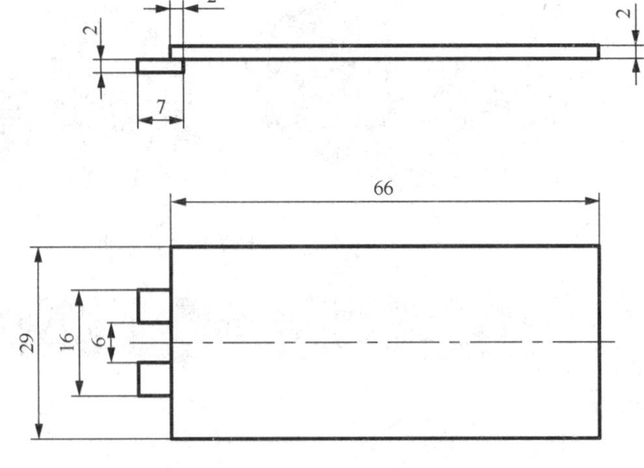

图 7-30　电池盖的图样

任务实施

1. 显示屏的设计

步骤 1：打开 CAXA 3D 实体设计 2019，进入设计环境。打开“上盖.ics”文件，并将其另存为“显示屏.ics”。使用“拉伸向导”按钮设置拉伸特征为独立实体，拉伸距离为 2mm。绘制拉伸草图，草图的部分图线可以使用“投影”按钮从实体上获得，其他图线的尺寸如图 7-31 所示。

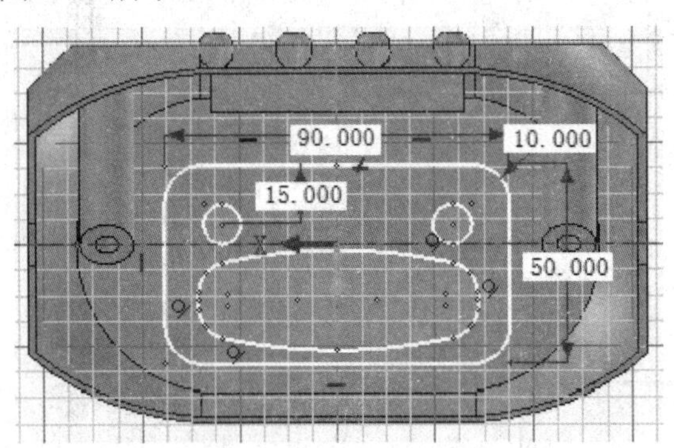

图 7-31　显示屏的草图及拉伸结果

步骤 2：删除上盖部分的实体，使用“拉伸向导”按钮（设置拉伸特征为增料，拉伸距离为 1.5mm）创建显示屏凹槽，草图可以通过使用“投影”按钮来获得，结果如图 7-32 所示。

步骤 3：将显示器渲染成粉红色，将凹槽底面渲染成灰黑色，如图 7-33 所示。

图 7-32　创建显示屏凹槽

图 7-33　渲染显示器

步骤 4：创建三维文字。单击“工程标注”选项卡“文字”选项组中的“文字”按钮，选取如图 7-34（a）所示的中心点定位并弹出“文字向导-第 1 页/共 3 页”对话框，按图 7-34（b）～（d）所示来设置文字样式，输入文字“5:59”，然后用三维球旋转定位到正确的方向，结果如图 7-34（e）所示。

（a）选取定位中心

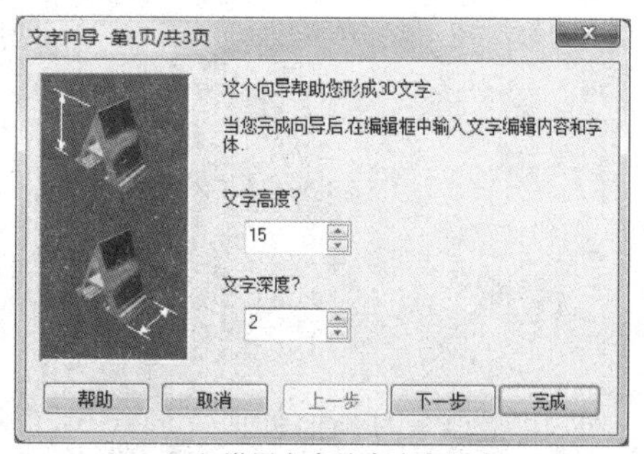

（b）设置文字的高度和深度

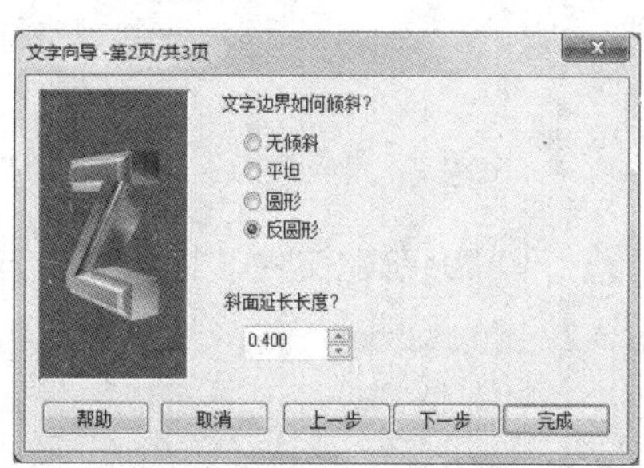

（c）设置文字的边界

（d）设置文字的定位方向

（e）调整文字及结果

图 7-34　创建三维文字

步骤 5：保存并关闭文件。

2. 按钮的设计

步骤 1：打开 CAXA 3D 实体设计 2019，进入设计环境。新建文件，用旋转增料的方法创建按钮，并将其渲染成白色，草图和结果如图 7-35 所示。

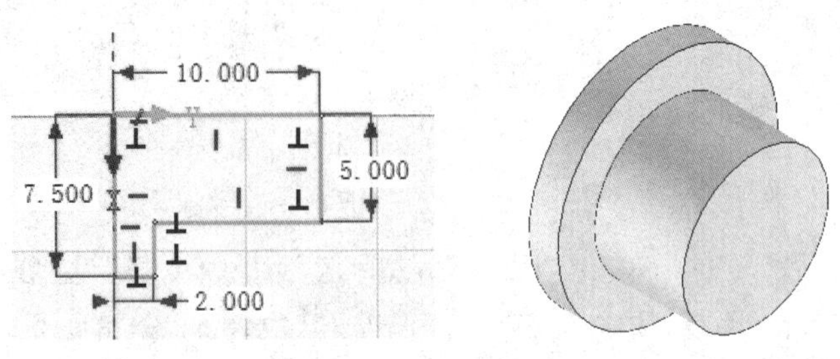

图 7-35　创建按钮

步骤 2：倒圆角。选择如图 7-36 所示的棱边进行倒圆角，并设置圆角半径为 2mm。

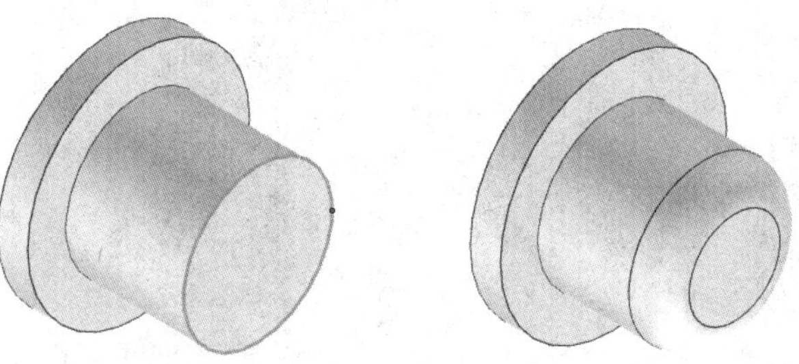

图 7-36　对按钮进行倒圆角

步骤 3：以"按钮.ics"为文件名保存文件并关闭。

3. 电池盖的设计

步骤 1：打开 CAXA 3D 实体设计 2019，进入设计环境。新建文件，拖入"长方体"图素，设置其长度、宽度、高度的尺寸分别为 66mm、29mm、2mm，并将其渲染成粉红色，结果如图 7-37 所示。

步骤 2：用拉伸增料的方法创建卡扣，拉伸距离为 2mm，草图和结果如图 7-38 所示。

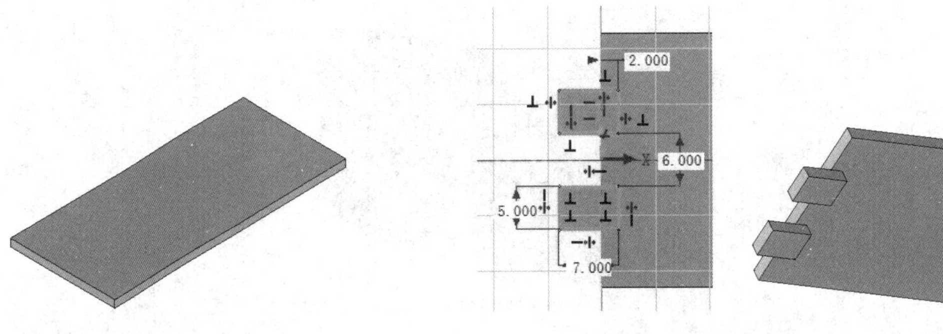

图 7-37　创建电池盖

图 7-38　创建卡扣

步骤 3：以“电池盖.ics”为文件名保存并关闭文件。

任务三　轮毂和轮胎设计

任务要求

根据如图 7-39 和图 7-40 所示的轮毂和轮胎的图样，建立轮毂和轮胎的三维模型。

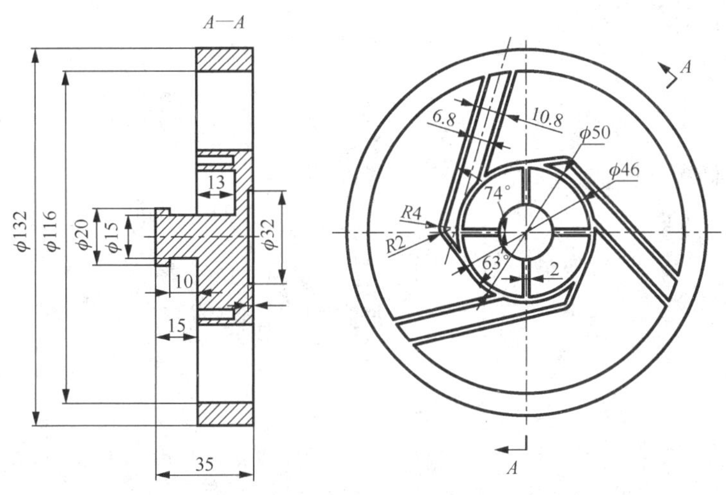

微课：创建轮毂（闹钟车）

微课：创建轮胎

图 7-39　轮毂的图样

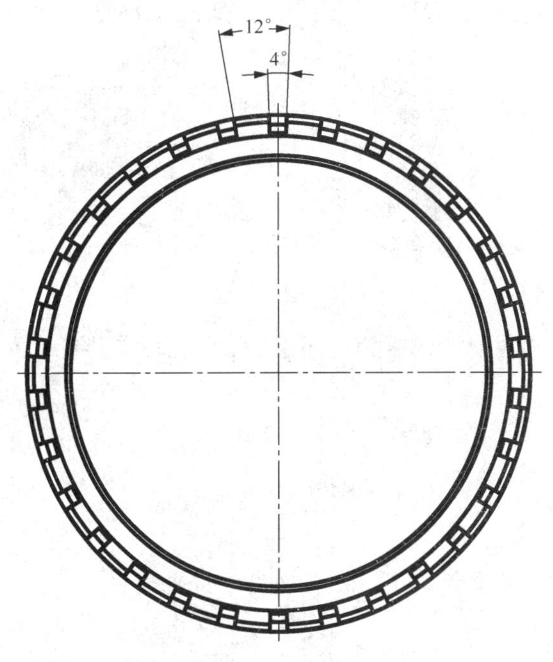

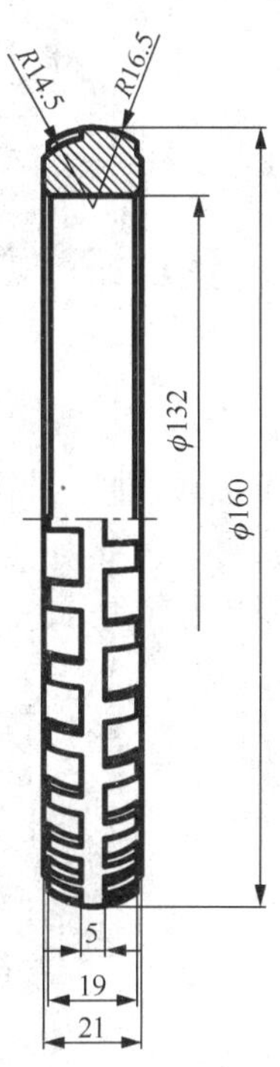

图 7-40　轮胎的图样

任务实施

1. 轮毂的设计

步骤 1：打开 CAXA 3D 实体设计 2019，进入设计环境。新建文件，创建轮毂拉伸体，拉伸高度为 20mm，并将其渲染成粉红色，草图和拉伸结果如图 7-41 所示。

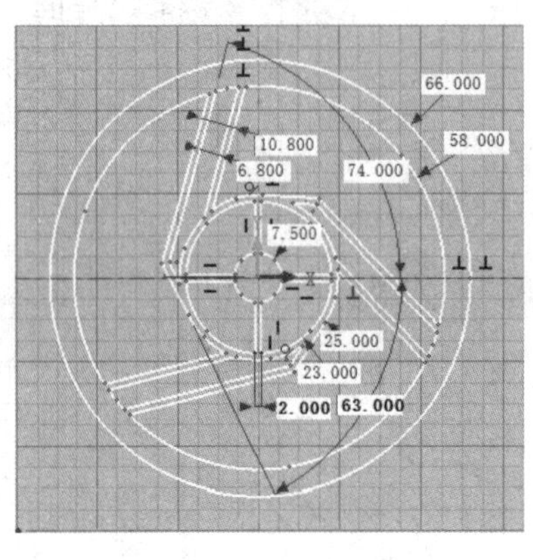

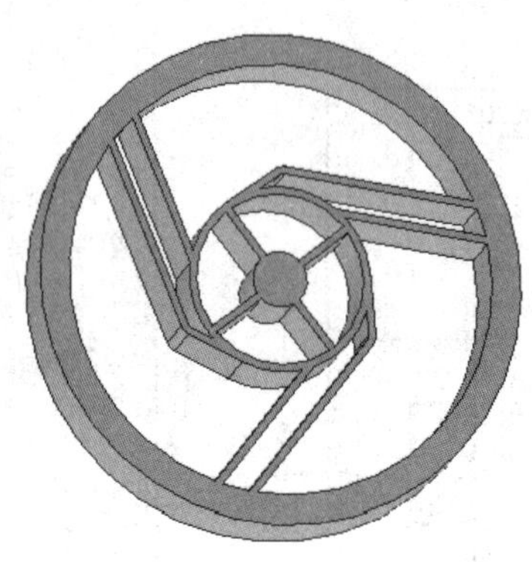

图 7-41　创建轮毂拉伸体

步骤 2：用拉伸增料的方法创建轮辐，以下底面为草图面，向上拉伸，使用“投影”按钮绘制拉伸草图，厚度为 7mm，结果如图 7-42 所示。

步骤 3：用旋转增料的方法创建定位圆柱部分，草图和结果如图 7-43 所示。

图 7-42　创建轮辐

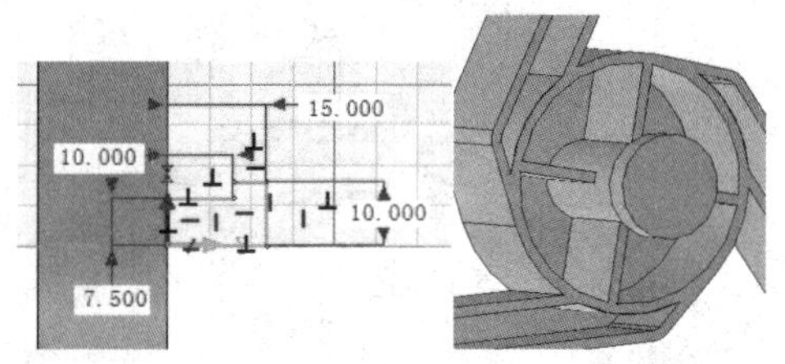

图 7-43　创建定位圆柱

步骤 4：创建端面孔。拖入“孔类圆柱体”图素到端面中心点，并设置其直径为 32mm、高度为 1mm，结果如图 7-44 所示。

步骤 5：对孔口进行倒圆角，半径为 1mm，结果如图 7-45 所示。

图 7-44　创建端面孔

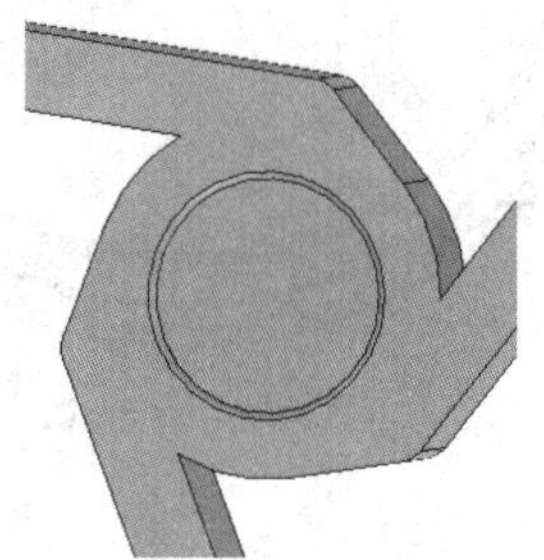

图 7-45　孔口倒圆角

步骤 6：对棱边进行倒圆角，圆角半径为 2mm，选取的 3 条棱边和结果如图 7-46 所示。

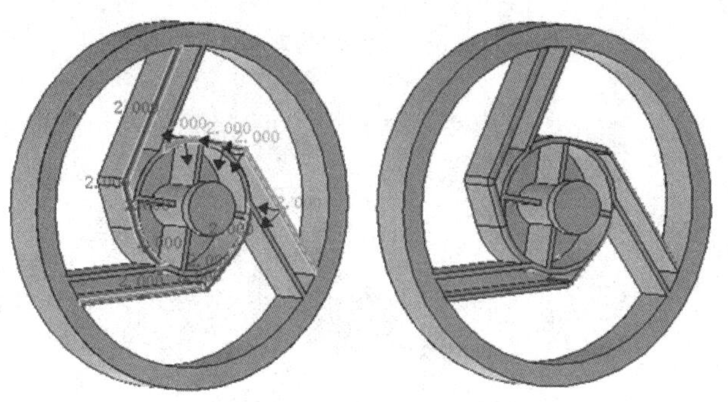

图 7-46　对棱边进行倒圆角

步骤 7：将文件保存为“轮毂.ics”文件并关闭文件。

2. 轮胎的设计

步骤 1：打开 CAXA 3D 实体设计 2019，进入设计环境。新建文件，用旋转增料的方法创建旋转体，并将其渲染成白色，草图和结果如图 7-47 所示。

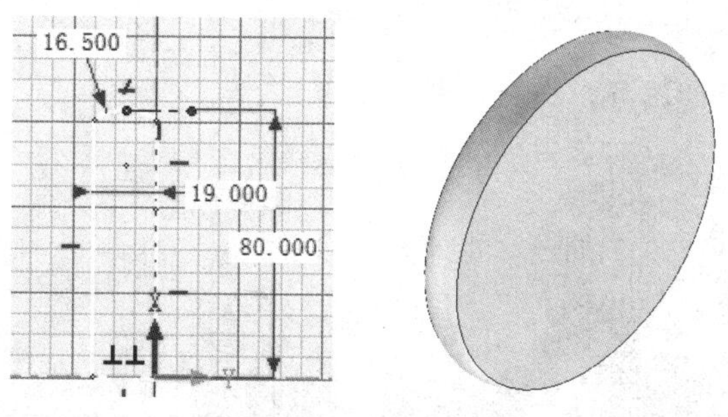

图 7-47　创建旋转体

步骤 2：用拉伸除料的方法创建轮胎凹槽，拉伸距离为 7mm，草图和结果如图 7-48 所示。用三维球复制出另外 29 个轮胎凹槽，结果如图 7-49 所示。

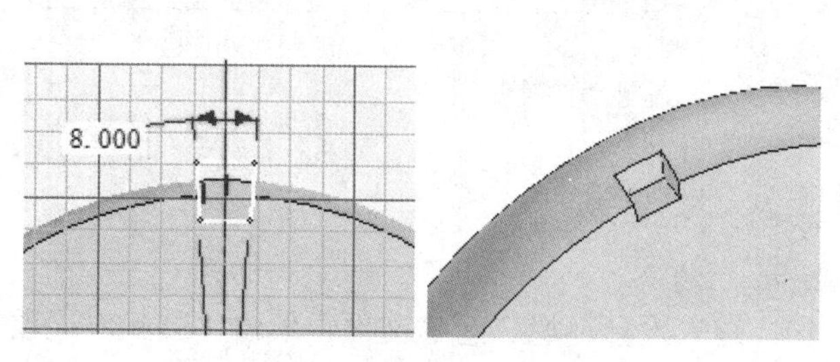

图 7-48　创建凹槽

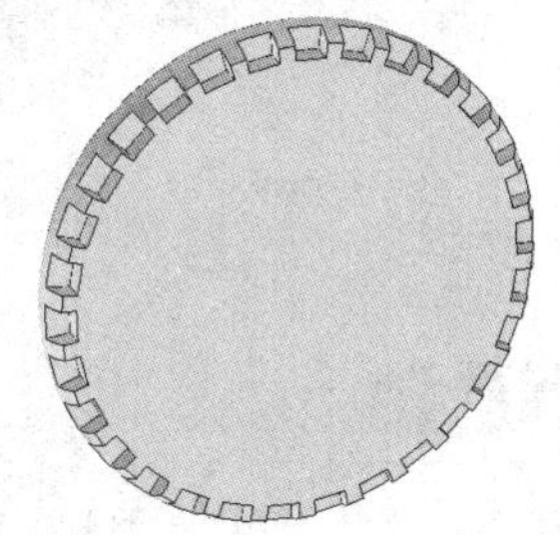

图 7-49　复制另外 29 个轮胎凹槽

步骤 3：选择 30 个轮胎凹槽，用三维球复制出另外一侧的轮胎凹槽，然后旋转错位 6°，结果如图 7-50 所示。

步骤 4：用旋转增料的方法创建槽底圆柱面，草图和结果如图 7-51 所示。

步骤 5：创建轮胎内孔。拖入“孔类圆柱体”图素，设置其直径为 132mm，并倒角 1.5mm，结果如图 7-52 所示。

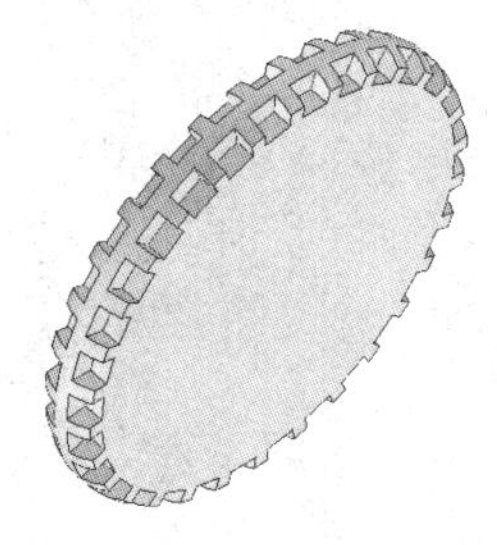

图 7-50　复制另一侧轮胎的 30 个凹槽

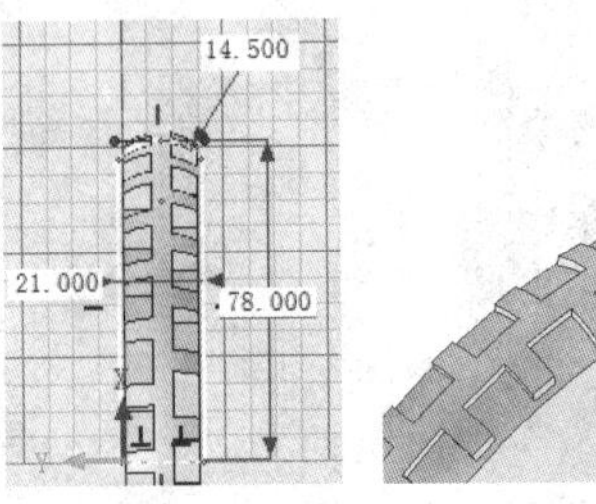

图 7-51　创建槽底圆柱面

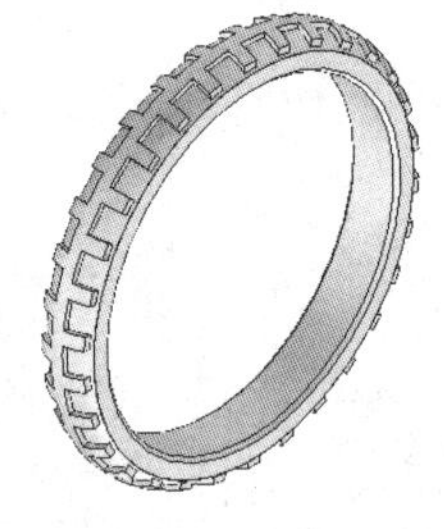

图 7-52　创建内孔并倒角

步骤 6：将文件保存为“轮胎.ics”文件并关闭文件。

任务四　闹钟车装配

任务要求

根据如图 7-53 所示的图样，进行闹钟车的装配。

微课：闹钟车装配

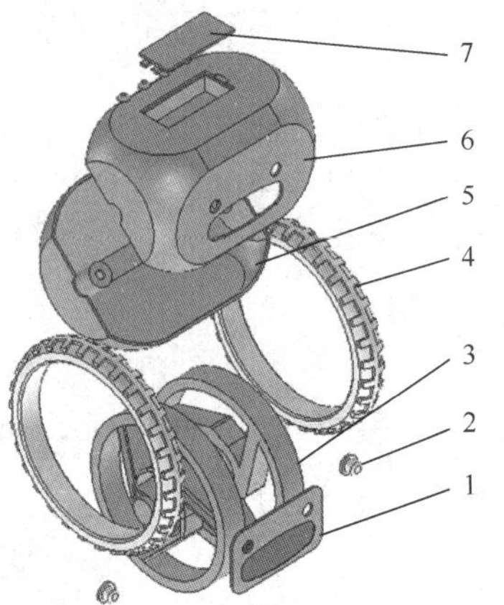

7	电池盖	1	
6	上盖	1	
5	下盖	1	
4	轮胎	2	
3	轮毂	2	
2	按钮	2	
1	显示屏	1	
序号	名称	数量	备注

图 7-53　闹钟车的装配图

任务实施

步骤 1：打开 CAXA 3D 实体设计 2019，进入设计环境。新建文件，单击“装配”选项卡“生成”选项组中的“零件/装配”按钮，在弹出的“插入零件”对话框中选择“上盖”“下盖”“显示屏”“按钮”“电池盖”“轮毂”“轮胎”等零件，单击“打开”按钮将它们插入文件中，如图 7-54 所示。

步骤 2：激活三维球，使用其移动功能将重叠在一起的零件分散开，如图 7-55 所示。

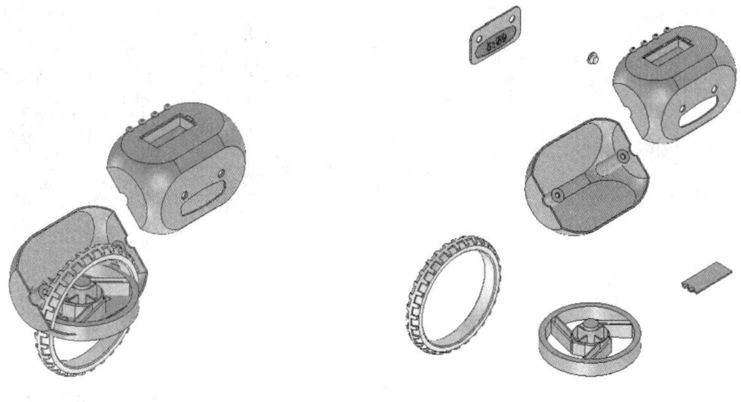

图 7-54　插入各个零件　　　　图 7-55　将零件分散开

步骤 3：再次插入按钮、轮胎和轮毂 3 个零件，在左侧的设计树中可看到共有 10 个零件，如图 7-56 所示。

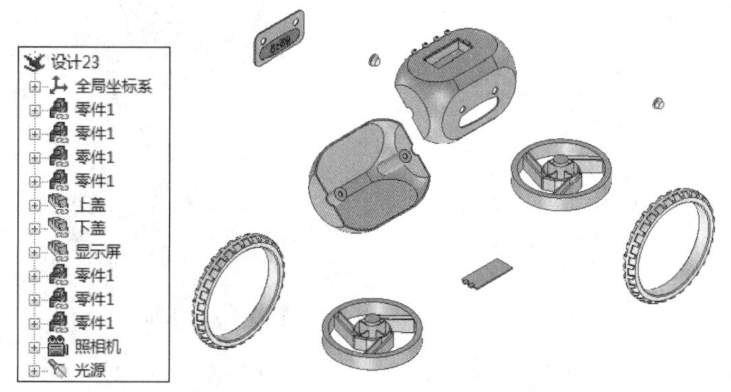

图 7-56　插入按钮、轮胎和轮毂 3 个零件

步骤 4：开始装配闹钟车。将显示屏装入上盖。选择显示屏零件，按 F10 键激活三维球，将三维球控制手柄的中心移动到如图 7-57 所示的圆心上。右击三维球中心控制手柄，在弹出的快捷菜单中选择“到中心点”选项，如图 7-58 所示。然后选择如图 7-59 所示的上盖上的圆弧，将显示屏定位到上盖上，如图 7-60 所示。装配好的显示屏如图 7-61 所示。

图 7-57　移动三维球

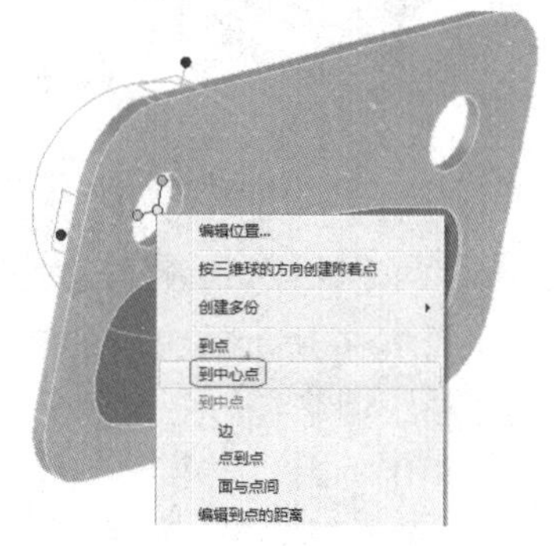

图 7-58　选择“到中心点”选项

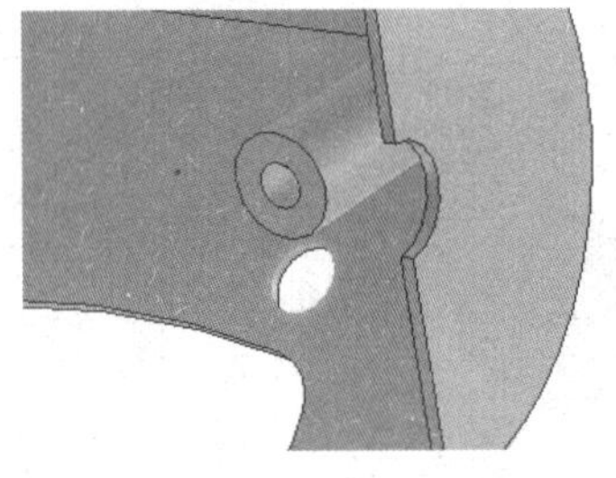

图 7-59　选择上盖上的圆弧

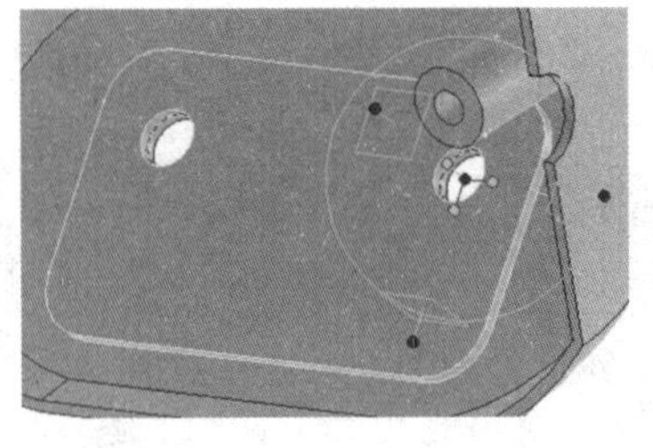

图 7-60　将显示屏定位到上盖上

图 7-61　显示屏装配结果

步骤 5：安装两个按钮。选择按钮零件，按 F10 键激活三维球，将三维球控制手柄的中心移动到如图 7-62 所示的圆心上。右击三维球中心控制手柄，在弹出的快捷菜单中选择“到中心点”选项，然后选择如图 7-63 所示的圆弧，将按钮装入闹钟车，结果如图 7-64 所示。另外一个按钮的装配方法相同，将两个按钮装入闹钟车后的结果如图 7-65 所示。

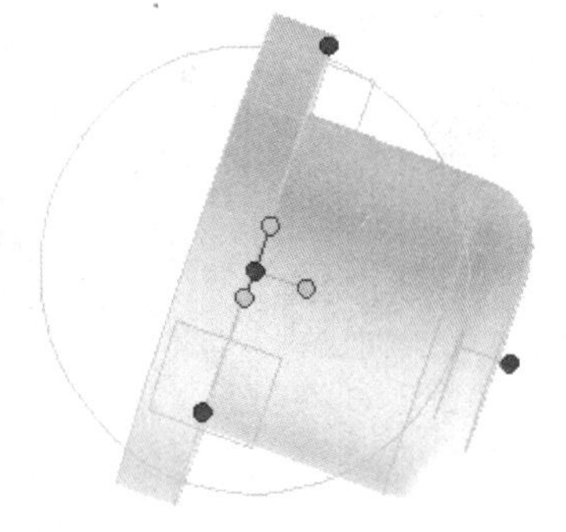

图 7-62　三维球定位中心

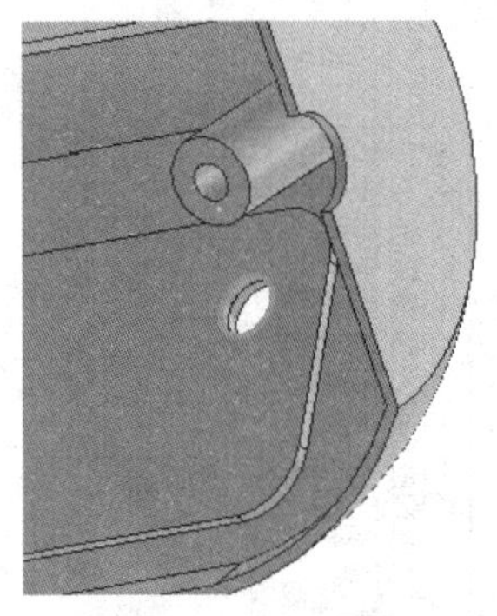

图 7-63　选择定位圆弧 1

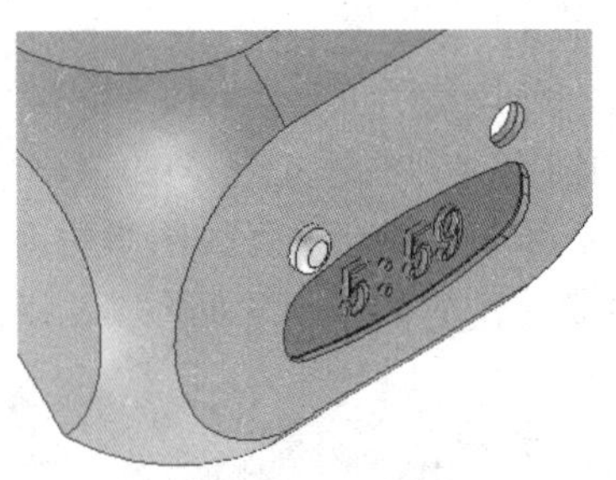

图 7-64　将一个按钮装入闹钟车

图 7-65　两个按钮装入闹钟车后的结果

步骤 6：安装两个轮毂。选择轮毂零件，按 F10 键激活三维球，右击三维球中心控制手柄，在弹出的如图 7-66 所示的快捷菜单中选择“与轴平行”选项，然后选择如图 7-67 所示的圆弧，将轮毂轴线调整到与上盖孔轴线平行，如图 7-68 所示。

步骤 7：按 F10 键激活三维球，并将三维球控制手柄的中心定位到如图 7-69 所示的圆心上。然后右击三维球中心控制手柄，在弹出的快捷菜单中选择“到中心点”选项，选择如图 7-70 所示的圆弧，将轮毂安装到上盖上，结果如图 7-71 所示。

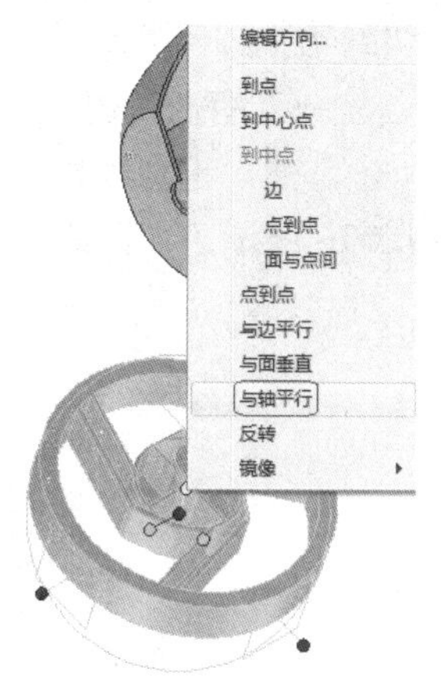

图 7-66　选择“与轴平行”选项

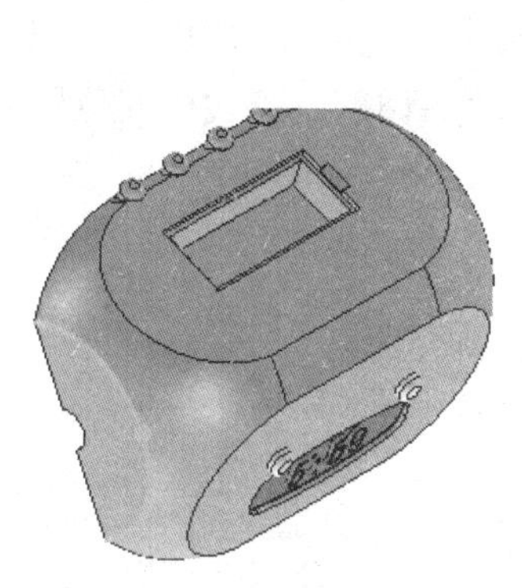

图 7-67　选择定位圆弧 2

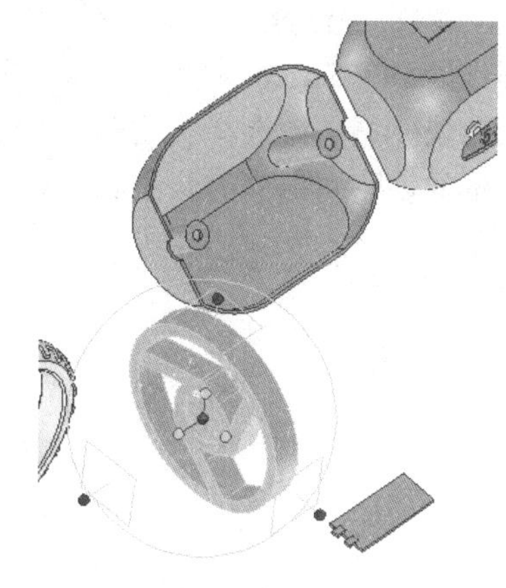

图 7-68　与轴平行结果

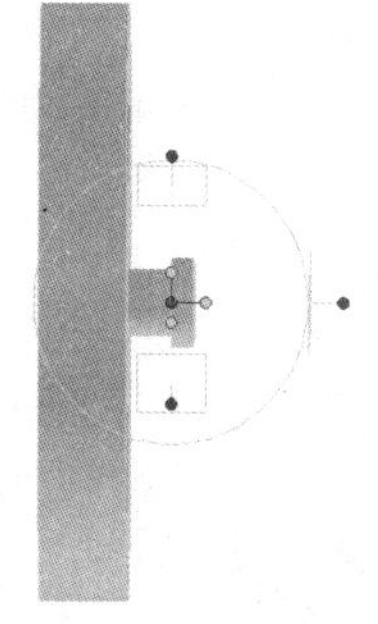

图 7-69　三维球定位中心

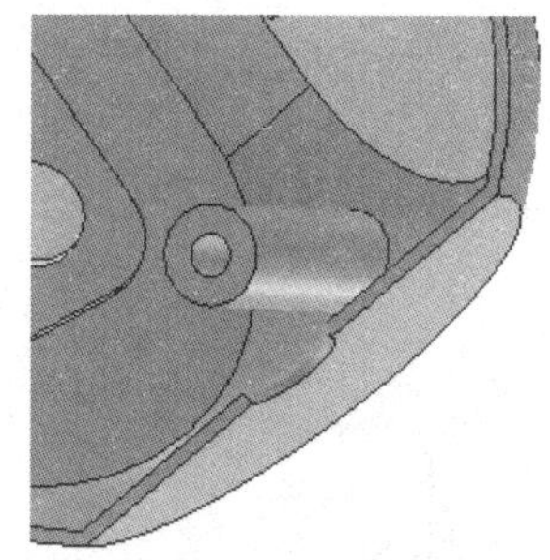

图 7-70　选择定位圆弧 3

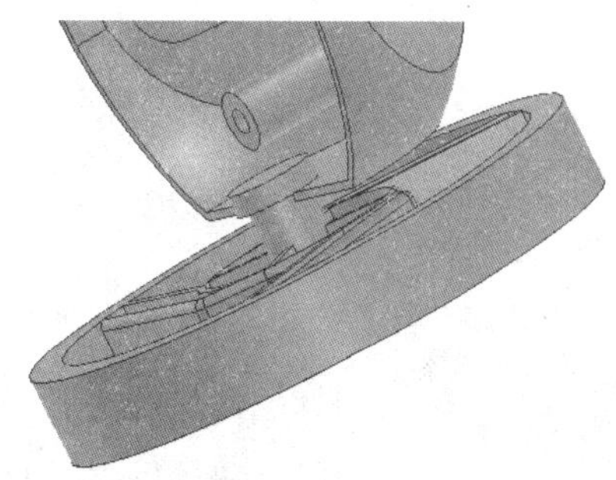

图 7-71　轮毂定位结果

步骤 8：使用与步骤 7 相同的方法安装另外一个轮毂，结果如图 7-72 所示。

步骤 9：安装两个轮胎。选择轮胎零件，按 F10 键激活三维球，右击三维球中心控制手柄，在弹出的快捷菜单中选择“与轴平行”选项，将轮胎轴线调整到与轮毂轴线平行，如图 7-73 所示。

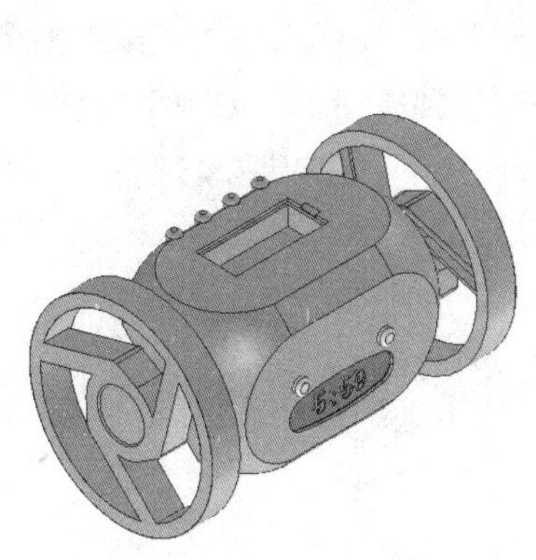

图 7-72　两个轮毂安装结果

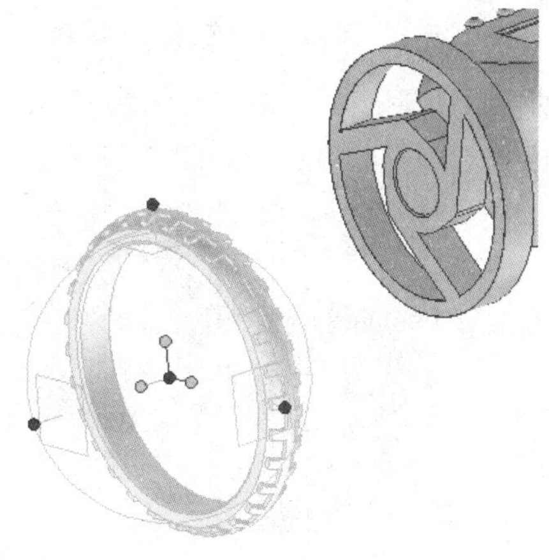

图 7-73　将轮胎调整到与轮毂轴线平行

步骤 10：按 F10 键激活三维球，将三维球控制手柄的中心移动到轮胎轴向两端面的中心点处。按 Space 键使三维球脱离，锁定轴向控制轴，在三维球中心控制手柄上右击，在弹出的快捷菜单中选择“到中点”下的“点到点”选项，如图 7-74 所示。然后选择如图 7-75 所示的轮胎两端面的两个圆弧，将轮胎调整到轴线中间位置，如图 7-76 所示。

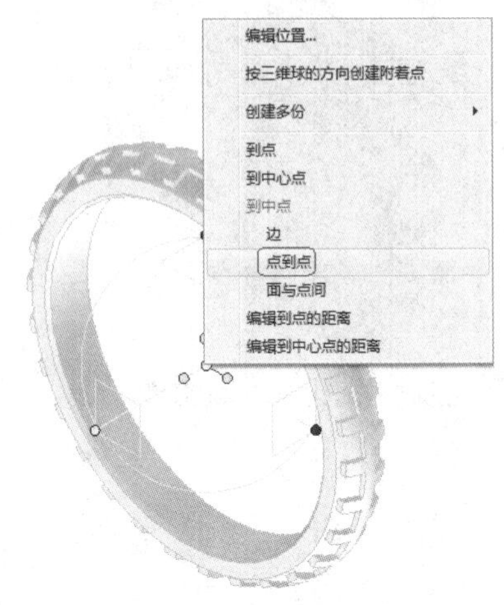

图 7-74　选择“点到点”选项

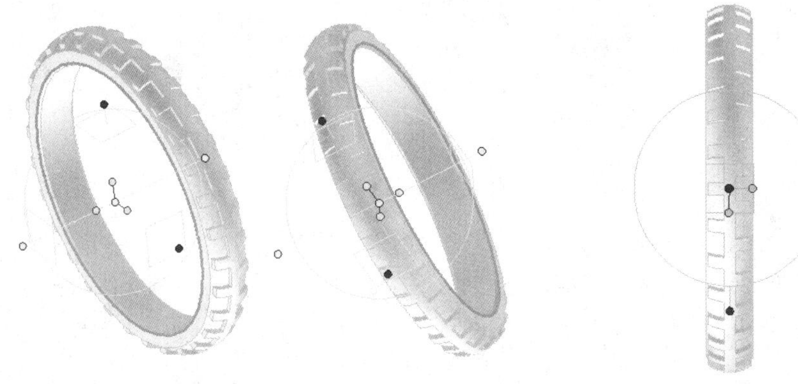

图 7-75　选择两个圆弧　　　　图 7-76　调整后的结果

步骤 11：在三维球激活状态下，右击三维球中心控制手柄，在弹出的快捷菜单中选择“到中心点”选项，然后选择如图 7-77 所示的圆弧将轮胎安装到轮毂上，如图 7-78 所示。

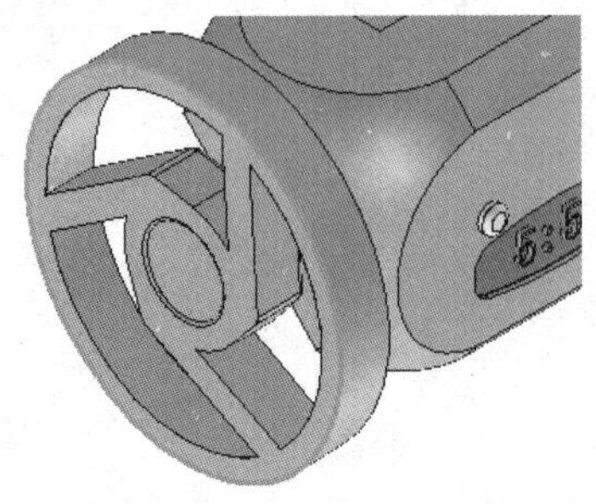

图 7-77　选择定位圆弧 4

图 7-78　将轮胎安装到轮毂上的结果

步骤 12：锁定轴向控制手柄，如图 7-79 所示。右击拖动向里的外控制手柄移动一定距离后释放鼠标右键，在弹出的快捷菜单中选择“平移”选项，如图 7-80 所示。在弹出的如图 7-81 所示的“编辑距离”对话框中的“距离”文本框中输入 10（轮毂的厚度为 20），单击“确定”按钮，即可将轮胎定位到轮毂中间位置，如图 7-82 所示。

图 7-79　锁定轴向控制手柄

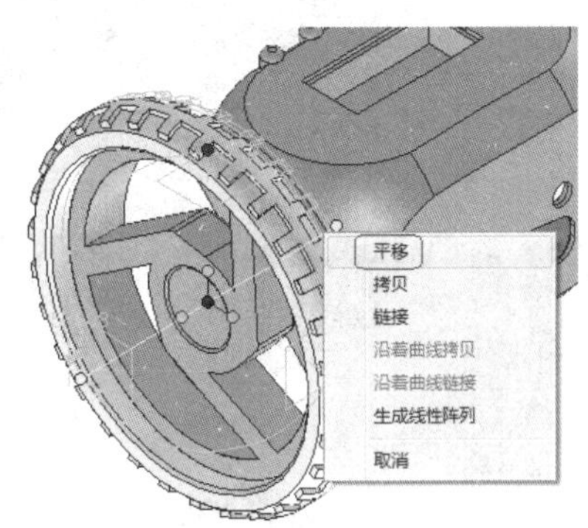

图 7-80　选择“平移”选项

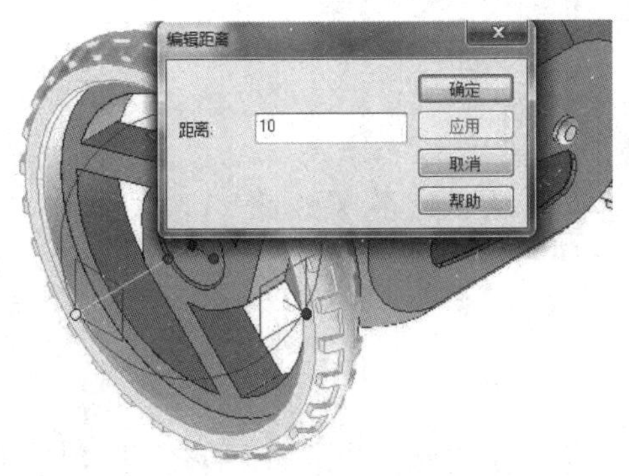

图 7-81　向里平移 10mm

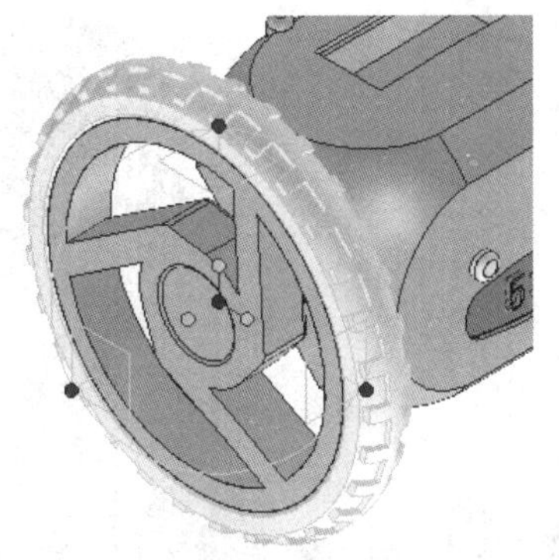

图 7-82　平移后的结果

步骤 13：使用与步骤 12 相同的方法，安装另外一个轮胎，两个轮胎装配后的结果如图 7-83 所示。

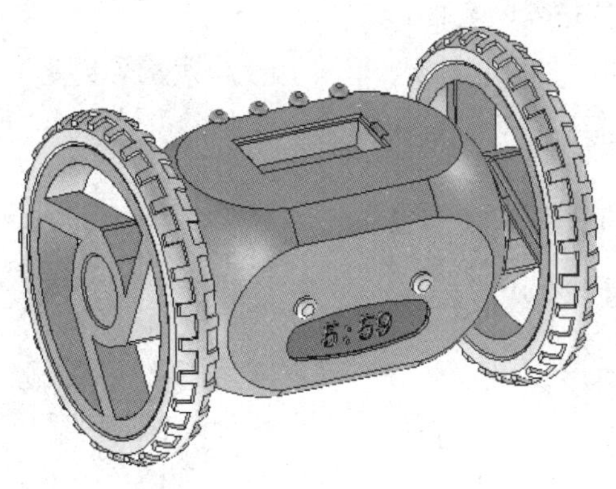

图 7-83　两个轮胎装配后的结果

步骤 14：安装下盖。选择下盖零件，按 F10 键激活三维球，将三维球控制手柄的中心定位在如图 7-84 所示的圆心上。右击三维球中心控制手柄，在弹出的快捷菜单中选择“到中心点”选项，然后选择如图 7-85 所示的圆弧将下盖安装到位，如图 7-86 所示。

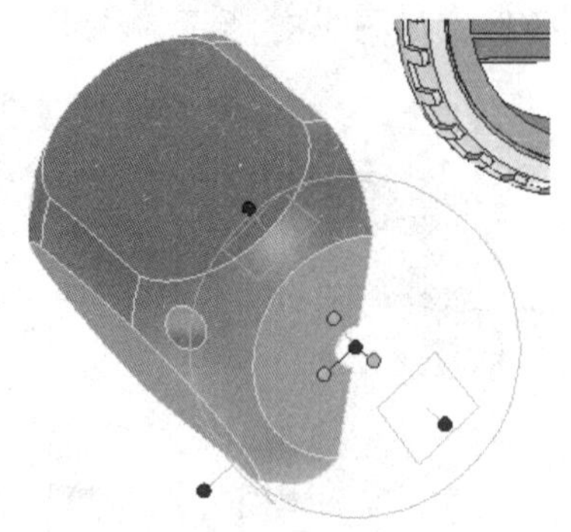

图 7-84　定位三维球中心 1

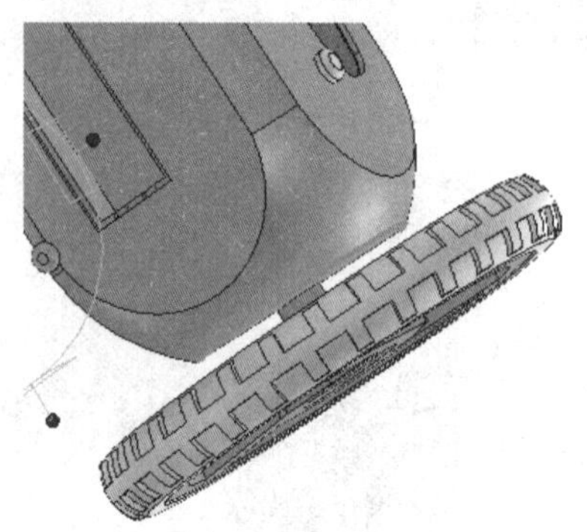

图 7-85　选择定位圆弧 5

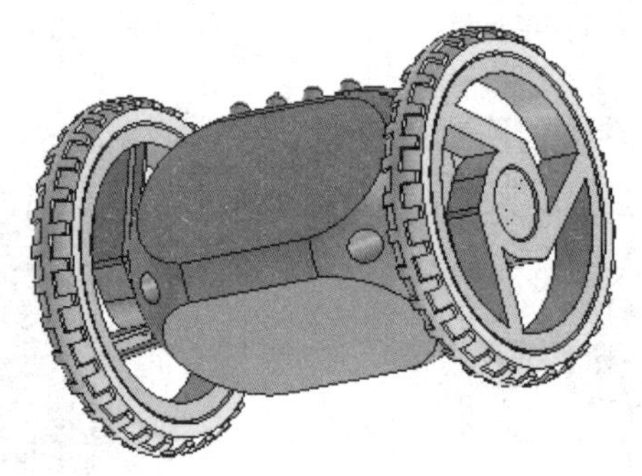

图 7-86　下盖安装结果

步骤 15：安装电池盖。选择电池盖零件，按 F10 键激活三维球，将三维球控制手柄的中心定位在如图 7-87 所示的交点上。右击三维球中心控制手柄，在弹出的快捷菜单中选择“到点”选项，然后选择如图 7-88 所示的交点将电池盖安装到上盖上，结果如图 7-89 所示。

步骤 16：检查并保存文件。装配好的闹钟车如图 7-90 所示，检查无误后将其以“闹钟车.ics”为文件名进行保存并关闭文件。

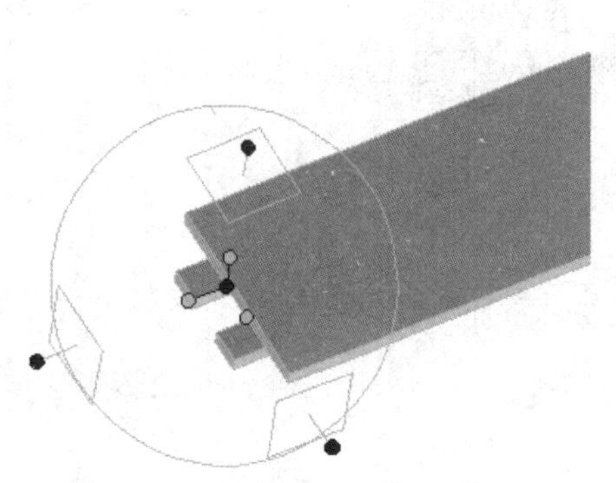

图 7-87　定位三维球中心 2

图 7-88　选择交点

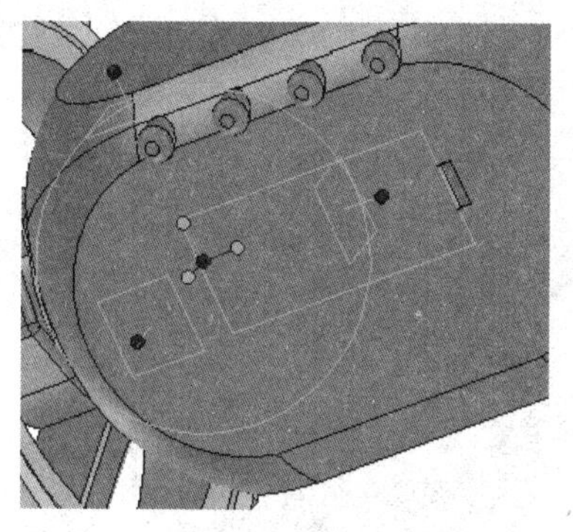

图 7-89　电池盖安装结果

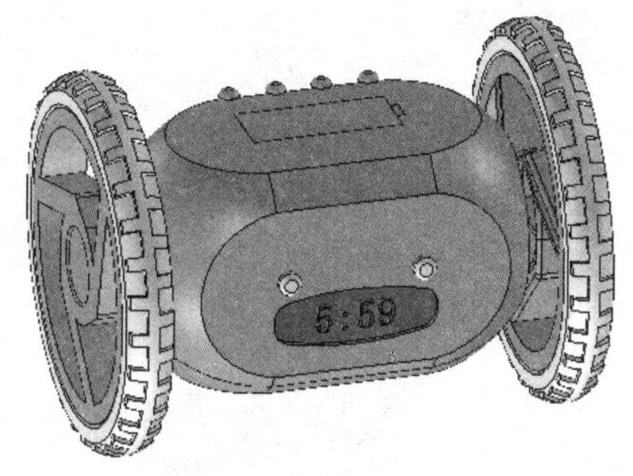

图 7-90　装配完成的闹钟车

知识链接

在实体设计中，除了零部件之间形成装配关系外，还需要通过零件定位的方式确定零部件之间的位置关系。这个过程有很多的方法，可以根据零部件的形状特点选择使用。

装配定位工具都集中在“装配”选项卡中，如图 7-91 所示。

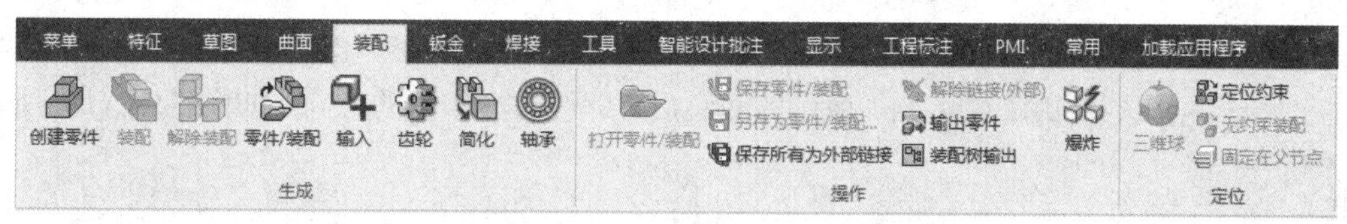

图 7-91　“装配”选项卡

下面主要讲解与三维球有关的知识。

三维球是一个非常杰出和直观的三维图素操作工具。三维球可以通过平移、旋转和其他的三维空间变换精确定位任何一个三维物体。在零件定位中，三维球是非常强大灵活的工具，可以方便地定位任何形状的零部件。

利用三维球进行装配时，可将零件的装配过程分为两个部分：定向与定位。定向过程可利用三维球的定向控制手柄来实现，定位过程则可利用三维球的中心控制手柄来实现。

1. 定向控制

右击内控制手柄，弹出的定向控制方式快捷菜单如图 7-92 所示。

常用的命令有以下几种。

（1）到点

到点：指向某个可选择的指定点，该点可以是特殊点也可以是一般点，单击即可选择确定。

如图 7-93 所示，在小轴轴线方向的内控制手柄上右击，在弹出的快捷菜单中选择“到点”选项，选择如图 7-93（a）所示的交点后，即可改变小轴的方向，如图 7-93（b）所示。

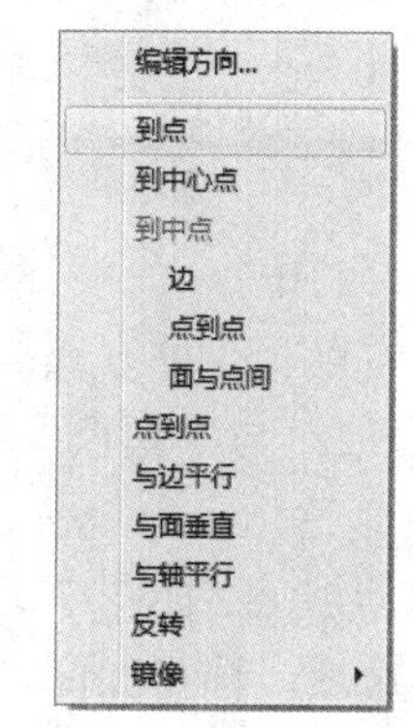

图 7-92　定向控制方式快捷菜单

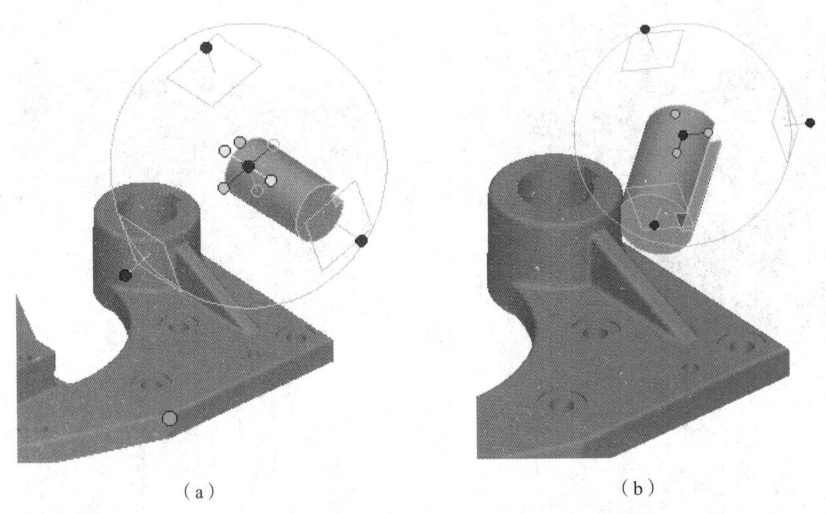

（a）　　（b）

图 7-93　“到点”定向

（2）到中心点

到中心点：指向某个圆柱的表面或某个圆的圆心。

如图 7-94 所示，在小轴轴线方向的内控制手柄上右击，在弹出的快捷菜单中选择“到中心点”选项，选择如图 7-94（a）所示的底圆后，即可改变小轴的方向，如图 7-94（b）所示。

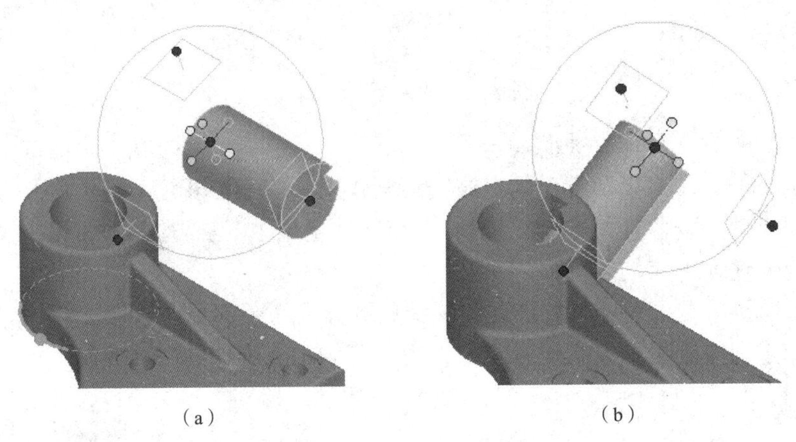

（a）　　（b）

图 7-94　“到中心点”定向

（3）到中点

到中点有 3 种方式：边的中点，点到点之间所确定的直线的中点，面与点之间的中点。

1）边：与“到点”和“到中心点”的操作方法相似，选择某条边即可对准到所选边的中点。

2）点到点：如图 7-95 所示，在三维球内控制手柄上右击，在弹出的快捷菜单中选择“点到点”选项，选择如图 7-95（a）和图 7-95（b）所示的两个点后，即可改变小轴的方向，如图 7-95（c）所示。

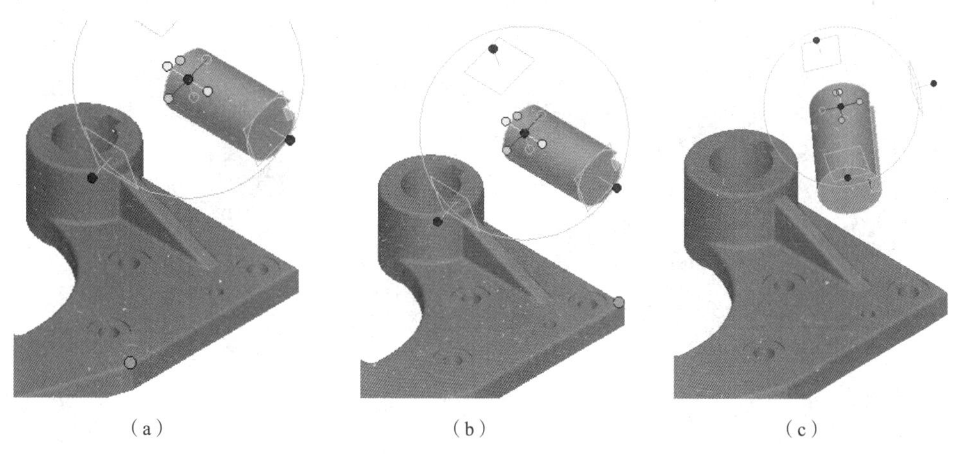
（a）（b）（c）

图 7-95 “点到点”定向 1

3）面与点间：与“点到点”的操作方法相似，选择一个面和一个点，形体将指向点和面所确定的中间位置。

（4）点到点

点到点：与两个点所确定的直线对齐或平行。如图 7-96 所示，在内控制手柄上右击，在弹出的快捷菜单中选择“点到点”选项，选择如图 7-96（a）和图 7-96（b）所示的肋板棱边的两个点后，即可改变小轴方向，如图 7-96（c）所示。

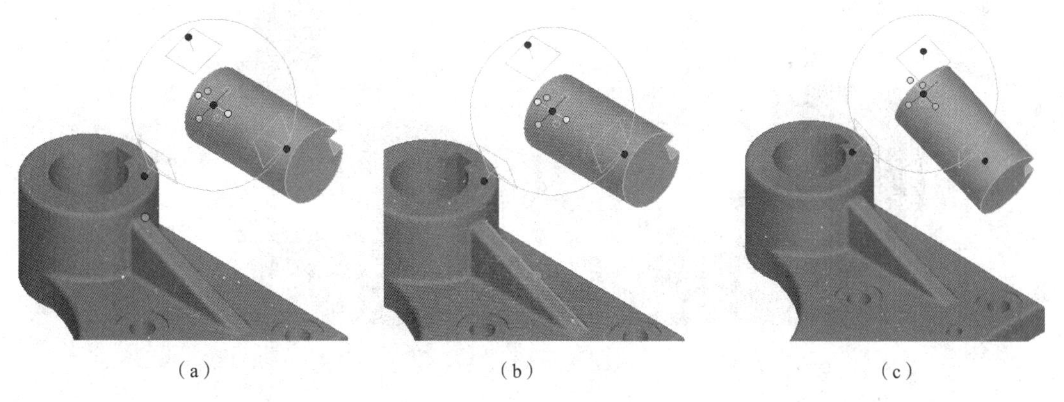
（a）（b）（c）

图 7-96 “点到点”定向 2

（5）与边平行

与边平行：与某一条边平行。

如图 7-97 所示，在小轴轴线方向的内控制手柄上右击，在弹出的快捷菜单中选择“与边平行”选项，选择如图 7-97（a）所示的棱边后，即可改变小轴方向，如图 7-97（b）所示。

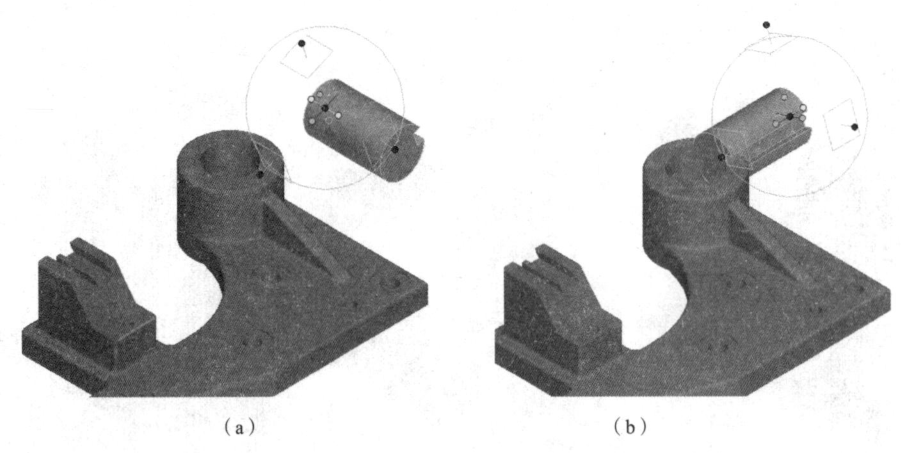

（a）　　（b）

图 7-97　“与边平行”定向

（6）与面垂直

与面垂直：与某一平面垂直。

如图 7-98 所示，在小轴轴线方向的内控制手柄上右击，在弹出的快捷菜单中选择“与面垂直”选项，选择如图 7-98（a）所示的底座表面后，即可改变小轴方向，如图 7-98（b）所示。

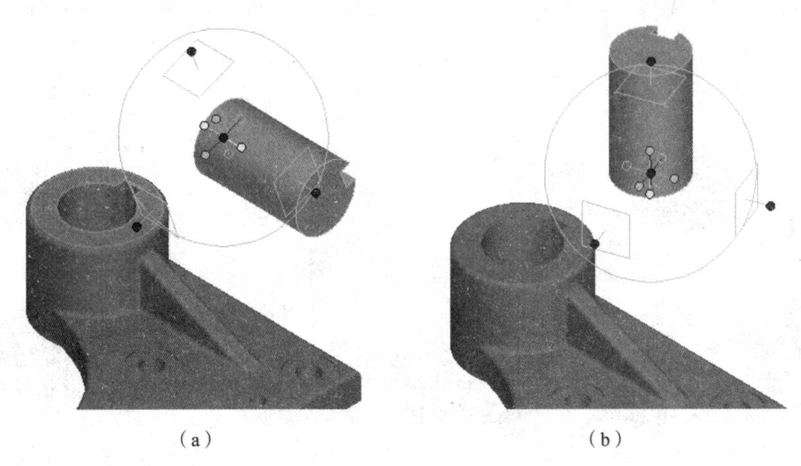

（a）　　（b）

图 7-98　“与面垂直”定向

（7）与轴平行

与轴平行：与某一轴线平行。

如图 7-99 所示，在小轴轴线方向的内控制手柄上右击，在弹出的快捷菜单中选择“与轴平行”选项，选择如图 7-99（a）所示的圆柱表面后，即可改变小轴方向，如图 7-99（b）所示。

如图 7-98 和图 7-99 所示，要将小轴竖直放置时，既可以通过“与面垂直”命令，也可以通过“与轴平行”命令达到。

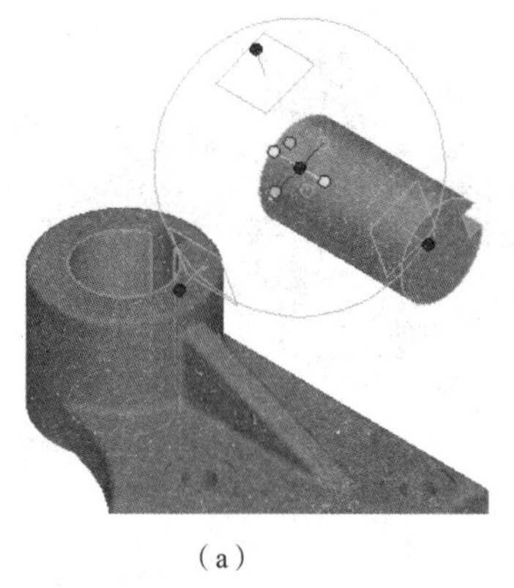

（a）

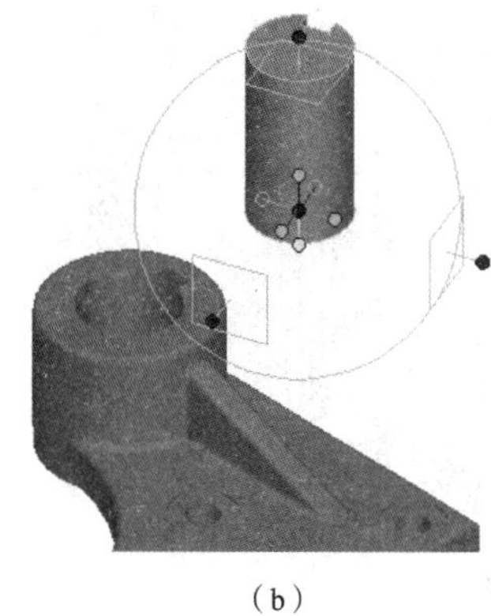

（b）

图 7-99　“与轴平行”定向

（8）反转

反转：沿轴反转 180°。

在小轴轴线方向的内控制手柄上右击，在弹出的快捷菜单中选择“反转”选项后，即可改变小轴方向，如图 7-100 所示。

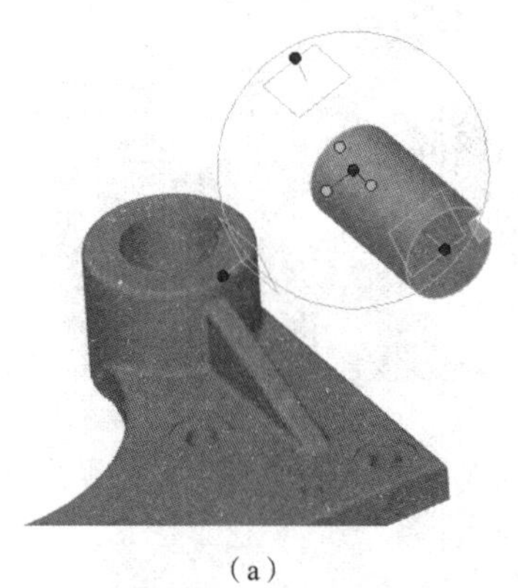

（a）

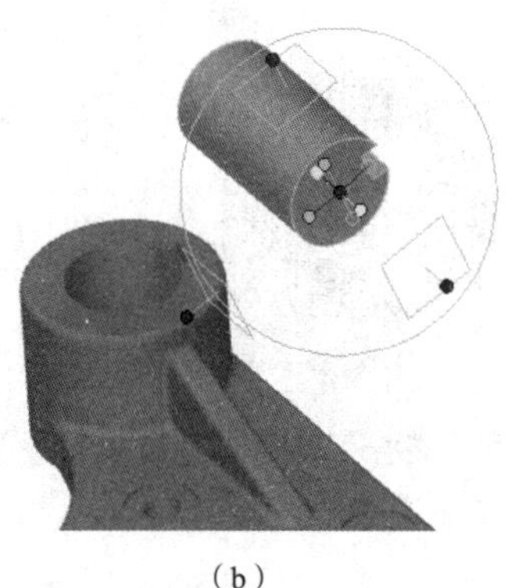

（b）

图 7-100　“反转”定向

2. 定位控制

右击中心控制手柄，弹出的定位控制方式快捷菜单如图 7-101 所示。

在三维球装配过程中，常用的定位方式有“到点”“到中心点”“到中点”3 种。

（1）到点

到点：移动到某个可选择的指定点，该点可以是特殊点也可以是一般点，单击即可选择确定。

如图 7-102 所示，在中心控制手柄上右击，在弹出的快捷菜单中选择“到点”选项，选择如图 7-102（a）所示的交点后，即可改变小轴位置，如图 7-102（b）所示。

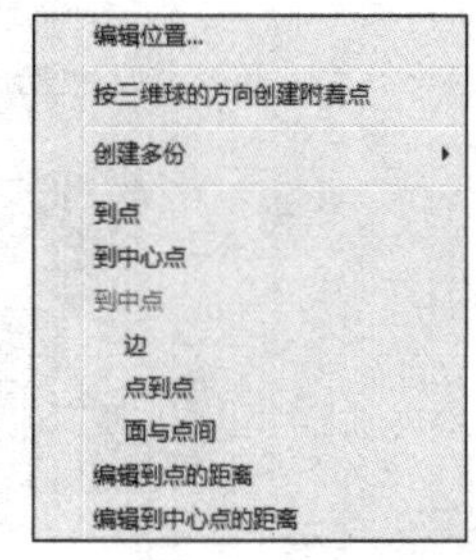

图 7-101　定位控制方式快捷菜单

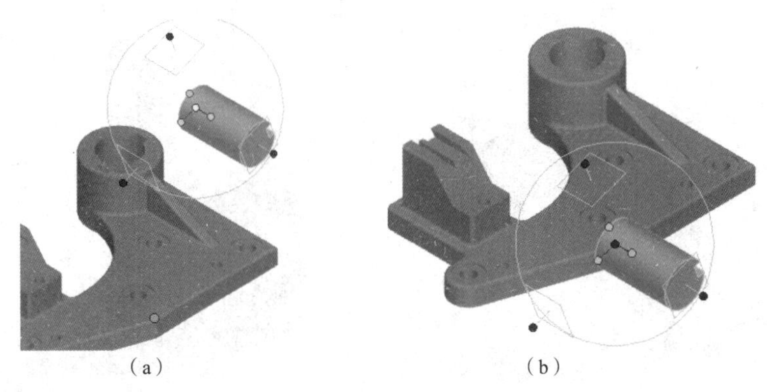
（a）　　（b）

图 7-102　“到点”定位

（2）到中心点

到中心点：移动到某个圆柱的表面或某个圆的圆心。

如图 7-103 所示，在中心控制手柄上右击，在弹出的快捷菜单中选择“到中心点”选项，选择如图 7-103（a）所示的圆后，即可改变小轴方向，如图 7-103（b）所示。

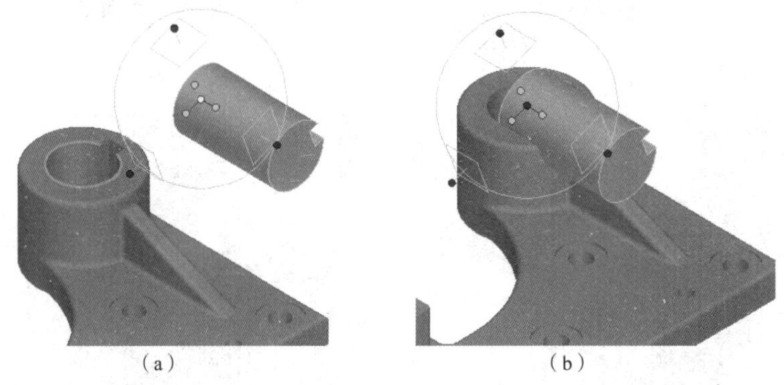
（a）　　（b）

图 7-103　“到中心点”定位

（3）到中点

与定向控制一样，定位控制“到中点”也有以下 3 种方式。

1）边：如图 7-104 所示，在中心控制手柄上右击，在弹出的快捷菜单中选择“边”选项，然后选择如图 7-104（a）所示的边，将形体移动到该边的中点，如图 7-104（b）所示。

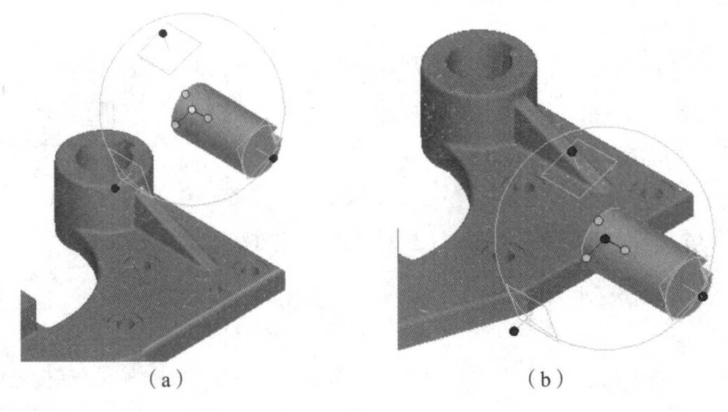
（a）　　（b）

图 7-104　“边”定位

2）点到点：如图 7-105 所示，在中心控制手柄上右击，在弹出的快捷菜单中选择“点到点”选项，然后选择图 7-105（a）和图 7-105（b）所示的两个点，将形体移动到两点的中间，如图 7-105（c）所示。

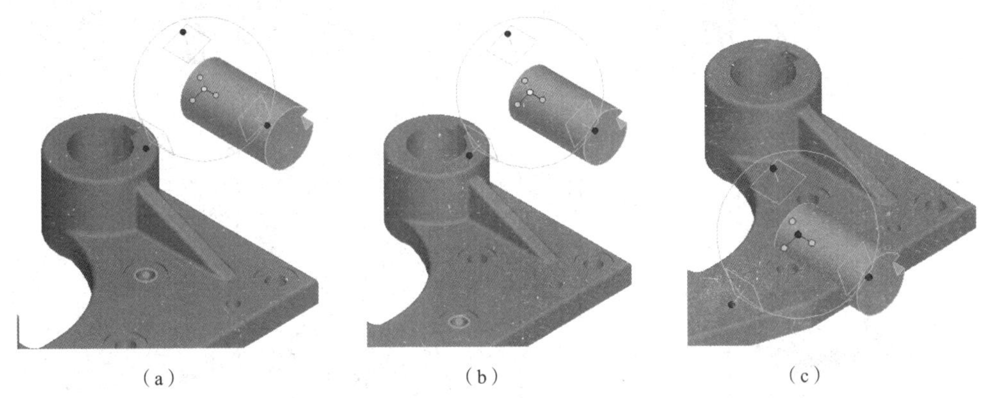

（a） （b） （c）

图 7-105 “点到点”定位

3）面与点间：如图 7-106 所示，在中心控制手柄上右击，在弹出的快捷菜单中选择“面与点间”选项，然后选择图 7-106（a）所示的平面和图 7-106（b）所示的点，将形体移动到面和点之间的位置，如图 7-106（c）所示。

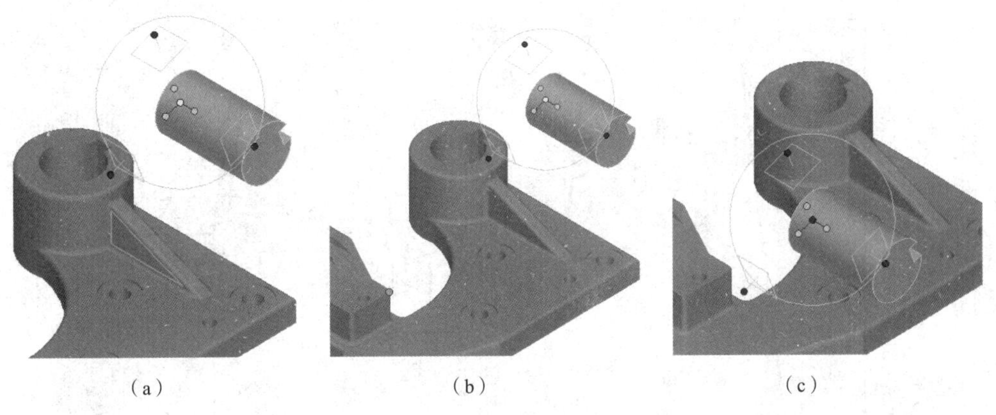

（a） （b） （c）

图 7-106 “面与点间”定位

拓展练习

创建如图 7-107 所示的台灯实体造型。台灯结构图如图 7-108 所示，各零件的工程图如图 7-109～图 7-112 所示。

图 7-107　台灯实体造型

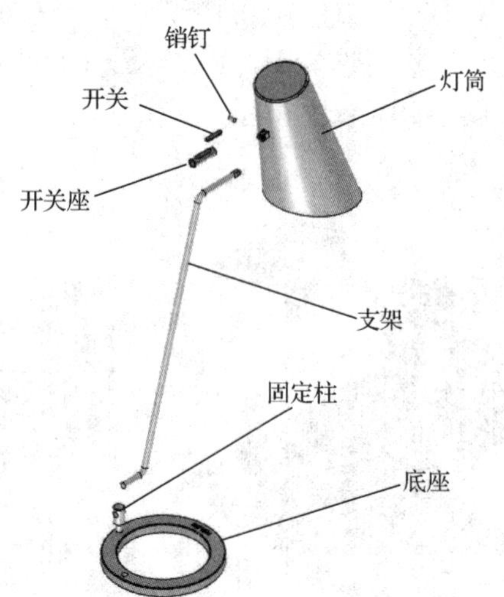

图 7-108　台灯结构图

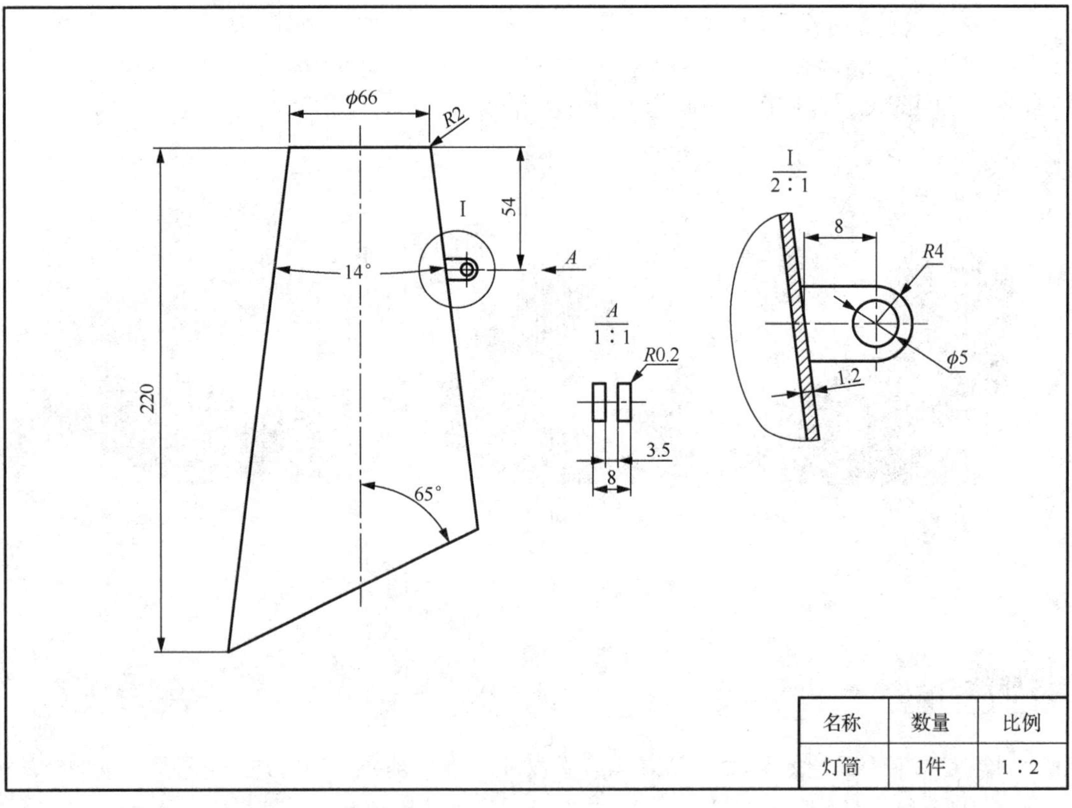

名称	数量	比例
灯筒	1件	1∶2

图 7-109　灯筒

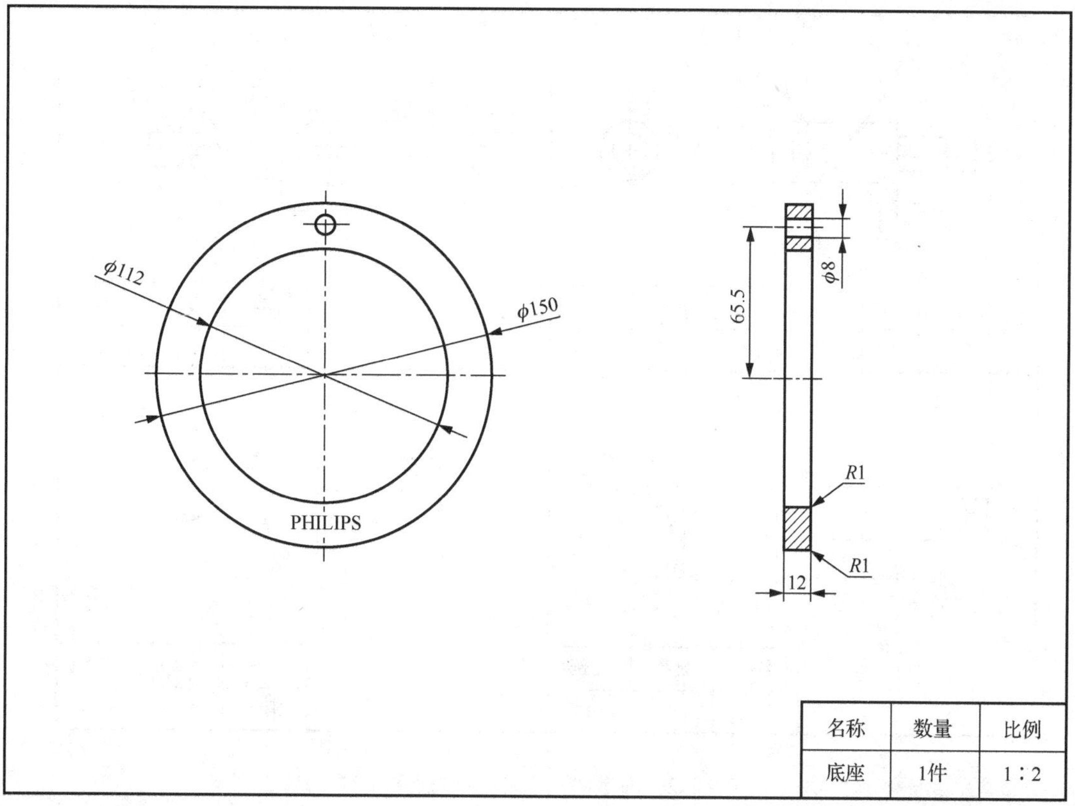

φ112
φ150
PHILIPS
65.5
φ8
R1
R1
12

名称	数量	比例
底座	1件	1∶2

图 7-110 底座

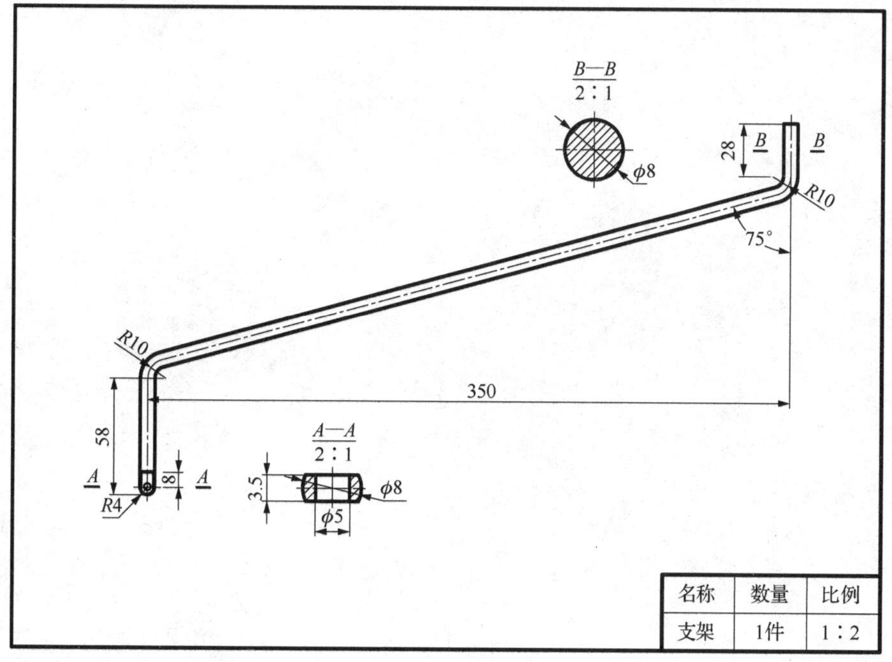

名称	数量	比例
支架	1件	1∶2

图 7-111 支架

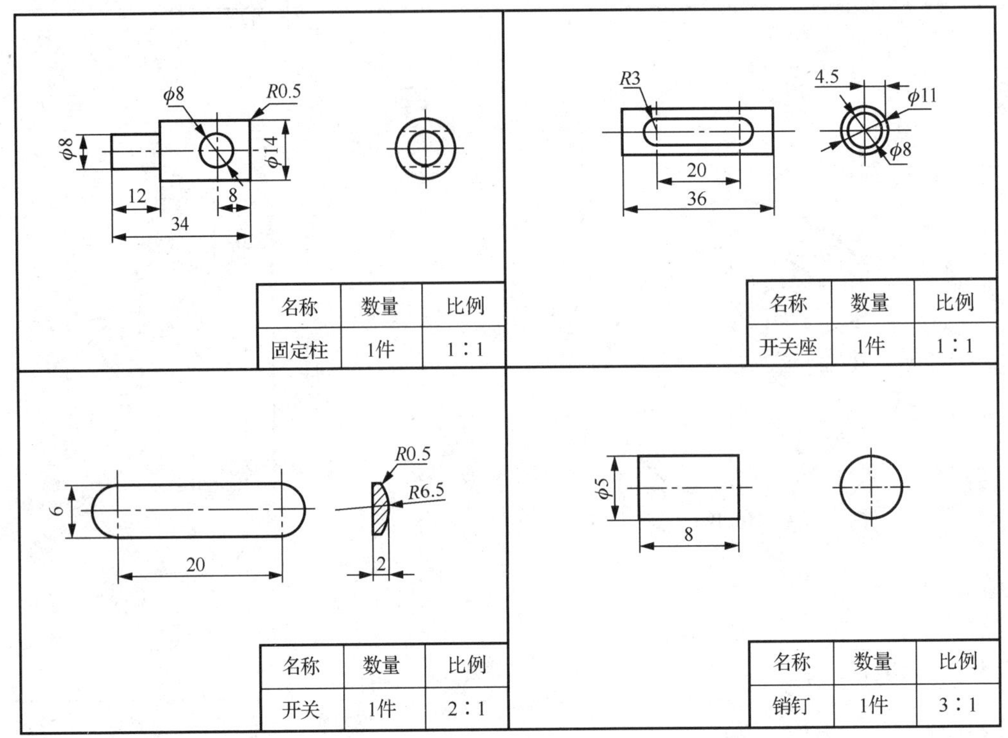

图 7-112　固定柱、开关、开关座和销钉

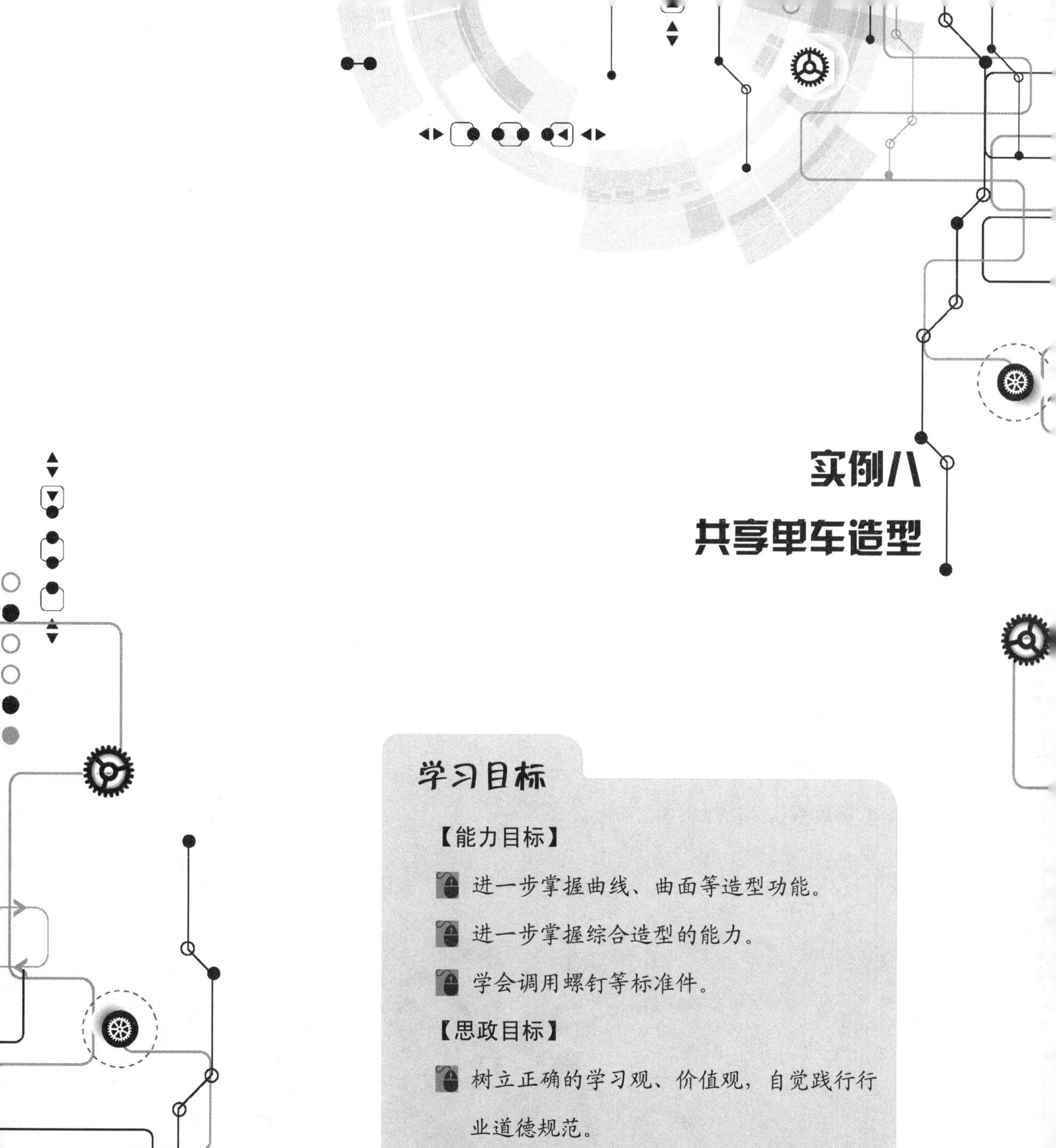

实例八

共享单车造型

学习目标

【能力目标】

- 进一步掌握曲线、曲面等造型功能。
- 进一步掌握综合造型的能力。
- 学会调用螺钉等标准件。

【思政目标】

- 树立正确的学习观、价值观，自觉践行行业道德规范。
- 牢固树立质量第一、信誉第一的强烈意识。
- 遵规守纪，安全生产，爱护设备，钻研技术。

任务要求

根据给定的共享单车工程图，创建图 8-1 所示的共享单车实体造型。

图 8-1　共享单车实体造型

任务分析

一、共享单车结构分析

共享单车整体结构如图 8-2 所示。

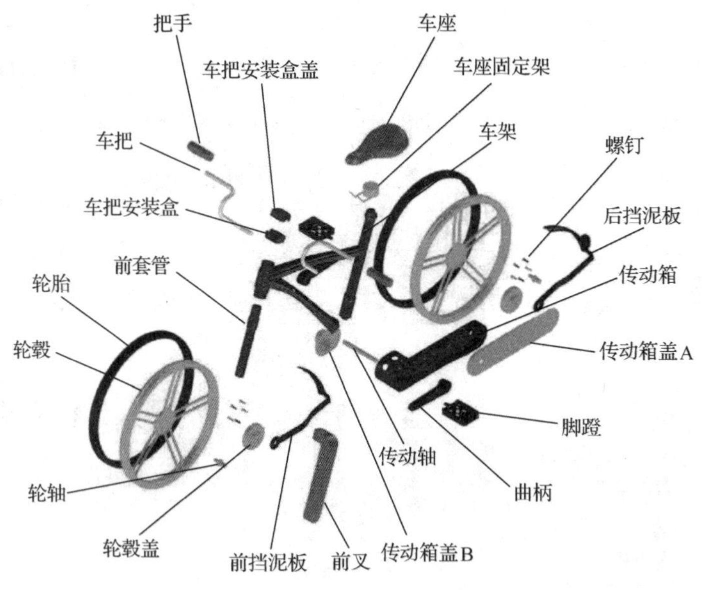

图 8-2　共享单车整体结构

二、部件整体建模分析

先采用单独零件建模，然后采用部件装配的方法进行装配。部件建模及装配流程如图 8-3 所示。

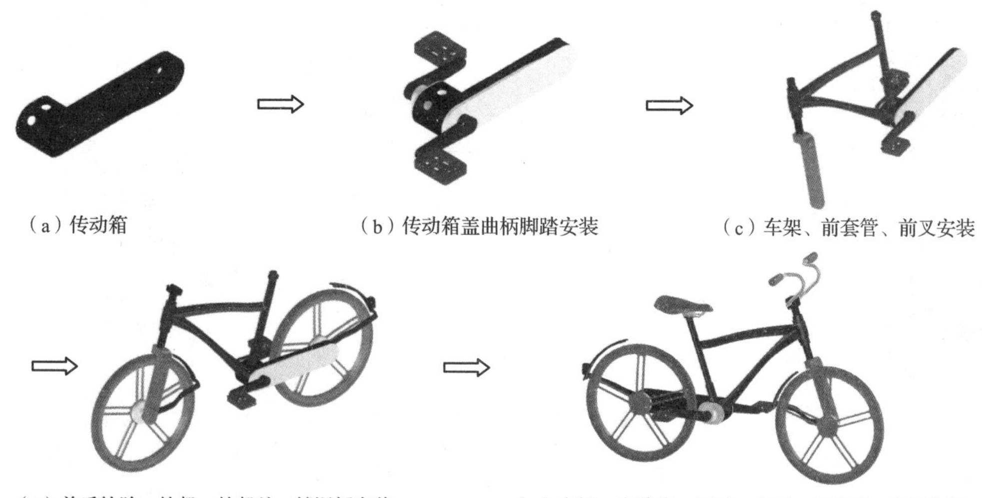

图 8-3　共享单车部件建模及装配流程

任务分解

共享单车实体设计根据结构可以拆分成 9 个任务，如图 8-4 所示。

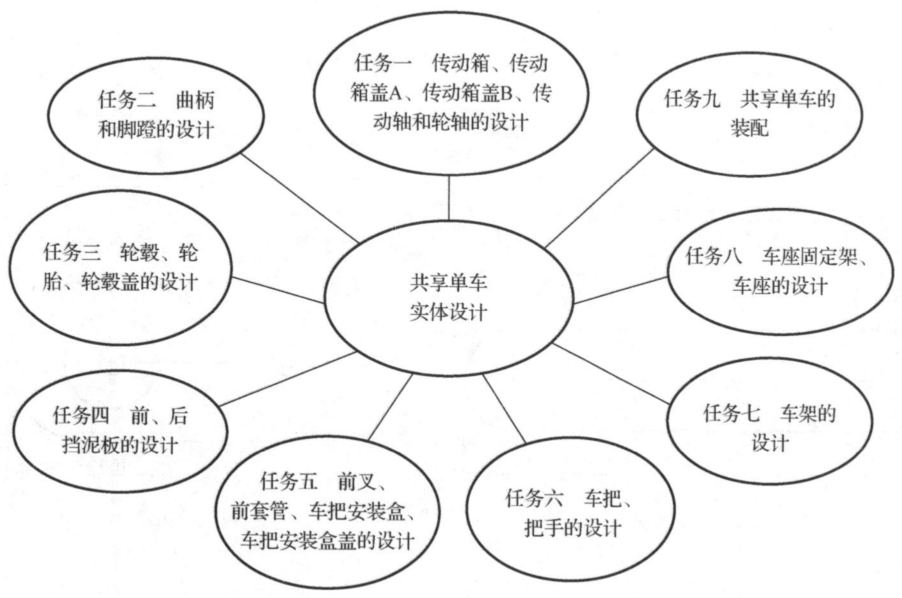

图 8-4　共享单车实体设计分解

任务一　传动箱、传动箱盖 A、传动箱盖 B、传动轴和轮轴设计

任务要求

根据如图 8-5 ~ 图 8-9 所示的图样，建立传动箱、传动箱盖 A、传动箱盖 B、传动轴和

轮轴的三维模型。

微课：传动箱设计

微课：创建传动箱盖 A 和传动箱盖 B

微课：创建传动轴、轮轴和曲柄

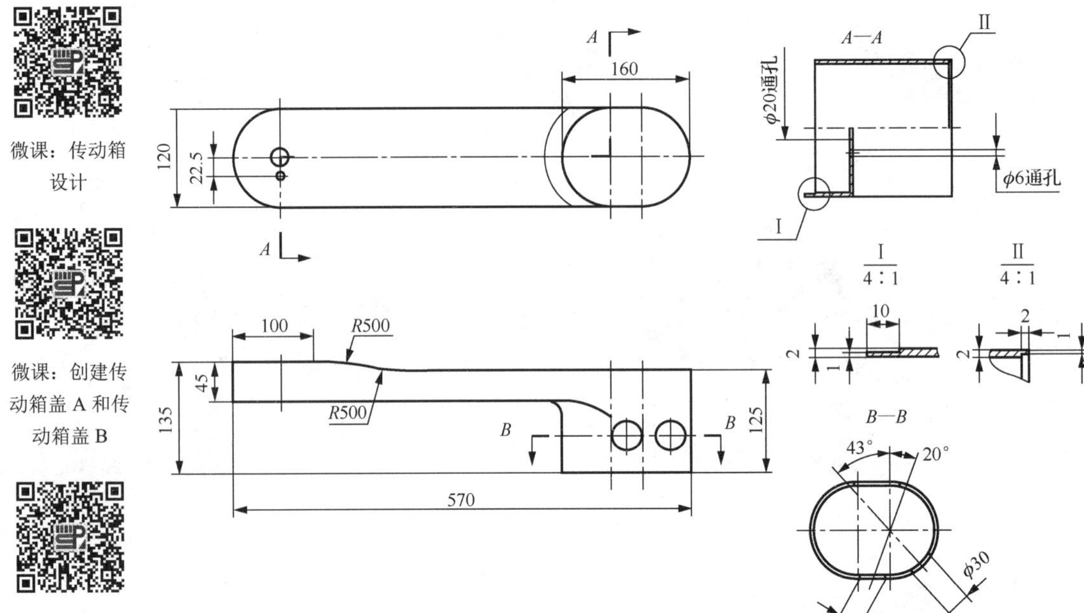

图 8-5　传动箱图样

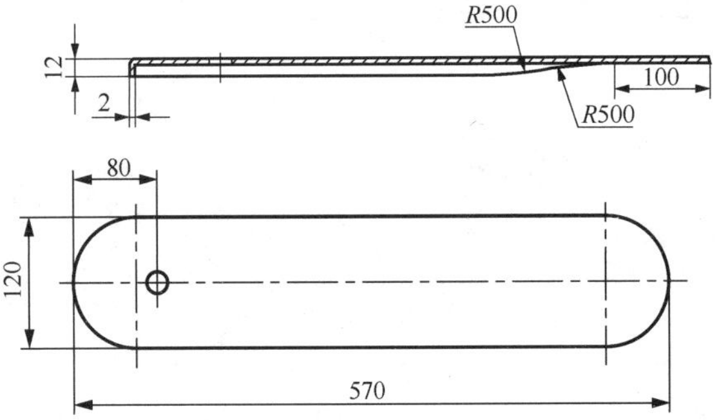

图 8-6　传动箱盖 A

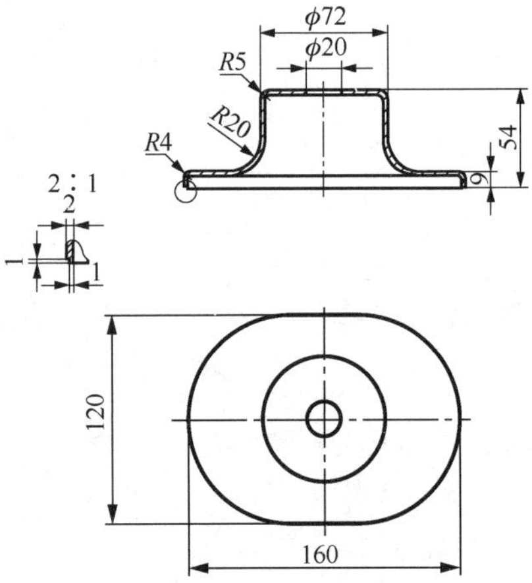

图 8-7　传动箱盖 B

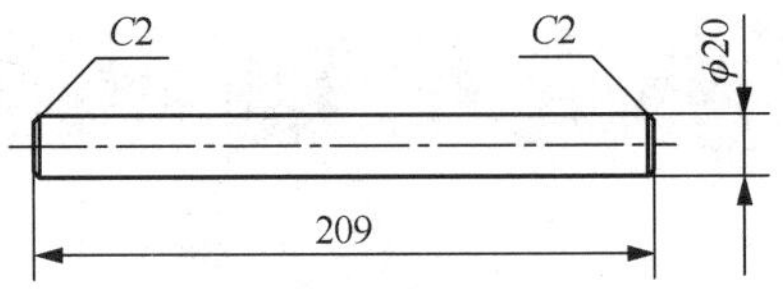

图 8-8　传动轴

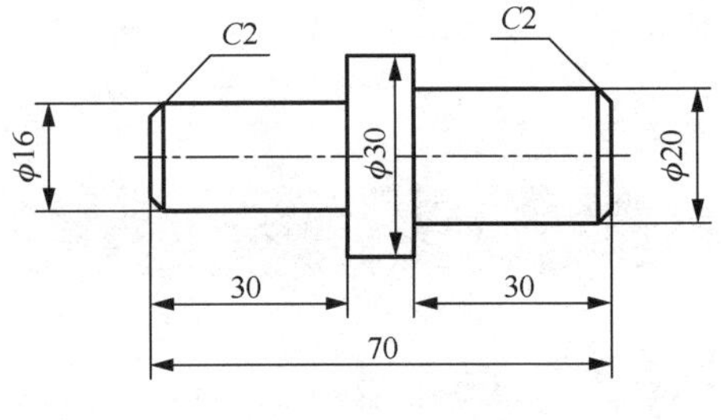

图 8-9　轮轴

任务实施

1. 传动箱的设计

步骤 1：打开 CAXA 3D 实体设计 2019，进入设计环境。新建文件，从设计元素库中拖入“键”图素，右击操作柄的拖动点，在弹出的快捷菜单中选择“编辑包围盒”选项，在弹出的“编辑包围盒”对话框中设置包围盒的尺寸为长度 570、宽度 120、高度 45，单击“确定”按钮，结果如图 8-10 所示。继续从设计元素库中拖入“键”图素，放在键 1 上表面左端中心，并按上述方法设置包围盒的尺寸为长度 160、宽度 120、高度 90，并利用三维球将键 2 向外移动 20mm，使其与键 1 对齐，如图 8-11 所示。

图 8-10 拖入键 1

图 8-11 拖入键 2 并与键 1 对齐

步骤 2：绘制除料草图，如图 8-12 所示，用拉伸除料的方法将键 1 底部除掉，除料结果如图 8-13 所示。

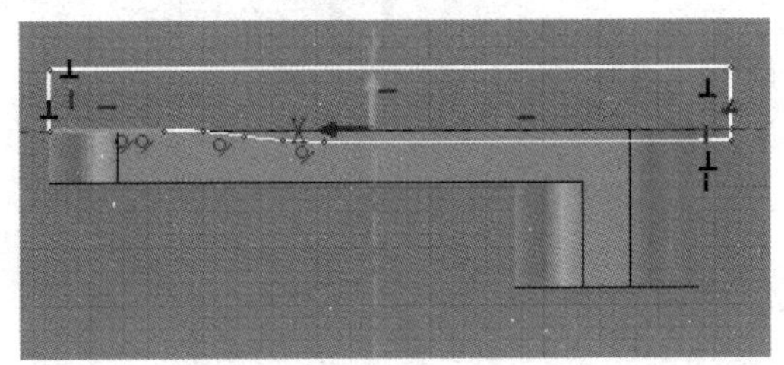

图 8-12 绘制除料草图

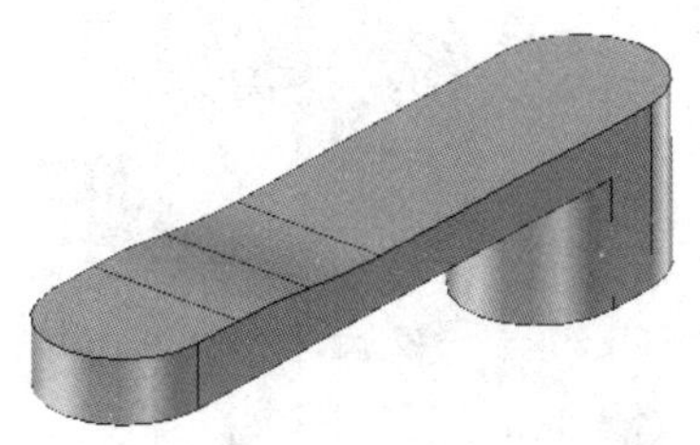

图 8-13 底部除料结果

步骤 3：抽壳，选择上下表面为开口面，抽壳厚度为 2mm，向内抽壳，结果如图 8-14 所示。

图 8-14 抽壳后的结果

步骤 4：将“抽壳”特征压缩，如图 8-15（a）所示。从设计元素库中拖入“孔类键”图素，将其放在上表面中心点，设置其长度、宽度、高度的尺寸分别为 158mm、118mm、1mm。将“抽壳”特征解压缩后，对其上部进行除料操作，结果如图 8-15（b）所示。

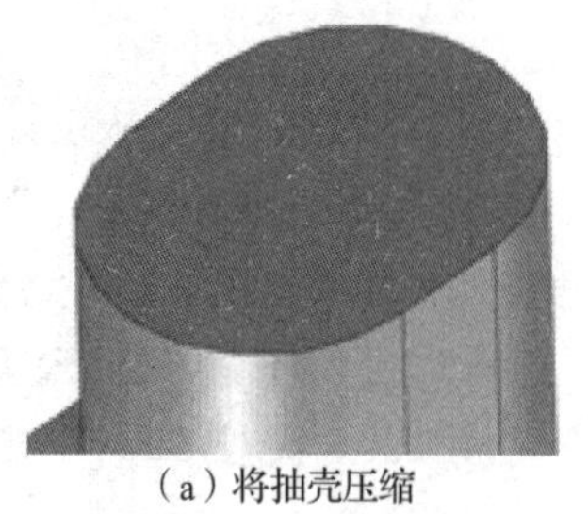

（a）将抽壳压缩

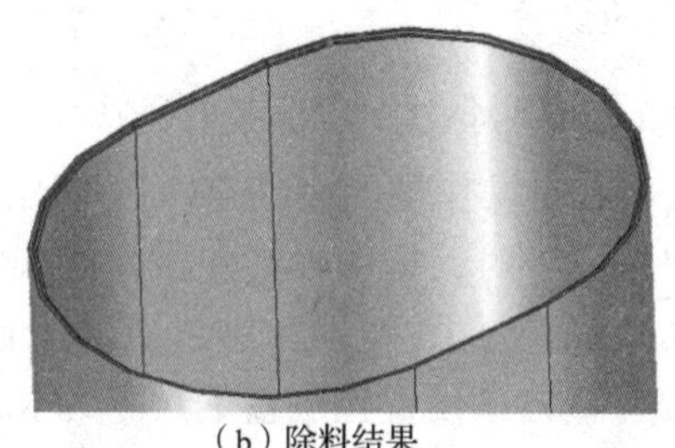

（b）除料结果

图 8-15　上部孔类键

步骤 5：从设计元素库中拖入“孔类圆柱体”图素，将其放在键 1 上表面左端圆弧中心点，并设置其直径为 20mm。然后向上复制一个孔类圆柱体，使两个孔类圆柱体之间的距离为 22.5mm，并设置第 2 个孔类圆柱体的直径为 6mm，结果如图 8-16 所示。

步骤 6：从设计元素库中拖入“孔类键”图素，将其放在下表面中心点，设置其长度、宽度、高度的尺寸分别为 568mm、118mm、1mm，然后对其进行除料操作，结果如图 8-17 所示。

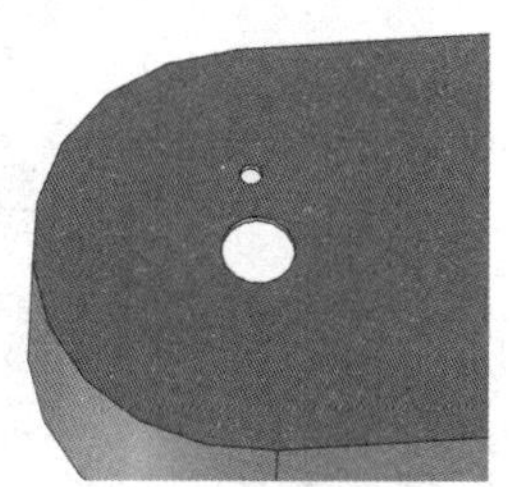

图 8-16　两个小孔

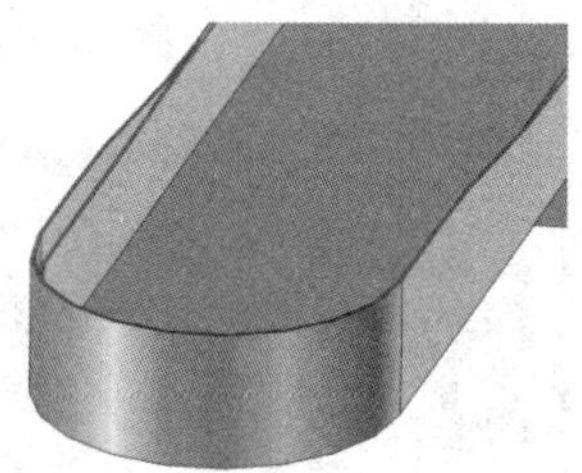

图 8-17　下部孔类键除料结果

步骤 7：再次将“抽壳”特征压缩。拖入“孔类圆柱体”图素，将其放在“键”图素右端中心点处。按 F10 键激活三维球，使用三维球将其旋转 90°使其向上，并设置其直径为 30mm，高度穿过实体，如图 8-18 所示。将其后移 45mm，绕中心线顺时针旋转 43°，结果如图 8-19 所示。

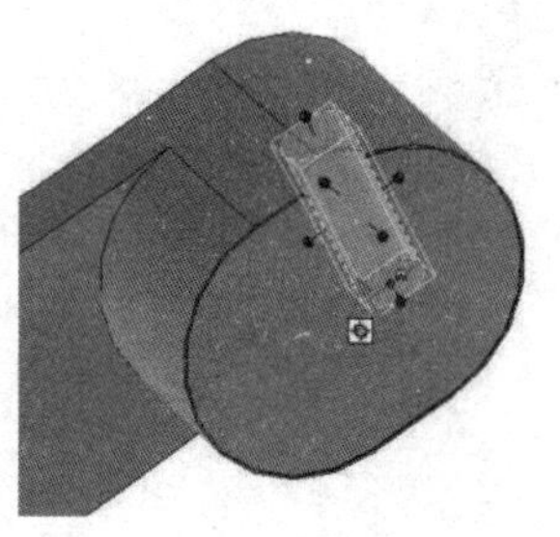

图 8-18　拖入孔类圆柱体放在键右端中心点处

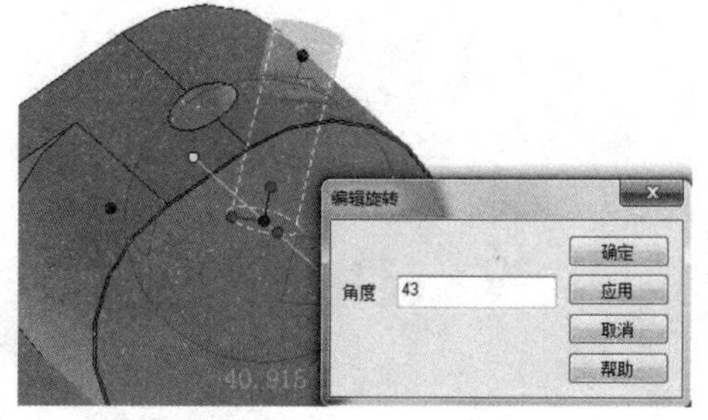

图 8-19　后移并旋转

步骤 8：利用三维球复制另外一个孔类圆柱体，绕键的轴线逆时针旋转复制，旋转角度为 63°，如图 8-20 所示。

步骤 9：将抽壳解压缩后，两个小孔如图 8-21 所示。

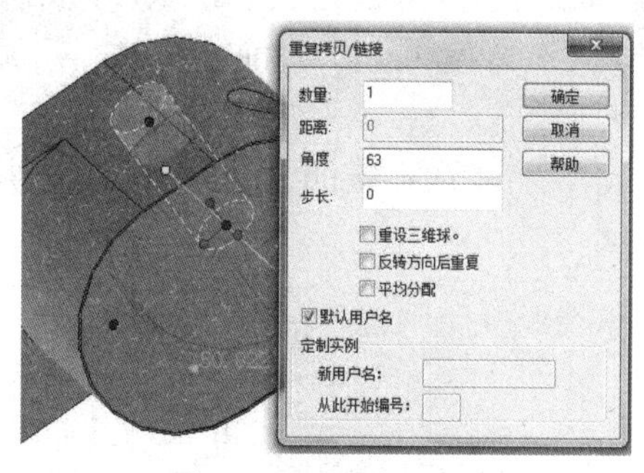

图 8-20 旋转复制另外一个孔

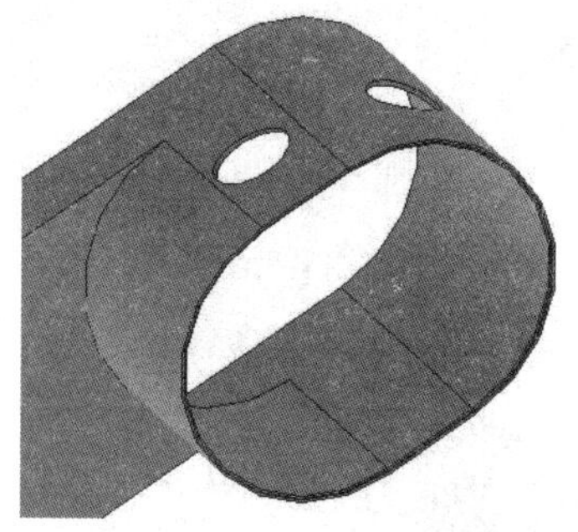

图 8-21 抽壳解压后的结果

步骤 10：对零件进行圆角过渡，尺寸为 20mm，并将其渲染成蓝色，如图 8-22 所示。将零件以“传动箱”为文件名进行保存并关闭文件。

2. 传动箱盖 A 的设计

步骤 1：打开 CAXA 3D 实体设计 2019，进入设计环境。新建文件，从设计元素库中拖入“键”图素，设置其长度、宽度、高度的尺寸分别为 570mm、120mm、12mm，如图 8-23 所示。

图 8-22 圆角过渡及渲染结果

步骤 2：绘制除料草图，如图 8-24 所示，用拉伸除料的方法将键底部除掉，结果如图 8-25 所示。

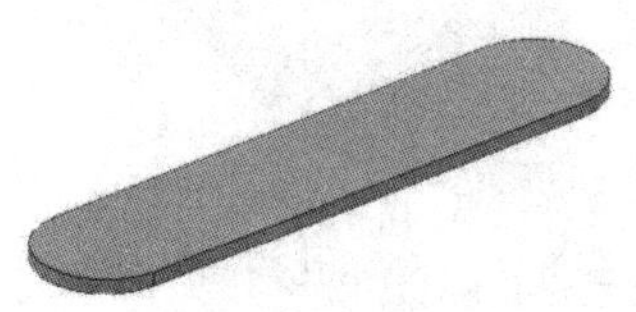

图 8-23 拖入并设置键 1

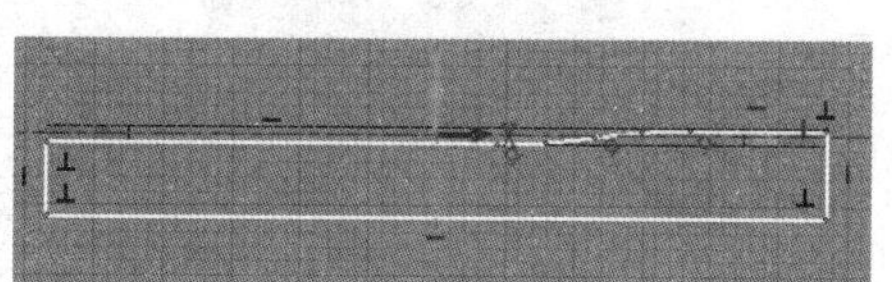

图 8-24 除料草图

图 8-25 除料结果

步骤 3：抽壳，选择上表面为开口面，抽壳厚度为 2mm，向内抽壳，结果如图 8-26 所示。

步骤 4：从设计元素库中拖入“孔类圆柱体”图素，设置其直径为 20mm。按 F10 键激活三维球，使用三维球将“孔类圆柱体”图素向里移动 20mm，然后将其渲染成白色，如图 8-27 所示。将零件以“传动箱盖 A”为文件名进行保存并关闭文件。

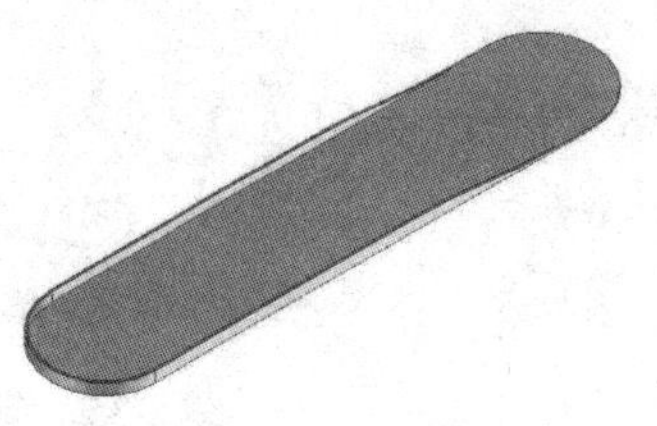

图 8-26 抽壳键

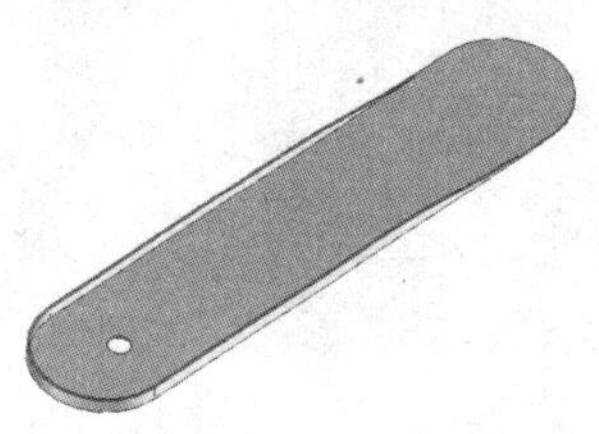

图 8-27 拖入并渲染孔

3. 传动箱盖 B 的设计

步骤 1：打开 CAXA 3D 实体设计 2019，进入设计环境。新建文件，从设计元素库中拖入“键”图素，设置其长度、宽度、高度的尺寸分别为 160mm、120mm、9mm，如图 8-28 所示。

步骤 2：从设计元素库中拖入“圆柱体”图素，将其放在键的上表面中心点，并设置其直径为 72mm、高度为 45mm，如图 8-29 所示。

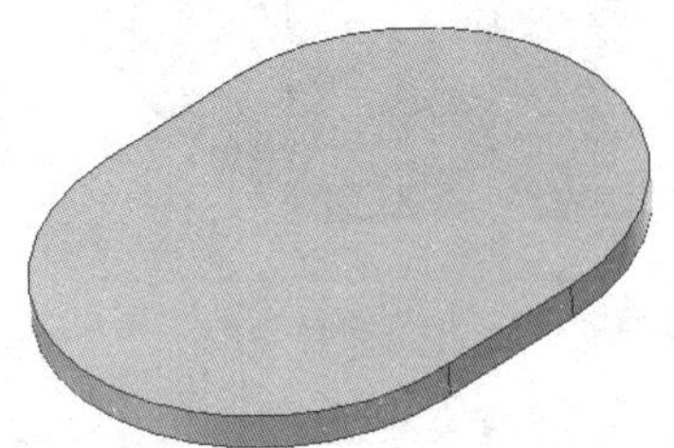

图 8-28　拖入并设置键 2

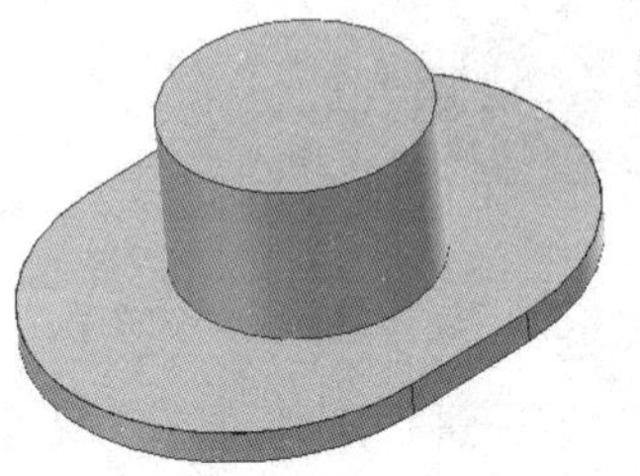

图 8-29　拖入圆柱体并放在键的上表面中心点

步骤 3：对零件进行圆角过渡，半径从上到下分别为 5mm、20mm、4mm，结果如图 8-30 所示。

步骤 4：抽壳，选择下底面为开口面，抽壳厚度为 2mm，结果如图 8-31 所示。

步骤 5：从设计元素库中拖入“孔类圆柱体”图素，设置其直径为 20mm，如图 8-32 所示。

图 8-30　圆角过渡后的结果

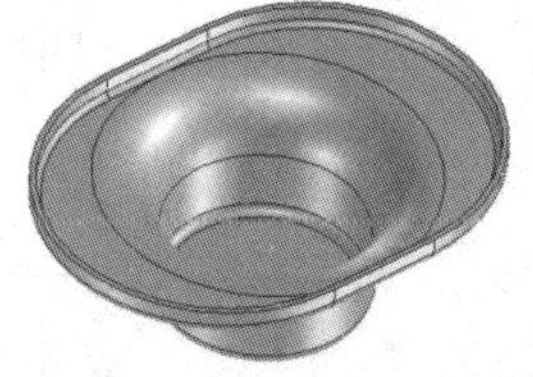

图 8-31　抽壳后的结果

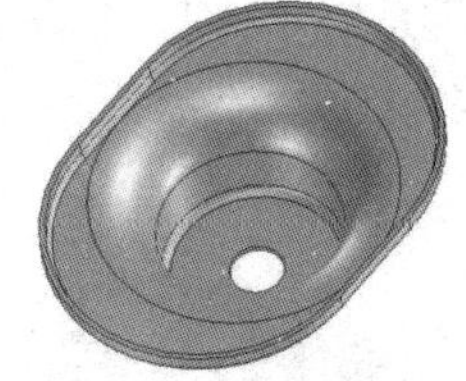

图 8-32　拖入孔类圆柱体

步骤 6：绘制除料草图，投影外轮廓边，并向里偏移 1mm，如图 8-33 所示。拉伸除料，深度为 2mm，结果如图 8-34 所示。

步骤 7：将零件渲染成白色，如图 8-35 所示。将零件以“传动箱盖 B”为文件名进行保存并关闭文件。

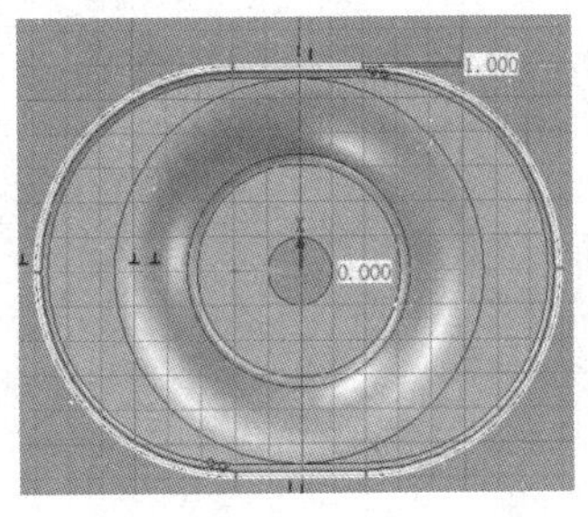

图 8-33　绘制草图 1

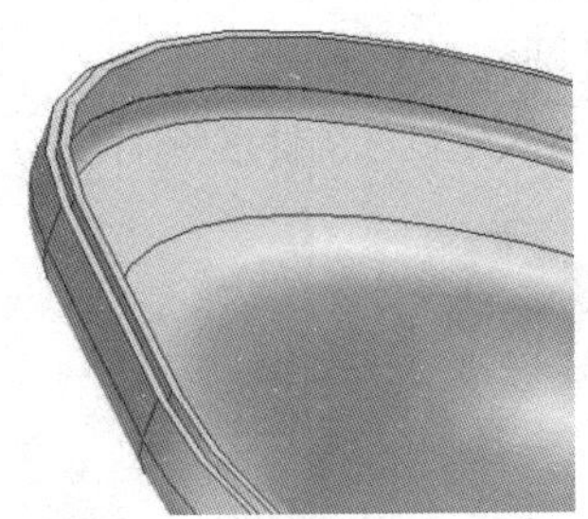

图 8-34　拉伸除料后的结果 1

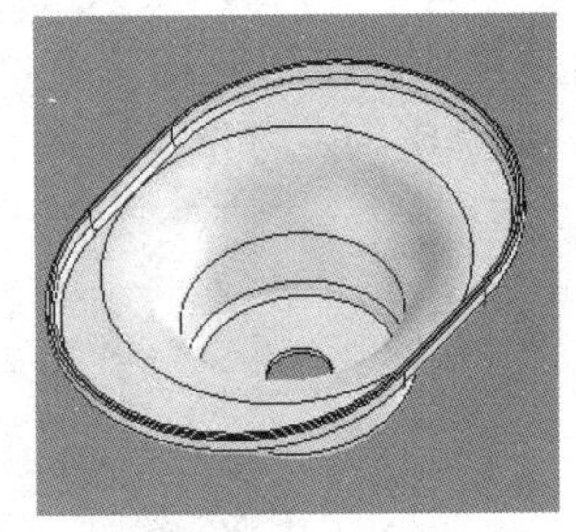

图 8-35　渲染成白色

4. 传动轴和轮轴的设计

步骤 1：打开 CAXA 3D 实体设计 2019，进入设计环境。新建文件，从设计元素库中拖入“圆柱体”图素，设置其直径为 20mm、高度为 209mm，两端倒角 2mm，结果如图 8-36 所示。最后，将零件以“传动轴”为文件名进行保存并关闭文件。

步骤 2：打开 CAXA 3D 实体设计 2019，进入设计环境。新建文件，拖入“圆柱体”图素 1，设置其直径为 20mm、高度为 30mm；拖入“圆柱体”图素 2，设置其直径为 30mm、高度为 10mm；拖入“圆柱体”图素 3，设置其直径为 16mm、高度为 30mm。对圆柱体 1 和圆柱体 3 进行两端倒角 2mm，结果如图 8-37 所示。最后，将零件以“轮轴”为文件名进行保存并关闭文件。

图 8-36　设计完成的传动轴

图 8-37　设计完成的轮轴

任务二　曲柄和脚蹬设计

任务要求

根据如图 8-38 和图 8-39 所示的图样，建立曲柄和脚蹬的三维模型。

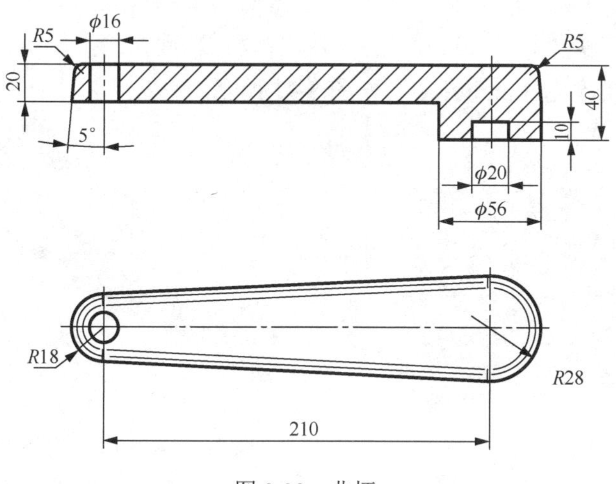

图 8-38　曲柄

微课：创建脚蹬

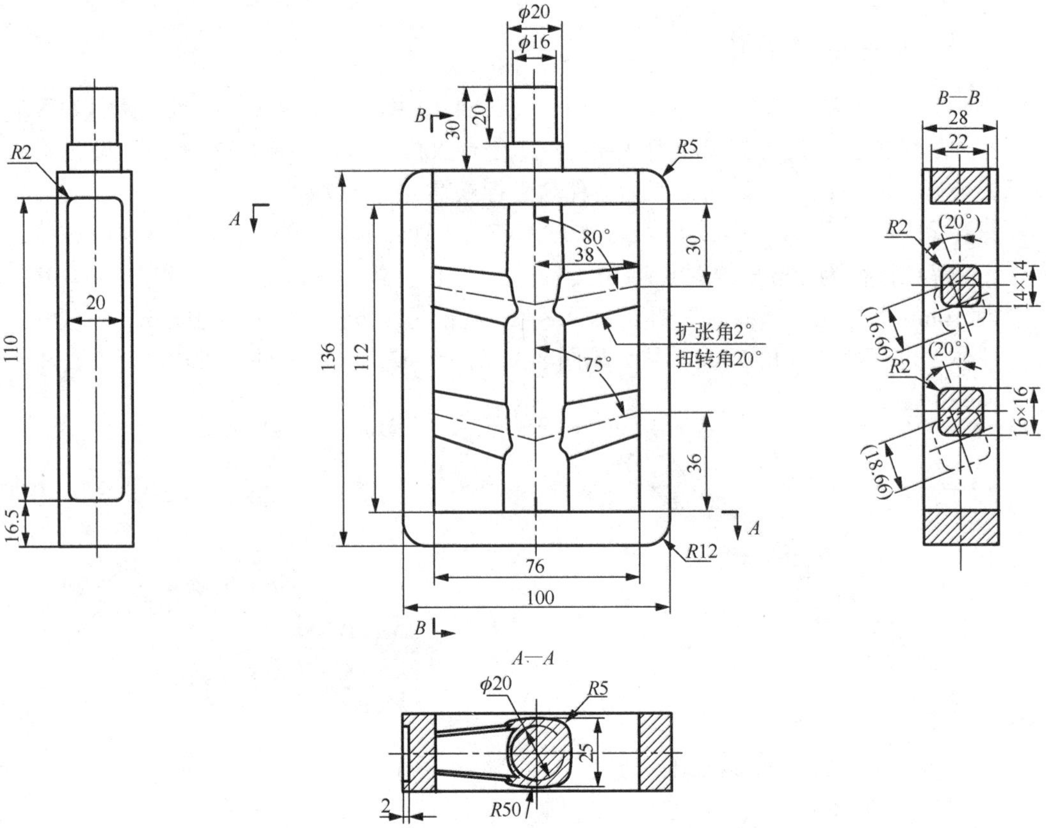

图 8-39　脚蹬

任务实施

1. 曲柄的设计

步骤 1：打开 CAXA 3D 实体设计 2019，进入设计环境。新建文件，绘制拉伸草图，如图 8-40 所示。拉伸增料，高度为 40mm，结果如图 8-41 所示。

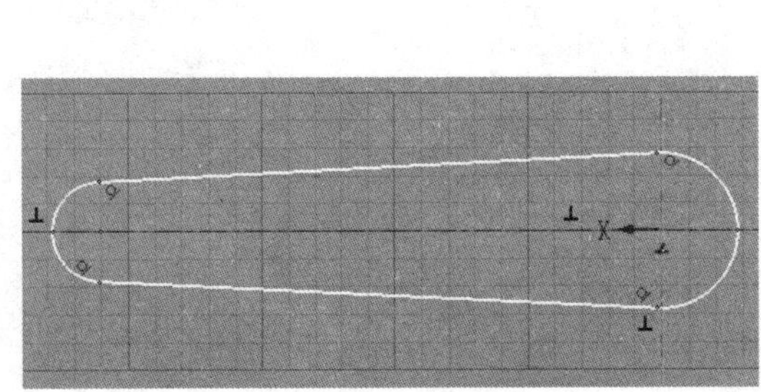

图 8-40　绘制草图 2

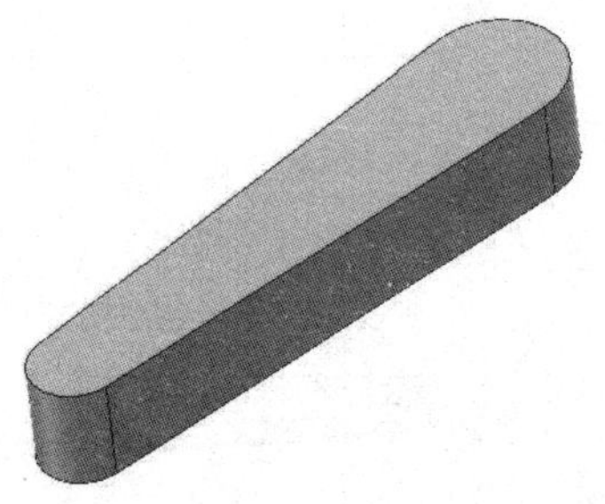

图 8-41　拉伸增料的结果

步骤 2：继续绘制草图，选择上表面为定位点，绘制草图如图 8-42 所示。拉伸除料，高度为 20mm，结果如图 8-43 所示。

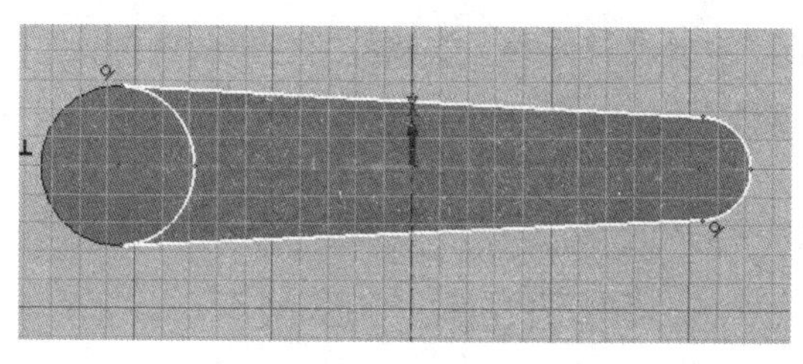
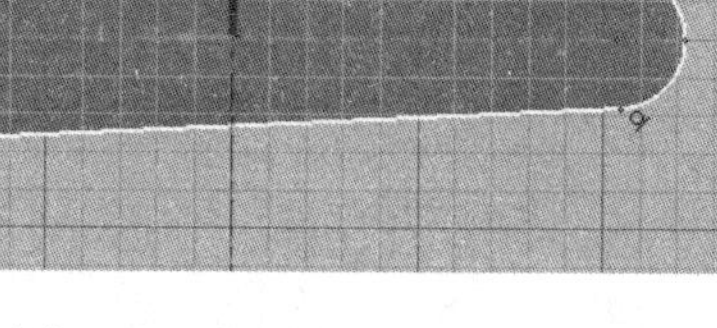

图 8-42 绘制草图 3

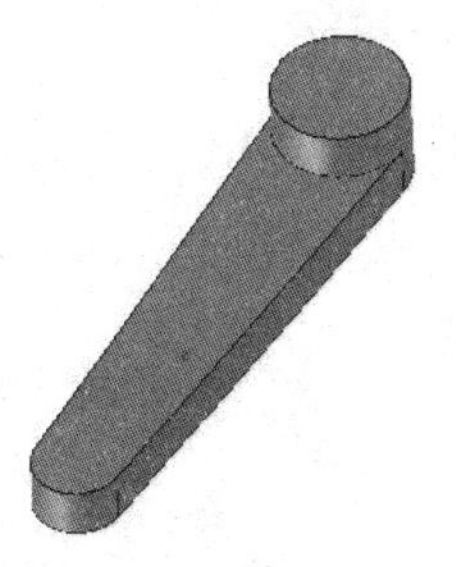

图 8-43 拉伸除料后的结果 2

步骤 3：拔模。单击“特征”选项卡“修改”选项组中的“面拔模”按钮，选择底面为中性面，向上方 5° 拔模，选择四周侧面为拔模面，然后单击左侧“属性”窗格中的“确定”按钮，结果如图 8-44 所示。

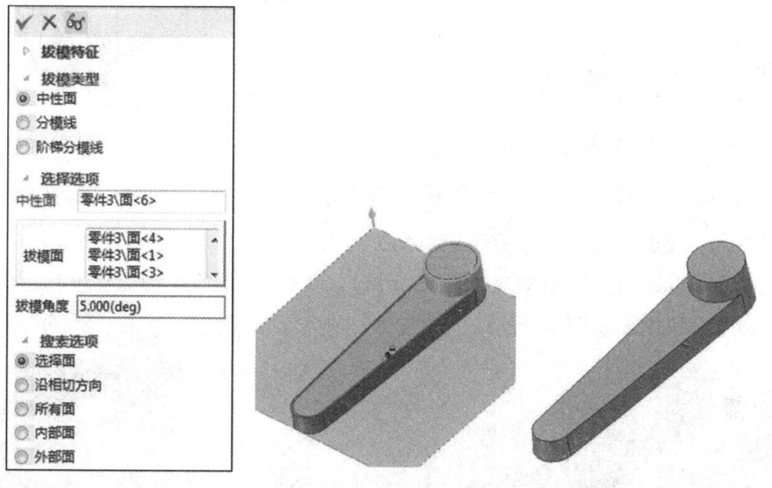

图 8-44 拔模设置及结果

步骤 4：从设计元素库中拖入两个“孔类圆柱体”图素，一个直径为 16mm、穿通，一个直径为 20mm、深 10mm，如图 8-45 所示。

步骤 5：圆角过渡，选择底面一圈交线，半径为 5mm，结果如图 8-46 所示。

步骤 6：将零件渲染成紫色，如图 8-47 所示，然后将零件以“曲柄”为文件名进行保存并关闭文件。

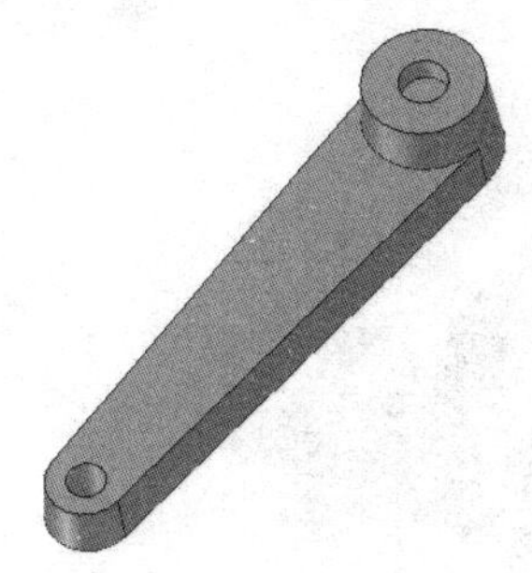

图 8-45 创建两个小孔

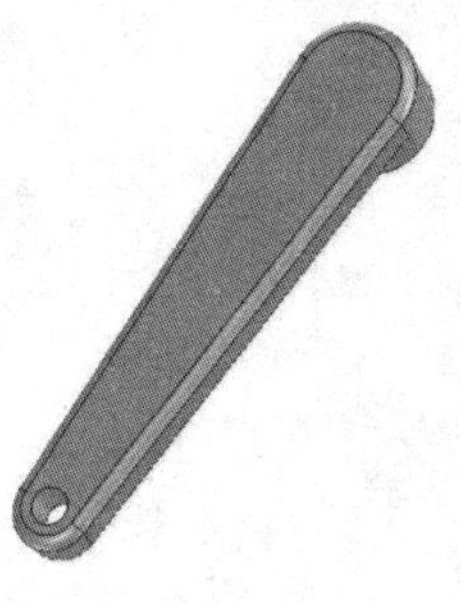

图 8-46 圆角过渡

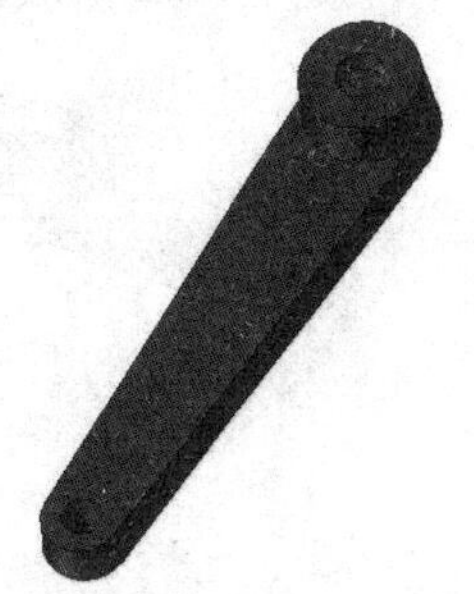

图 8-47 渲染后的结果

2. 脚蹬的设计

步骤 1： 打开 CAXA 3D 实体设计 2019，进入设计环境。新建文件，绘制草图，如图 8-48 所示，拉伸增料，高度为 28mm，拉伸结果如图 8-49 所示。

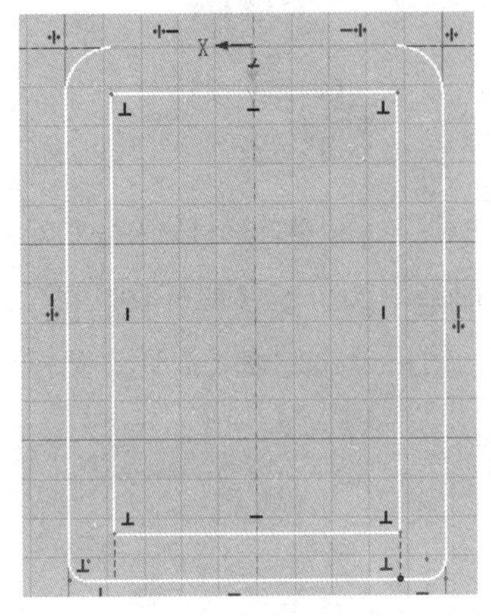

图 8-48　拉伸草图

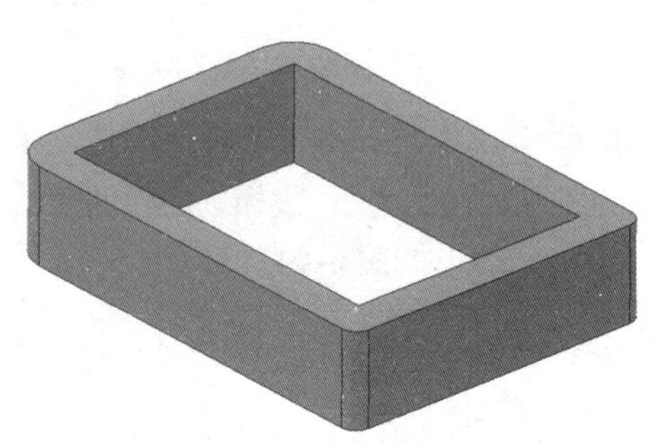

图 8-49　拉伸结果

步骤 2： 从设计元素库中拖入“孔类长方体”图素，设置其长度、宽度、高度的尺寸分别为 76mm、12mm、3mm，然后使用三维球复制另外一个，结果如图 8-50 所示。

步骤 3： 从设计元素库中拖入两个“圆柱体”图素，直径分别 20mm、16mm，高度分别为 10mm、20mm，如图 8-51 所示。

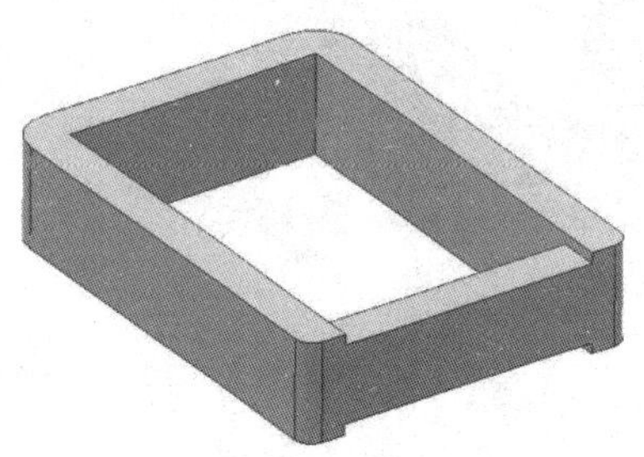

图 8-50　拖入孔类长方体后的结果

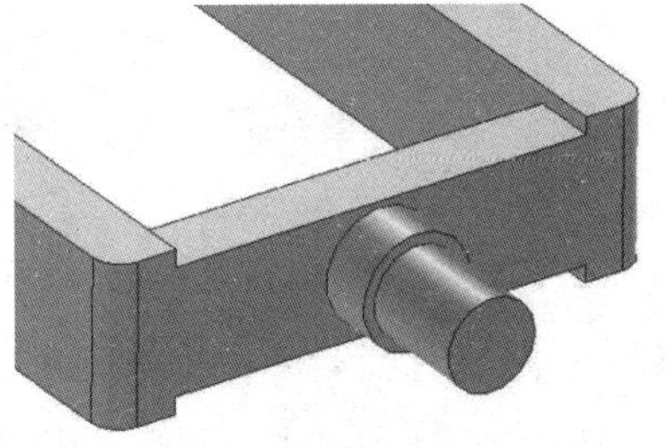

图 8-51　拖入两个圆柱体后的结果

步骤 4： 绘制两个放样草图，绘制出一个后，另一个使用三维球复制并前移，如图 8-52 所示，然后进行编辑修改，放样结果如图 8-53 所示。

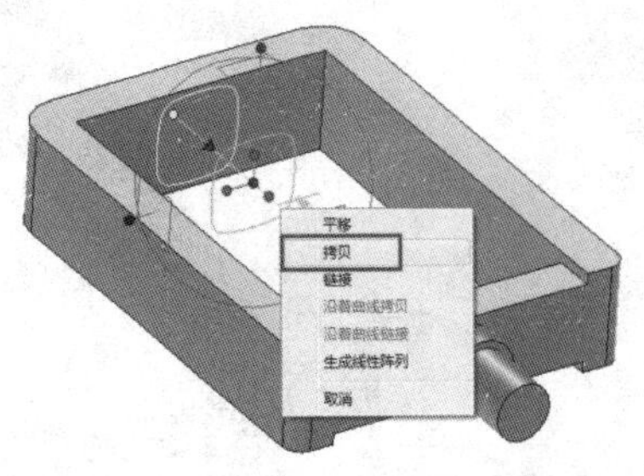

图 8-52　绘制放样草图

图 8-53　放样结果 1

步骤 5：绘制定位草图线，如图 8-54 所示。

步骤 6：在定位草图的交点处绘制两个放样草图，如图 8-55 所示，然后在两个草图的对应点之间绘制一条 3D 曲线（直线），如图 8-56 所示。

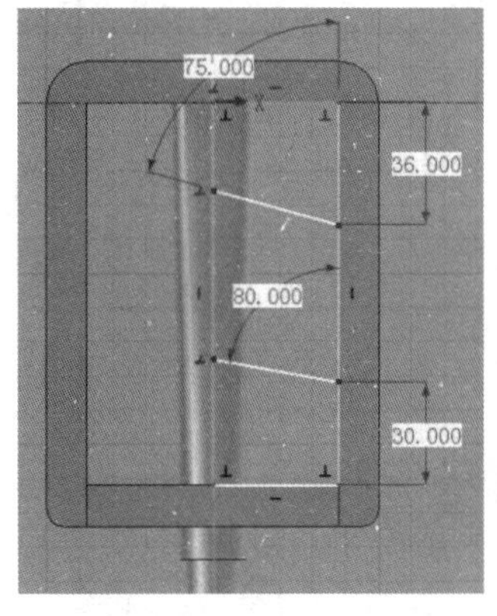

图 8-54　绘制定位草图

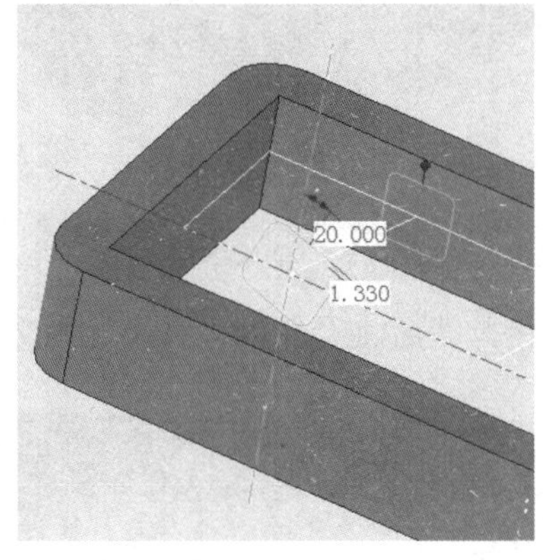

图 8-55　绘制放样草图

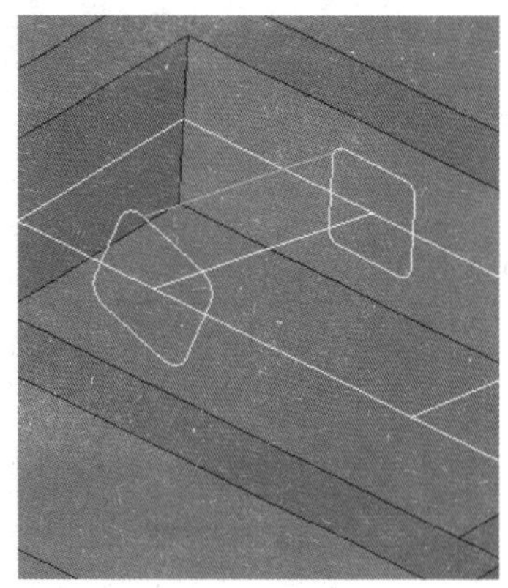

图 8-56　绘制 3D 曲线

步骤 7：选择两个草图，进行放样，生成特征的方式选择“增料”，选择 3D 曲线作为导动线，如图 8-57 所示。放样结果如图 8-58 所示。

步骤 8：使用同样的方法创建另外一个放样特征，如图 8-59 所示，然后使用三维球镜像功能复制另外一侧的两个特征，结果如图 8-60 所示。

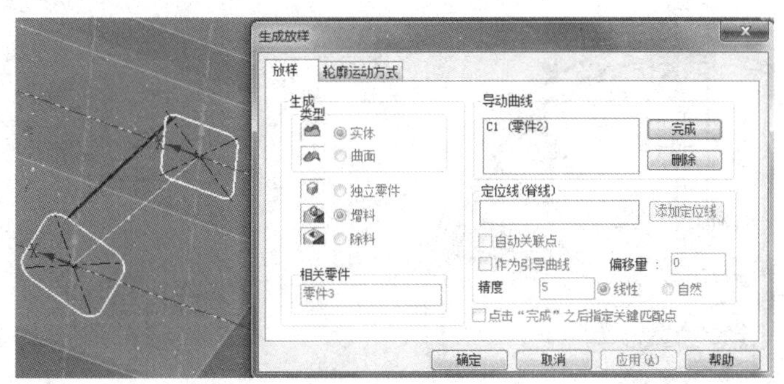

图 8-57　放样设置

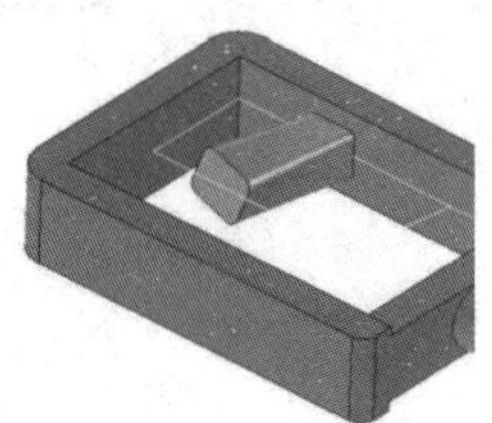

图 8-58　放样结果 2

图 8-59　放样另外一个

图 8-60　镜像复制结果

步骤 9：创建两侧面的凹槽，从设计元素库中拖入“孔类长方体”图素，将其放在侧面中心点，设置其长度、宽度、高度的尺寸分别为 110mm、20mm、2mm，四周圆角过渡 2mm，结果如图 8-61 所示。

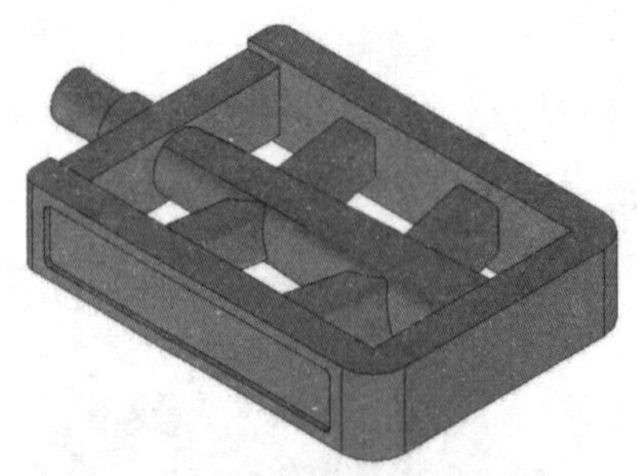

图 8-61　两侧凹槽

步骤 10：将零件渲染成黑色，然后将零件以“脚蹬”为文件名进行保存并关闭文件。

任务三　轮毂、轮胎、轮毂盖设计

任务要求

根据如图 8-62～图 8-64 所示的图样，建立轮毂、轮胎、轮毂盖的三维模型。

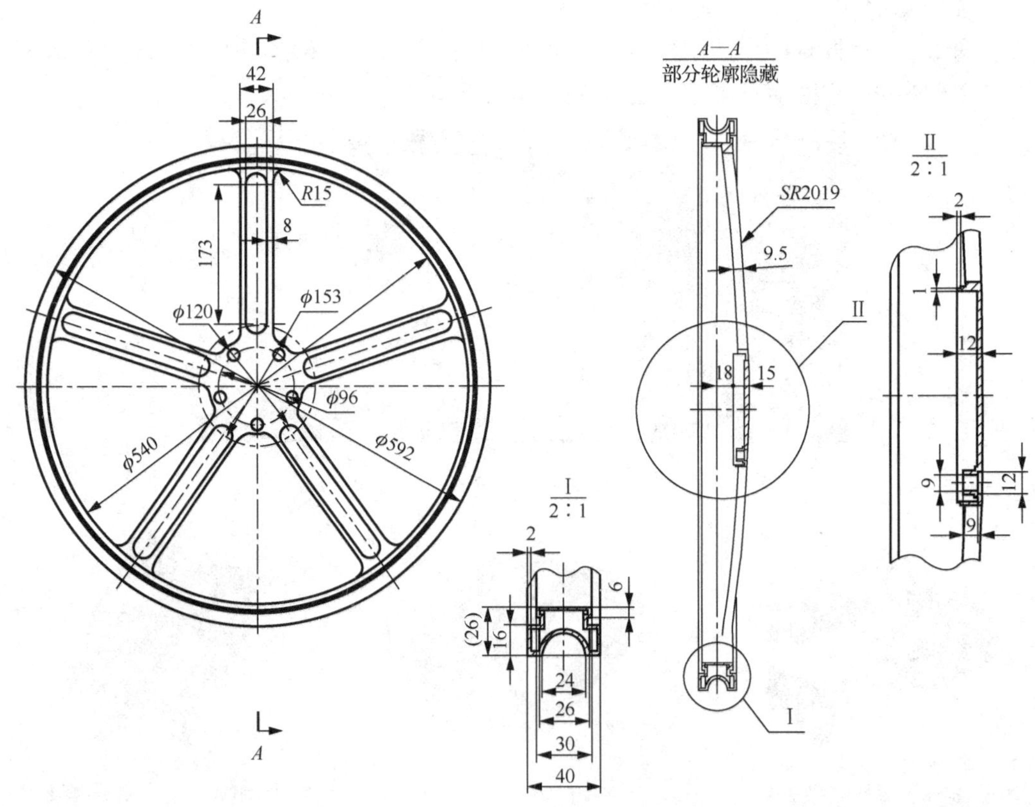

图 8-62　轮毂

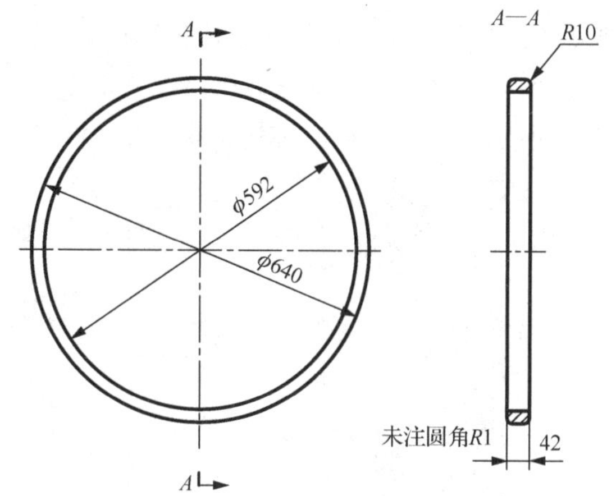

微课：创建轮毂（共享单车）

微课：创建轮胎和轮毂盖

图 8-63　轮胎

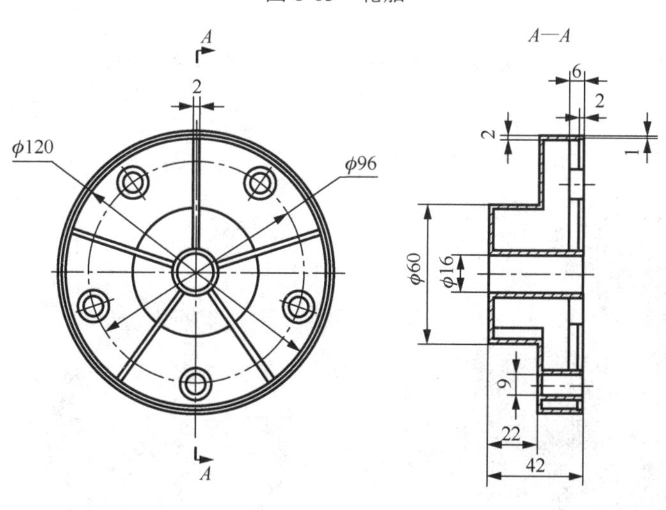

图 8-64　轮毂盖

任务实施

1. 轮毂的设计

步骤 1：打开 CAXA 3D 实体设计 2019，进入设计环境。新建文件，绘制草图，如图 8-65 所示，旋转增料，结果如图 8-66 所示。

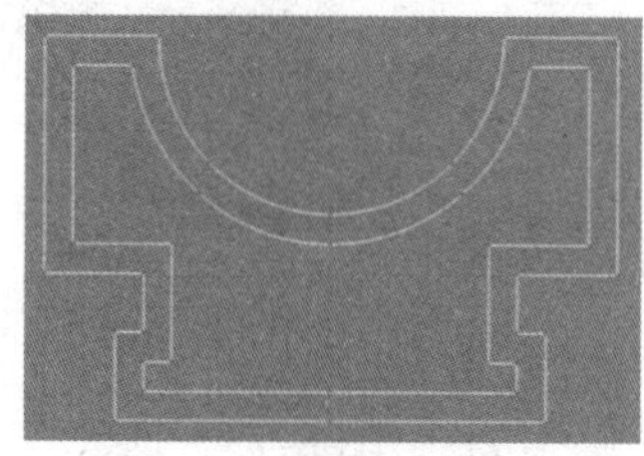

图 8-65　绘制草图 4

图 8-66　旋转增料后的结果 1

步骤 2：从设计元素库中拖入“圆柱体”图素，将其放在旋转体上表面中心点，并设置其直径为 120mm、高度为 15mm，然后下移 2mm，结果如图 8-67 所示。

步骤 3：绘制草图，如图 8-68 所示，旋转增料，旋转结果如图 8-69 所示。

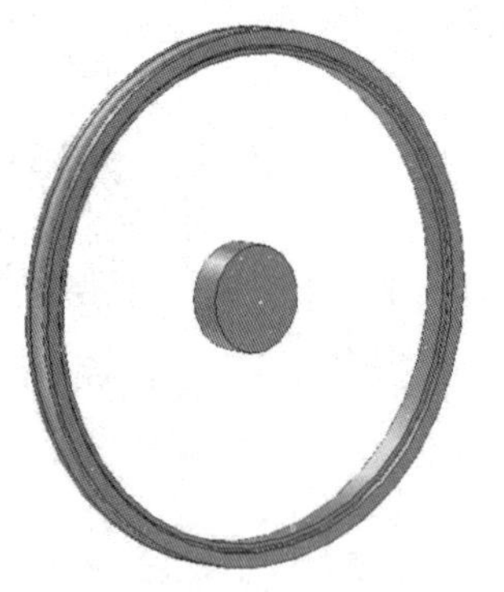

图 8-67　拖入圆柱体并放在旋转体上表面中心点

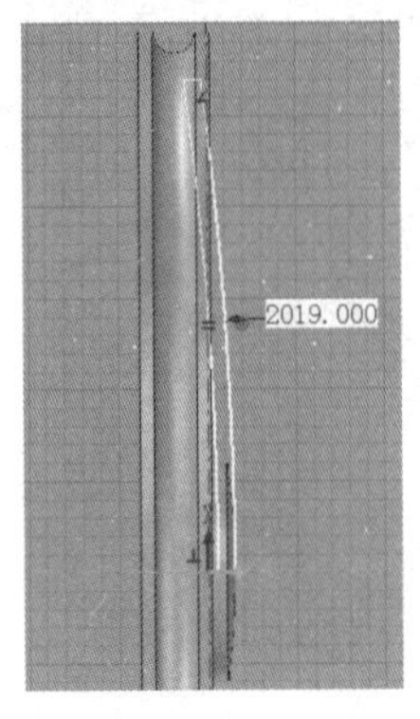

图 8-68　绘制草图 5

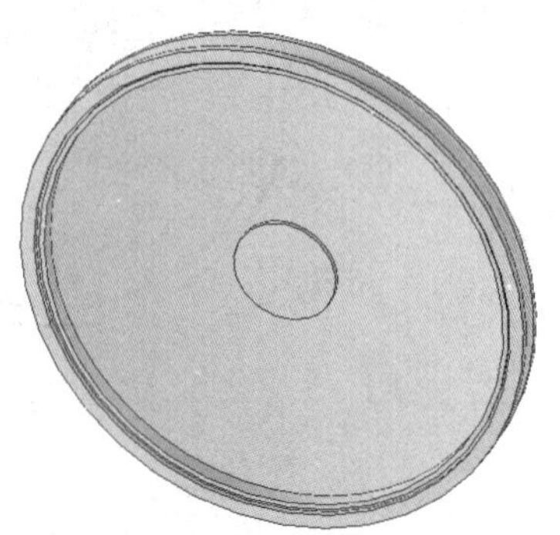

图 8-69　旋转增料后的结果 2

步骤 4：绘制草图，如图 8-70 所示，拉伸除料，结果如图 8-71 所示。

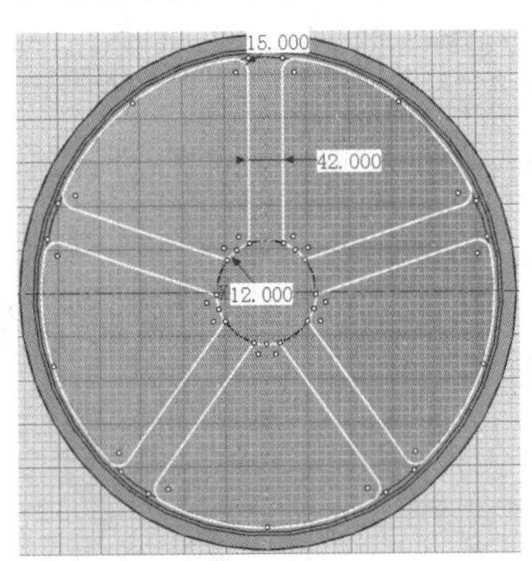

图 8-70　绘制草图 6

图 8-71　拉伸除料后的结果 3

步骤 5：绘制草图，如图 8-72 所示，拉伸除料，结果如图 8-73 所示。

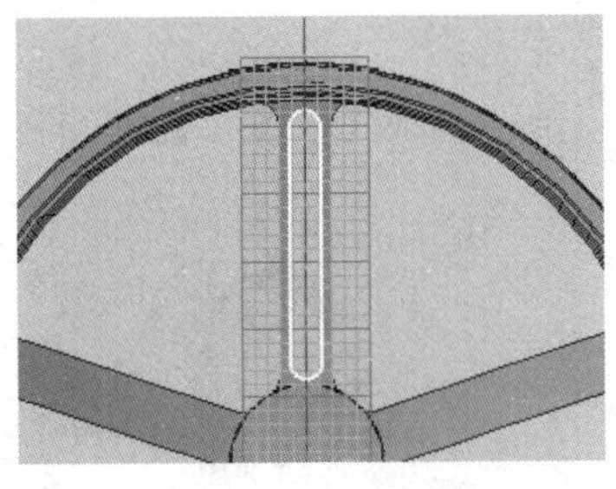

图 8-72　绘制草图 7

图 8-73　拉伸除料后的结果 4

步骤 6：绘制草图，如图 8-74 所示，旋转除料，结果如图 8-75 所示。

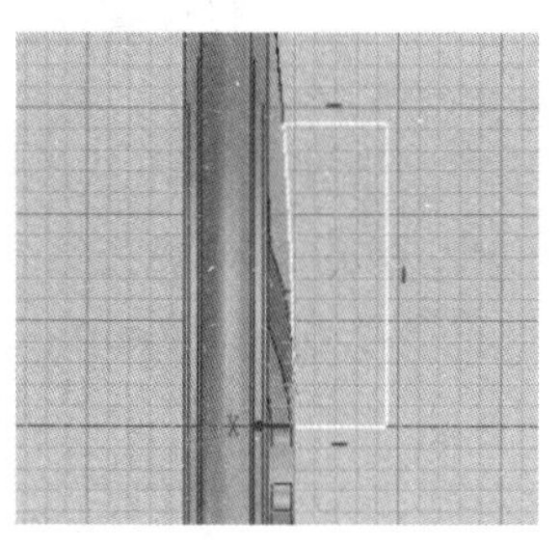

图 8-74 绘制草图 8

图 8-75 旋转除料后的结果

步骤 7：从设计元素库中拖入“孔类圆柱体”图素，设置其直径为 116mm、高度为 12mm，如图 8-76 所示。

步骤 8：从设计元素库中拖入“圆柱体”图素 1，设置其直径为 16mm、高度为 2mm；拖入“圆柱体”图素 2，设置其直径为 13mm、高度为 7mm。从设计元素库中拖入“孔类圆柱体”图素 1，设置其直径为 9mm、高度为 9mm；拖入“孔类圆柱体”图素 2，将其放在孔类圆柱体图素 1 下底面的中心点，设置其直径为 12mm、高度穿过实体即可。使用三维球将它们向外移动 48mm，结果如图 8-77 所示。然后，使用三维球复制出另外 4 组。

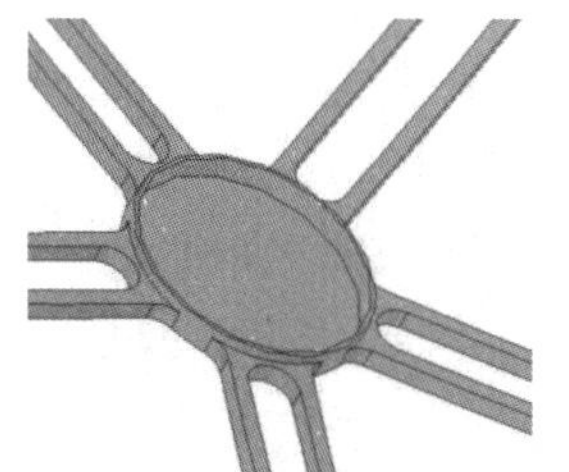

图 8-76 拖入孔类圆柱体 1

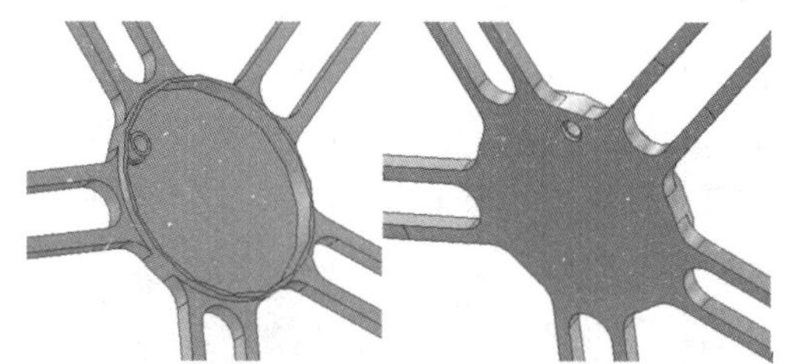

图 8-77 用三维球移动后的结果

步骤 9：拉伸除料，投影ϕ120 圆柱轮廓边，向里偏移 1mm，除料深度为 2mm，结果如图 8-78 所示。

步骤 10：将零件渲染成绿色，如图 8-79 所示，然后将零件以“轮毂”为文件名进行保存并关闭文件。

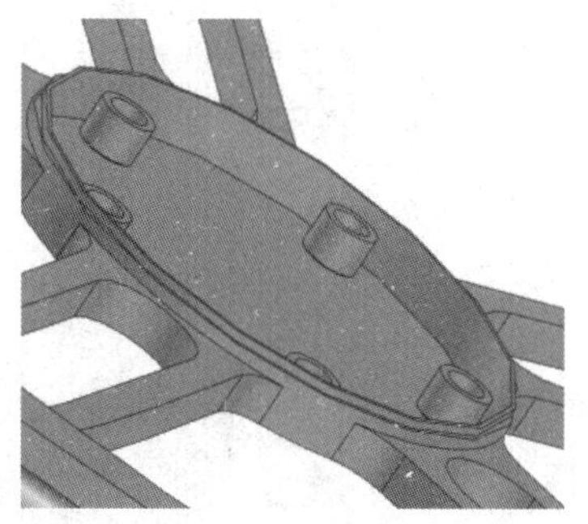

图 8-78 拉伸除料后的结果 5

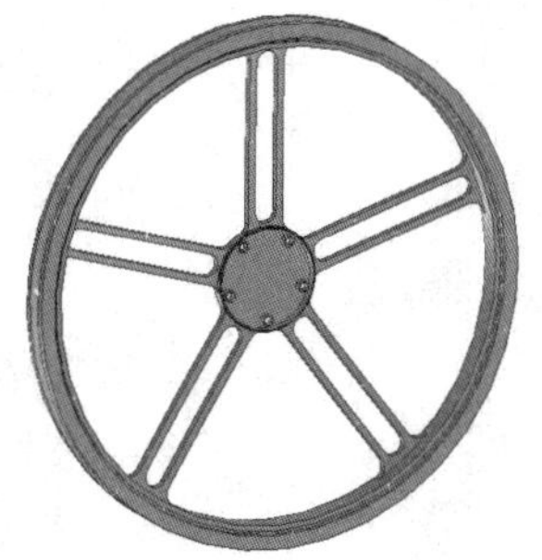

图 8-79 轮毂

2. 轮胎的设计

步骤 1：打开 CAXA 3D 实体设计 2019，进入设计环境。新建文件，从设计元素库中拖入“圆柱体”图素，设置其直径为 640mm、高度为 42mm，如图 8-80 所示。

步骤 2：从设计元素库中拖入“孔类圆柱体”图素，设置其直径为 592mm、高度为 42mm，如图 8-81 所示。

步骤 3：对零件进行圆角过渡，外轮廓棱边半径为 10mm，内轮廓棱边半径为 1mm，并将其渲染成黑色，结果如图 8-82 所示。然后，将零件以“轮胎”为文件名进行保存并关闭文件。

图 8-80　拖入并设置圆柱体

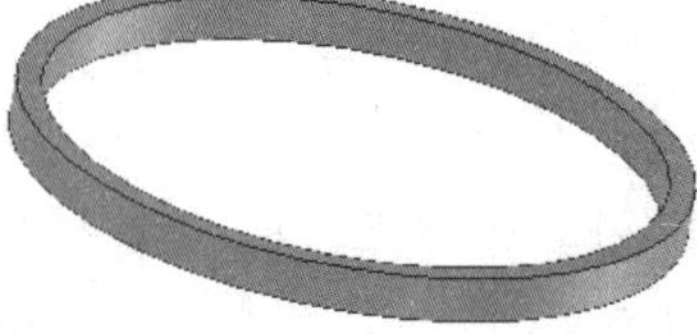

图 8-81　拖入孔类圆柱体 2

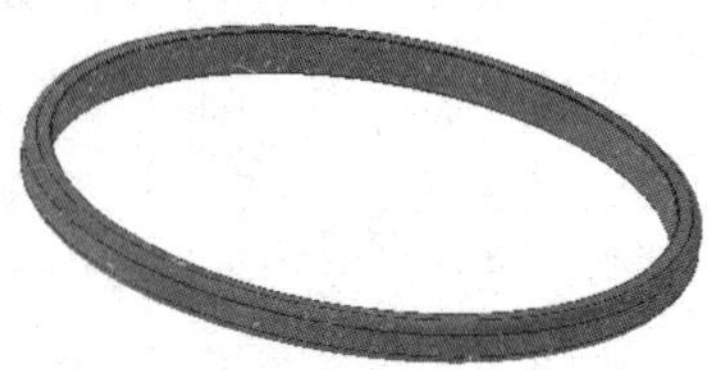

图 8-82　圆角过渡和渲染结果

3. 轮毂盖的设计

步骤 1：打开 CAXA 3D 实体设计 2019，进入设计环境。新建文件，从设计元素库中拖入“圆柱体”图素 1，设置其直径为 120mm、高度为 20mm；拖入“圆柱体”图素 2，设置其直径为 60mm、高度为 22mm，结果如图 8-83 所示。

步骤 2：抽壳。选择底面为开口面，厚度为 2mm，结果如图 8-84 所示。

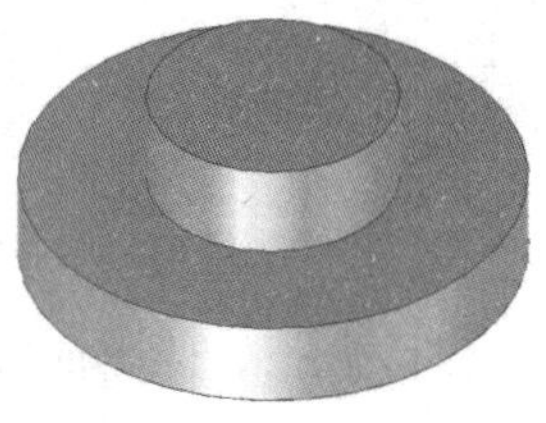

图 8-83　拖入圆柱体 1 和圆柱体 2

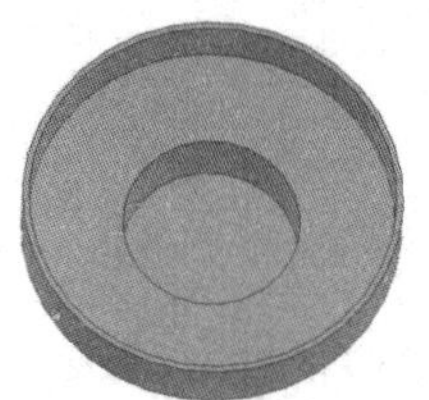

图 8-84　抽壳结果

步骤 3：从设计元素库中拖入“圆柱体”图素 3，将其放在下底面中心点，设置其直径为 20mm、高度为 40mm，如图 8-85 所示。

步骤 4：绘制拉伸草图，草图定位到上顶面中心点，然后下移 6mm，结果如图 8-86 所示。使用拉伸到面的方法拉伸增料，选择内部面为结束面，结果如图 8-87 所示（若草图方向向上则不能拉伸，需将草图反向）。

图 8-85　拖入圆柱体 3

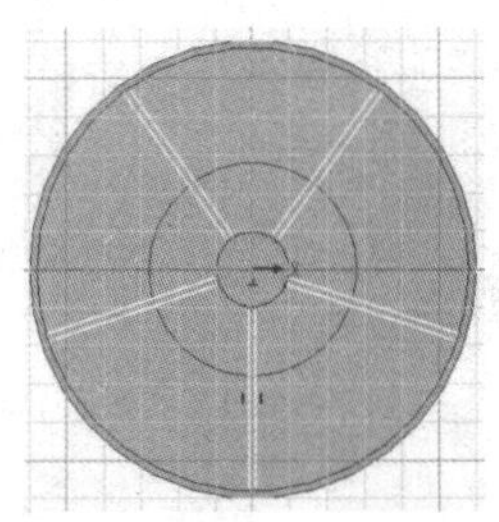

图 8-86　绘制草图 9

图 8-87　拉伸结果

步骤 5：从设计元素库中拖入“圆柱体”图素 4，将其放在上顶面中心点，设置其直径为 13mm、高度为 18mm，然后将其下移 48mm，如图 8-88 所示。再将它旋转 36°，结果如图 8-89 所示。

步骤 6：将圆柱体图素 4 的下底面移到正确位置，与圆柱体 1 内表面贴齐。从设计元素库中拖入“孔类圆柱体”图素 1，将其放在圆柱体图素 4 的中心，设置其直径为 9mm、高度为 18mm；拖入“孔类圆柱体”图素 2，将其放在圆柱体图素 3 的中心，设置其直径为 16mm、高度为穿过实体，如图 8-90 所示。

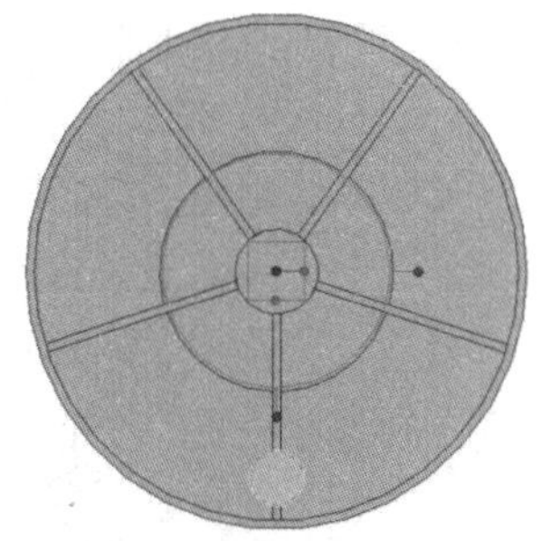
图 8-88　拖入圆柱体 4 并下移

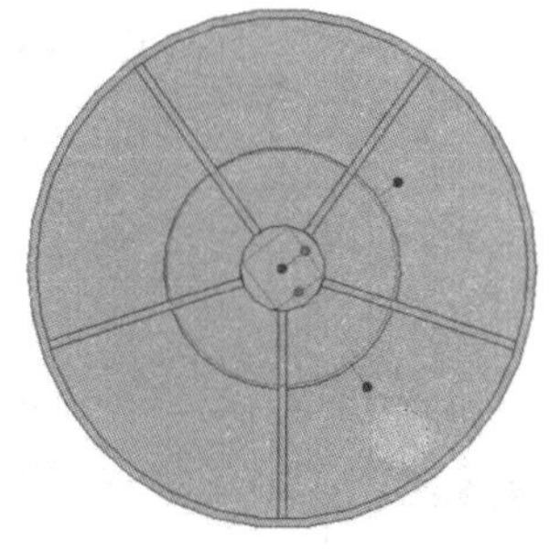
图 8-89　旋转圆柱体 4

图 8-90　移动与拖入孔结果

步骤 7：使用三维球复制出另外 4 个孔柱，如图 8-91 所示。

步骤 8：绘制除料草图，拉伸除料，深度为 2mm，如图 8-92 所示。

步骤 9：将零件渲染成白色，如图 8-93 所示，然后将零件以“轮毂盖”为文件名进行保存并关闭文件。

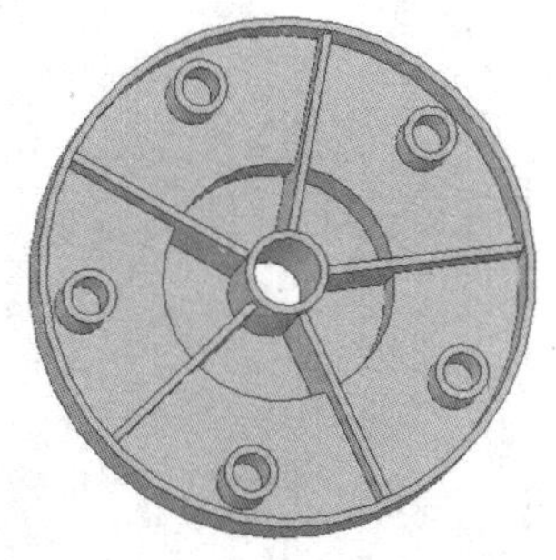
图 8-91　复制孔柱后的结果

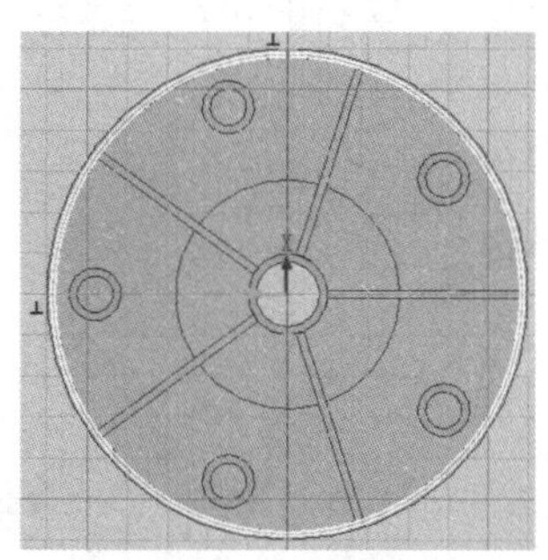
图 8-92　除料草图

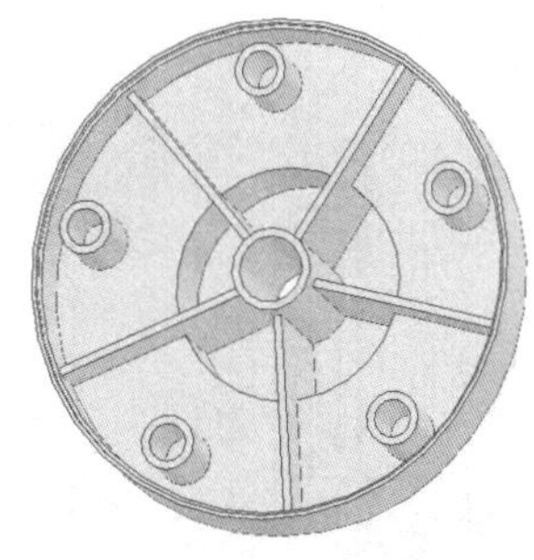
图 8-93　渲染后的结果

任务四　前、后挡泥板设计

任务要求

根据如图 8-94 和图 8-95 所示的图样，建立前、后挡泥板的三维模型。

微课：创建前挡泥板

微课：创建后挡泥板

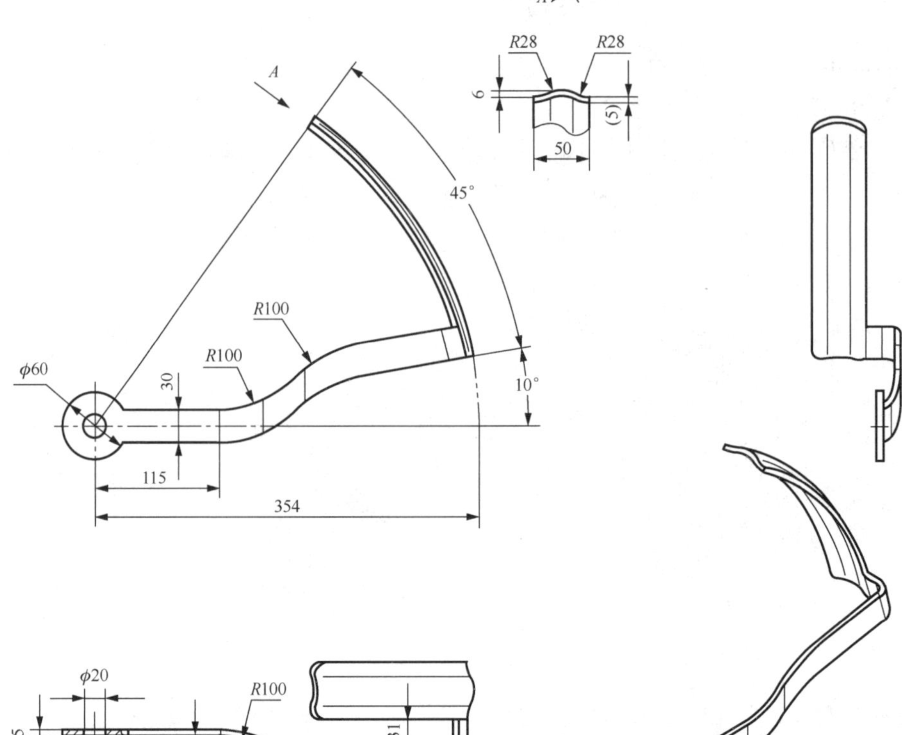

图 8-94　前挡泥板

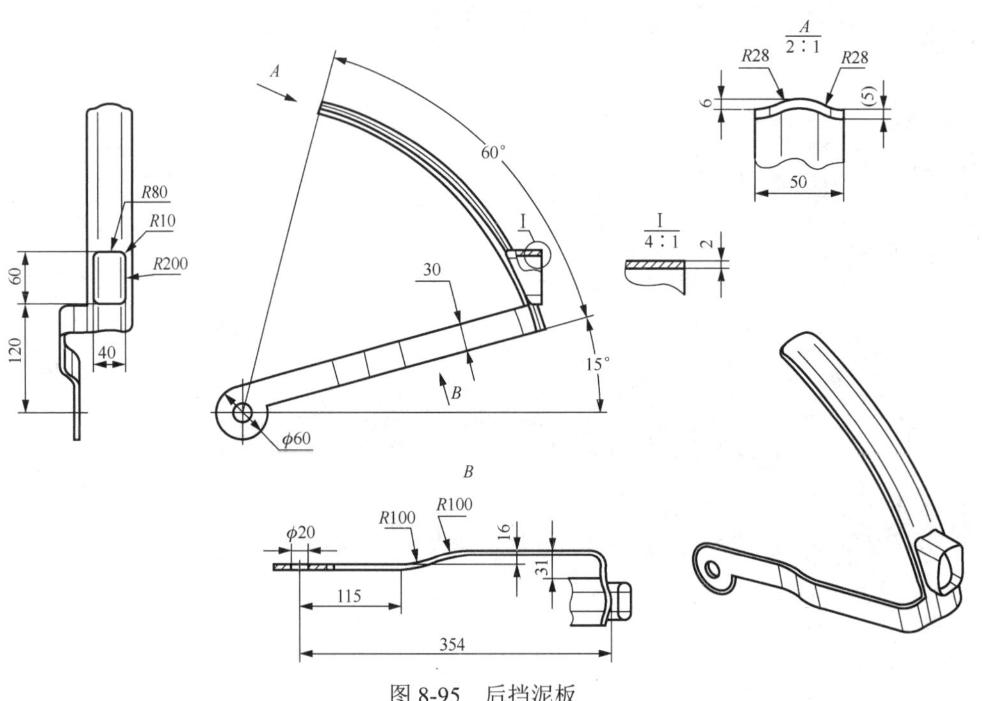

图 8-95　后挡泥板

任务实施

1. 前挡泥板的设计

步骤 1：打开 CAXA 3D 实体设计 2019，进入设计环境。新建文件，从设计元素库中拖入一个“圆柱体”图素作为参考体。单击“草图”选项卡“草图”选项组中的“二维草图”按钮，拾取圆柱体的上表面中心点为参考点，进入草绘环境，绘制旋转草图，设置旋转角度为 55°，旋转后的实体如图 8-96 所示。

步骤 2：从设计元素库中拖入“长方体”图素，贴牢旋转体，设置其高度为 31mm，长度和宽度取合适的数值，如图 8-97 所示。

图 8-96 旋转后的实体 1

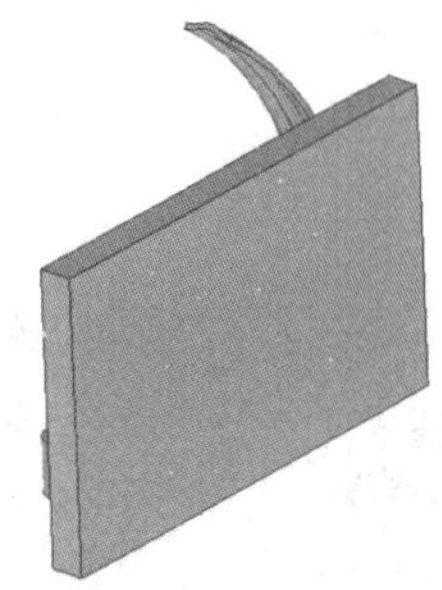

图 8-97 拖入长方体并贴牢旋转体

步骤 3：绘制除料草图，如图 8-98 所示，除料后的结果如图 8-99 所示。

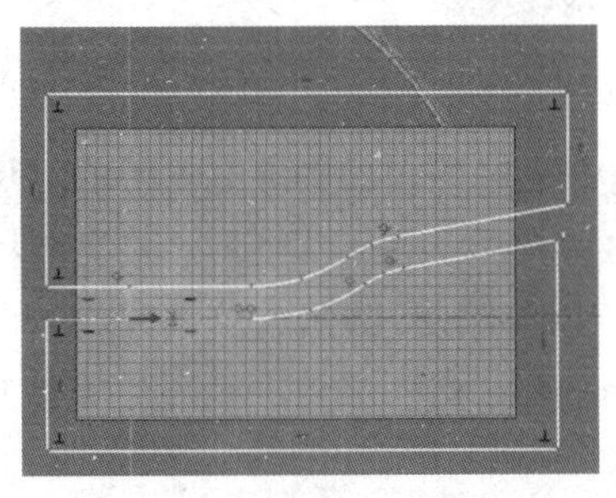

图 8-98 绘制除料草图 1

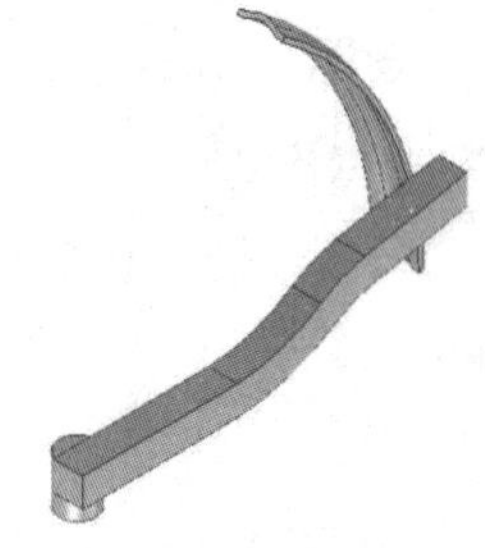

图 8-99 除料后的结果 1

步骤 4：继续绘制除料草图，如图 8-100 所示，除料后的结果如图 8-101 所示。

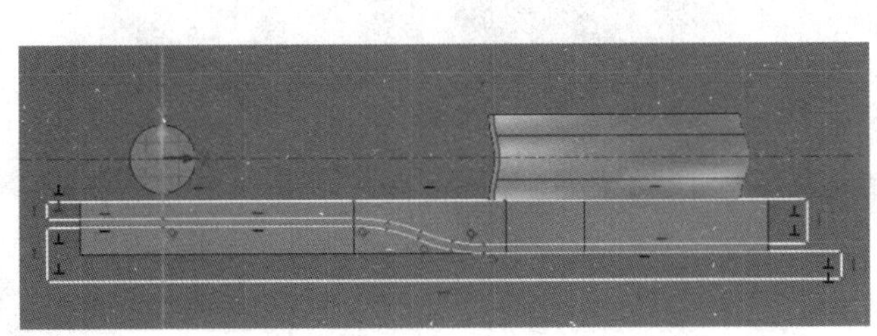

图 8-100 绘制除料草图 2

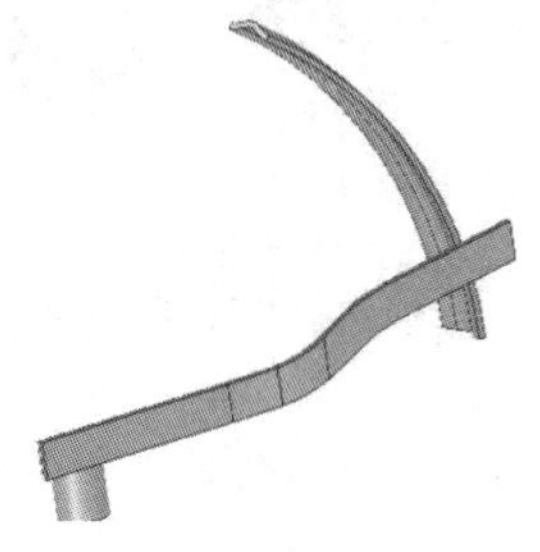

图 8-101 除料后的结果 2

步骤5：绘制旋转草图，如图 8-102 所示，设置旋转角度为 25°，旋转结果如图 8-103 所示。

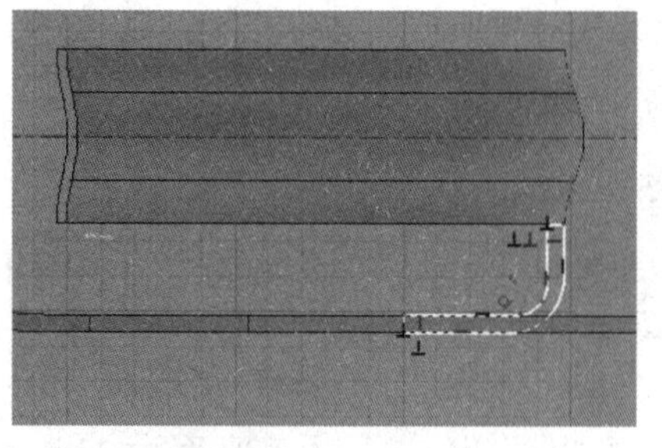

图 8-102　绘制旋转草图 1

图 8-103　旋转后的结果

步骤6：编辑弯板包围盒的长度，将图 8-103 中弯板的多余部分缩到实体内部，如图 8-104 所示。绘制除料草图，如图 8-105 所示，上部草图除料到旋转体，下部草图除料穿通，结果如图 8-106 所示。

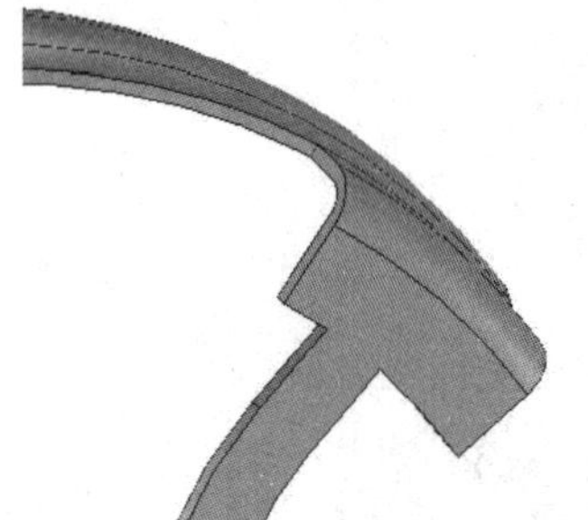

图 8-104　编辑弯板长度 1

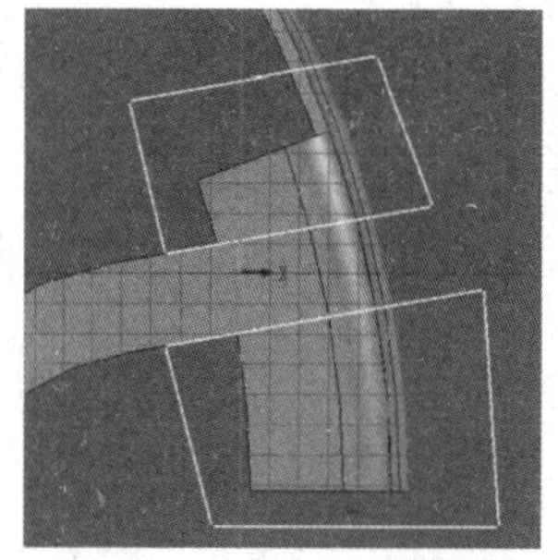

图 8-105　绘制除料草图 3

图 8-106　除料后的结果 3

步骤7：将左端弯板的尺寸设置为与圆柱体中心对齐，如图 8-107 所示。从设计元素库中拖入“圆柱体”图素，设置其直径为 60mm、高度为 5mm；拖入“孔类圆柱体”图素，设置其直径为 20mm、穿通，如图 8-108 所示。对零件进行圆角过渡，并将其渲染成紫色，如图 8-109 和图 8-110 所示。然后，将零件以“前挡泥板”为文件名进行保存并关闭文件。

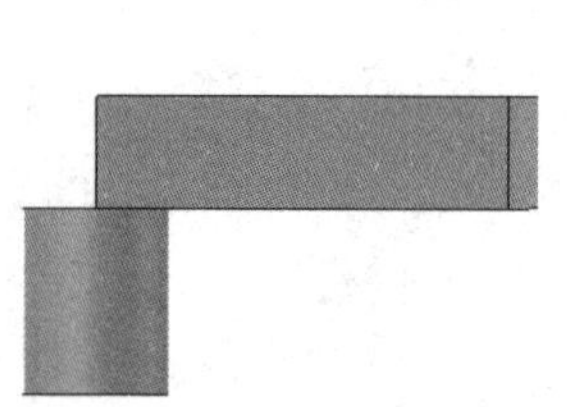

图 8-107　编辑左端弯板长度

图 8-108　拖入孔类圆柱体后的结果

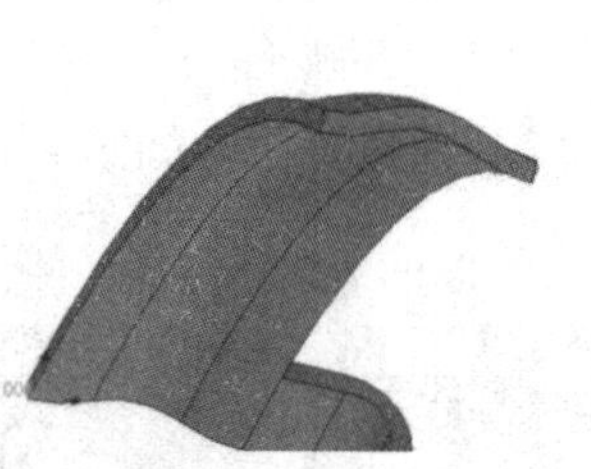

图 8-109　圆角过渡

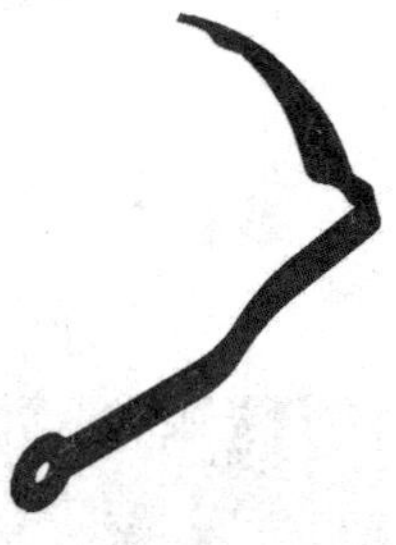

图 8-110　渲染后的前挡泥板

2. 后挡泥板的设计

步骤 1：打开 CAXA 3D 实体设计 2019，进入设计环境。新建文件，从设计元素库中拖入一个“圆柱体”图素作为参考体。单击“草图”选项卡“草图”选项组中的“二维草图”按钮，拾取圆柱体的上表面中心点为参考点，进入草绘环境，将草图旋转 15°。绘制旋转草图，设置旋转角度为 60°，旋转后的实体如图 8-111 所示。

步骤 2：从设计元素库中拖入“长方体”图素，贴牢旋转体，设置其高度为 31mm，长度和宽度取合适的数值，方向与旋转体一致，旋转 15°，如图 8-112 所示。然后编辑长方体的宽度尺寸为 30mm，结果如图 8-113 所示。

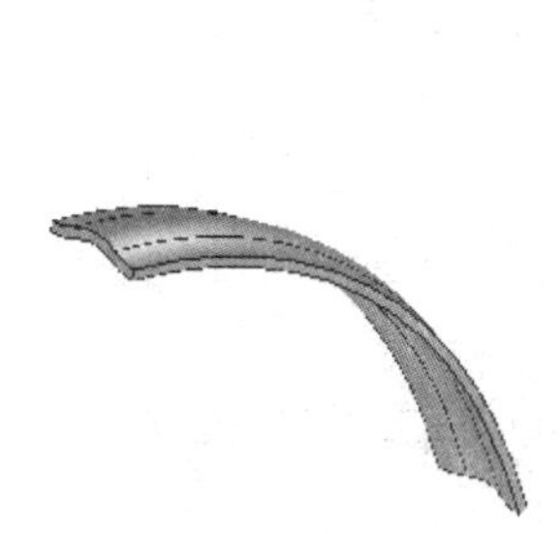

图 8-111　旋转后的实体 2

图 8-112　拖入并旋转后的长方体

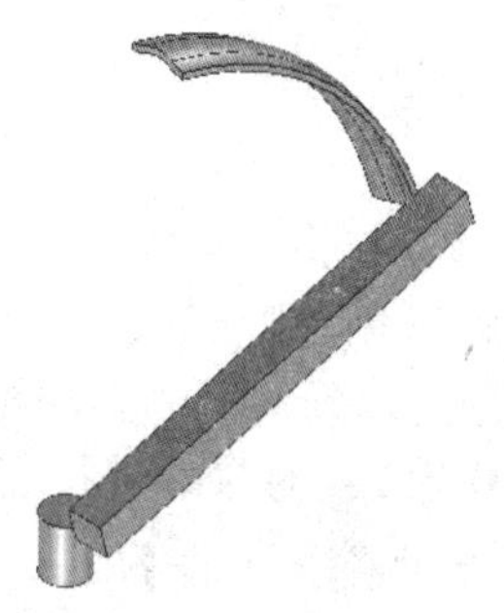

图 8-113　编辑长方体的宽度

步骤 3：绘制除料草图，如图 8-114 所示，除料后的结果如图 8-115 所示。

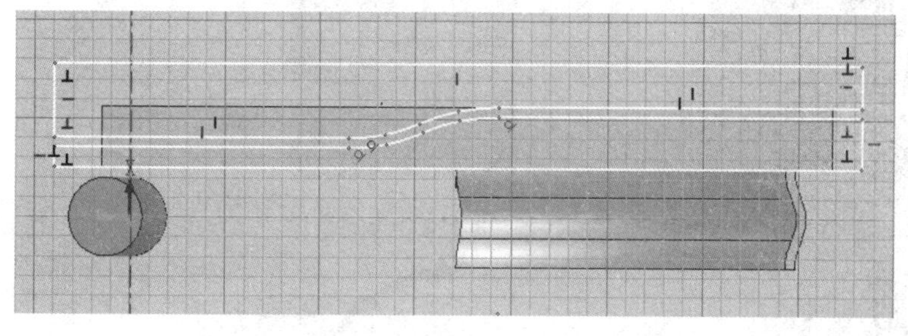

图 8-114　绘制除料草图 4

图 8-115　除料后的结果 4

步骤 4：绘制旋转草图，如图 8-116 所示，设置旋转角度为 10°，旋转结果如图 8-117 所示。

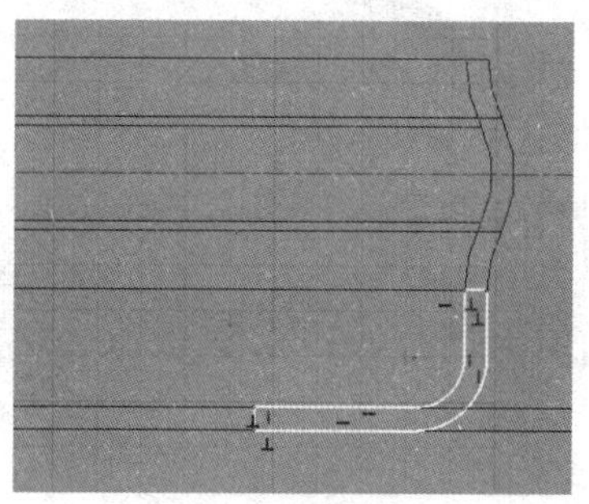

图 8-116　绘制旋转草图 2

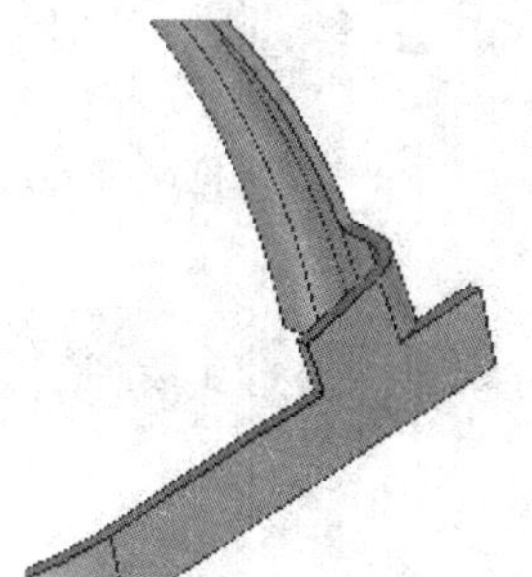

图 8-117　旋转后的结果 2

步骤 5：编辑弯板包围盒的长度，将图 8-117 中弯板多余部分缩到实体内部，如图 8-118 所示；将上部多余部分去掉，结果如图 8-119 所示。拖入“圆柱体”图素，设置其直径为 60mm、高度为 5mm；拖入“孔类圆柱体”图素，设置其直径为 20mm、穿通，如图 8-120 所示。

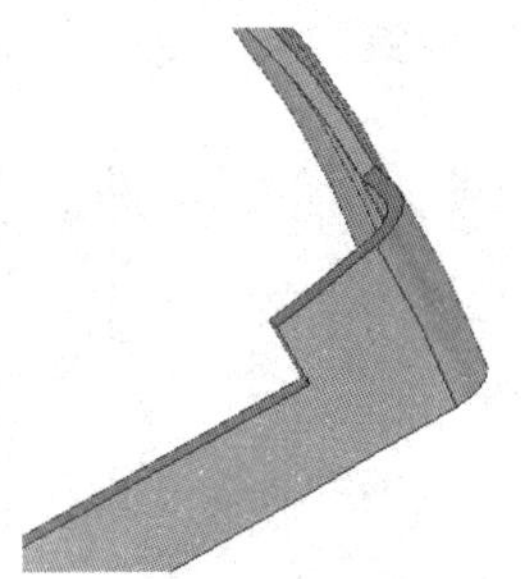

图 8-118　编辑弯板长度 2

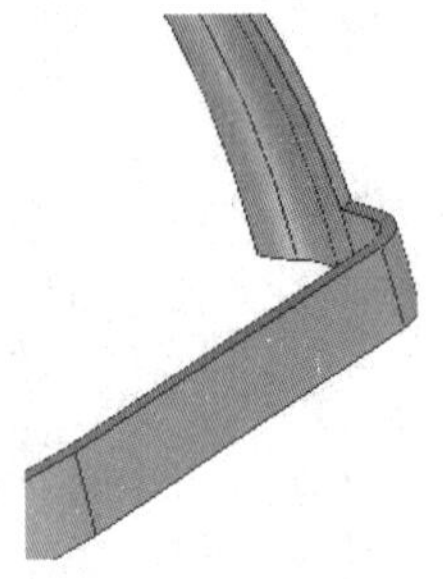

图 8-119　去掉多余部分

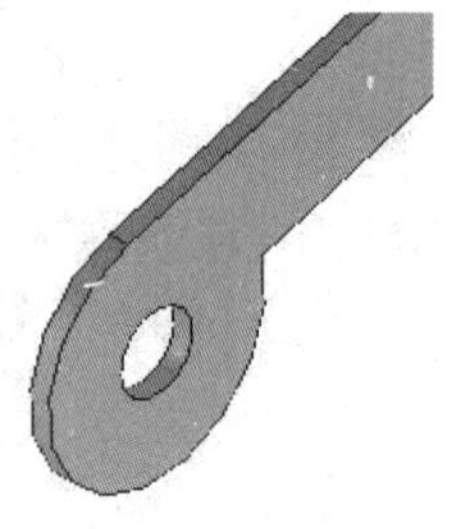

图 8-120　左端结果

步骤 6：创建灯罩。将草图定位到最右端，如图 8-121 所示。绘制草图，如图 8-122 所示。用拉伸到曲面的方法拉伸灯罩，如图 8-123 所示。

步骤 7：对零件进行圆角过渡，并将其渲染成紫色，如图 8-124 所示。然后，将零件以“后挡泥板”为文件名进行保存并关闭文件。

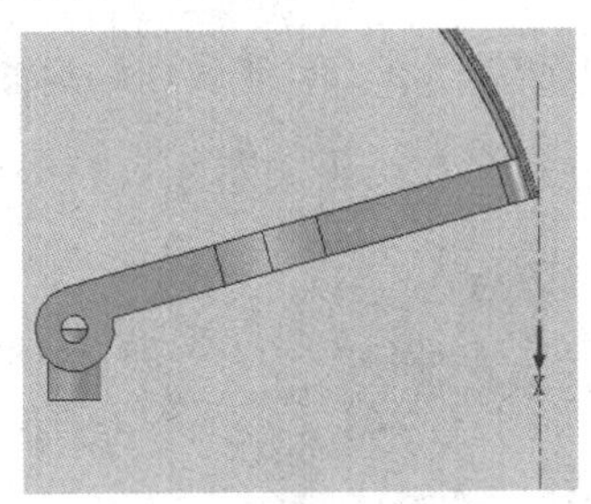

图 8-121　定位草图

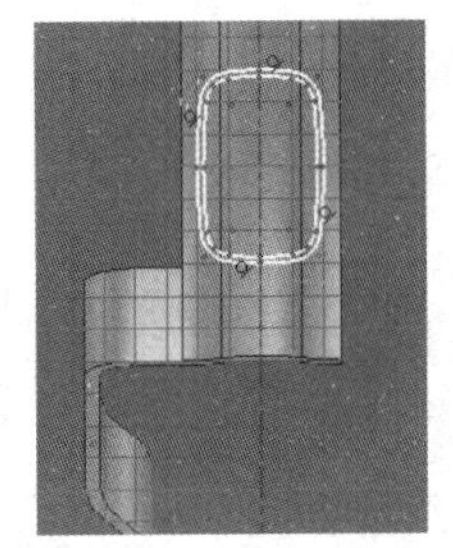

图 8-122　绘制草图

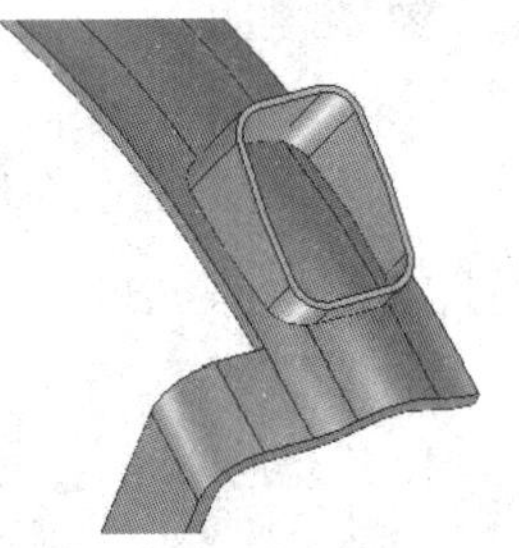

图 8-123　拉伸结果

图 8-124　后挡泥板

任务五　前叉、前套管、车把安装盒、车把安装盒盖设计

任务要求

根据如图 8-125～图 8-128 所示的图样，建立前叉、前套管、车把安装盒和车把安装盒

盖的三维模型。

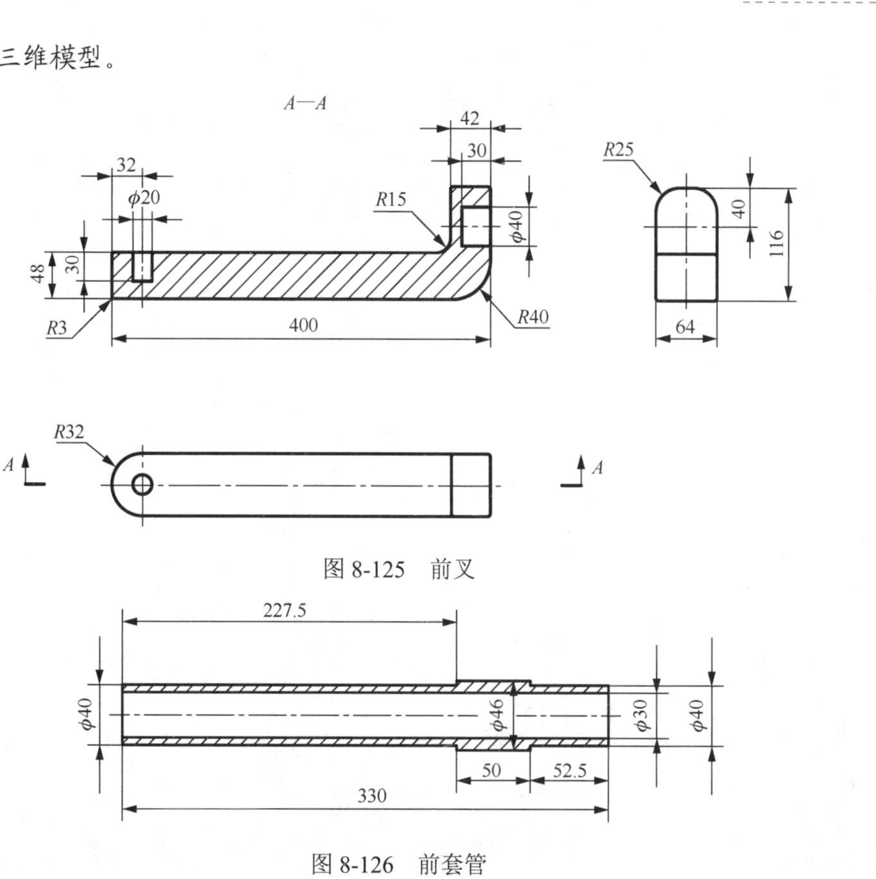

图 8-125 前叉

图 8-126 前套管

微课：创建前叉和前套管

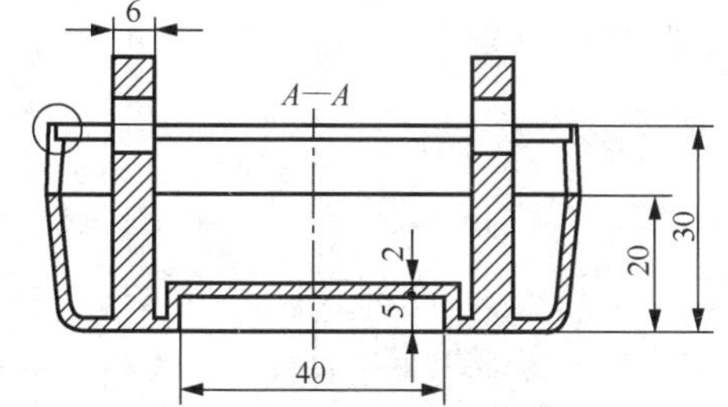

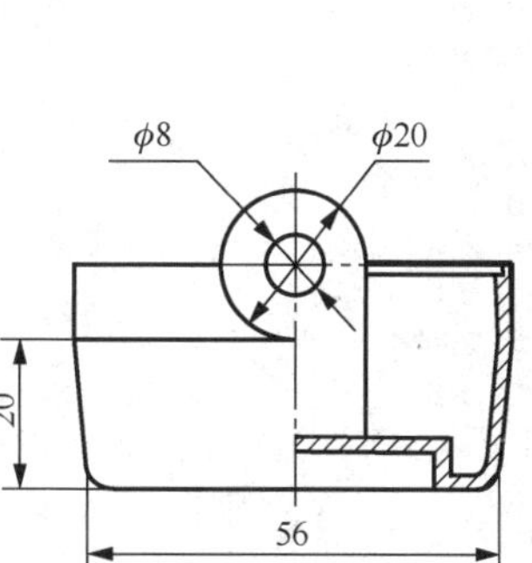

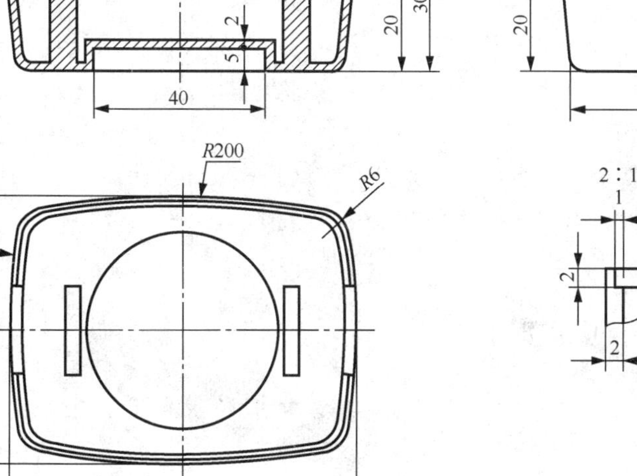

2∶1
1
2
2

微课：创建车把安装盒盖和车把安装盒

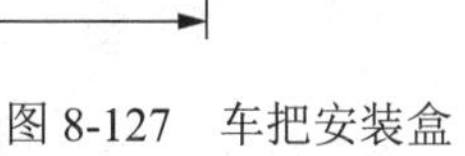

图 8-127 车把安装盒

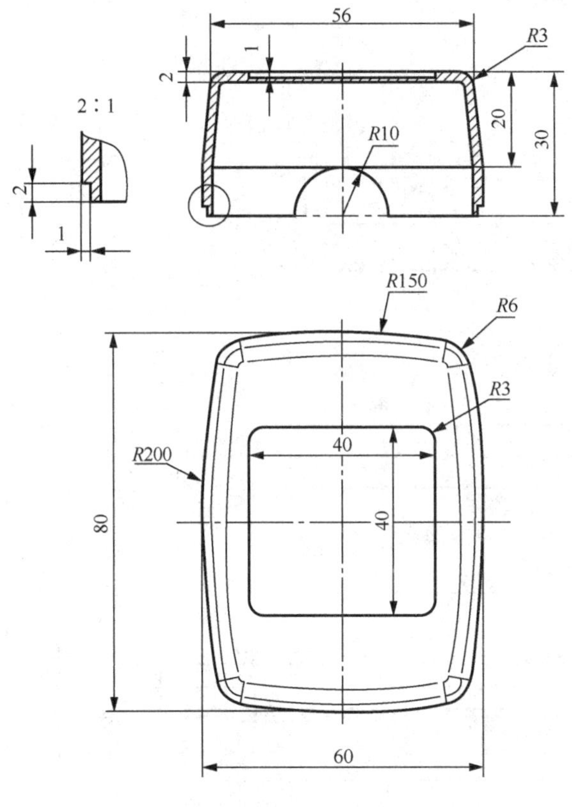

图 8-128 车把安装盒盖

任务实施

1. 前叉的设计

步骤 1：打开 CAXA 3D 实体设计 2019，进入设计环境。新建文件，从设计元素库中拖入“长方体”图素 1，设置其长度、宽度、高度的尺寸分别为 400mm、64mm、48mm，如图 8-129 所示。

步骤 2：从设计元素库中拖入“长方体”图素 2，设置其长度、宽度、高度的尺寸分别为 42mm、64mm、68mm，并与长方体 1 对齐，如图 8-130 所示。

图 8-129 拖入长方体 1

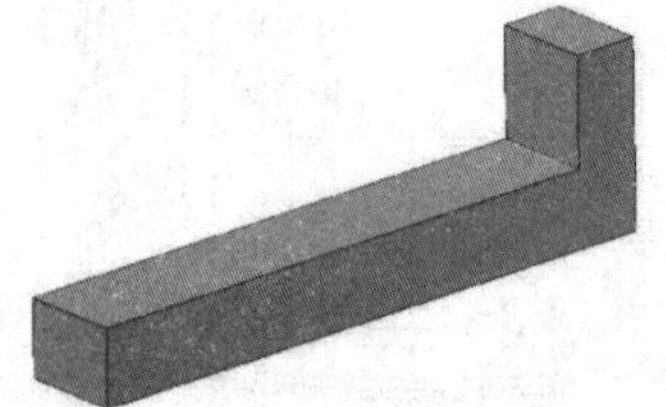

图 8-130 拖入长方体 2

步骤 3：对左端进行圆角过渡，半径为 32mm，然后从设计元素库中拖入“孔类圆柱体”图素到圆角中心，设置其直径为 20mm、深度为 30mm，如图 8-131 所示。

步骤 4：对右端进行圆角过渡，半径分别为 15mm、40mm 和 25mm，如图 8-132 所示。

步骤 5：从设计元素库中拖入“孔类圆柱体”图素到右表面上棱边中心点，然后下移 40mm，设置其直径为 40mm、深度为 30mm，如图 8-133 所示。

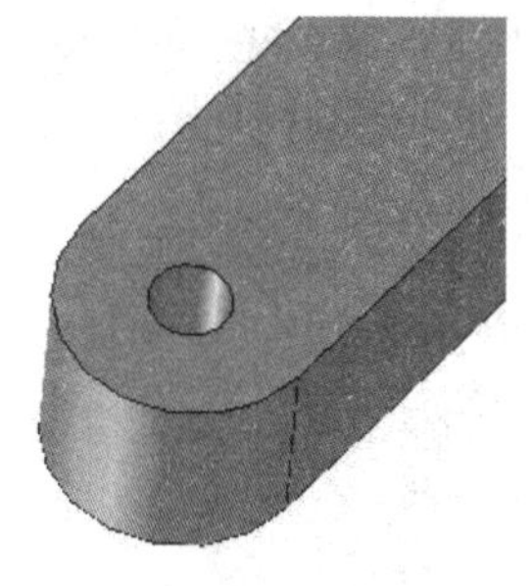

图 8-131　圆角过渡与圆孔

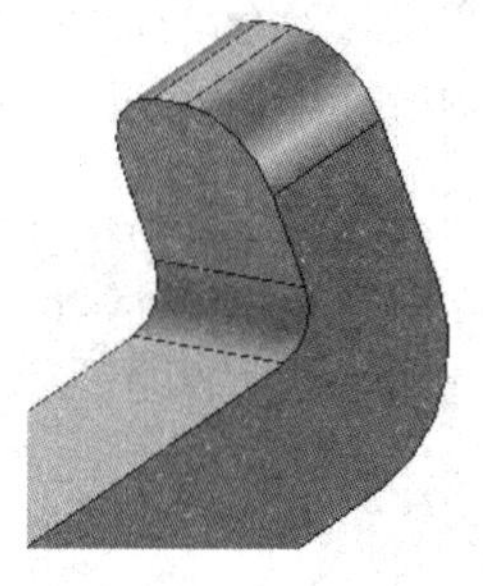

图 8-132　对右端进行圆角过度

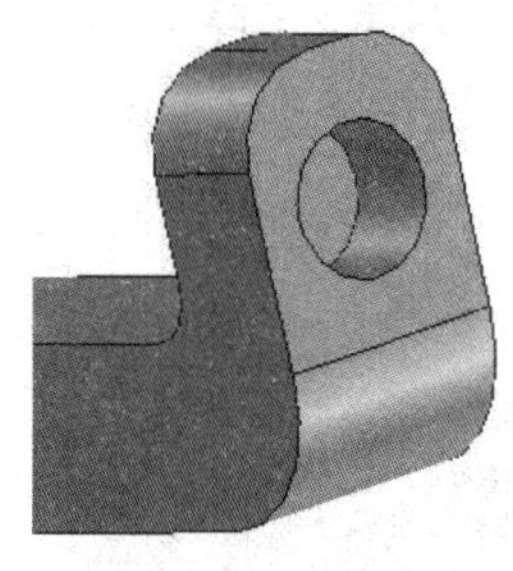

图 8-133　拖入孔类圆柱体到右表面上棱边中心点

步骤 6：对上下棱边进行圆角过渡，半径为 3mm，渲染成橙色，如图 8-134 所示，然后将零件以“前叉”为文件名进行保存并关闭文件。

图 8-134　圆角过渡和渲染后的结果

2. 前套管的设计

步骤 1：打开 CAXA 3D 实体设计 2019，进入设计环境。新建文件，从设计元素库中依次拖入 3 个“圆柱体”图素，设置圆柱体图素 1 的直径和高度分别为 40mm、52.5mm；设置圆柱体图素 2 的直径和高度分别为 46mm、50mm；设置圆柱体图素 3 的直径和高度分别为 40mm、227.5mm，如图 8-135 所示。

步骤 2：从设计元素库中拖入“孔类圆柱体”图素，设置其直径和高度分别为 30mm、330mm，如图 8-136 所示。

步骤 3：将零件渲染成蓝色，如图 8-137 所示，然后将零件以“前套管”为文件名进行保存并关闭文件。

图 8-135　拖入 3 个圆柱体图素

图 8-136　拖入孔类圆柱体

图 8-137　渲染后的前套管

3. 车把安装盒盖的设计

步骤 1：打开 CAXA 3D 实体设计 2019，进入设计环境。新建文件，从设计元素库中拖入“长方体”图素，设置其长度、宽度、高度的尺寸分别为 80mm、60mm、30mm，如图 8-138 所示。编辑长方体的草图，如图 8-139 所示。完成后的结果如图 8-140 所示。

图 8-138　拖入长方体 3

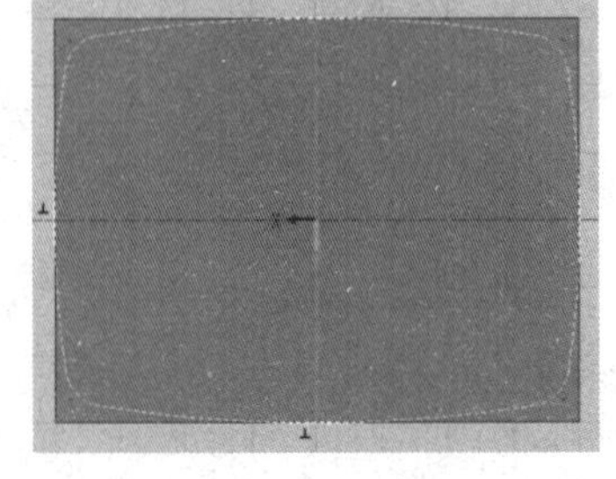

图 8-139　编辑长方体图素的草图

图 8-140　编辑后的长方体

步骤 2：对编辑后的长方体进行倒角。倒角类型选择“两边距离”，距离分别为 20mm 和 2mm，选择上表面这一圈棱边，倒角结果如图 8-141 所示。

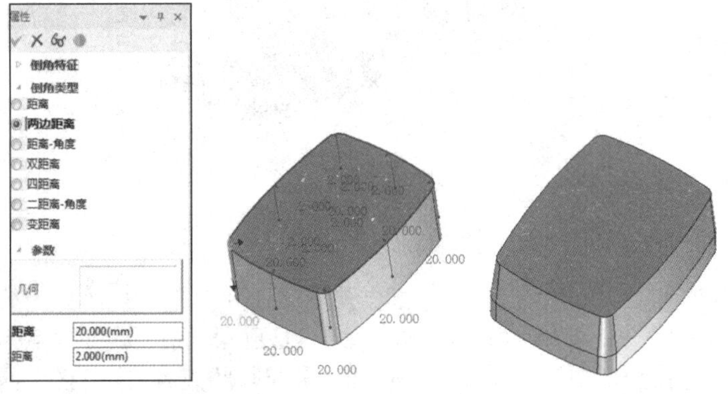

图 8-141　两边倒角及结果

步骤 3：对倒角后的长方体进行抽壳。开口面为底面，抽壳厚度为 2mm，结果如图 8-142 所示。

步骤 4：对抽壳后的长方体进行圆角过渡。选择上表面棱边，半径为 3mm，结果如图 8-143 所示。

图 8-142　抽壳后的结果

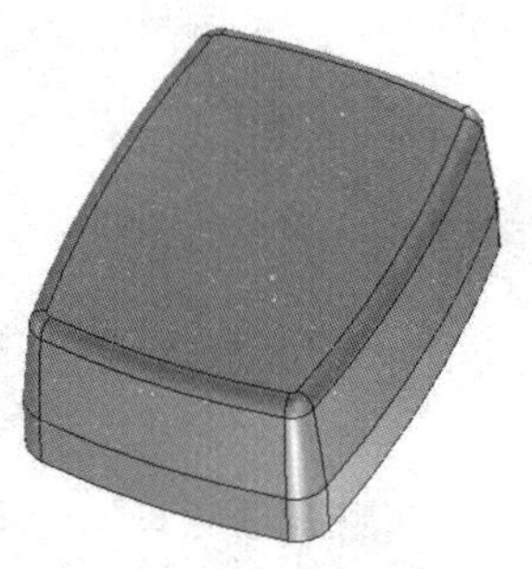

图 8-143　圆角过渡后的结果

步骤 5：绘制除料草图，拉伸除料，深度为 2mm，草图和结果如图 8-144 和图 8-145 所示。

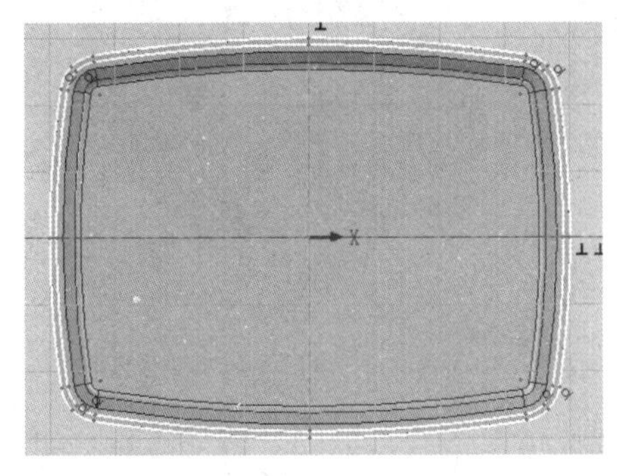

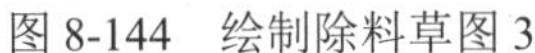

图 8-144　绘制除料草图 3

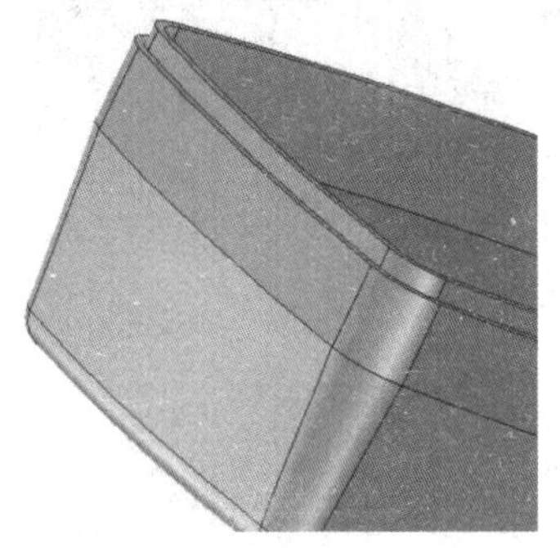

图 8-145　除料结果

步骤 6：从设计元素库中拖入“孔类圆柱体”图素，设置其直径为 20mm、穿通，如图 8-146 所示。

步骤 7：从设计元素库中拖入“孔类长方体”图素，设置其长度、宽度的尺寸均为 40mm、高度为 1mm，然后对其四周进行圆角过渡，半径为 3mm，结果如图 8-147 所示。

步骤 8：将零件渲染成蓝色，如图 8-148 所示，然后将零件以“车把安装盒盖”为文件名进行保存并关闭文件。

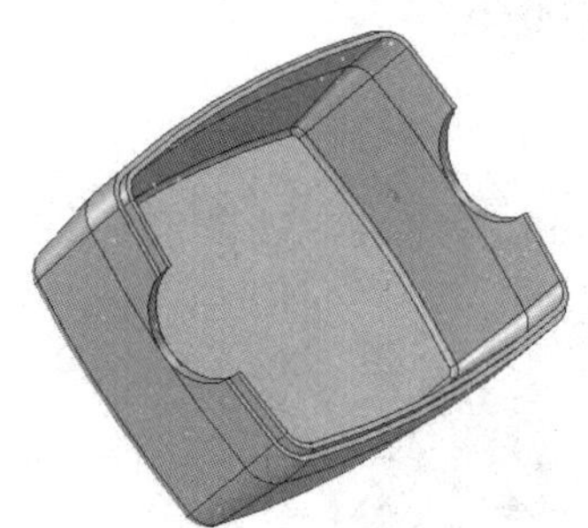

图 8-146　拖入孔

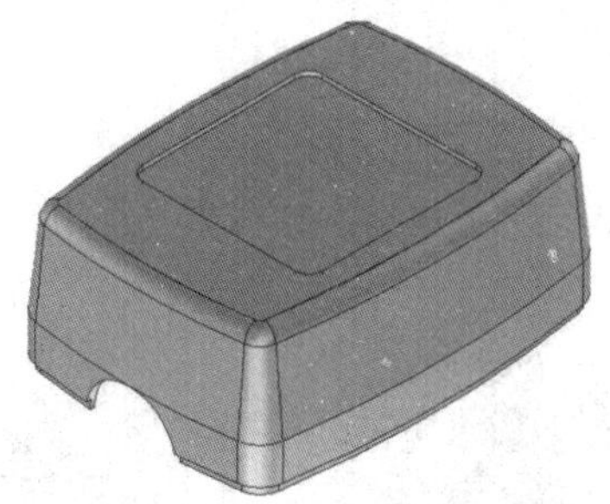

图 8-147　顶部孔类长方体和圆角过渡

图 8-148　渲染

4. 车把安装盒的设计

步骤 1：打开“车把安装盒盖”文件，并将其另存为“车把安装盒”文件，以下操作在“车把安装盒”文件中进行。

步骤 2：将顶部的长方形孔和圆角过渡删除，如图 8-149 所示。

步骤 3：从设计元素库中拖入“孔类圆柱体”图素放在顶部中心点，设置其直径为 40mm、高度为 5mm，如图 8-150 所示。

图 8-149　删除顶部长方体和圆角过渡

图 8-150　拖入孔类圆柱体放在顶部中心点

步骤 4：在设计树中，将刚刚的“孔类圆柱体”拖到“抽壳”特征前面，如图 8-151 所示，改变后的实体如图 8-152 所示。

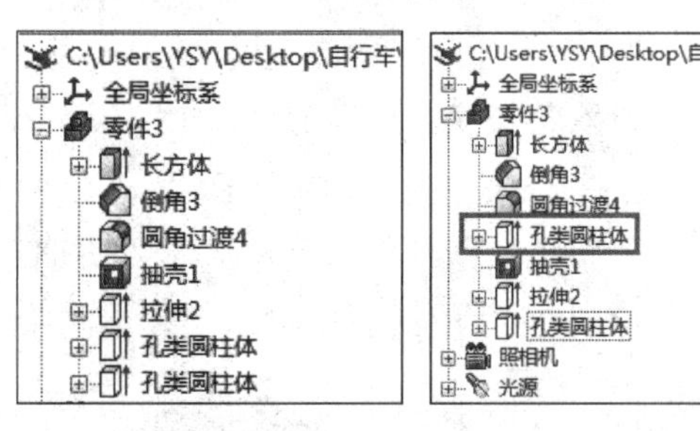

图 8-151　将孔类圆柱体上移

图 8-152　上移结果

步骤 5：修改底部除料草图，删除外圈，将内圈向里偏移 1mm，如图 8-153 所示，修改后的实体如图 8-154 所示。

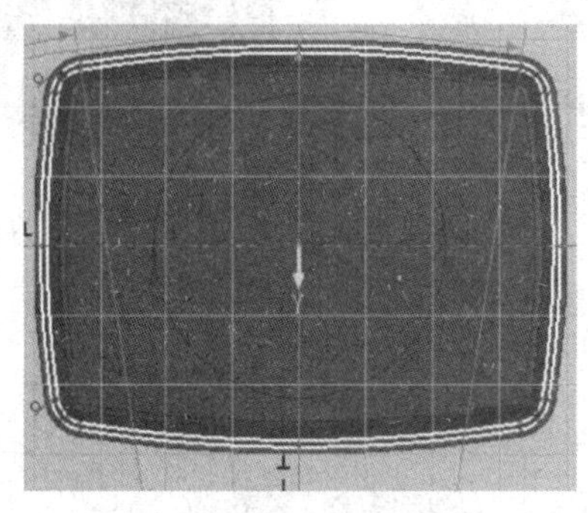

图 8-153　修改除料草图

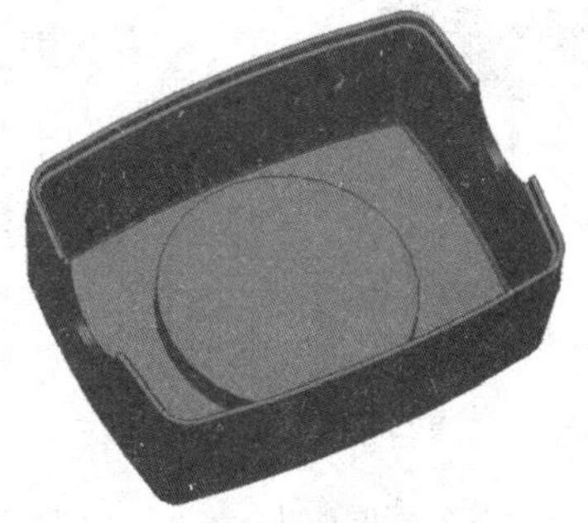

图 8-154　修改后的实体

步骤 6：从设计元素库中拖入“长方体”图素，将其放在底部圆上表面中心点，设置其长度、宽度、高度的尺寸分别为 6mm、20mm、38mm，如图 8-155 所示。

步骤 7：按 F10 键激活三维球，使用三维球将“长方体”图素向左移动 27mm，向下用“到点”定位的方式定位到底面，如图 8-156 所示。

步骤 8：对上面两条棱边进行圆角过渡，半径为 10mm，从设计元素库中拖入“孔类圆柱体”图素，设置其直径为 8mm，如图 8-157 所示。

步骤 9：按 F10 键激活三维球，使用其复制功能复制出另外一个孔类圆柱体，如图 8-158 所示。

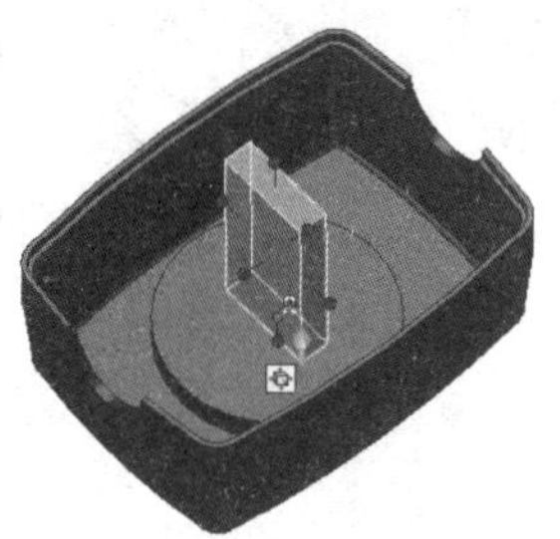
图 8-155 拖入长方体 4

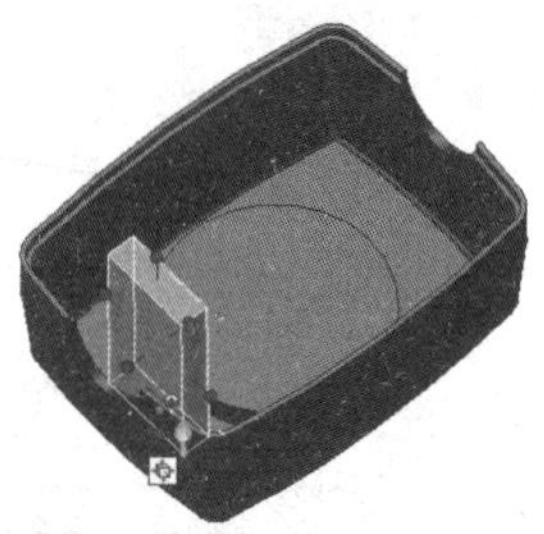
图 8-156 移动后的结果

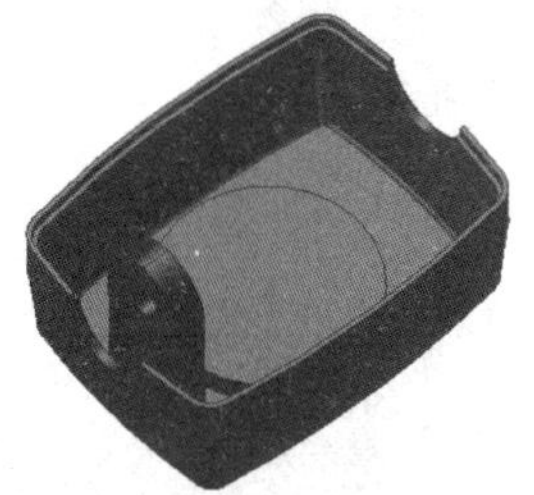
图 8-157 拖入孔类圆柱体

图 8-158 复制后的结果

步骤 10：保存并关闭文件。

任务六 车把、把手设计

任务要求

根据如图 8-159 和图 8-160 所示的图样，建立车把、把手的三维模型。

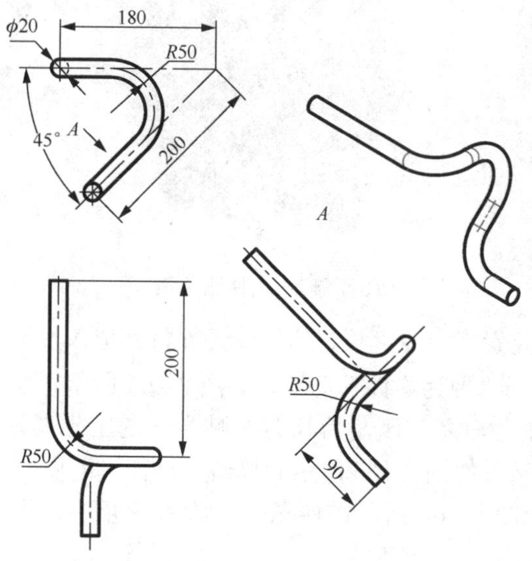

图 8-159 车把

微课：创建车把和把手

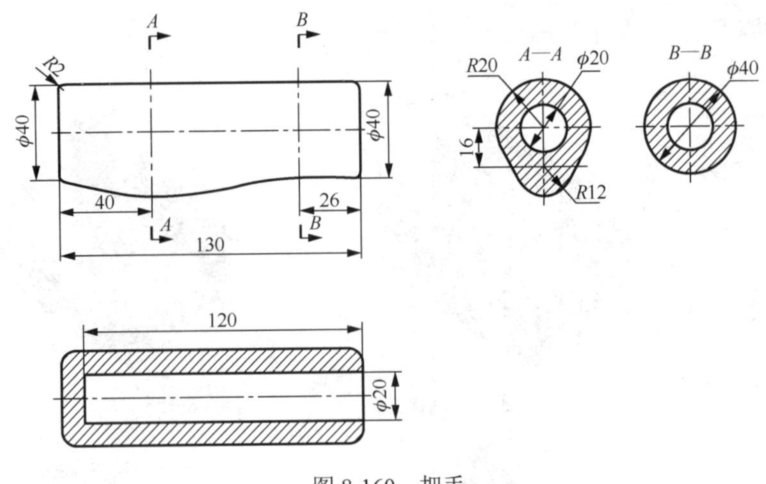

图 8-160　把手

任务实施

1. 车把的设计

步骤 1：打开 CAXA 3D 实体设计 2019，进入设计环境。新建文件，从设计元素库中拖入“长方体”图素 1，设置其长度、宽度、高度的尺寸分别为 180mm、200mm、180mm，如图 8-161 所示。

步骤 2：单击“特征”选项卡“修改”选项组中的“边倒角”按钮，在左侧“属性”窗格中设置“倒角类型”为“距离”且“距离”为 180，选择如图 8-162 所示的边，倒角结果如图 8-163 所示。

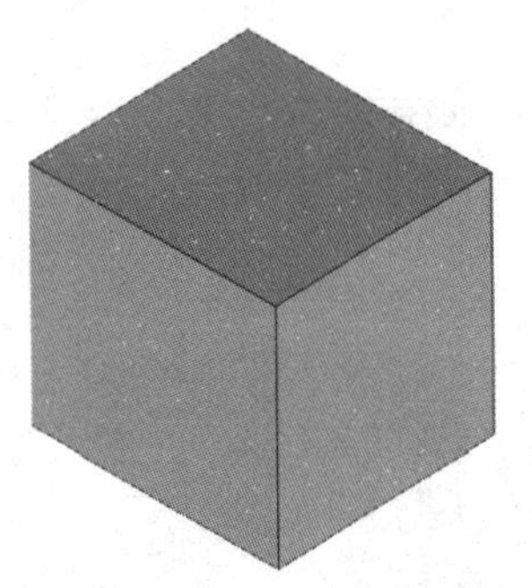

图 8-161　创建长方体

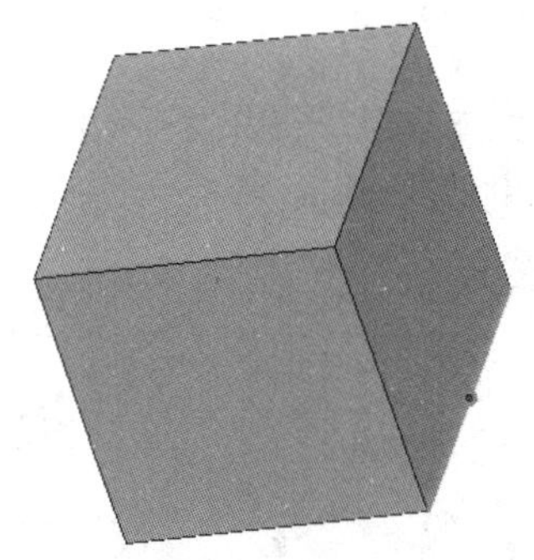

图 8-162　选择倒角边

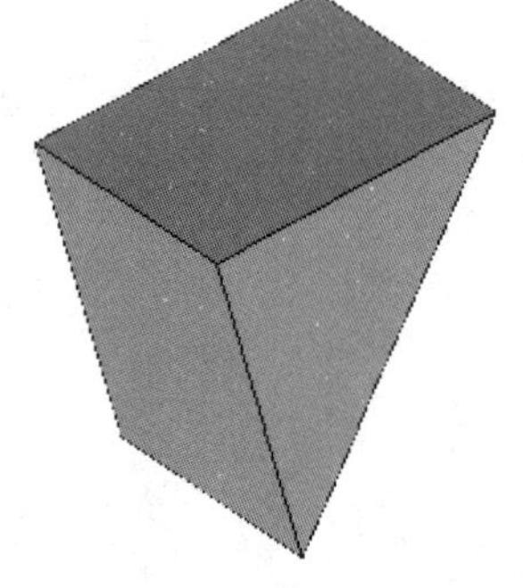

图 8-163　倒角结果

步骤 3：右击设计元素库中的“长方体”图素并将其拖入设计环境后，释放鼠标右键，在弹出的快捷菜单中选择“做为零件”选项，如图 8-164 所示。拖入“长方体”图素 2，设置该长方体的尺寸，使之与之前倒角后长方体贴合面的上端与左端对齐，往前的尺寸为 90mm，往下 200mm，结果如图 8-165 所示。单击“特征”选项卡“修改”选项组中的“圆角过渡”按钮，选择如图 8-166 所示的两条边，设置圆角半径为 50mm，结果如图 8-167 所示。

图 8-164 拖入并设置长方体

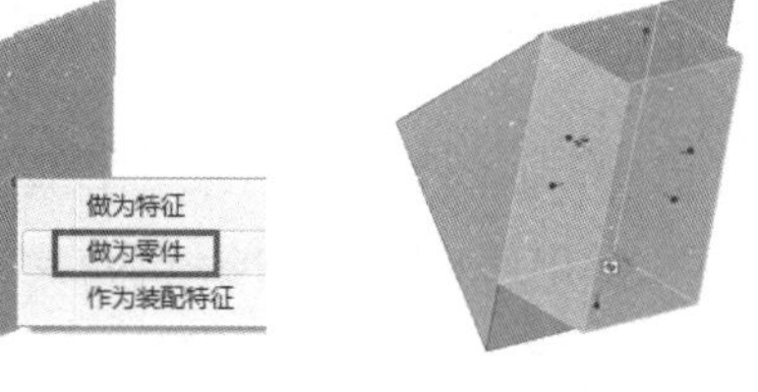

图 8-165 编辑长方体 2

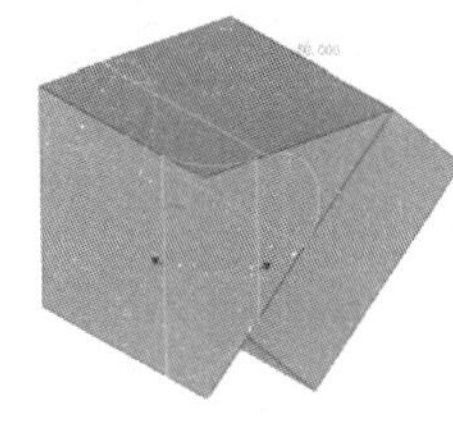

图 8-166 选择倒圆边

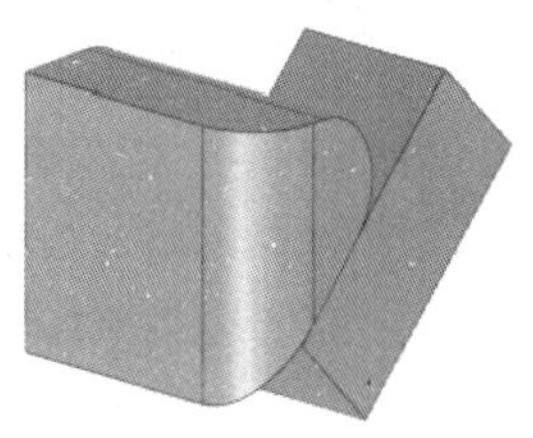

图 8-167 圆角过渡后的结果

步骤 4：设置“长方体”图素 2 的尺寸，使其与圆角的端点对齐，如图 8-168 所示。使用三维球将其旋转 90°，然后选择左下角的棱边，设置圆角半径为 50mm，圆角过渡后如图 8-169 所示。

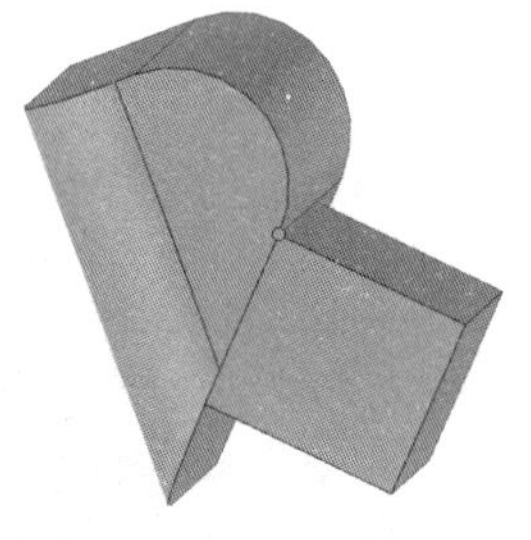

图 8-168 编辑长方体 2 使其与圆角的端点对齐

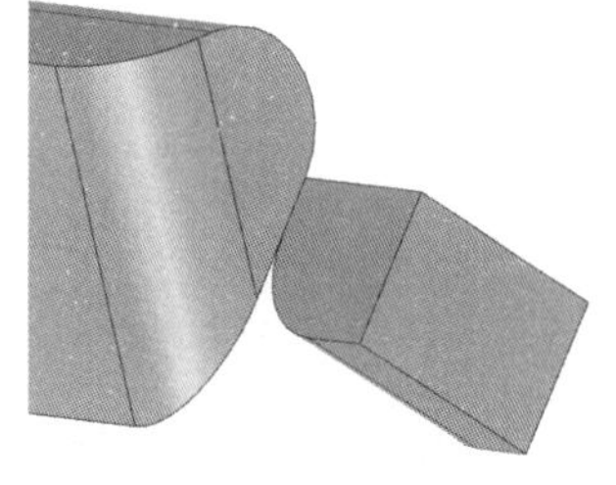

图 8-169 旋转长方体 2 并进行圆角过渡

步骤 5：拾取如图 8-170 所示的棱边，右击，在弹出的快捷菜单中选择“提取曲线”选项，生成 3D 曲线，将长方体 1 和长方体 2 压缩后的曲线如图 8-171 所示。

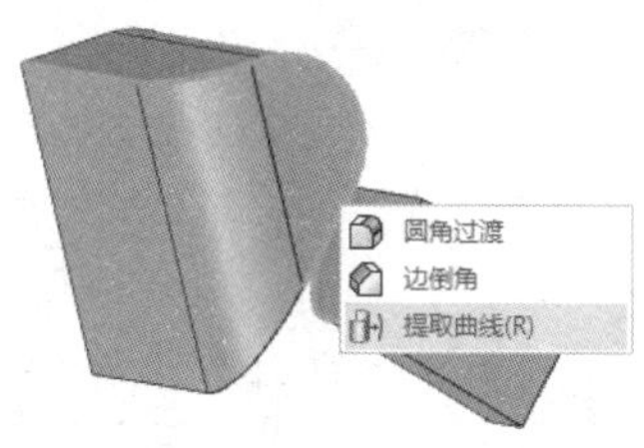

图 8-170 拾取边

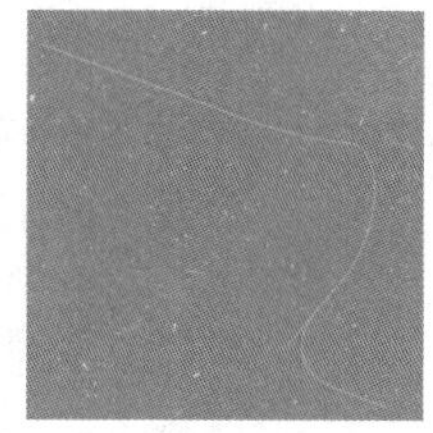

图 8-171 生成 3D 曲线

步骤 6：双击曲线，进入曲线编辑状态，将多余部分的曲线往里收缩，效果如图 8-172 所示。

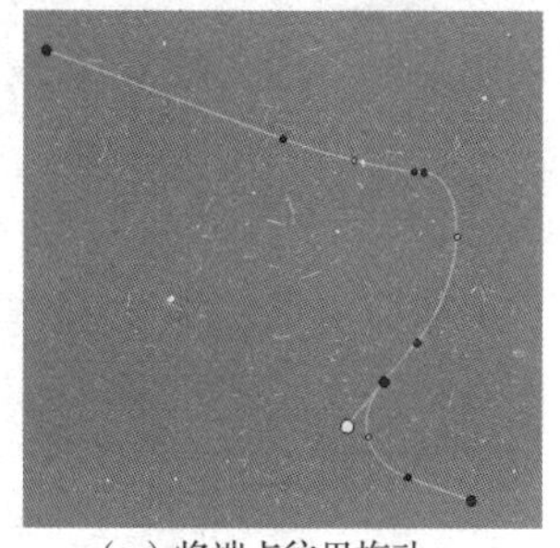

（a）将端点往里拖动

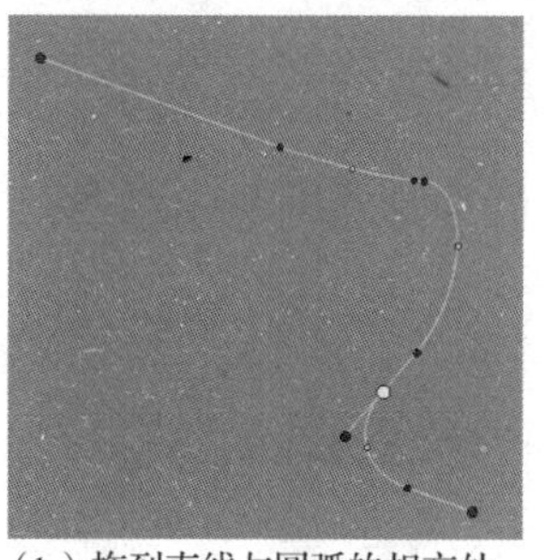

（b）拖到直线与圆弧的相交处

（c）编辑后的 3D 曲线

图 8-172 编辑 3D 曲线

步骤 7：单击“曲面”选项卡“三维曲线编辑”选项组中的“拟合曲线”按钮，选取 3D 曲线，将它们拟合成一条曲线。

步骤 8：在曲线的端部，绘制一个半径为 10mm 的圆，如图 8-173 所示。在草图上右击，在弹出的快捷菜单中选择“生成”→“扫描”选项，在弹出的如图 8-174 所示的“创建扫描特征”对话框中选中“三维导动线”单选按钮，单击“确定”按钮。在设计环境中选择 3D 曲线，生成的扫描结果如图 8-175 所示。

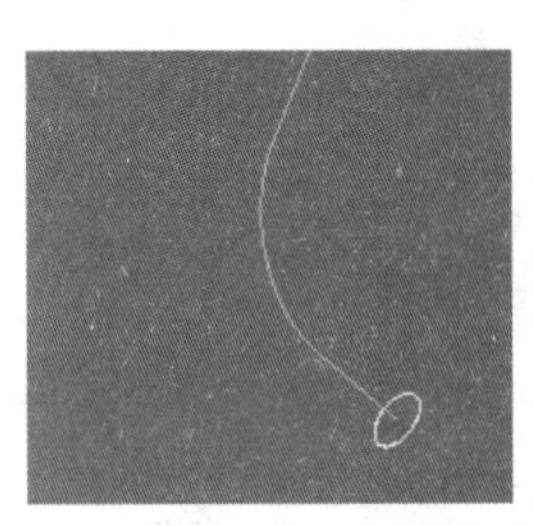

图 8-173　绘制圆

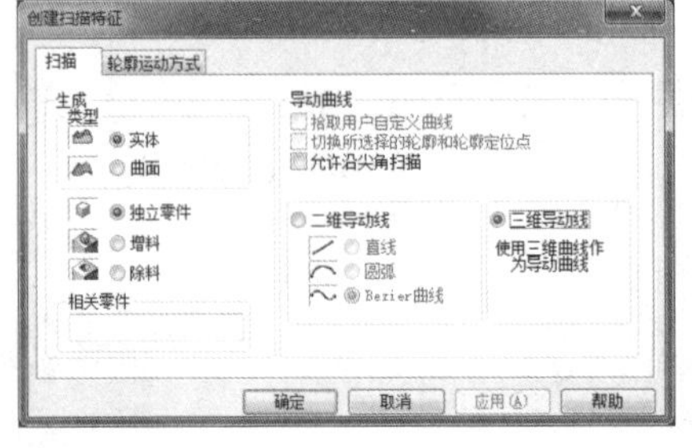

图 8-174　选中“三维导动线”单选按钮

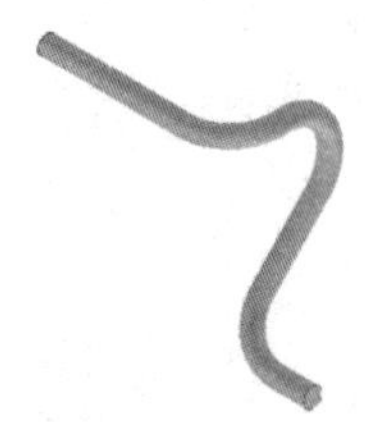

图 8-175　扫描结果

步骤 9：将设计好的“车把”渲染成“亮白色”，如图 8-176 所示。单击快速访问工具栏中的“保存”按钮，在弹出的“另存为”对话框中将零件以“车把”为文件名进行保存，然后单击“保存”按钮并关闭文件。

图 8-176　车把渲染结果

2. 把手的设计

步骤 1：打开 CAXA 3D 实体设计 2019，进入设计环境。新建文件，绘制一个半径为 20mm 的草图圆，然后沿轴向复制 3 个，距离分别为 40mm、104mm、130mm，如图 8-177 所示。在第二个草图上右击，在弹出的快捷菜单中选择“编辑”选项，编辑它的截面，如图 8-178 所示。

步骤 2：在 4 个草图圆的底部绘制一条辅助线，然后单击“曲线”选项卡“三维曲线”选项组中的“三维曲线”按钮，过草图圆的顶部和底部各绘制两条三维曲线，如图 8-179 所示。

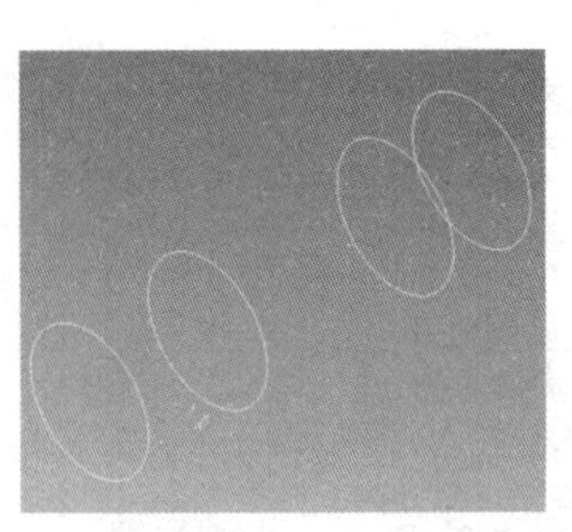

图 8-177　绘制与复制圆

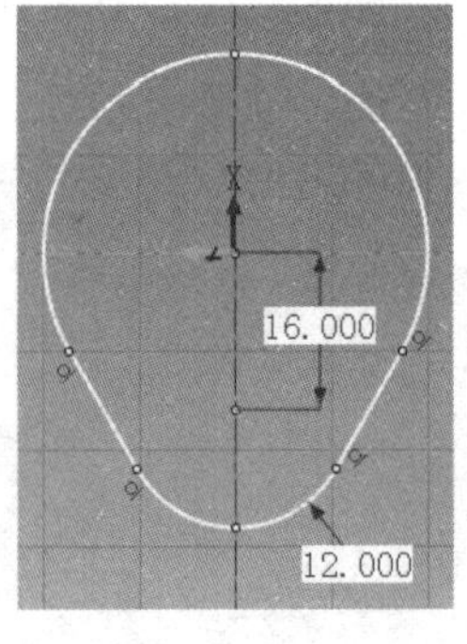

图 8-178　编辑第二个草图

图 8-179　绘制两条三维曲线

步骤 3： 将 4 个草图圆底部的辅助线删除或改成构造线。在设计树中选择 4 个草图圆右击，在弹出的快捷菜单中选择“放样”选项，如图 8-180 所示。在弹出的“生成放样”对话框中单击“增加曲线”按钮，在设计环境中选择两条三维曲线，如图 8-181 所示，然后单击“确定”按钮。生成放样实体如图 8-182 所示。

步骤 4： 从设计元素库中拖入“孔类圆柱体”图素，设置其直径为 20mm、长度为 120mm。两端圆角过渡 2mm，并将其渲染成橙色，如图 8-183 所示。然后，将零件以“把手”为文件名进行保存并关闭文件。

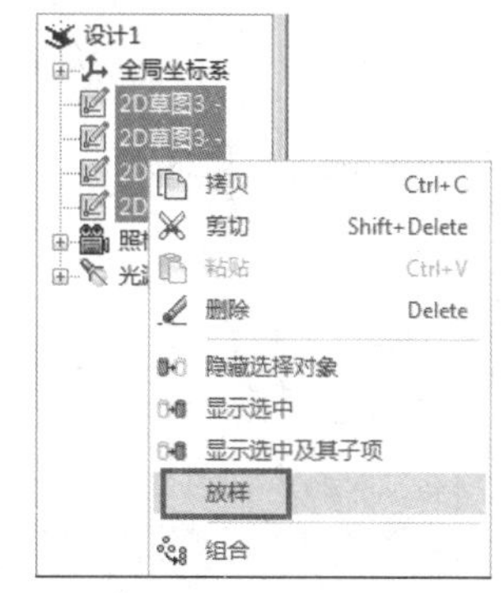

图 8-180　选择“放样”选项

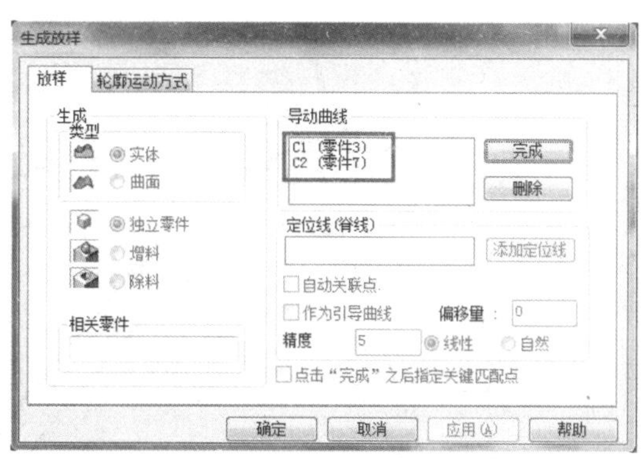

图 8-181　增加导动线

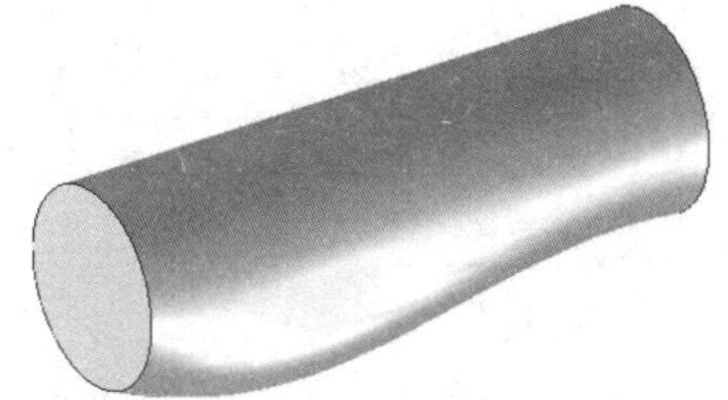

图 8-182　放样实体

图 8-183　拖入孔、圆角过渡及渲染结果

任务七　车 架 设 计

任务要求

根据如图 8-184 所示的图样，建立车架的三维模型。

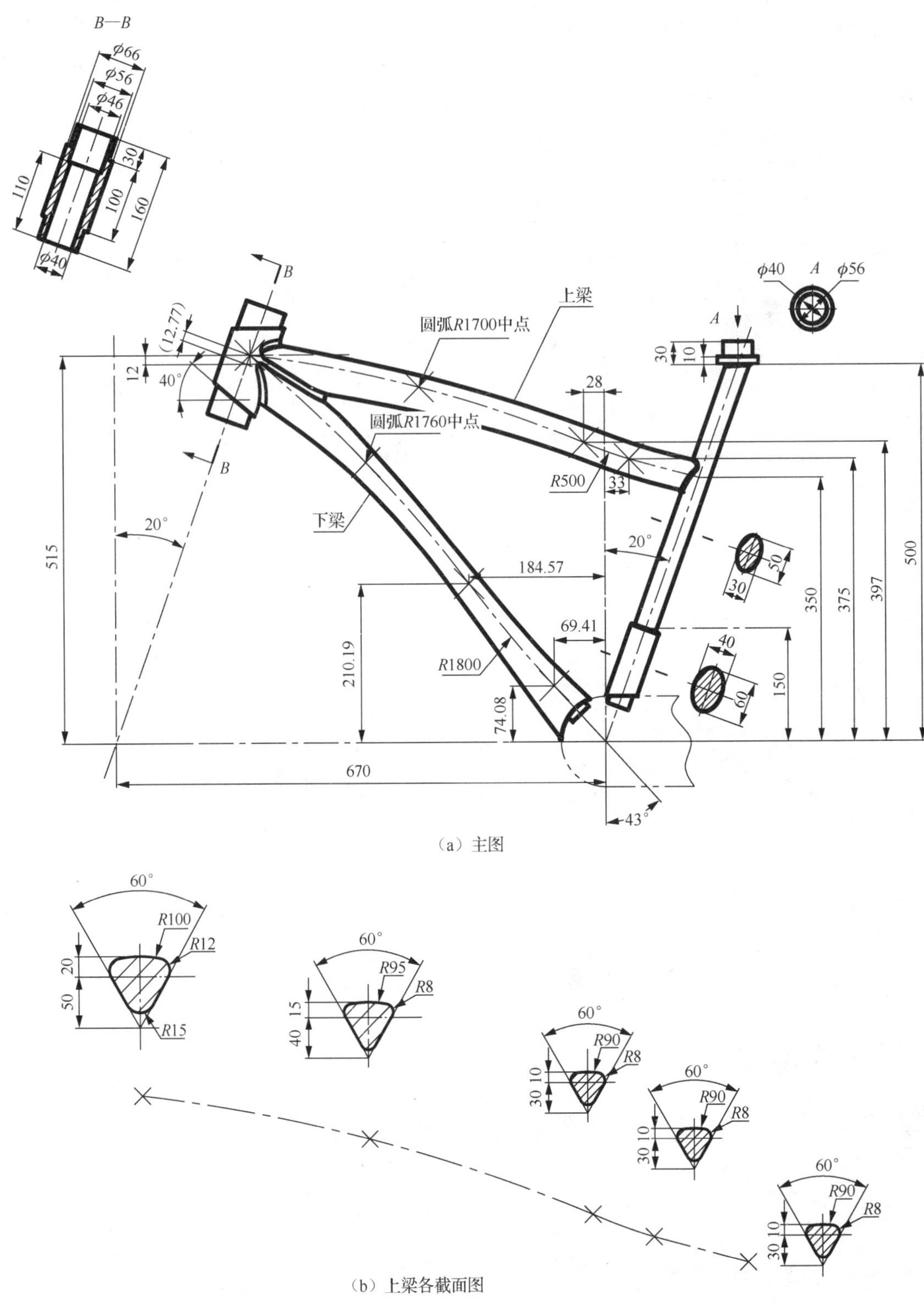

（a）主图

（b）上梁各截面图

图 8-184　车架

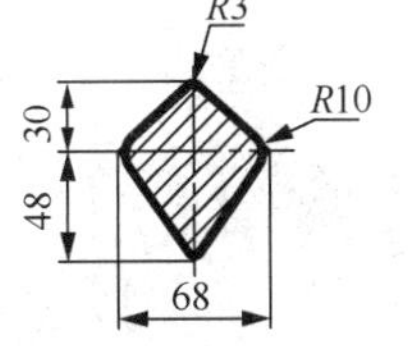

微课：创建车架（一）

微课：创建车架（二）

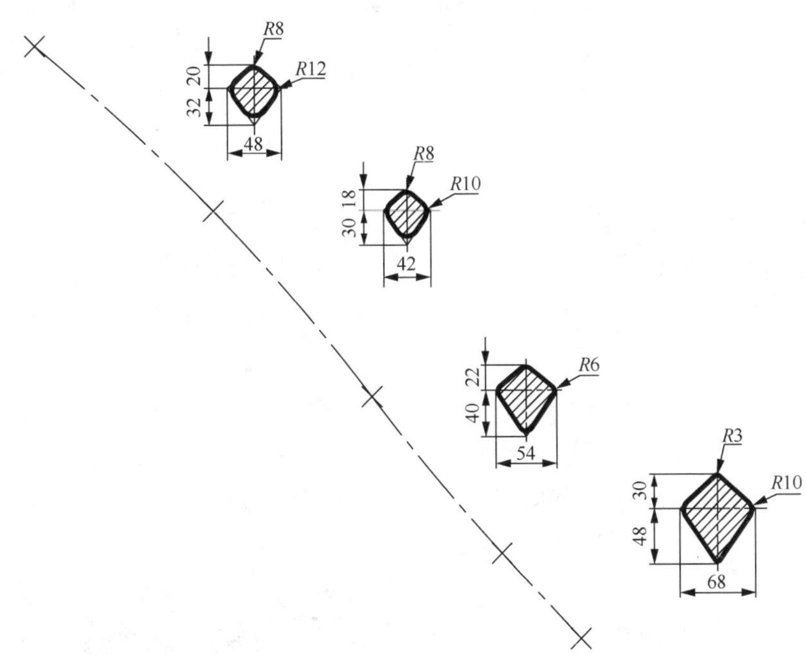

（c）下梁各截面图

图 8-184（续）

任务实施

步骤 1：打开 CAXA 3D 实体设计 2019，进入设计环境。新建文件。打开“传动箱”文件，在设计树中选中整个零件，按 CTRL+C 组合键将零件复制到剪贴板；回到新建文件，按 CTRL+V 组合键将“传动箱”中的零件粘贴到新建文件中。

步骤 2：为方便接下来的造型，使用三维球将“传动箱”的轴测视向旋转到如图 8-185 所示的位置。

步骤 3：从设计元素库中拖入“圆柱体”图素，在竖直方向的内控制手柄上右击，在弹出的快捷菜单中选择“与轴平行”选项，然后选择如图 8-186 所示的 30mm 孔的内圆表面。完成后如图 8-187 所示。

步骤 4：在中心控制手柄上右击，在弹出的快捷菜单中选择“到中心点”选项，然后选择如图 8-188 所示的 30mm 孔的上棱边。完成后如图 8-189 所示。

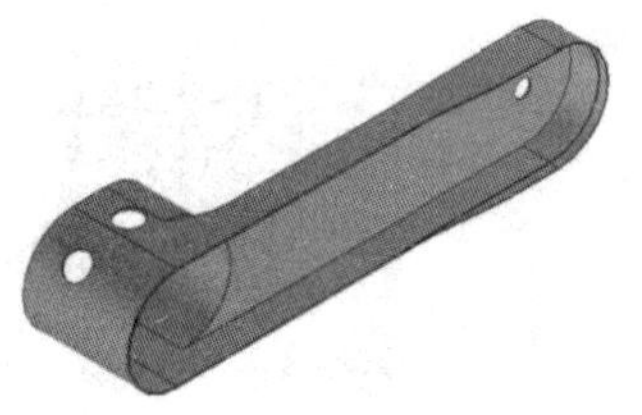

图 8-185　调整视向

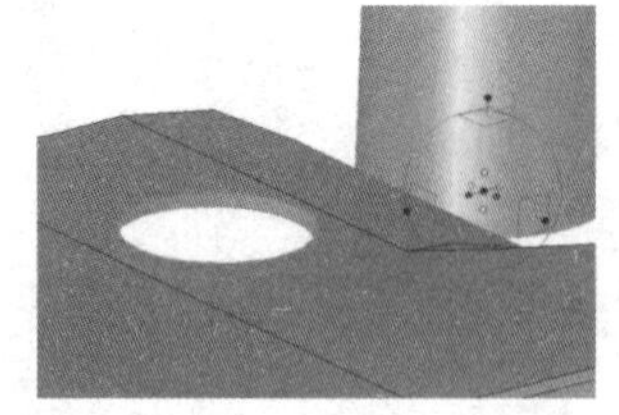

图 8-186　与 30mm 内孔表面平行

图 8-187　平行结果

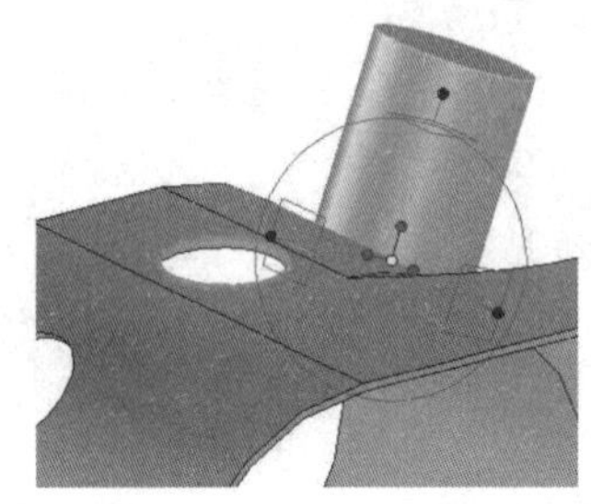

图 8-188　到 30mm 孔中心

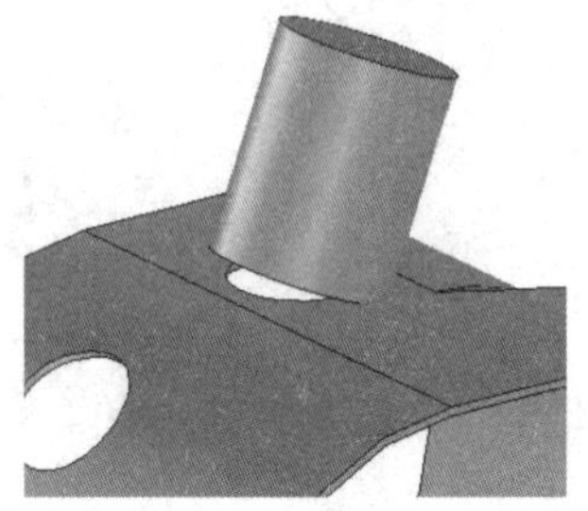

图 8-189　中心定位结果

步骤 5：将圆柱体图素下移，并设置其直径为 30mm，如图 8-190 所示。

步骤 6：绘制定位草图，使用三维球调整草图，使草图的中心过 30mm 孔和图素键左端圆弧的中心，如图 8-191 所示。绘制的定位草图如图 8-192 所示。

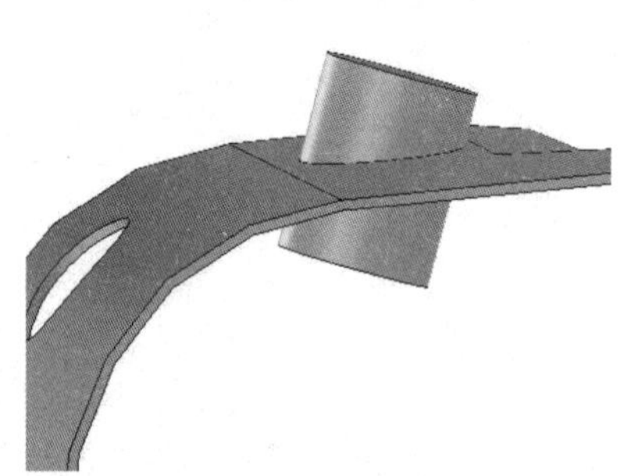

图 8-190　编辑圆柱体

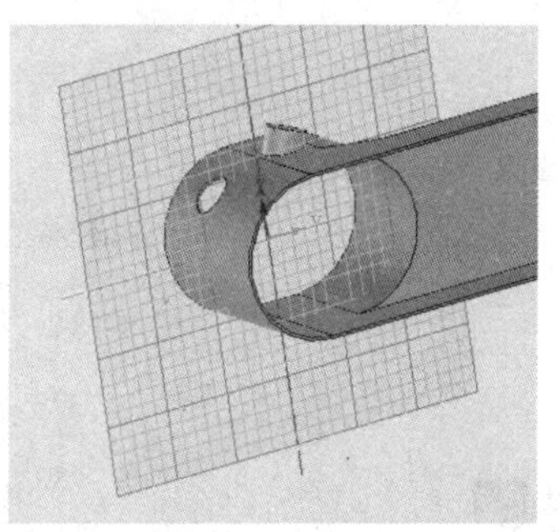

图 8-191　调整草图

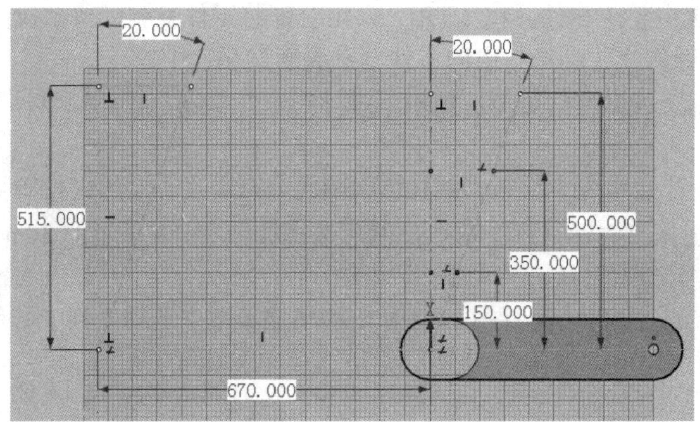

图 8-192　绘制定位草图

步骤 7：从设计元素库中拖入“椭圆柱”图素 1，放在圆柱体上表面中心点，设置其长、短轴直径分别为 60mm 和 40mm，在上方控制手柄上右击，在弹出的快捷菜单中选择“到点”选项，然后选择定位草图上 150 处直线的端点，结果如图 8-193 所示。

步骤 8：使用同样的方法创建上部椭圆柱 2，定位到草图上 500 处直线的端点，结果如图 8-194 所示。

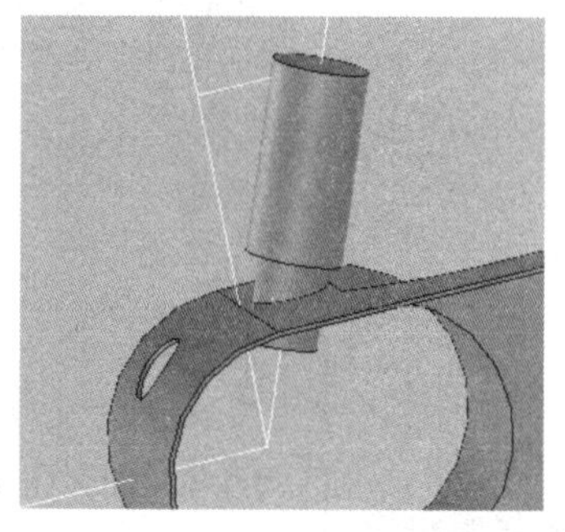

图 8-193　拖入椭圆柱 1

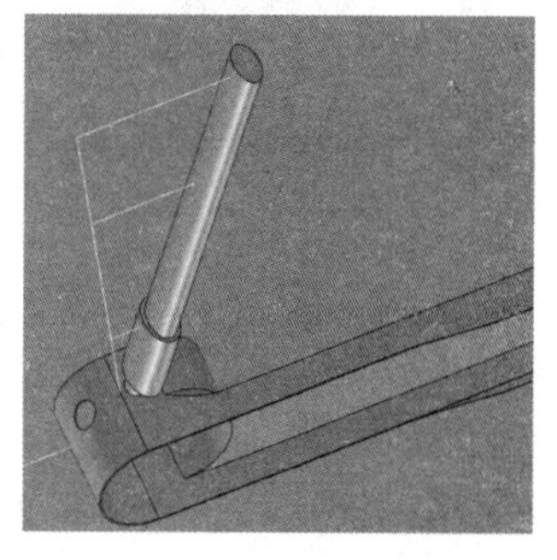

图 8-194　拖入椭圆柱 2

步骤 9：从设计元素库中拖入“圆柱体”图素 1 到椭圆柱 2 中心点，设置其直径为 56mm、高度为 10mm，如图 8-195 所示。

步骤 10：按 F10 键激活三维球，在竖直方向内控制手柄上右击，在弹出的快捷菜单中选择“与面垂直”选项，然后选择传动箱上表面，如图 8-196 所示。调整后的结果如图 8-197 所示。

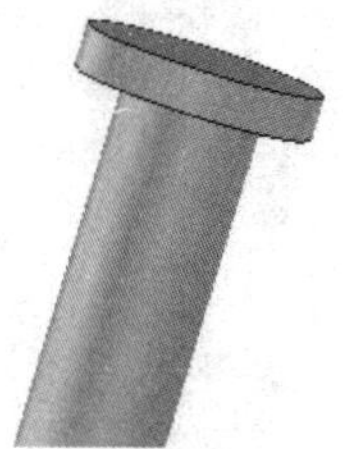

图 8-195　拖入圆柱体 1

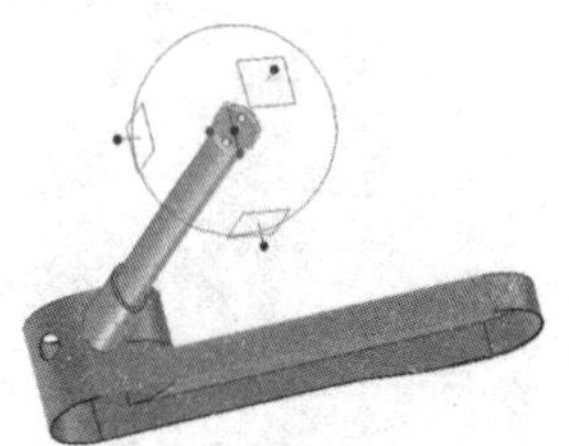

图 8-196　与面垂直定位

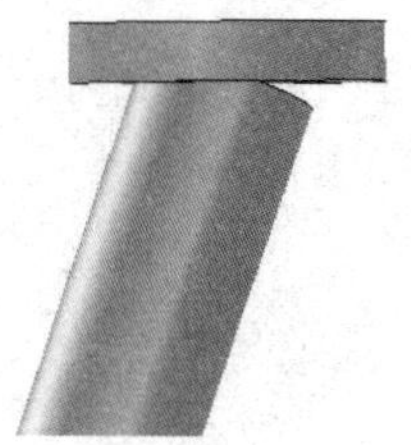

图 8-197　垂直结果

步骤 11：将椭圆柱 2 向上拉长，使其完全进入上部圆柱体，如图 8-198 所示。从设计元素库中拖入“孔类长方体”图素，把上部多余部分切除，如图 8-199 所示。从设计元素库中拖入“圆柱体”图素 2，将其放至圆柱体图素 1 中心点，并设置其直径为 40mm、高度为 20mm，如图 8-200 所示。

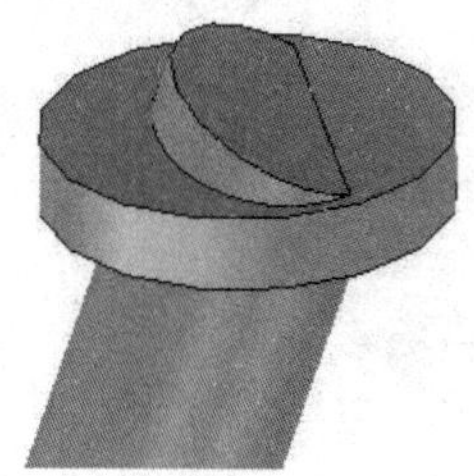

图 8-198　将椭圆柱 2 向上拉长

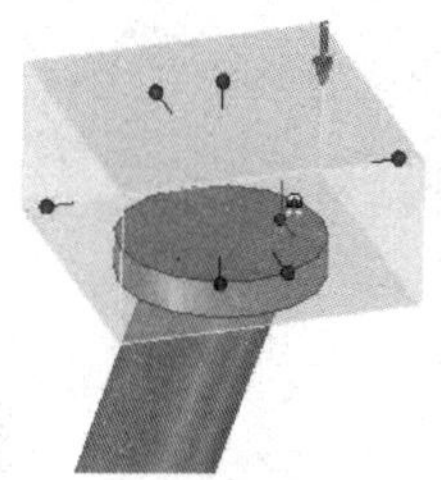

图 8-199　将上部多余部分切除

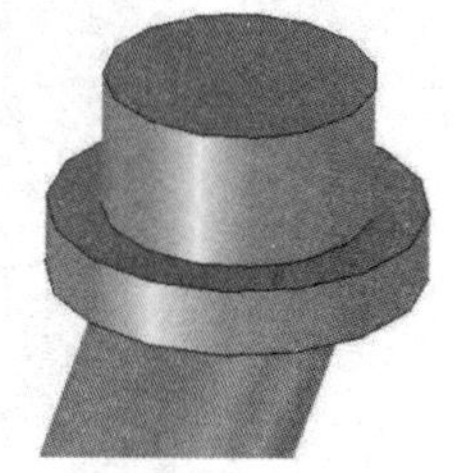

图 8-200　拖入圆柱体 2

步骤12：从设计元素库中拖入“圆柱体”图素3，将其放至圆柱体图素2上表面中心点，如图8-201所示，并设置其直径为56mm、高度为30mm。继续拖入“圆柱体”图素4和“圆柱体”图素5，设置圆柱体4的直径为66mm、高度为100mm，设置圆柱体5的直径为56mm、高度为30mm，结果如图8-202所示。

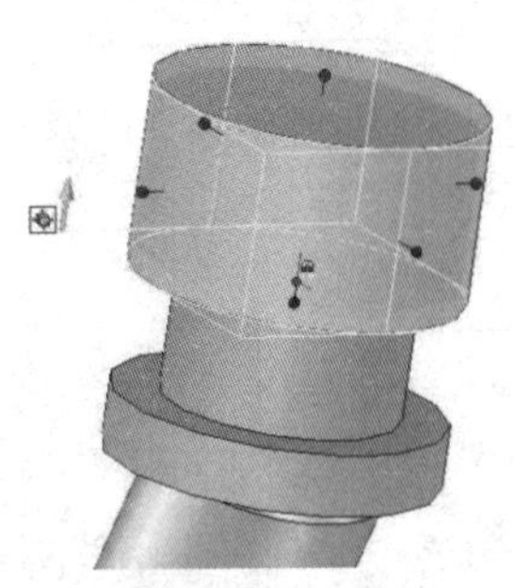

图8-201 拖入圆柱体3

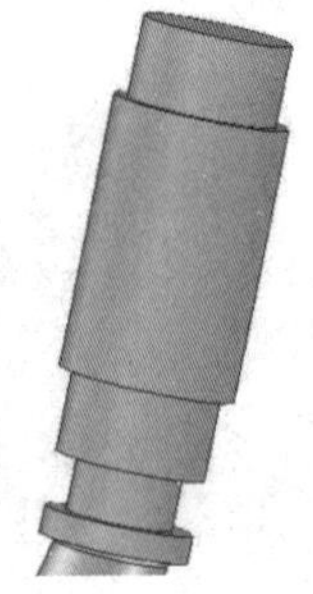

图8-202 拖入圆柱体4和圆柱体5

步骤13：绘制拉伸除料草图，按如图8-203所示定位草图面。绘制草图，如图8-204所示，完成后退出草图。

步骤14：在设计树中将中间的圆柱移到两端两个圆柱之后，编辑它的高度，使之与两端的圆柱对齐。

步骤15：拉伸除料，选择刚才的草图，双向拉伸、贯穿，结果如图8-205所示。

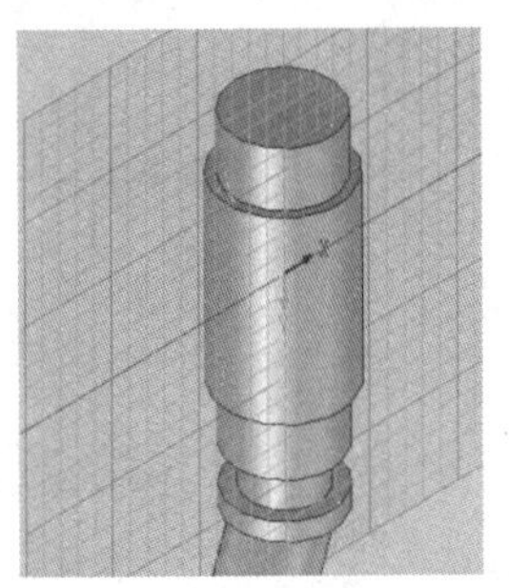

图8-203 定位草图面

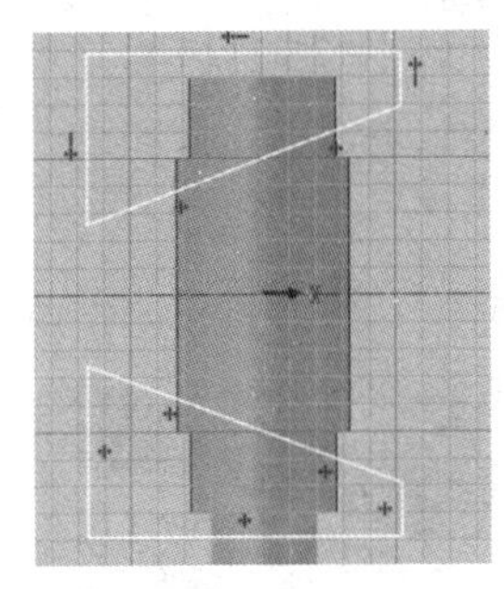

图8-204 绘制草图

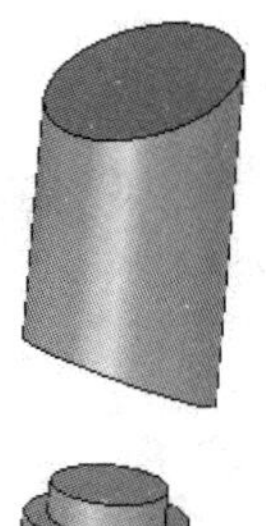

图8-205 除料结果

步骤16：在设计树中将两端的圆柱移到中间圆柱之后。编辑它们向内的控制手柄，使之穿入中间圆柱中，如图8-206所示。

步骤17：从设计元素库中拖入两个“孔类圆柱体”图素，如图8-207所示。

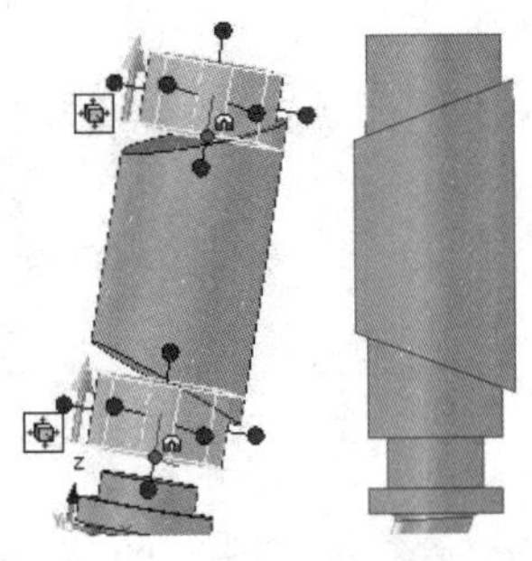

图8-206 编辑两端圆柱

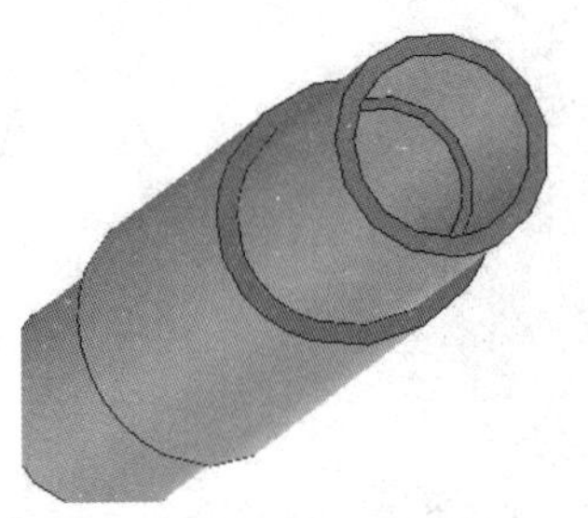

图8-207 拖入两个孔类圆柱体

步骤 18：选中这部分造型，按 F10 键激活三维球，注意，这里要确保三维球控制手柄的中心位于底部中心，如图 8-208 所示。先利用三维球将实体定位到直线下端点，再旋转 20°，如图 8-209 所示。然后，沿着斜线方向将实体定位到斜线上端点，如图 8-210 所示。最后，沿着斜线方向将实体向下移动 92.77mm，如图 8-211 所示。定位后的结果如图 8-212 所示。

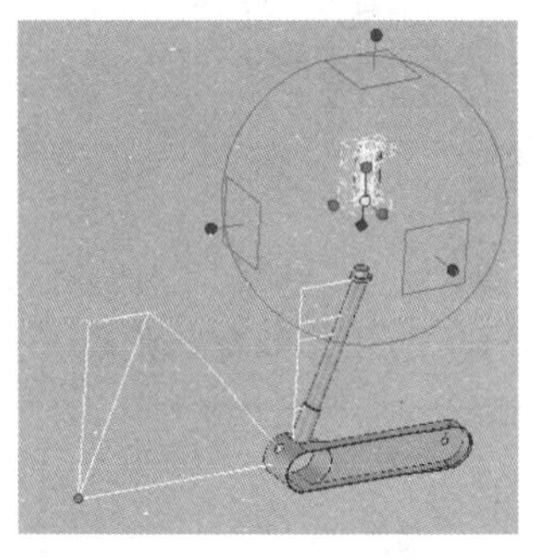

图 8-208　定位到直线下端点

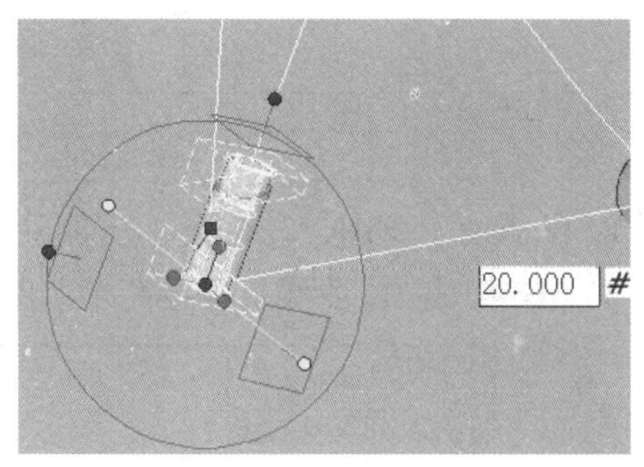

图 8-209　旋转 20°

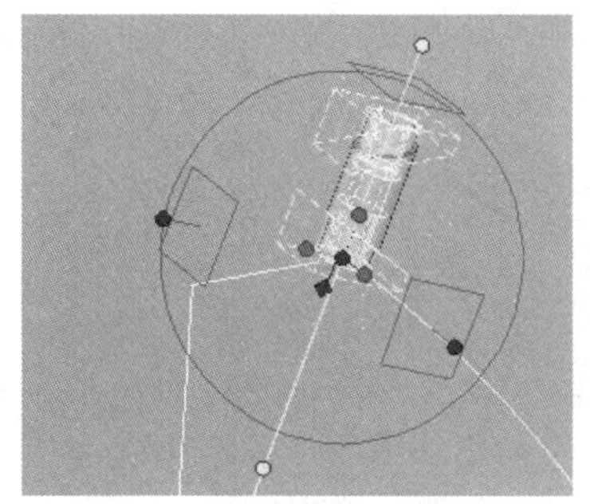

图 8-210　定位到斜线上端点

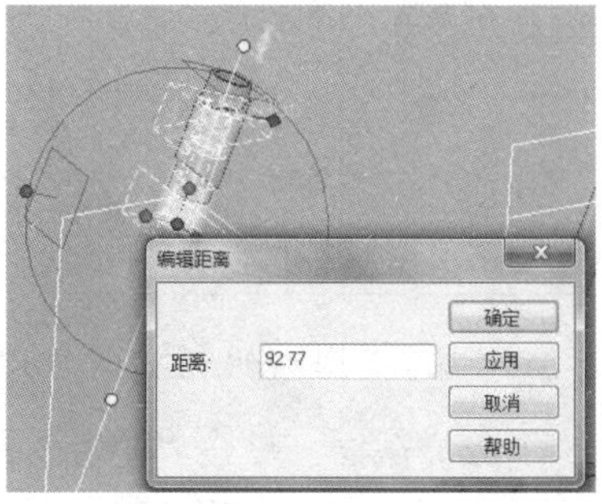

图 8-211　沿斜线下移 92.77mm

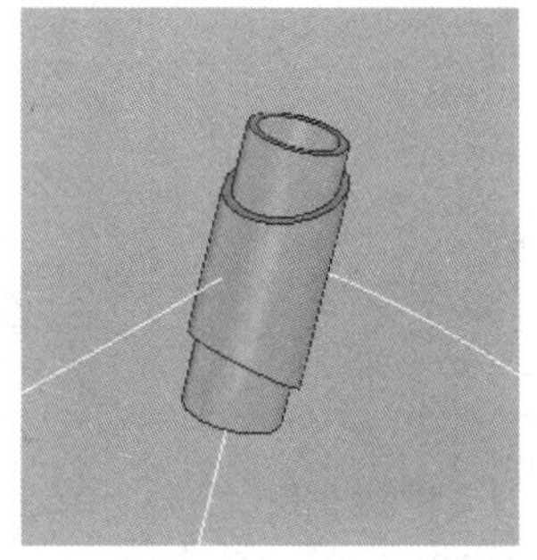

图 8-212　定位结果

步骤 19：在设计树中打开定位草图，继续绘制上梁和下梁的定位线，如图 8-213 所示。

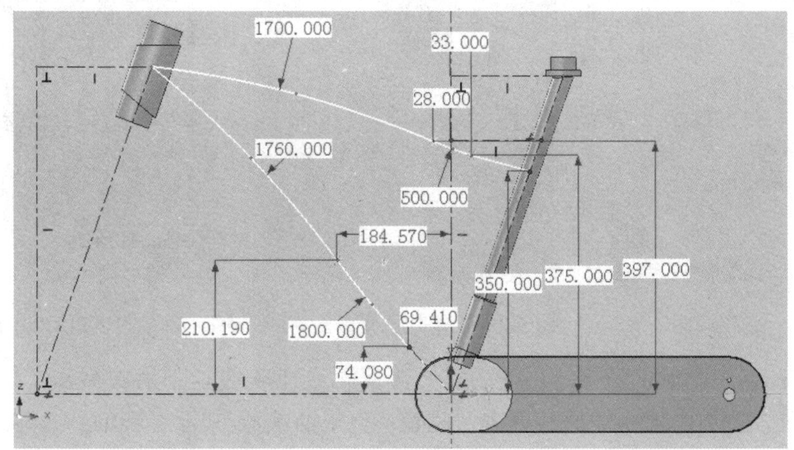

图 8-213　绘制曲线定位草图

步骤 20：在设计树中选择绘制好的草图，再复制一个草图，如图 8-214 所示。

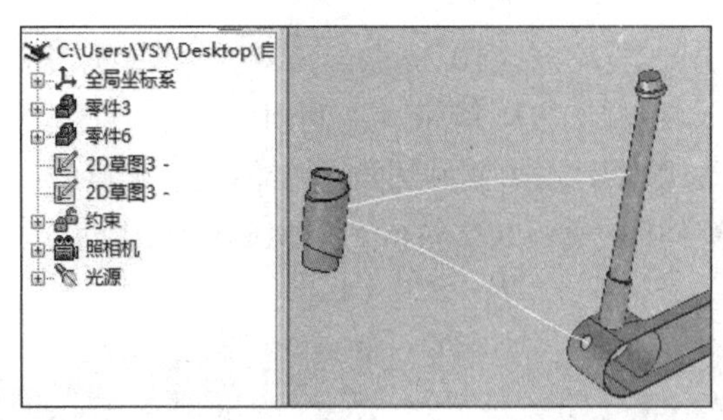

图 8-214　复制草图

步骤 21：编辑两个草图，在草图 1 上删除下梁定位线，在草图 2 上删除上梁定位线，然后把两个草图转换成 3D 曲线，并将两个草图压缩，结果如图 8-215 所示。

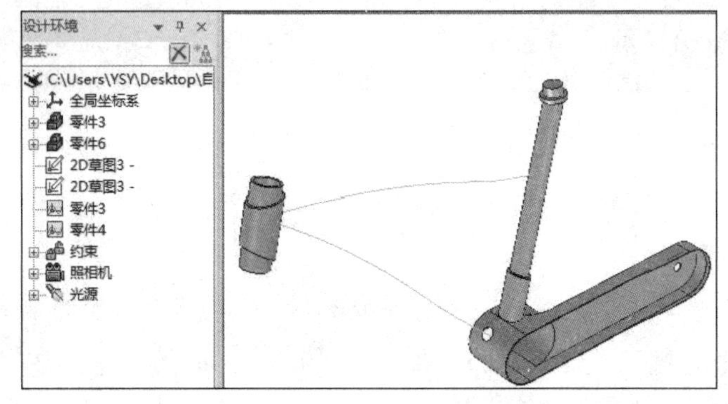

图 8-215　编辑草图，分别生成两个 3D 曲线

步骤 22：绘制上梁上的 5 个放样截面。单击“草图”选项卡“草图”选项组中的“二维草图”按钮，以“点”定位的方式选择上梁曲线的端点，如图 8-216 所示。进入草图，绘制截面 1 的草图，如图 8-217 所示。完成草图后如图 8-218 所示。

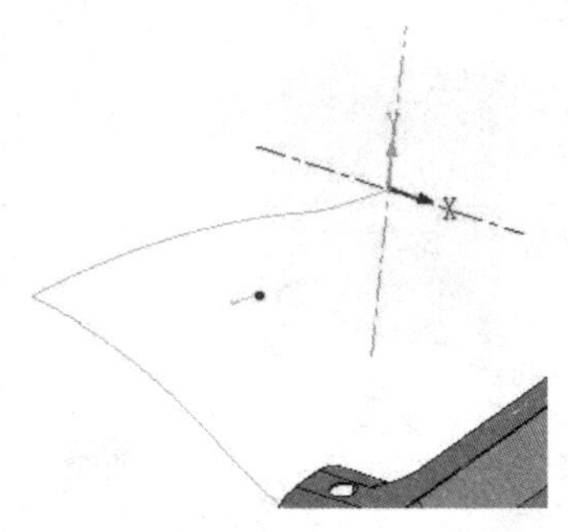

图 8-216　定位草图

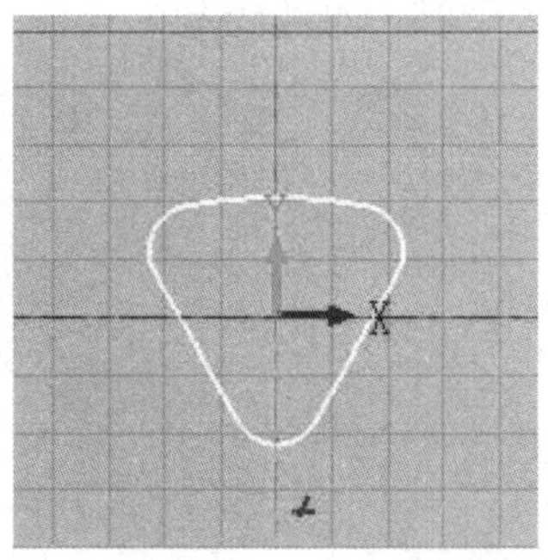

图 8-217　绘制截面 1 的草图

图 8-218　绘制结果

步骤 23：选中绘制的截面 1，使用三维球复制另外 4 个，然后将截面定位到上梁曲线上的各交点处，控制内手柄与曲线同向（截面垂直于曲线），截面 2 和截面 3 与截面 1 相同，编辑截面 4 和截面 5 后，结果如图 8-219 所示。

步骤 24：将车架右上角的圆柱体解压。按住 Shift 键，依次选择 5 个截面右击，在弹出的快捷菜单中选择“放样”选项，在弹出的“生成放样”对话框中选择“增料”方式，如图 8-220 所示。在设计环境中单击选择右上角的圆柱体，返回到对话框，单击“增加曲线”按钮，选择设计环境中的上梁曲线，如图 8-221（a）所示，完成放样设置，如图 8-221（b）所示，然后单击“确定”按钮，生成的放样特征如图 8-222 所示。

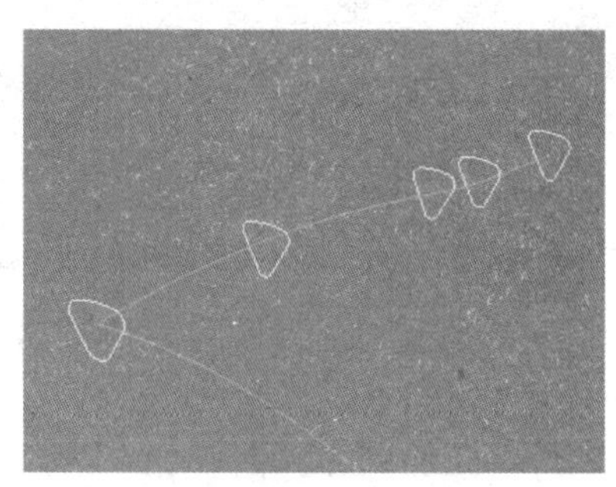

图 8-219 复制与编辑草图

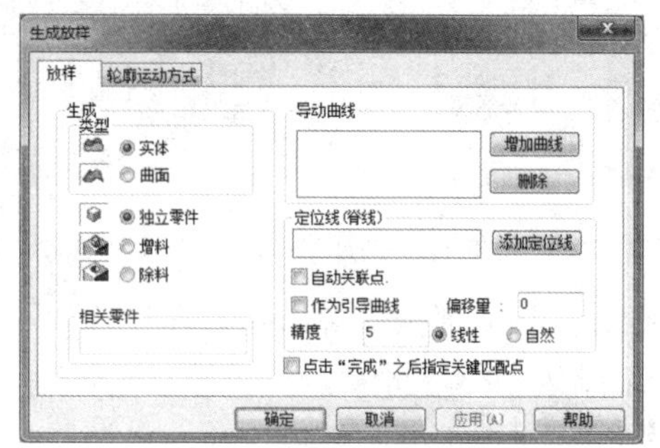

图 8-220 放样对话框

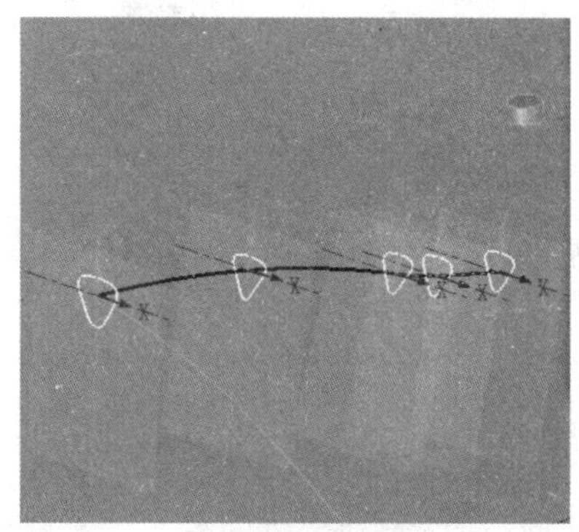

（a）选择曲线

（b）放样设置结果

图 8-221 选择放样曲线

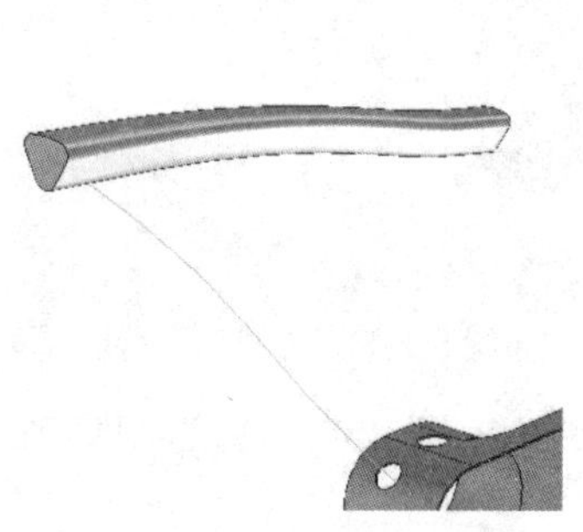

图 8-222 放样结果

步骤 25：使用相同的方法创建另外一个放样。绘制截面 1，如图 8-223 所示。

步骤 26：复制与编辑其他 4 个截面后如图 8-224 所示。使用与步骤 24 相同的方法创建放样，放样结果如图 8-225 所示。

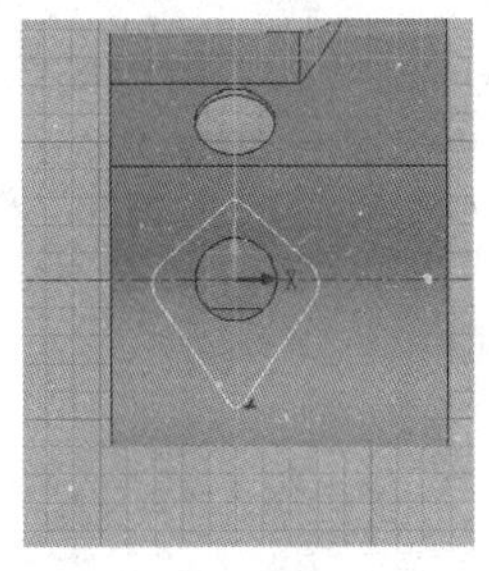

图 8-223　绘制截面 1

图 8-224　复制与编辑其他 4 个截面后

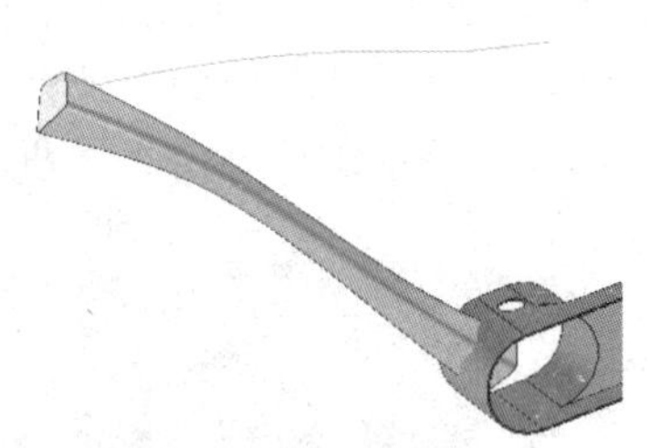

图 8-225　截面 1 的放样结果

步骤 27：将特征全部解压缩。在设计树中，将左上角的两个孔类圆柱体放到两个放样特征的后面，如图 8-226 所示。调整后的特征如图 8-227 所示。

步骤 28：将下部的圆柱体压缩，将椭圆柱 1 向下拉长，如图 8-228 所示。

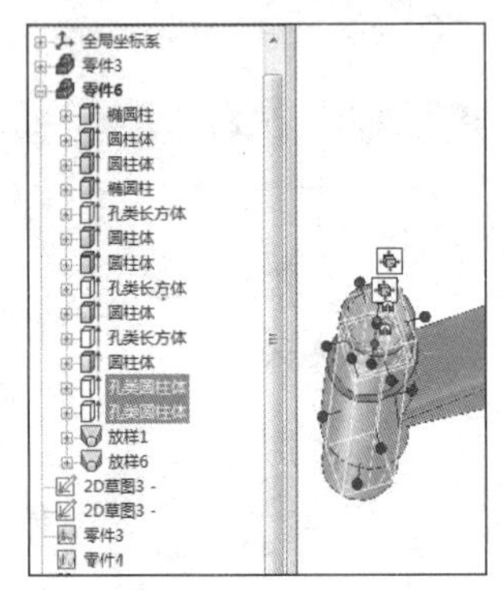

图 8-226　将两个孔类圆柱体图素下移

图 8-227　调整结果

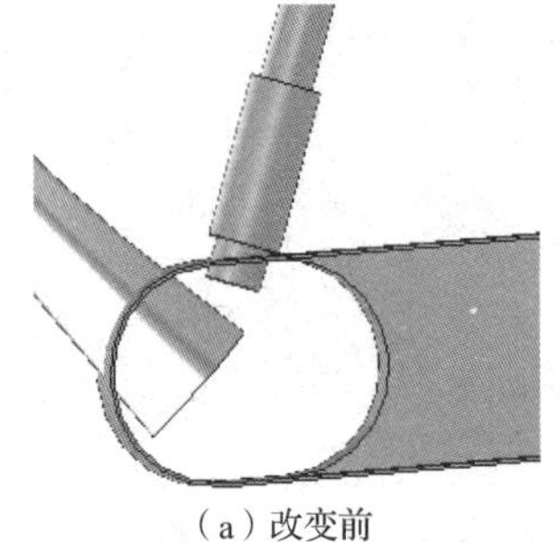

（a）改变前

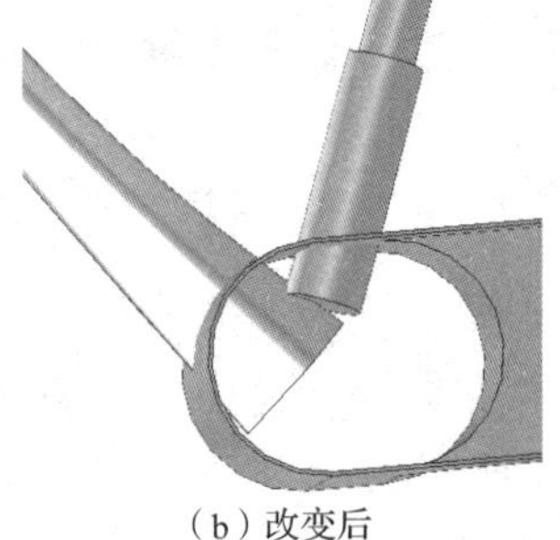

（b）改变后

图 8-228　改变下部特征

步骤 29：从设计元素库中拖入一个“长方体”图素到右上角圆柱体的上表面，并将它的尺寸拉长，如图 8-229 所示。

步骤 30：从设计元素库中拖入一个“孔类键”图素在该长方体上，设置其长度尺寸为 160mm，设置其宽度尺寸为 120mm，如图 8-230 所示。

步骤 31：按 F10 键激活三维球，按 Space 键，使三维球脱离，将控制手柄的中心调整到孔类键左边圆弧的中心，如图 8-231 所示。再按 Space 键，使三维球重新附着，并将它定位到“传动箱”左侧圆弧的中心点，如图 8-232 所示。

步骤 32：取消三维球，将孔类键的高度向后拉伸，除料结果如图 8-233 所示。

图 8-229　放置长方体

图 8-230　放置孔类键

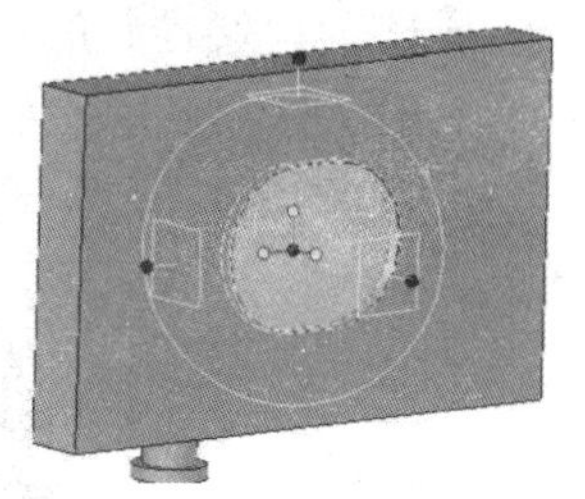
图 8-231　调整中心控制手柄

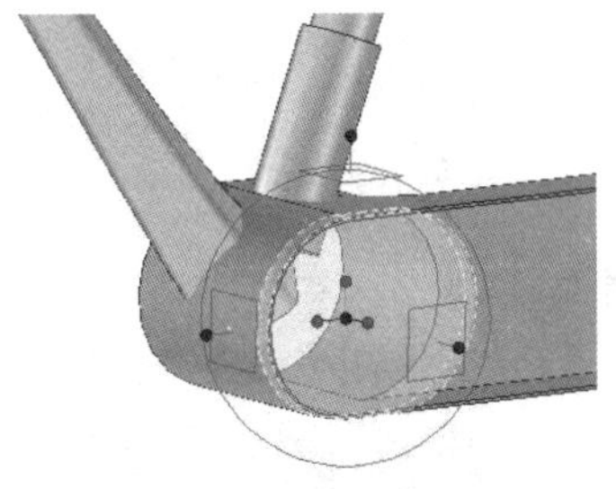
图 8-232　定位到传动箱左边圆弧中心

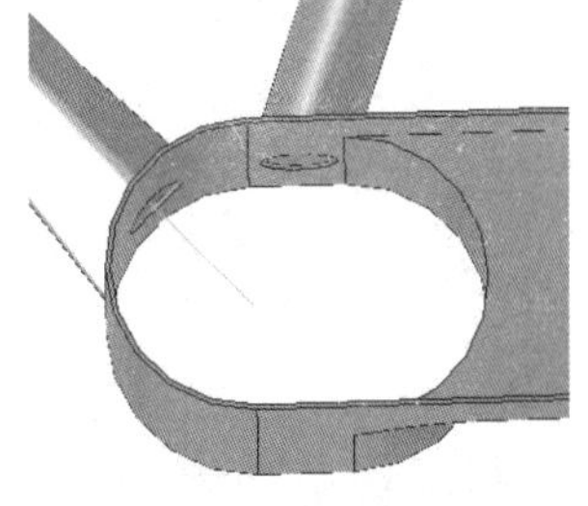
图 8-233　孔类键除料结果

步骤 33：将椭圆柱 1 下面的圆柱体解压，然后将它下移至设计树最后处，并调整圆柱下端尺寸到合适位置，如图 8-234 所示。

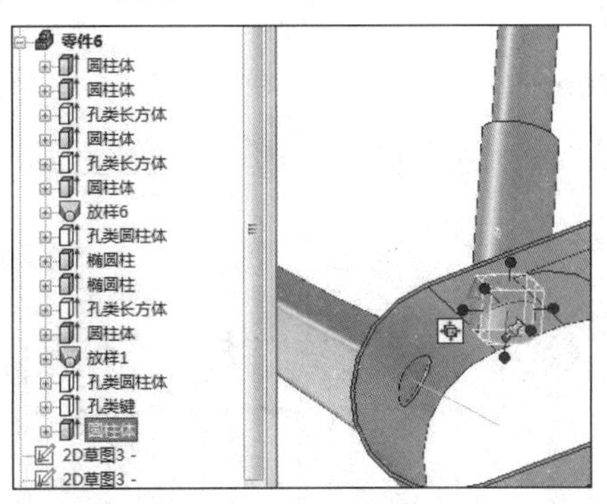

图 8-234　解压圆柱体，在设计树中下移至最后处

步骤 34：选中圆柱体，按 F10 键激活三维球，将三维球控制手柄的中心调整至“传动箱”左侧圆弧的中心，如图 8-235 所示。然后将圆柱体旋转复制，逆时针旋转 63°，结果如图 8-236 所示。

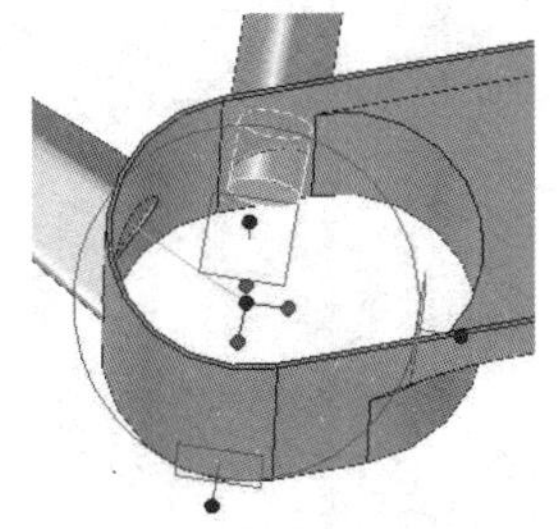
图 8-235　定位三维球控制手柄

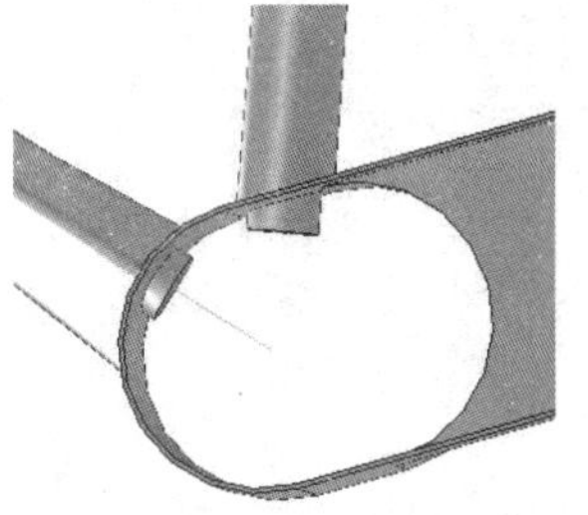
图 8-236　旋转复制结果

步骤 35：删除右上角的长方体，将传动箱压缩。圆角过渡，左侧 3 处圆弧为 5mm，右侧 3 处圆弧为 2mm。将零件渲染成红色，如图 8-237 所示。

步骤 36：将零件以“车架”为文件名进行保存并关闭文件。

图 8-237　车架

任务八　车座固定架、车座设计

任务要求

根据如图 8-238 和图 8-239 所示的图样，建立车座固定架、车座的三维模型。

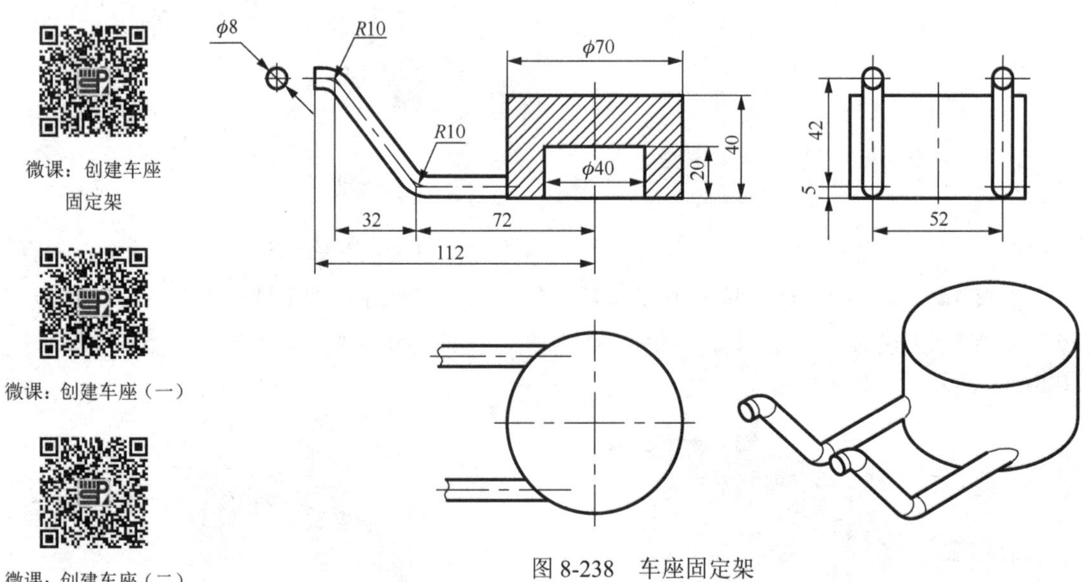

图 8-238　车座固定架

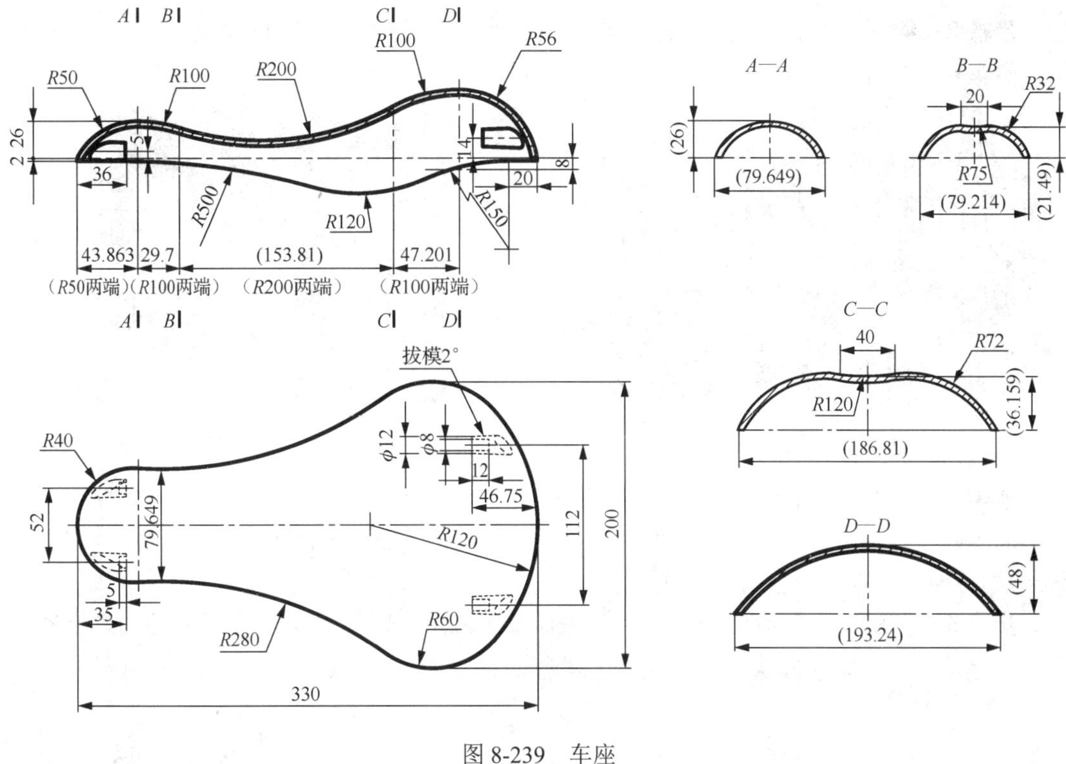

图 8-239 车座

任务实施

1. 车座固定架的设计

步骤 1：打开 CAXA 3D 实体设计 2019，进入设计环境。新建文件，从设计元素库中拖入“圆柱体”图素，设置其直径为 70mm、高度为 40mm。拖入“孔类圆柱体”图素，设置其直径为 40mm、高度为 20mm，结果如图 8-240 所示。

步骤 2：绘制扫描草图，先中心点定位，再后移 26mm，如图 8-241 所示。

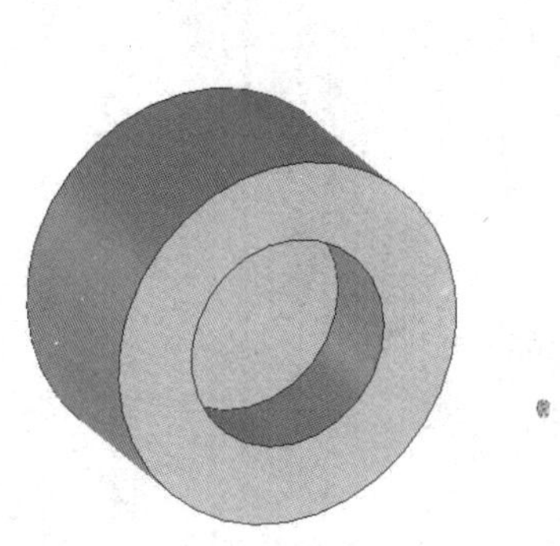

图 8-240 圆柱体和孔类圆柱体

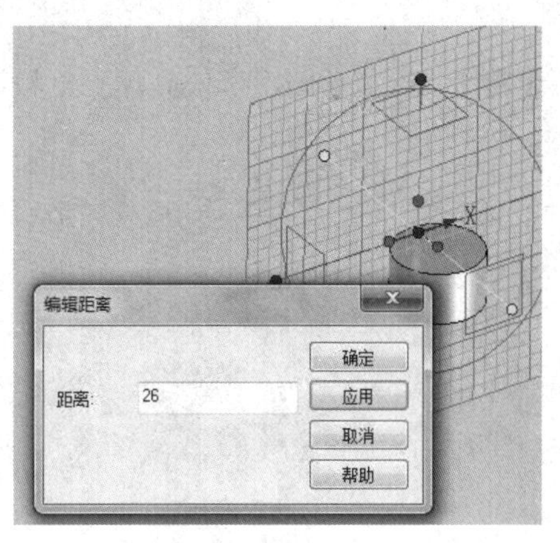

图 8-241 定位草图并后移 26mm

步骤3：绘制轨迹线草图，如图8-242所示。然后将草图转换成3D曲线，并将草图压缩。

步骤4：以曲线头部为定位点，绘制截面圆，如图8-243所示。

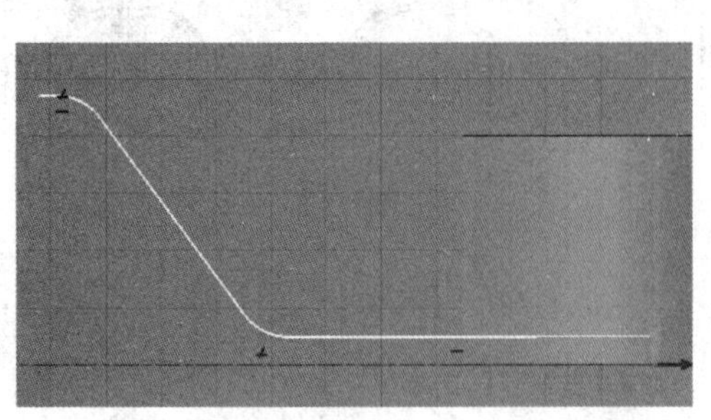

图8-242 绘制轨迹线草图

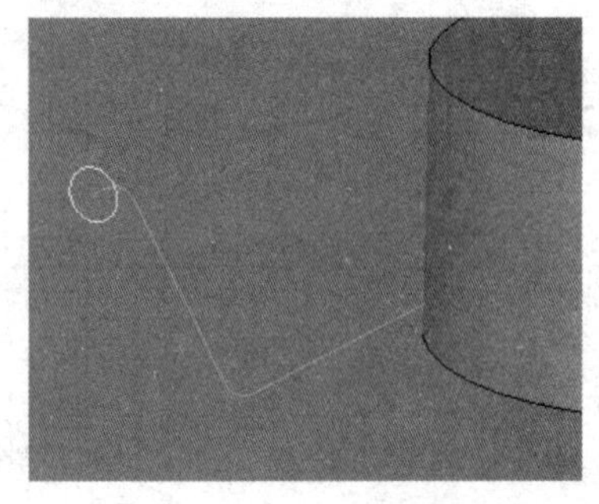

图8-243 绘制截面圆

步骤5：选中截面草图，右击，在弹出的快捷菜单中选择“生成”→“扫描”选项，在弹出的“创建扫描特征”对话框中选择“增料”方式，选择3D曲线作为导动线，然后单击“确定”按钮，生成的扫描特征如图8-244所示。

步骤6：按F10键激活三维球。使用三维球复制另外一侧，并将其渲染成白色，如图8-245所示。将零件以“车座固定架”为文件名进行保存并关闭文件。

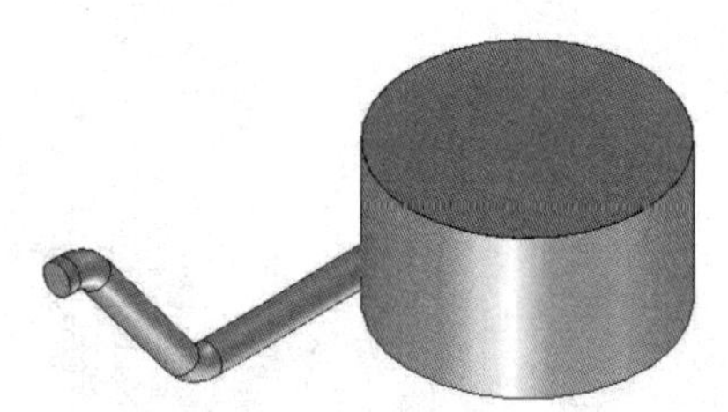

图8-244 生成扫描特征

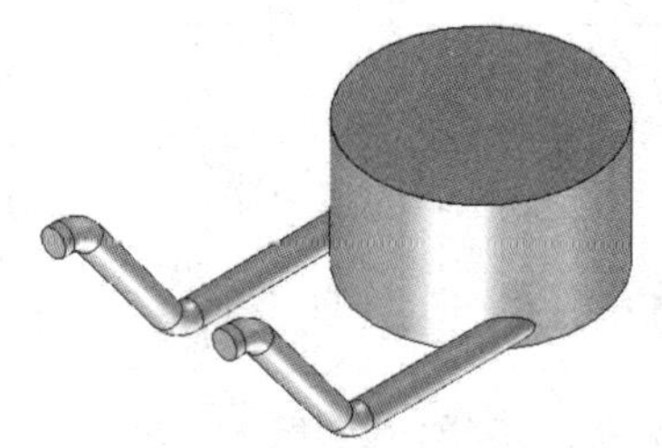

图8-245 渲染后的效果

2. 车座的设计

步骤1：打开CAXA 3D实体设计2019，进入设计环境。新建文件，从设计元素库中拖入一个“长方体”图素作为定位使用，如图8-246所示。

步骤2：绘制草图，以长方体上左棱边中点为定位点进入草绘环境，如图8-247所示。

图8-246 拖入长方体

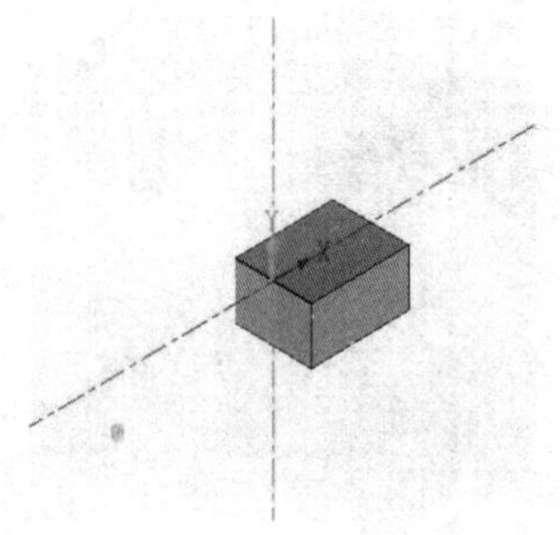

图8-247 选取草绘点

步骤3：绘制草图，如图8-248所示。完成后退出草图。

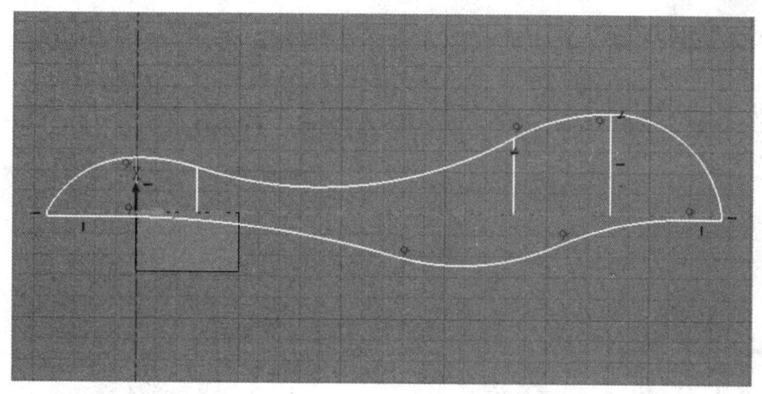

图 8-248 绘制草图 1

步骤 4：继续绘制草图，选择如图 8-249 所示的上左棱边中点为定位点，进入草绘环境。

步骤 5：绘制第二个草图，如图 8-250 所示。完成后退出草图。

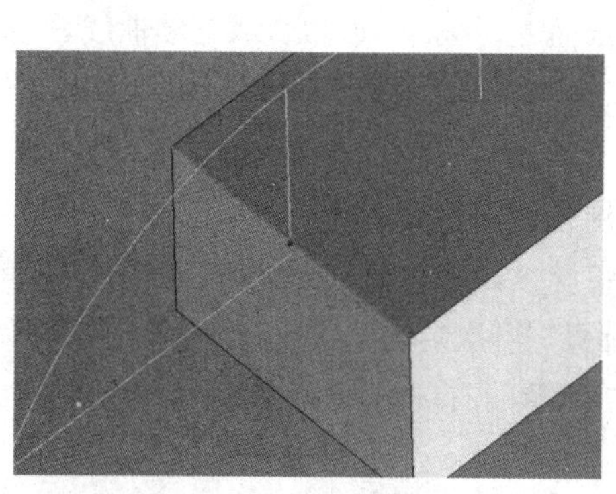

图 8-249 草图 2 定位点

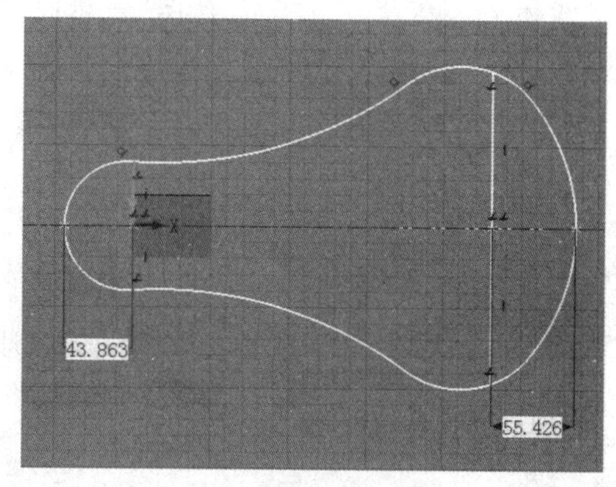

图 8-250 绘制草图 2

步骤 6：选择绘制的两个草图复制粘贴，如图 8-251 所示。将复制的草图进行删除处理，留下必要的部分线段，并将它们分别生成 3D 曲线，结果如图 8-252 所示。

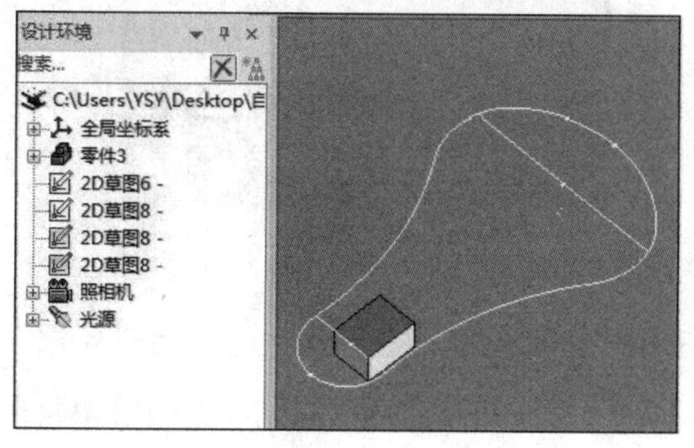

图 8-251 复制粘贴两个草图

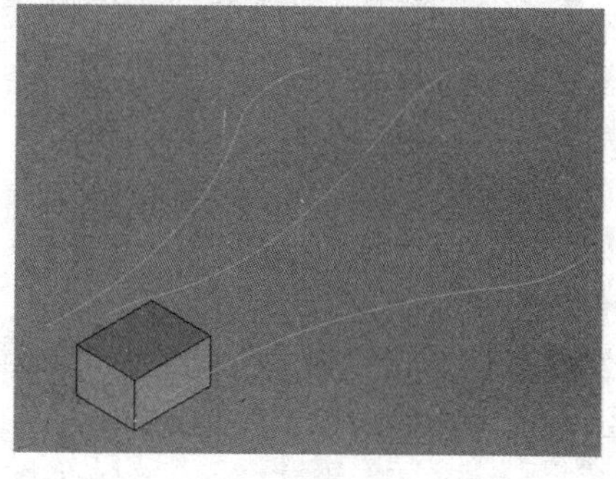

图 8-252 生成 3 条 3D 曲线

步骤 7：绘制 4 个截面。为方便画图，将 3 条曲线压缩，将草图 1 解压缩。然后在草图 1 的几个关键点处绘制截面草图，并将它们分别生成 3D 曲线，结果如图 8-253 所示。

步骤 8：将草图压缩，将之前的 3 条曲线解压缩，7 条曲线如图 8-254 所示。

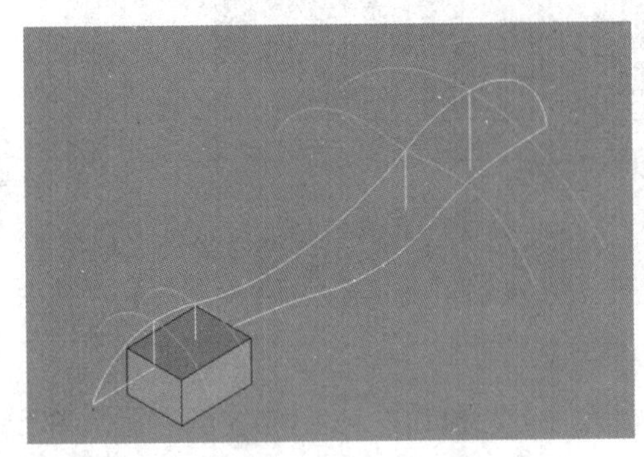

图 8-253　绘制 4 个截面并生成 3D 曲线

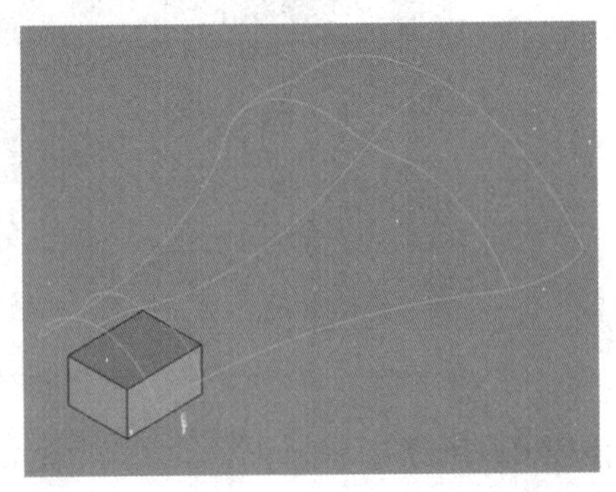

图 8-254　生成的 7 条曲线

步骤 9：单击“曲面”选项卡“三维曲线编辑”选项组中的“拟合曲线”按钮，将 5 条非连续的曲线（除截面 1 和截面 4）拟合成连续曲线。

步骤 10：单击“曲面”选项卡“曲面”选项组中的“放样面”按钮，选择 4 条截面线作为放样曲线，选择另外 3 条作为导动线，放样结果如图 8-255 所示。

图 8-255　生成放样面

步骤 11：复制草图 1，进行编辑，删除其余线，保留图 8-256 所示的左端圆弧。再次复制草图 1，进行编辑，删除其余线，保留图 8-257 所示的右端圆弧，并将它们分别生成 3D 曲线。

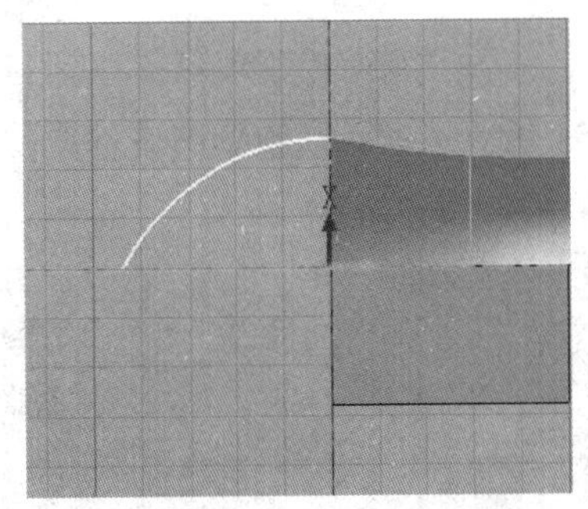

图 8-256　编辑左端圆弧

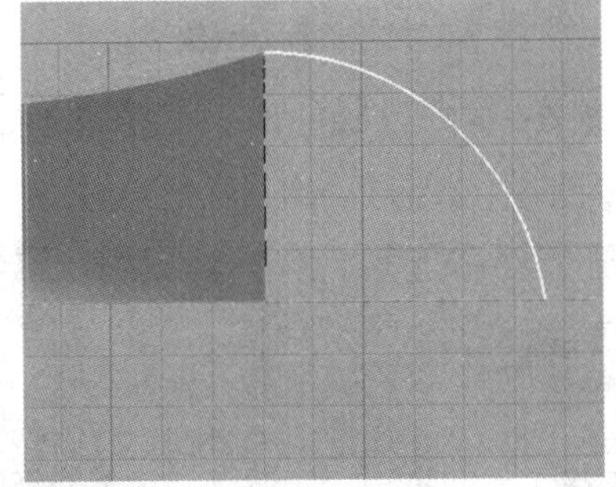

图 8-257　编辑右端圆弧

步骤 12：单击“曲面”选项卡“曲面”选项组中的“导动面”按钮，在左侧“属性”窗格中设置导动类型为“固接”，分别选择截面 1 和截面 4 为截面线，选择左端圆弧和右端圆弧曲线为导动线，单击“确定”按钮，生成两个导动面如图 8-258 所示。

步骤 13：单击“曲面”选项卡“曲面编辑”选项组中的“合并曲面”按钮，依次选择 3 个曲面，将它们合并成一个曲面，如图 8-259 所示。

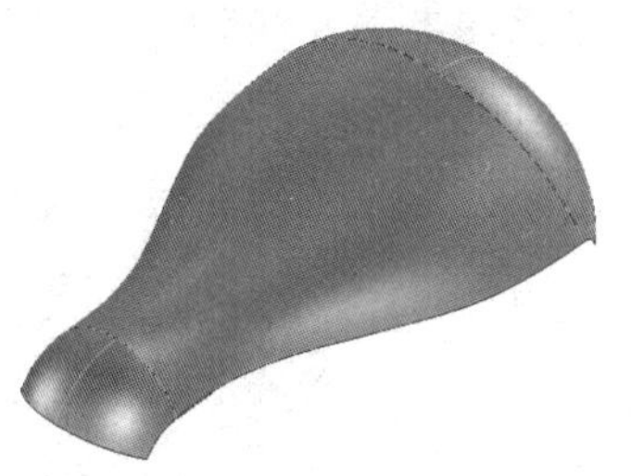

图 8-258　生成两个导动面

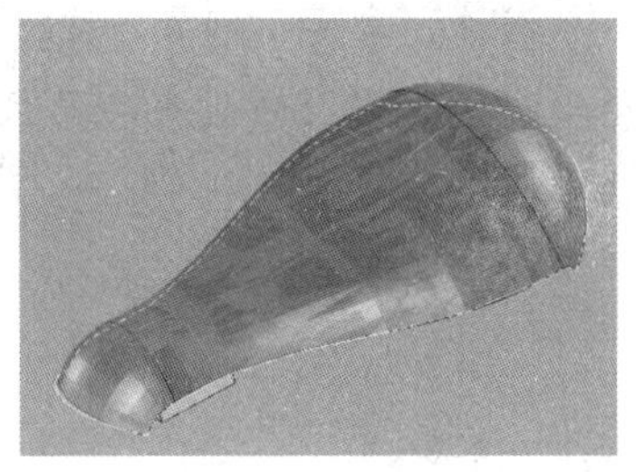

图 8-259　合并曲面

步骤 14：为方便后面的操作，在设计树中除了合并的曲面外，将其他几个曲面压缩，如图 8-260 所示。

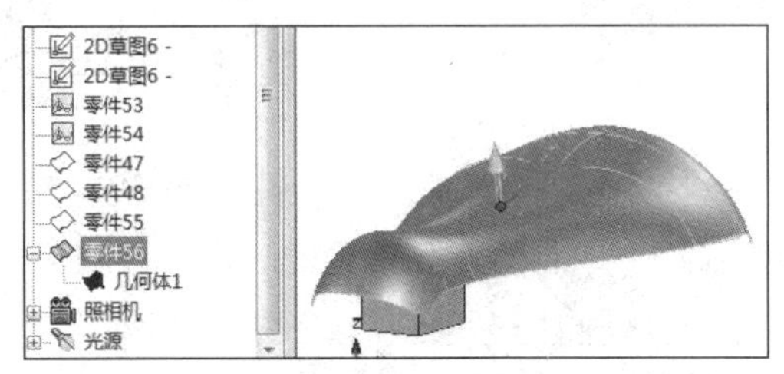

图 8-260　压缩其余曲面

步骤 15：从设计元素库中拖入一个“孔类长方体”图素到曲面上，如图 8-261 所示。

步骤 16：按 F10 键激活三维球，调整它的方向，如图 8-262 所示。注意，上方控制手柄与用来定位的长方体图素的上表面要对齐。

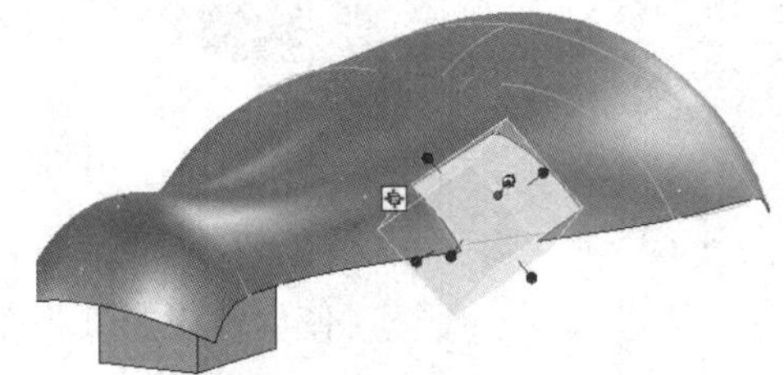

图 8-261　拖入孔类长方体

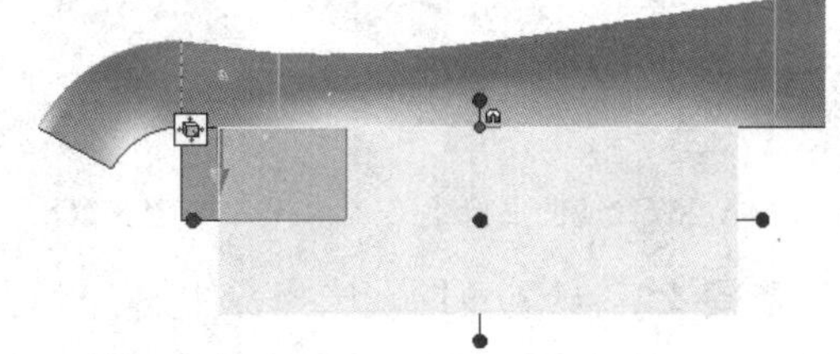

图 8-262　调整孔类长方体位置

步骤 17：拖动其余控制手柄，使其完全切除曲面下部多余部分。

步骤 18：切完后的曲面两端不够长，单击“曲面”选项卡“曲面编辑”选项组中的“曲面延伸”按钮，将它们延长一些，如图 8-263 所示。最终结果如图 8-264 所示。

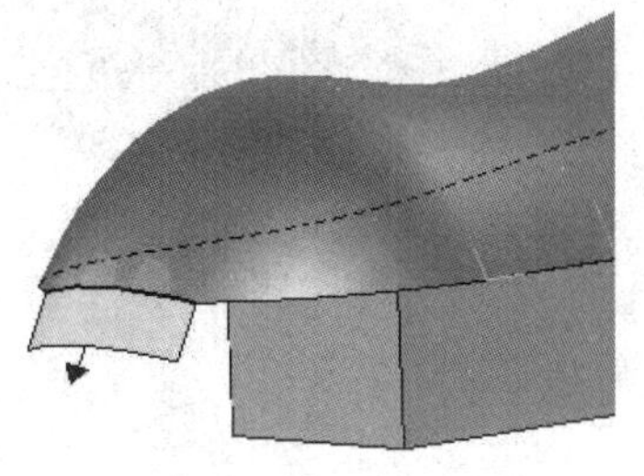

图 8-263　曲面延伸

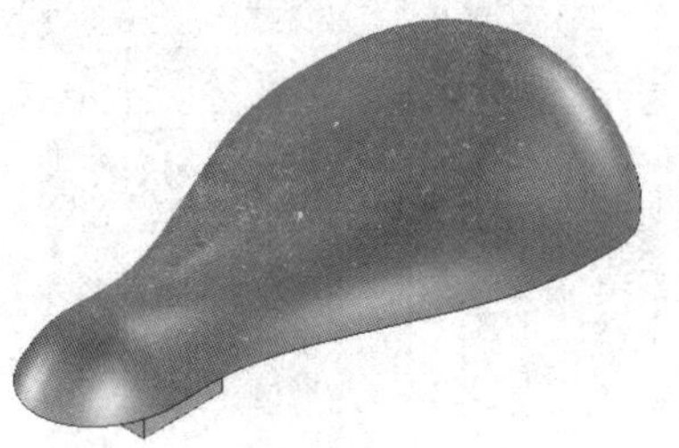

图 8-264　切除与延伸结果

步骤19：从设计元素库中拖入一个“长方体”图素，如图8-265所示。拖动控制手柄，使它的下表面与曲面的下表面对齐，其余方向大于曲面即可，翻转过来的结果如图8-266所示。

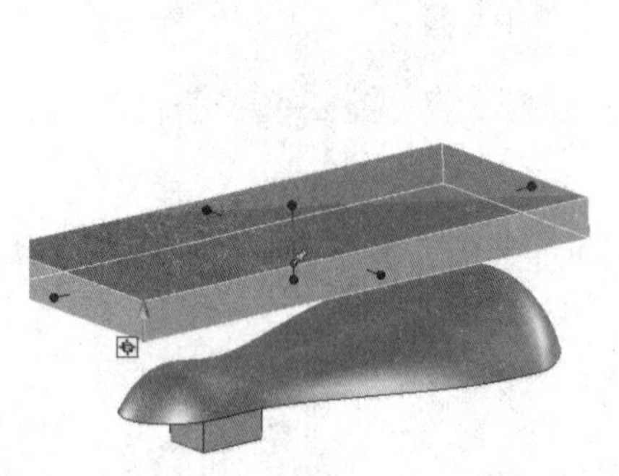
图8-265　拖入长方体图素

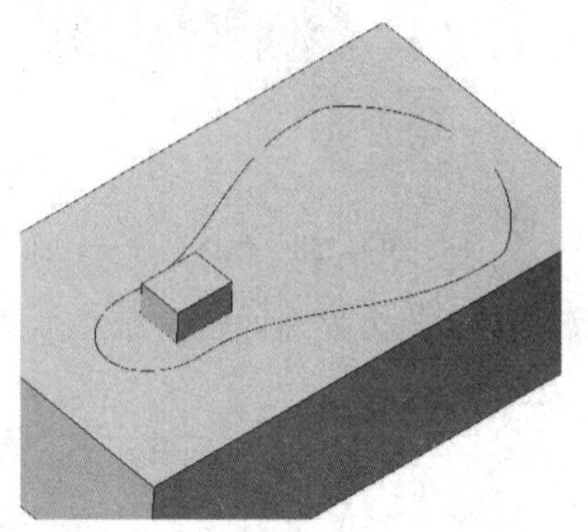
图8-266　编辑长方体包围盒结果

步骤20：将长方体压缩，选择曲面，观察它的方向，使它向上（如果不是向上，则右击，在弹出的快捷菜单中选择“反向”选项），如图8-267所示。

步骤21：单击“特征”选项卡“修改”选项组中的“分割”按钮，选择“长方体”为目标零件，选择“曲面”为工具零件，如图8-268所示，完成后如图8-269所示。

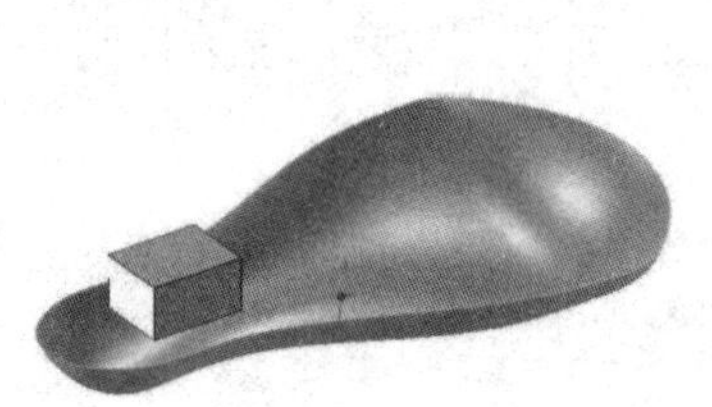
图8-267　使曲面向上

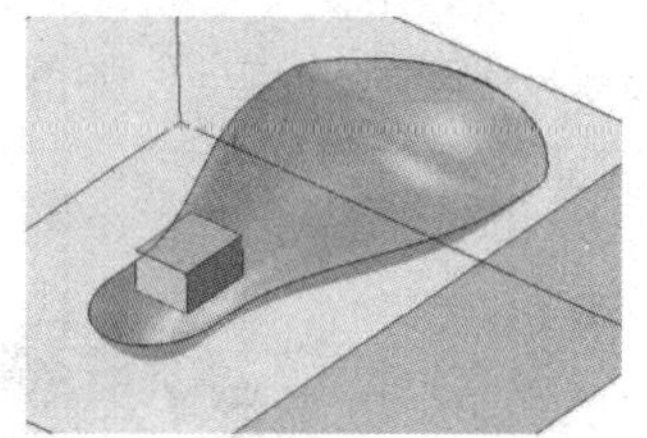
图8-268　分割长方体

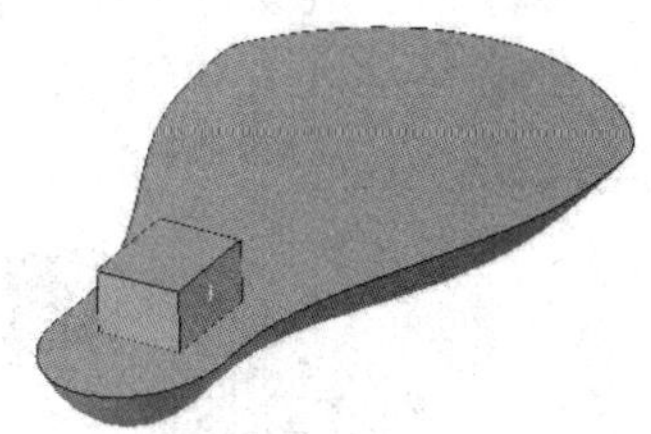
图8-269　分割结果

步骤22：绘制草图，选择实体的下表面任意点定位进入草绘环境，使用“投影”按钮投影外轮廓，如图8-270所示，完成后退出草图。

步骤23：在草图上右击，在弹出的快捷菜单中选择“拉伸”选项，增料方式，高度按默认50mm即可，注意拉伸方向向外。完成后如图8-271所示。

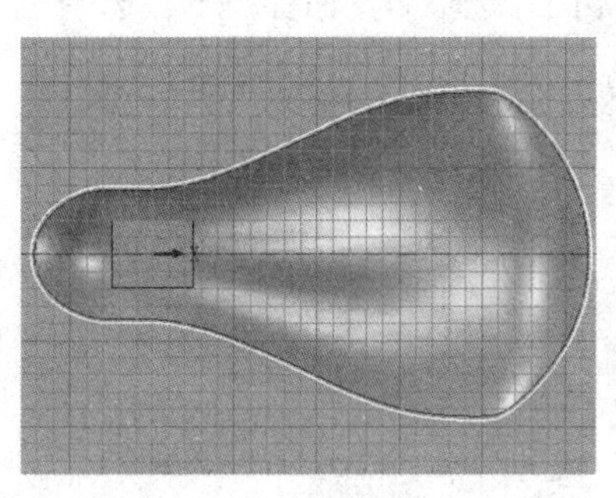
图8-270　投影外轮廓

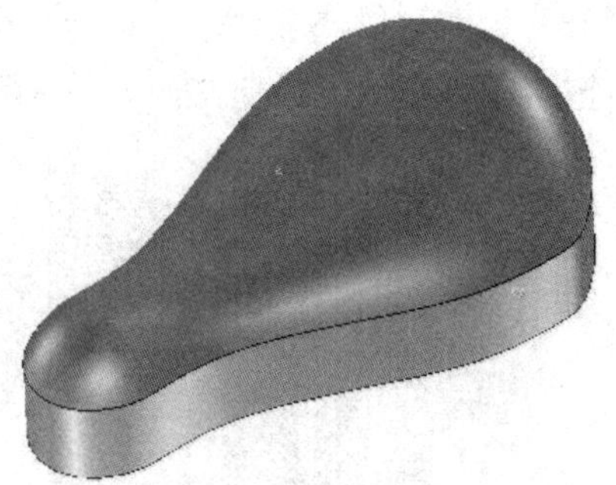
图8-271　拉伸结果

步骤 24：复制粘贴草图 2，编辑它的草图，如图 8-272 所示。完成后退出草图。

步骤 25：拉伸除料，从中面拉伸、贯穿，并将水平一圈棱线圆角过渡，半径为 8mm。完成后结果如图 8-273 所示。

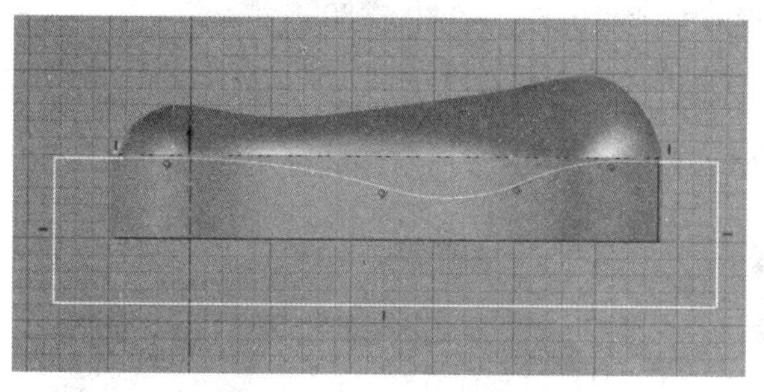

图 8-272　绘制除料草图

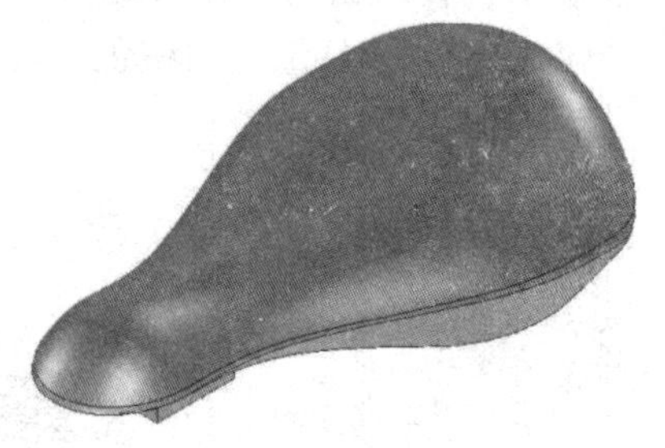

图 8-273　除料结果

步骤 26：抽壳，厚度为 2mm，向内抽壳，选择下部的几个表面为开口面，结果如图 8-274 所示。

步骤 27：创建内部几个定位柱子。绘制草图，选择如图 8-275 所示的左端外圈中点为定位点，进入草绘环境。按 F10 键激活三维球，使用三维球调整草图方向，将其向里移动 35mm，如图 8-276 所示。

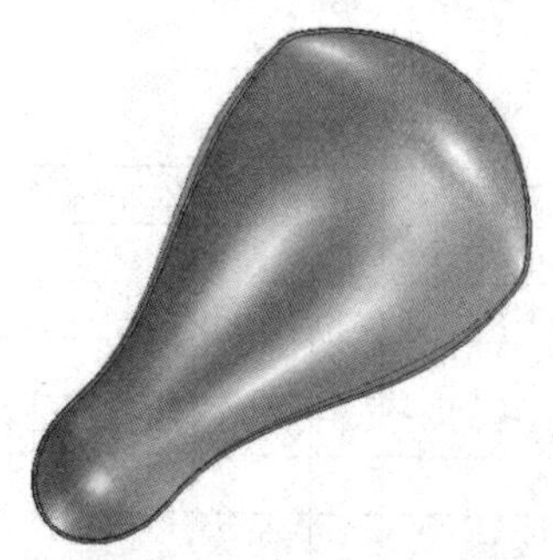

图 8-274　抽壳结果

图 8-275　定位草图面

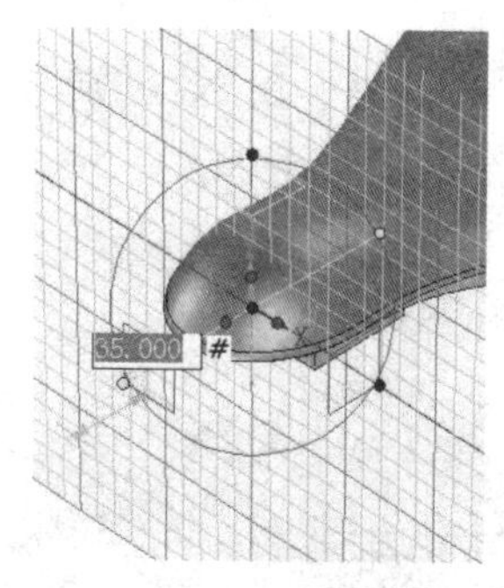

图 8-276　向里移动

步骤 28：绘制草图，如图 8-277 所示。

步骤 29：在草图上右击，在弹出的快捷菜单中选择“拉伸”选项，增料方式，拉伸到面，选择内表面为结束面，如图 8-278 所示。

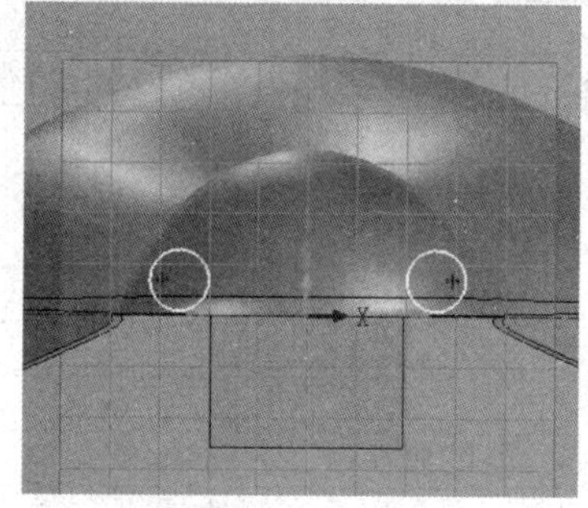

图 8-277　绘制草图

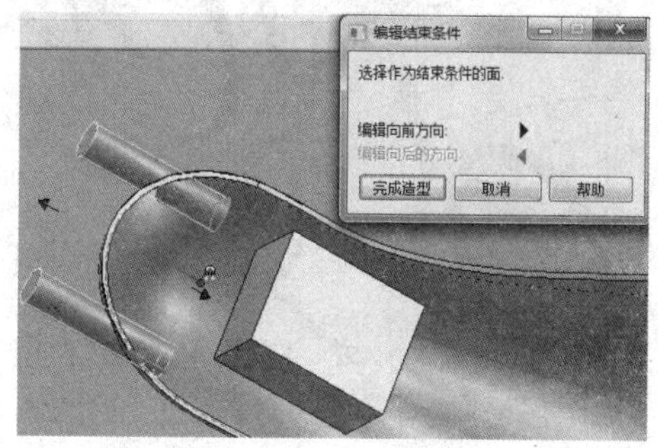

图 8-278　拉伸到内表面

步骤 30：单击“特征”选项卡“修改”选项组中的“面拔模”按钮，选择圆柱体端面为“中性面”，选择外圆表面为“拔模面”，拔模角度为 2°。从设计元素库中拖入“孔类圆柱体”图素，设置其直径为 8mm、深度为 5mm，结果如图 8-279 所示。

步骤 31：使用相同的方法创建另外一端的两个定位柱，如图 8-280 所示。

步骤 32：将零件渲染成橙色，如图 8-281 所示，然后将零件以“车座”为文件名进行保存并关闭文件。

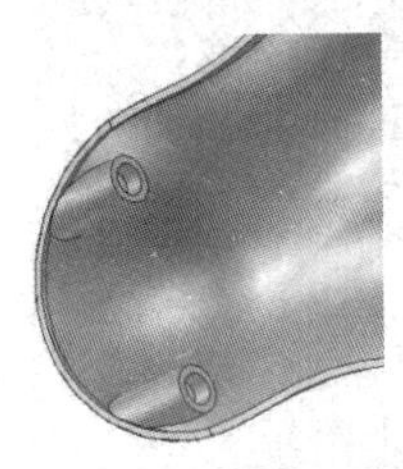

图 8-279　左端两个定位柱

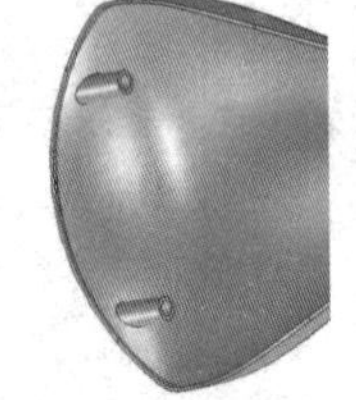

图 8-280　右端两个定位柱

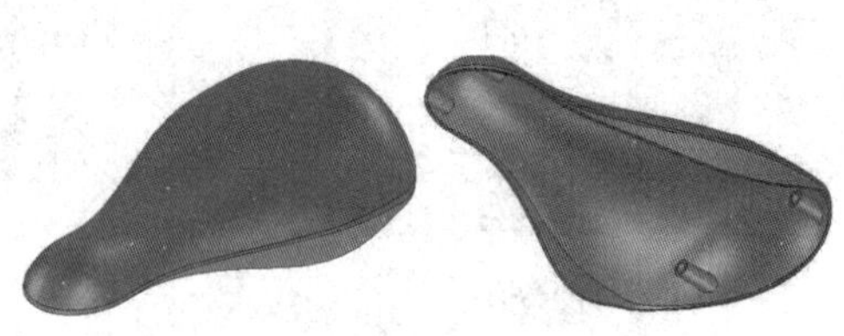

图 8-281　渲染结果

任务九　共享单车装配

任务要求

根据如图 8-282 所示的图样，进行共享单车的装配。

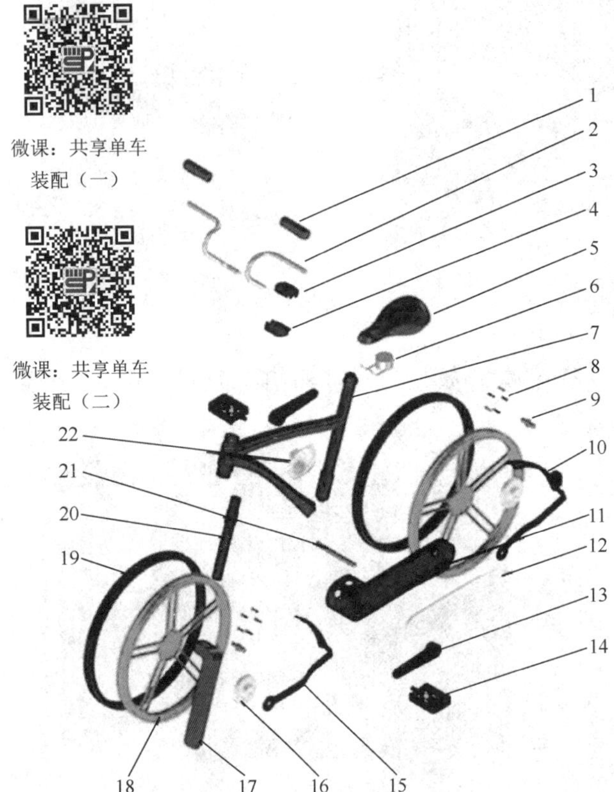

序号	名称	数量	备注
22	传动箱盖 B	1	
21	传动轴	1	
20	前套管	1	
19	轮胎	2	
18	轮毂	2	
17	前叉	1	
16	轮毂盖	2	
15	前挡泥板	1	
14	脚蹬	2	
13	曲柄	2	
12	传动箱盖 A	1	
11	传动箱	1	
10	后挡泥板	1	
9	轮轴	2	
8	螺钉	10	GB/T 65—2016MS×30
7	车架	1	
6	车座固定架	1	
5	车座	1	
4	车把安装盒	1	
3	车把安装盒盖	1	
2	车把	2	
1	把手	2	

图 8-282　共享单车爆炸图

任务实施

步骤 1：打开 CAXA 3D 实体设计 2019，进入设计环境。新建文件。单击“装配”选项卡“生成”选项组中的“零件/装配”按钮，在弹出的“插入零件”对话框中选择“传动箱”零件，单击“打开”按钮将其插入文件中，如图 8-283 所示。单击“视向设置”工具栏中的“正等测视图”按钮，将传动箱调整到如图 8-284 所示的位置。

步骤 2：插入“传动箱盖 A”，如图 8-285 所示，按 F10 键激活三维球并将三维球控制手柄的中心调整到圆弧中心后，利用“反转”“与面垂直”等命令将它调整到如图 8-286 所示的位置，然后将三维球控制手柄的中心定位到如图 8-287 所示的圆弧中心处，再用“到中心点”的定位方式选择如图 8-288 所示的传动箱的外圆弧。装配结果如图 8-289 所示。

步骤 3：插入“传动箱盖 B”，如图 8-290 所示。按 F10 键激活三维球并将三维球控制手柄的中心调整到如图 8-291 所示的圆弧中心，使用“到中心点”的定位方式选择如图 8-292 所示的传动箱的外圆弧。装配结果如图 8-293 所示。

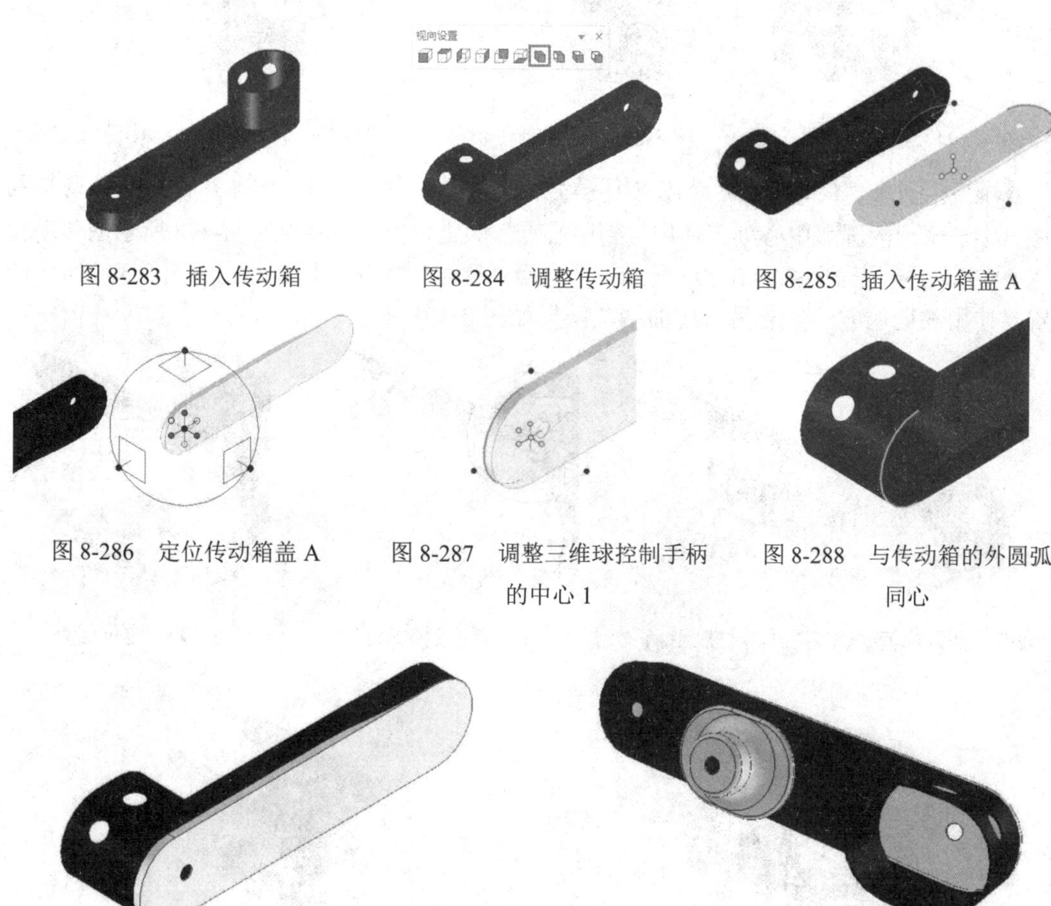

图 8-283　插入传动箱

图 8-284　调整传动箱

图 8-285　插入传动箱盖 A

图 8-286　定位传动箱盖 A

图 8-287　调整三维球控制手柄的中心 1

图 8-288　与传动箱的外圆弧同心

图 8-289　传动箱盖 A 装配结果

图 8-290　插入传动箱盖 B

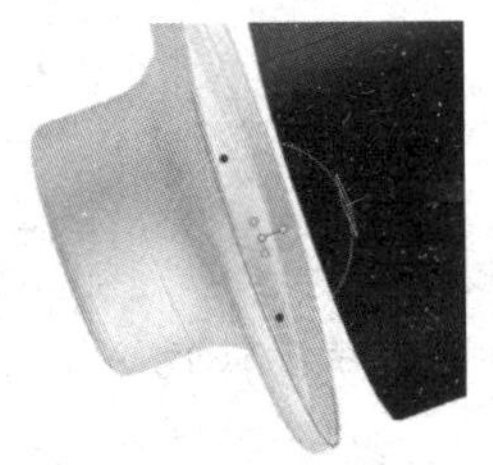

图 8-291　调整三维球控制手柄的中心 2

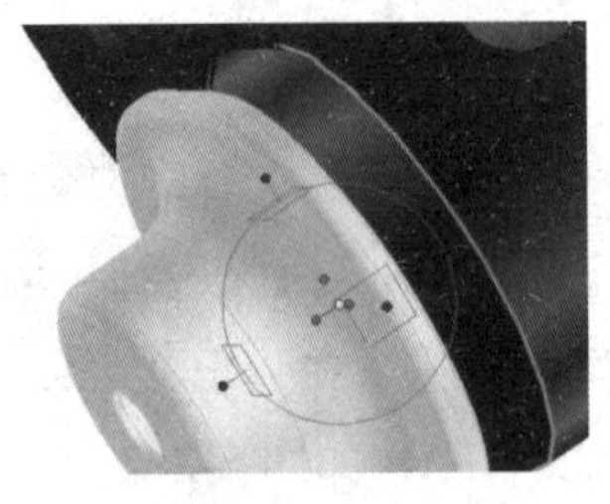

图 8-292　定位到传动箱

图 8-293　传动箱装配结果

步骤 4：插入“传动轴”，如图 8-294 所示。按 F10 键激活三维球并将三维球控制手柄的中心调整到传动轴端面中心处，使用“到中心点”的定位方式选择如图 8-295 所示的传动箱盖 A 的圆弧，再外移 10mm。装配结果如图 8-296 所示。

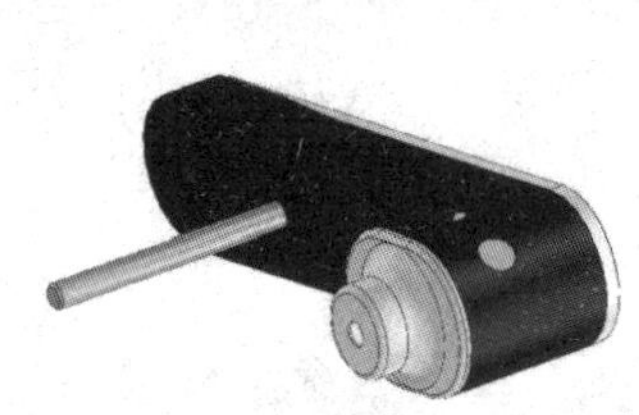

图 8-294　插入传动轴

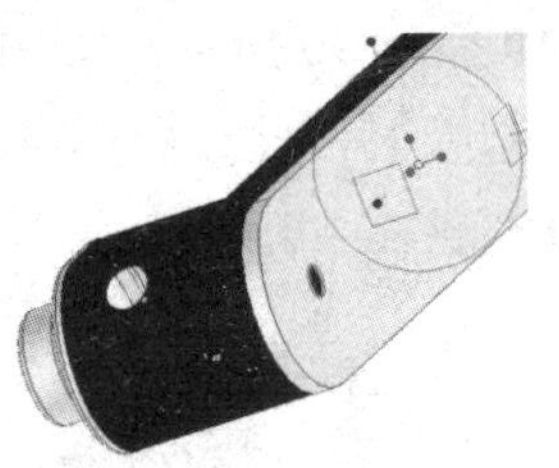

图 8-295　定位到传动箱

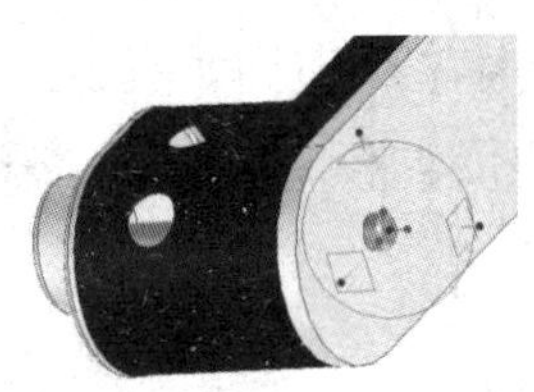

图 8-296　传动轴与传动箱装配结果

步骤 5：插入“曲柄”，然后按 F10 键激活三维球并将三维球控制手柄的中心调整到如图 8-297 所示的圆弧中心处，使用“到中心点”的定位方式选择如图 8-298 所示的传动箱盖 A 的圆弧，定位结果如图 8-299 所示。再利用“反转”命令将其调整到如图 8-300 所示的位置。使用相同的方法安装另一边曲柄，结果如图 8-301 所示。

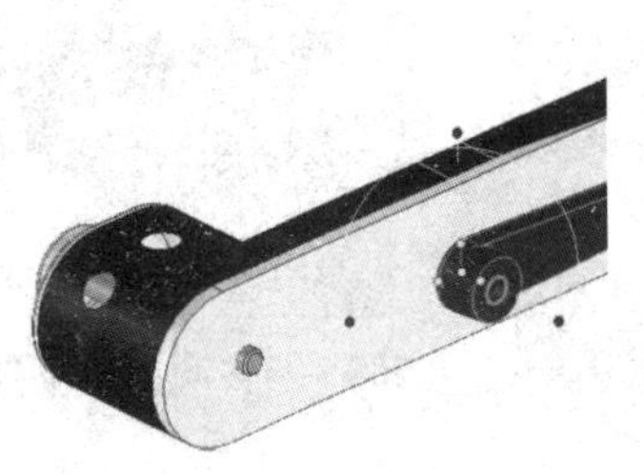

图 8-297　插入曲柄并调整三维球控制手柄的中心 3

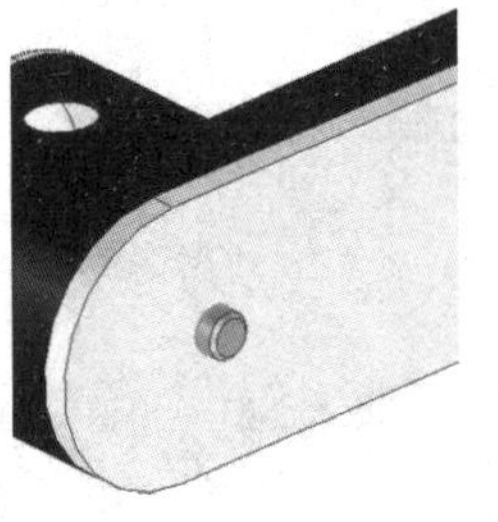

图 8-298　定位到传动箱 A

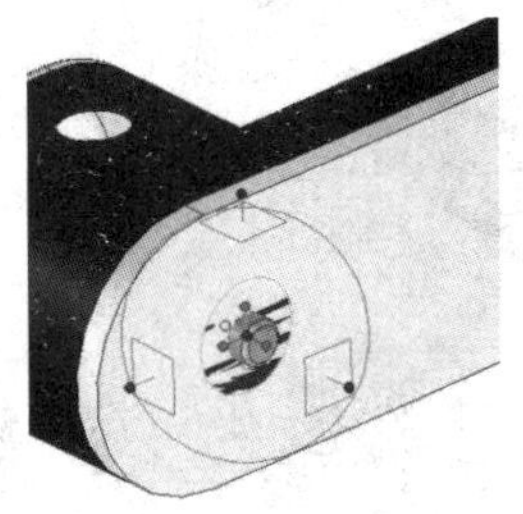

图 8-299　定位结果

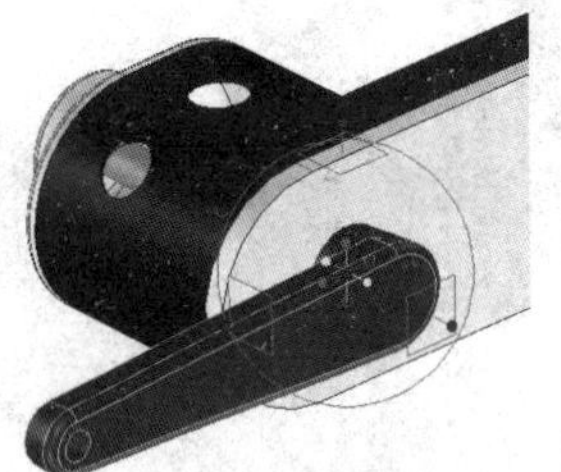

图 8-300　调整曲柄反转

图 8-301　两个曲柄的装配结果

步骤 6：插入“脚蹬”，然后按 F10 键激活三维球并将三维球控制手柄的中心调整到如图 8-302 所示的圆弧中心处，使用“到中心点”的定位方式选择如图 8-303 所示的曲柄的内孔圆弧。使用相同的方法安装另一边脚蹬，结果如图 8-304 所示。

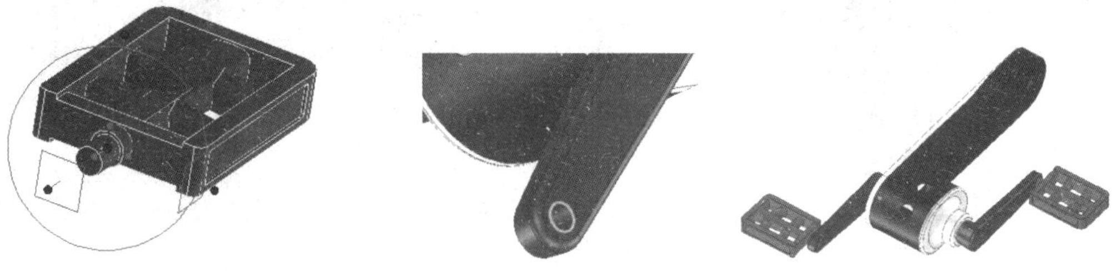

图 8-302 调整三维球控制手柄的中心 4　　图 8-303 定位到曲柄　　图 8-304 两个脚蹬装配结果

步骤 7：插入“车架”，然后按 F10 键激活三维球并将三维球控制手柄的中心调整到如图 8-305 所示的椭圆弧中心处，使用“到中心点”的定位方式选择传动箱的对应圆弧。装配结果如图 8-306 所示。

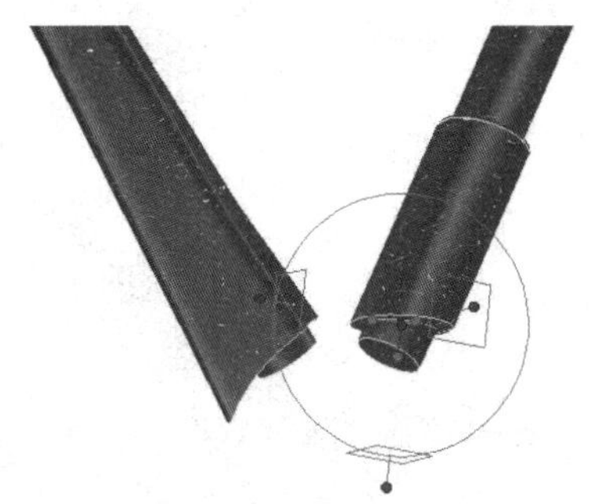

图 8-305 插入车架并调整三维球控制手柄的中心

图 8-306 车架装配结果

步骤 8：插入“前套管”，然后按 F10 键激活三维球并将三维球控制手柄的中心调整到如图 8-307 所示的圆弧中心处，使用“到中心点”的定位方式选择如图 8-308 所示的车架上的圆弧。装配结果如图 8-309 所示。

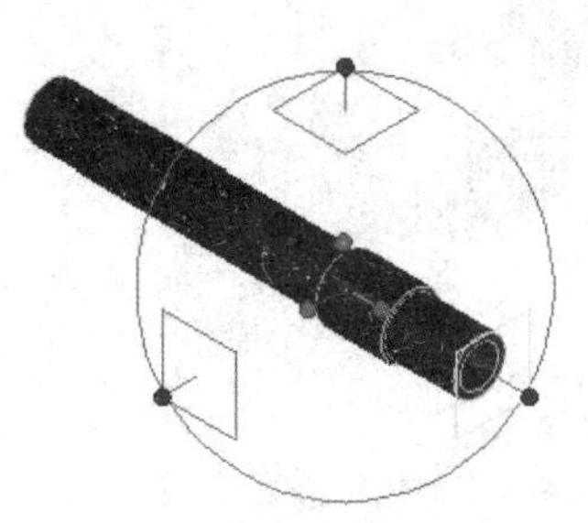

图 8-307 插入前套管并调整三维球控制手柄的中心

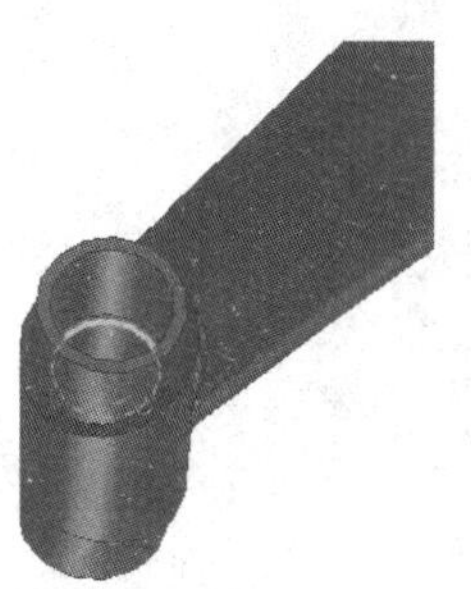

图 8-308 定位到车架

图 8-309 前套管装配结果

步骤 9：插入“前叉”，然后按 F10 键激活三维球并将三维球控制手柄的中心调整到如图 8-310 所示的圆弧中心处，使用“与轴平行”的定位方式选择车架上的圆柱，将它定位到如图 8-311 所示的位置。绕轴旋转 90°，再使用“到中心点”的定位方式选择前套管的下底圆。装配结果如图 8-312 所示。

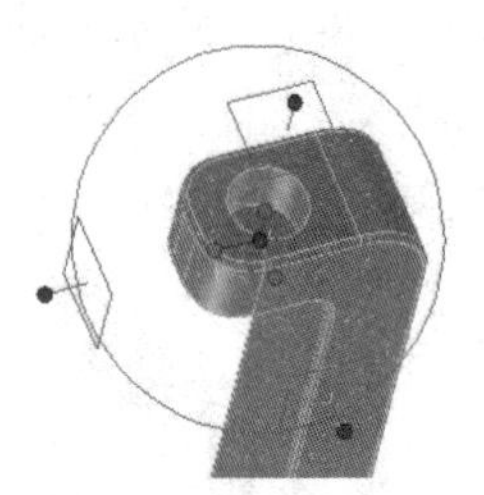

图 8-310　插入前叉并调整三维球控制手柄的中心

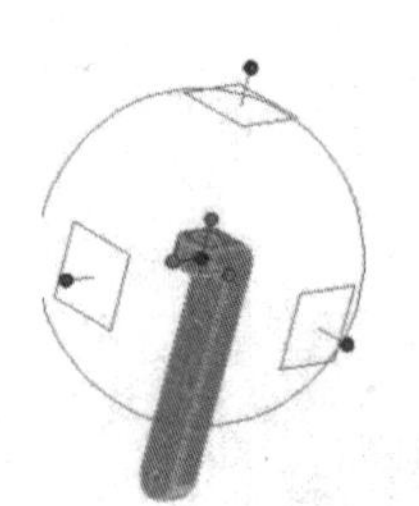

图 8-311　调整方向

图 8-312　前叉装配结果

步骤 10：插入“前挡泥板”，然后按 F10 键激活三维球并将三维球控制手柄的中心调整到如图 8-313 所示的圆弧中心处，使用“到中心点”的定位方式选择如图 8-314 所示的前叉下部圆弧。装配结果如图 8-315 所示。

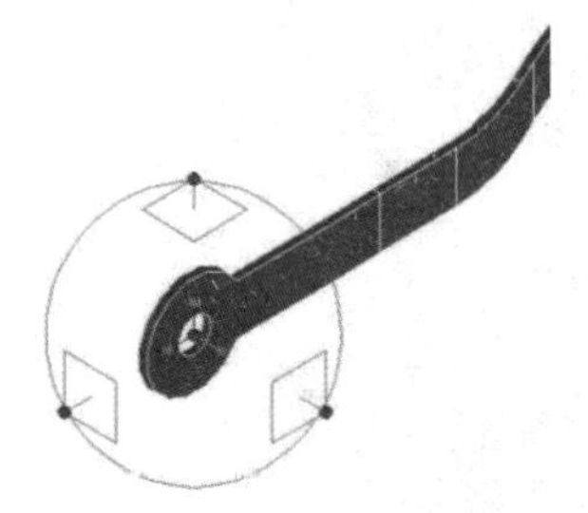

图 8-313　插入前挡泥板并调整三维球控制手柄的中心

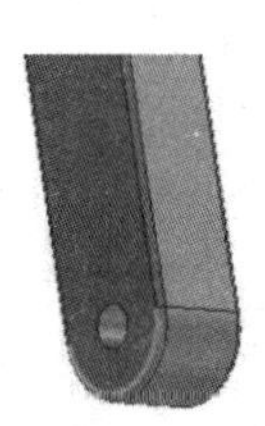

图 8-314　选择定位圆弧

图 8-315　前挡泥板装配结果

步骤 11：插入“轮轴”，然后按 F10 键激活三维球并将三维球控制手柄的中心调整到如图 8-316 所示的圆弧中心处，使用“到中心点”的定位方式选择挡泥板的对应圆弧。装配结果如图 8-317 所示。

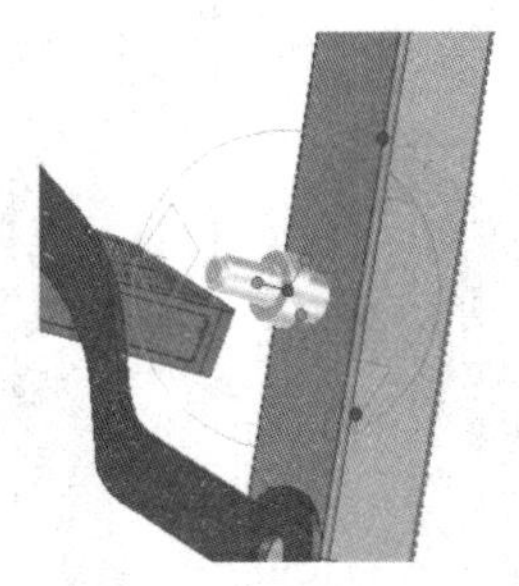

图 8-316　插入轮轴并调整三维球控制手柄的中心

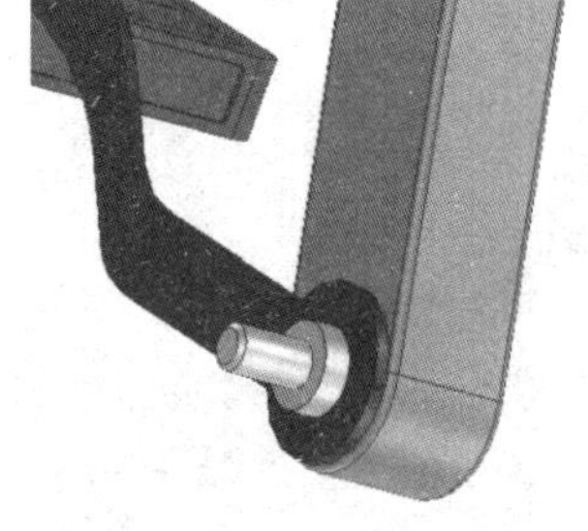

图 8-317　轮轴装配结果

步骤 12：插入“轮毂盖”，然后按 F10 键激活三维球并将三维球控制手柄的中心调整到如图 8-318 所示的圆弧中心处，使用“到中心点”的定位方式选择轮轴上的圆弧。装配结果如图 8-319 所示。

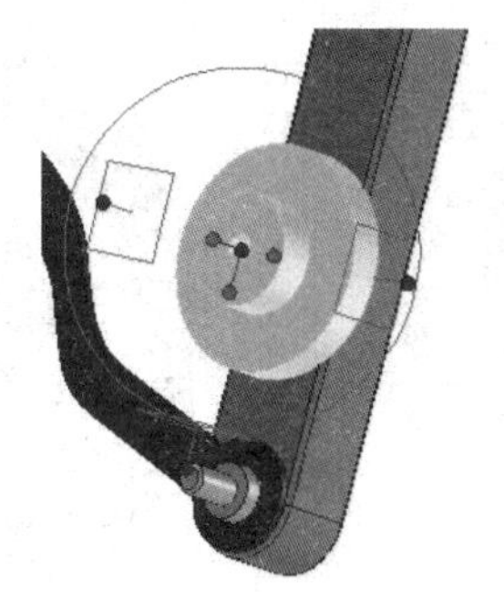

图 8-318　插入轮毂盖并调整三维球控制手柄的中心

图 8-319　轮毂盖装配结果

步骤 13：插入“轮毂”，然后按 F10 键激活三维球并将三维球控制手柄的中心调整到如图 8-320 所示的圆弧中心处，使用“到中心点”的定位方式选择轮毂盖上的圆弧。沿轴向外拉，如图 8-321 所示，观察轮毂和轮毂盖上的孔有没有对齐。如果没有对齐，锁定轴向控制手柄，在内控制手柄上右击，在弹出的快捷菜单中选择“到中心点”定位方式，如图 8-322 所示，将轮毂上孔的中心定位到与轮毂盖上孔的中心一致。装配结果如图 8-323 所示。

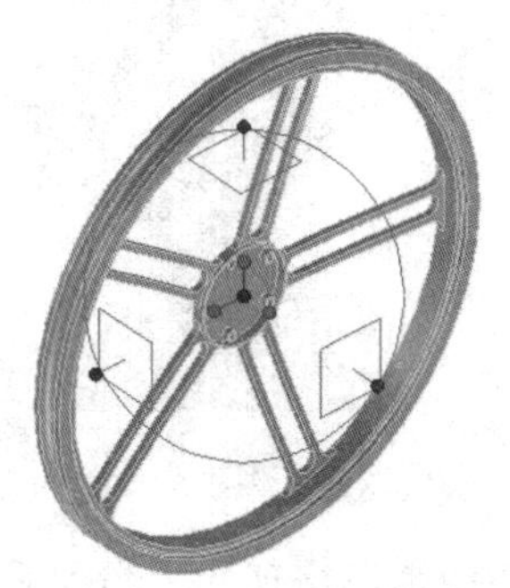

图 8-320　插入轮毂并调整三维球控制手柄的中心

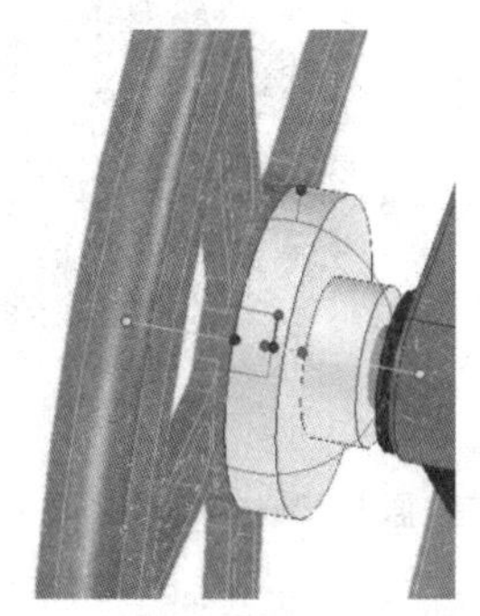

图 8-321　定位到轮毂盖中心

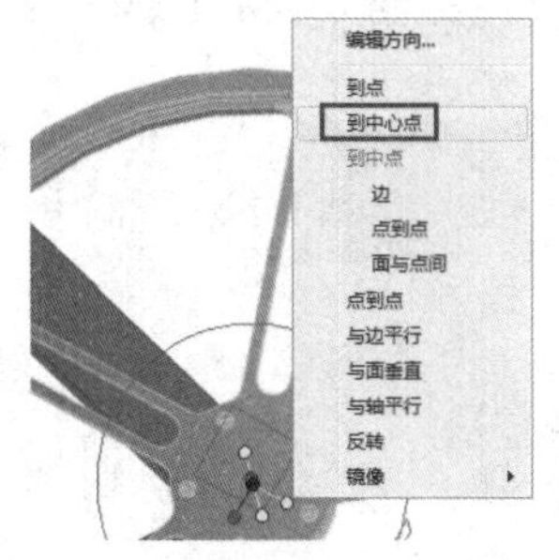

图 8-322　与轮毂盖上的孔对齐

图 8-323　轮毂装配结果

步骤 14：插入“轮胎”，然后按 F10 键激活三维球并将三维球控制手柄的中心调整到如图 8-324 所示的圆弧中心处，使用“到中心点”的定位方式选择轮毂上的圆弧。将其外移 1mm（轮胎比轮毂宽 2mm），装配结果如图 8-325 所示。

步骤 15：插入“后挡泥板”和后面的“轮轴”“轮毂盖”“轮胎”，然后使用相同的方法将它们装配，结果如图 8-326 所示。

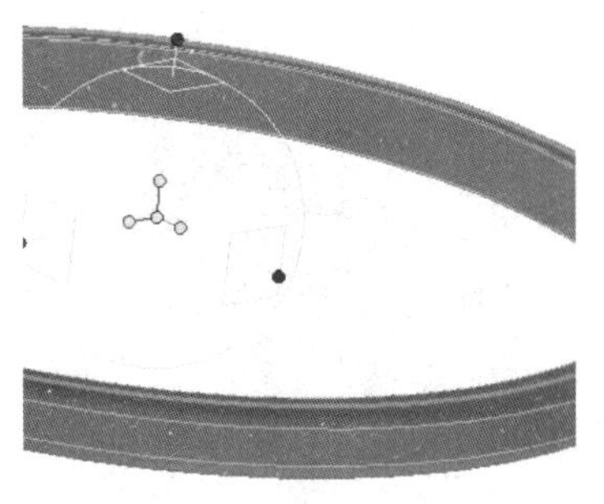

图 8-324　插入轮胎并调整三维球控制手柄的中心

图 8-325　轮胎装配结果

图 8-326　后挡泥板、后轮毂、轮毂盖、轮轴、轮胎装配结果

步骤 16：插入“车把安装盒”，然后按 F10 键激活三维球并将三维球控制手柄的中心调整到如图 8-327 所示的圆弧中心处，使用“到中心点”的定位方式选择前套管上的圆弧。装配结果如图 8-328 所示。

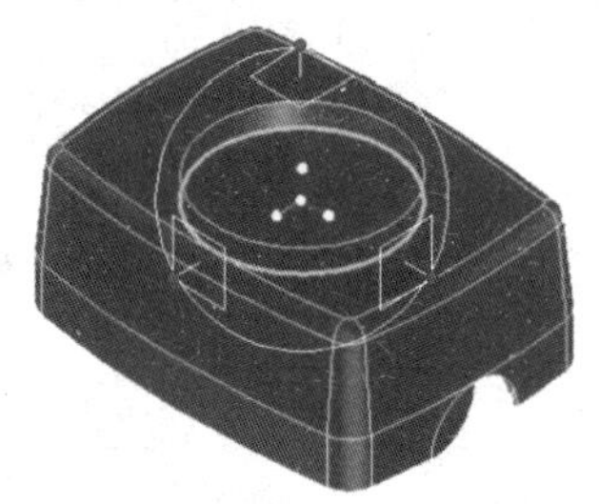

图 8-327　插入车把安装盒并调整三维球控制手机的中心

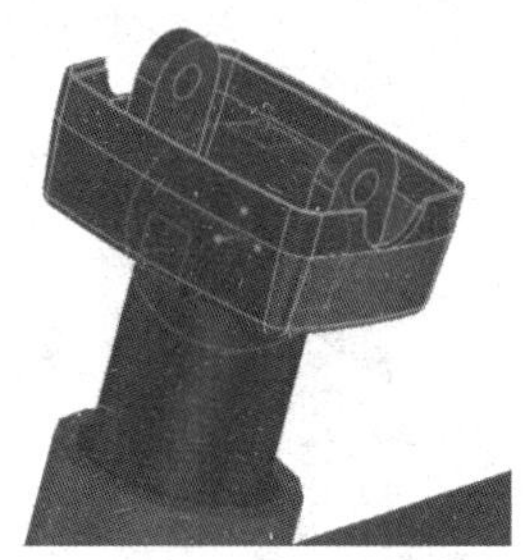

图 8-328　车把安装盒装配结果

步骤 17：插入“车把”，然后按 F10 键激活三维球并使用三维球的“与面垂直”方式，如图 8-329 所示，选择传动箱的侧面，将它调整到与传动箱垂直的方向，如图 8-330 所示。使用三维球的“反转”命令将它旋转至如图 8-331 所示的方位。再使用“到中心点”的定位方式选择如图 8-332 所示的车把安装盒上的圆弧。装配结果如图 8-333 所示。选中车把，使用三维球复制另外一边的车把，如图 8-334 所示。

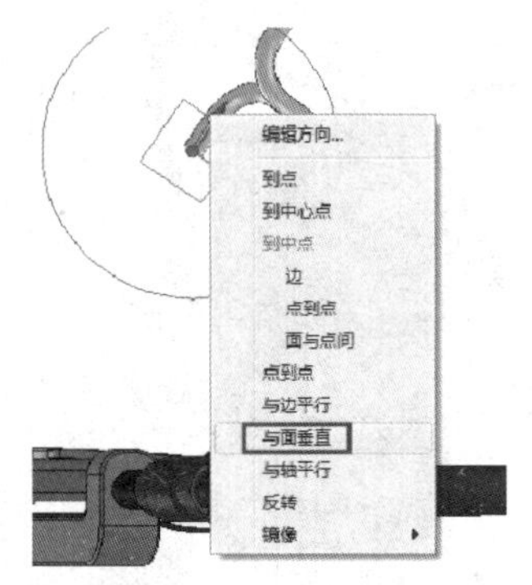

图 8-329　调整车把方向

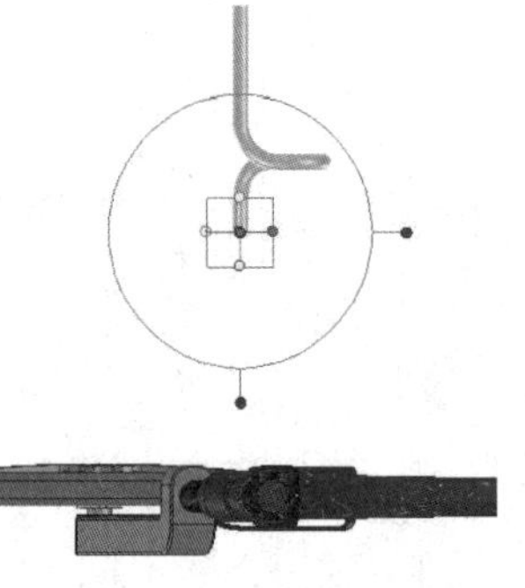

图 8-330　与传动箱垂直

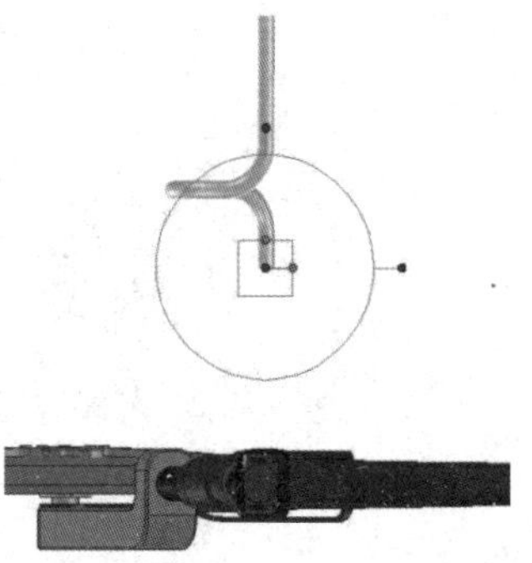

图 8-331　反转车把

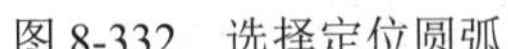

图 8-332　选择定位圆弧

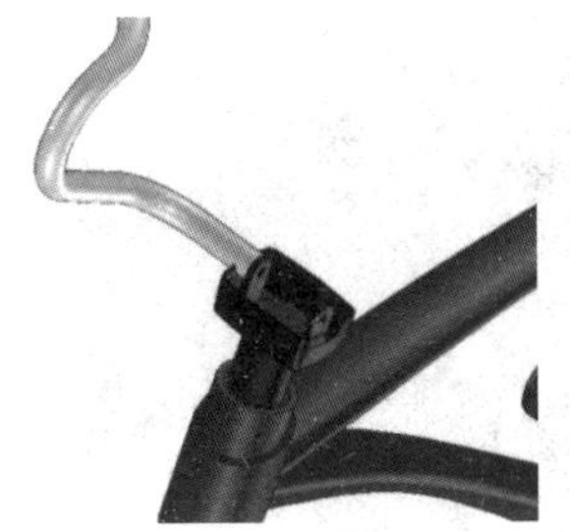

图 8-333　车把装配结果

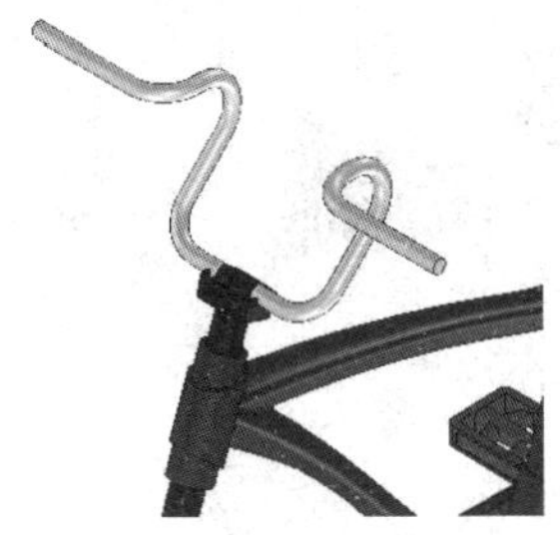

图 8-334　两侧车把装配结果

步骤 18：插入“把手”，如图 8-335 所示。按 F10 键激活三维球并将三维球控制手柄的中心调整到如图 8-336 所示的圆弧中心处，使用“到中心点”的定位方式选择车把外端圆弧。装配结果如图 8-337 所示。复制另外一边的把手，结果如图 8-338 所示。

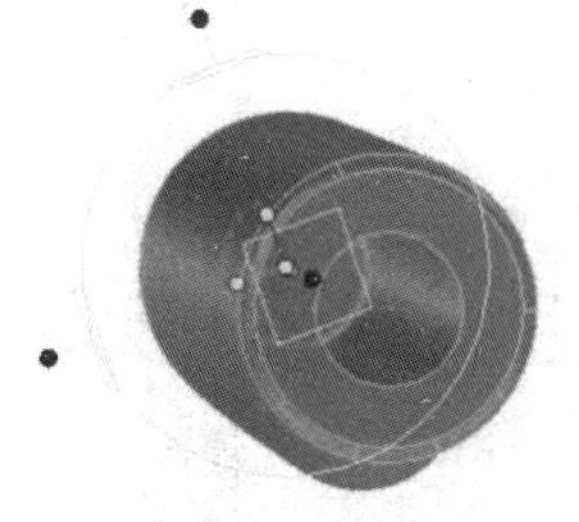

图 8-335　插入把手

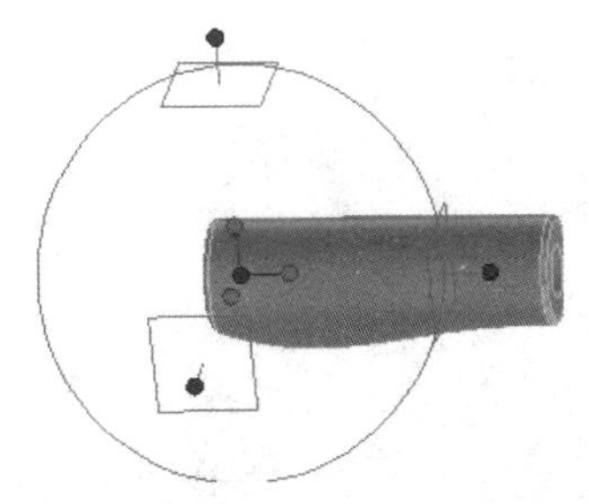

图 8-336　调整三维球控制手柄的中心

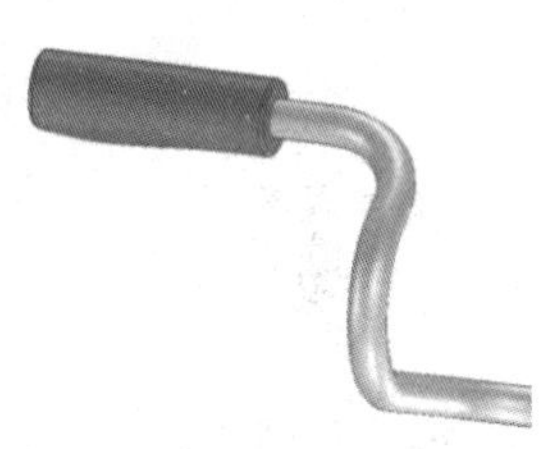

图 8-337　把手装配结果

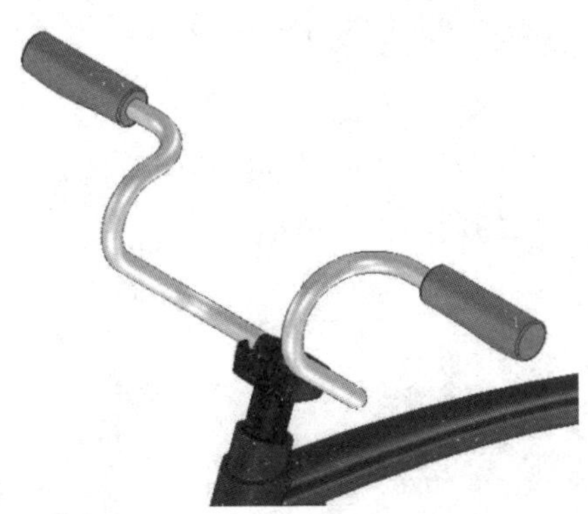

图 8-338　两侧把手装配结果

步骤 19：插入“车把安装盒盖”，如图 8-339 所示。按 F10 键激活三维球并将三维球控制手柄的中心调整到如图 8-340 所示的交点处，使用“到点”的定位方式选择车把安装盒上的对应点。装配结果如图 8-341 所示。

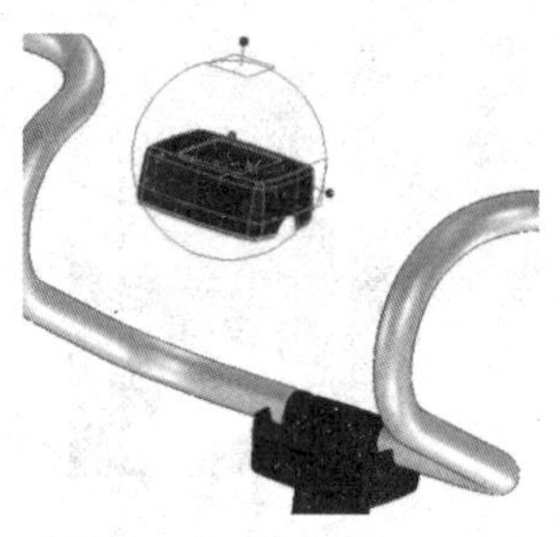

图 8-339　插入车把安装盒盖

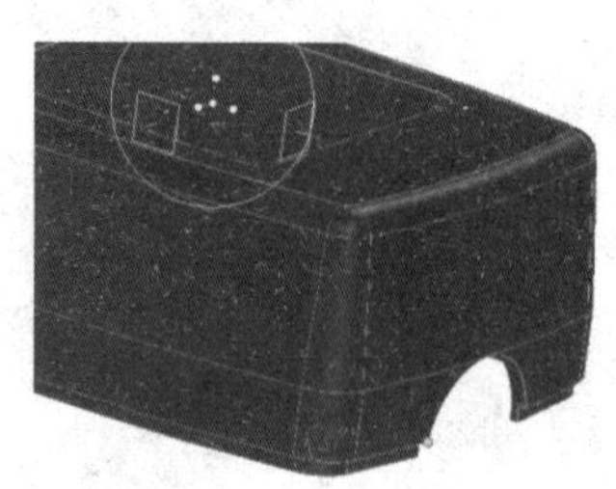

图 8-340　选择定位点

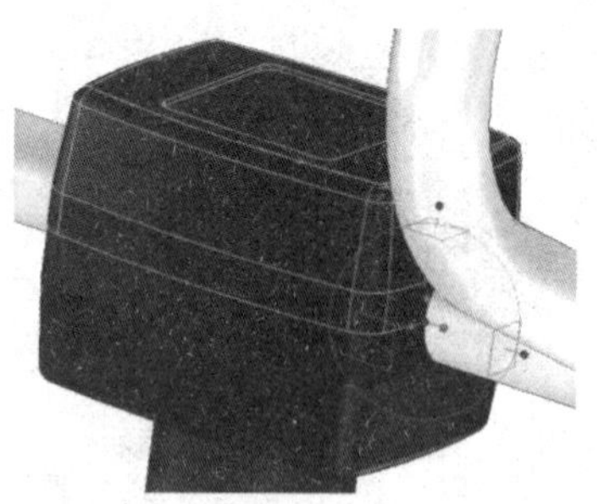

图 8-341　车把安装盒装配结果

步骤 20：插入“车座固定架”，然后按 F10 键激活三维球并将三维球控制手柄的中心调整到如图 8-342 所示的中心点处，使用“到中心点”的定位方式选择如图 8-343 所示的车架上的圆弧。装配结果如图 8-344 所示。

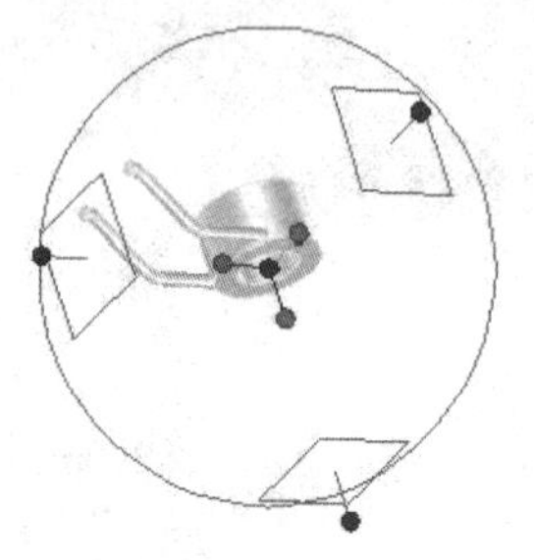

图 8-342　插入车座固定架并调整三维球控制手柄的中心

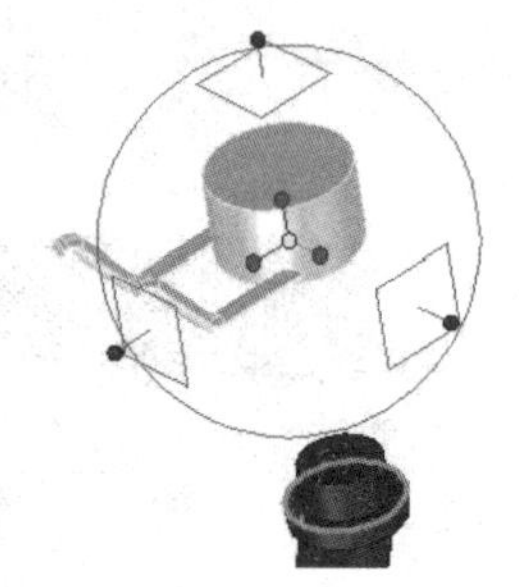

图 8-343　选择车架上的定位圆弧

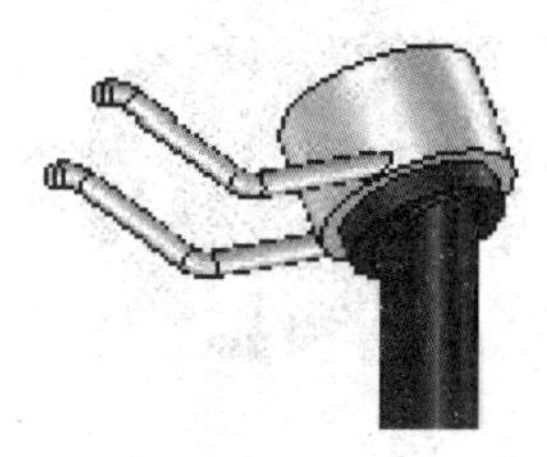

图 8-344　车座固定架装配结果

步骤 21：插入“车座”，然后按 F10 键激活三维球并将三维球控制手柄的中心调整到如图 8-345 所示的小圆柱的中心点处，使用“到中心点”的定位方式选择如图 8-346 所示的车座固定架上的圆弧。装配结果如图 8-347 所示。

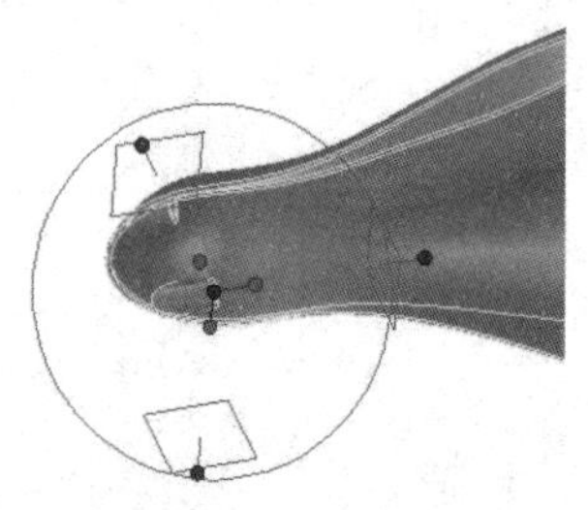

图 8-345　插入车座并调整三维球控制手柄的中心

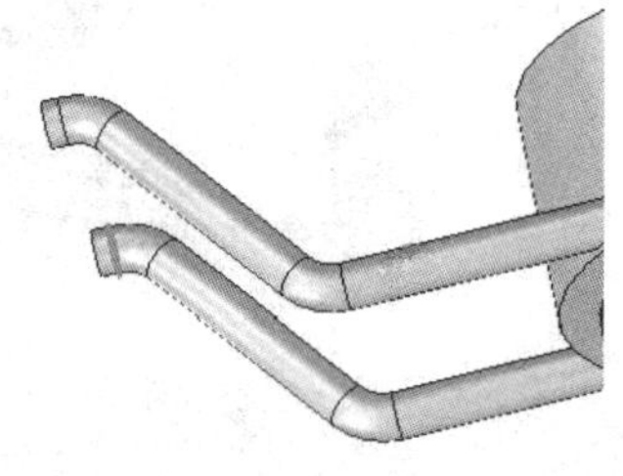

图 8-346　选择车座固定架上的定位圆弧

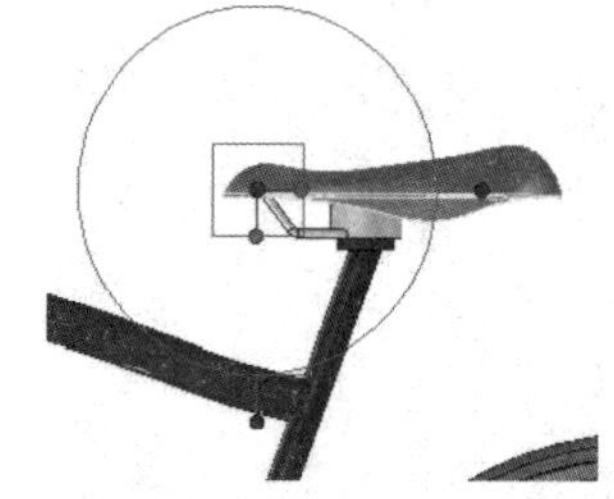

图 8-347　车座装配结果

步骤 22：安装前后轮螺钉。从设计元素库中找到“紧固件”工具，将其拖入设计环境，将会弹出如图 8-348 所示的“紧固件”对话框，选择开槽圆柱头螺钉，M8，长 30mm，插入螺钉如图 8-349 所示。按 F10 键激活三维球并将三维球控制手柄的中心调整到如图 8-350 所示的小圆柱的中心点处，使用“到中心点”的定位方式选择前轮轮毂上的对应圆弧，使用“与轴平行”的定位方式选择轮毂上的圆弧。装配结果如图 8-351 所示。利用三维球旋转复制另外 4 个，如图 8-352 所示。使用相同的方法安装后轮螺钉。

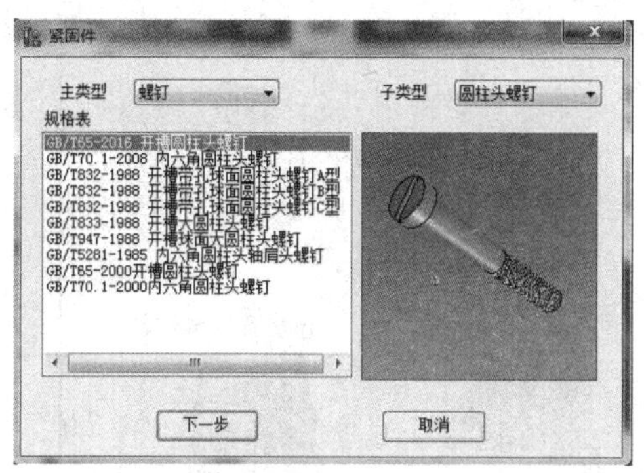

图 8-348 “紧固件”对话框

图 8-349 插入螺钉

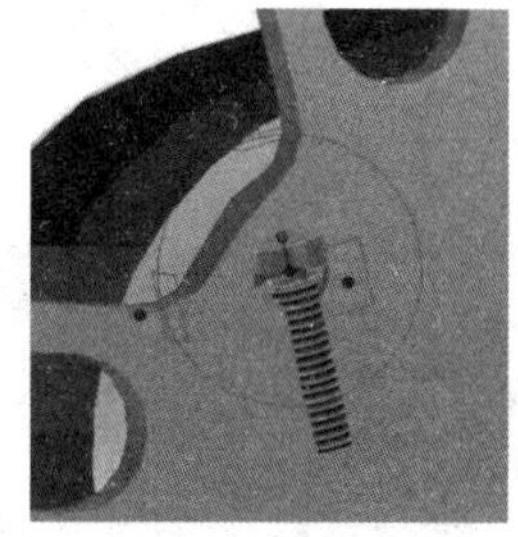

图 8-350 调整三维球控制手柄的中心

图 8-351 装入螺钉

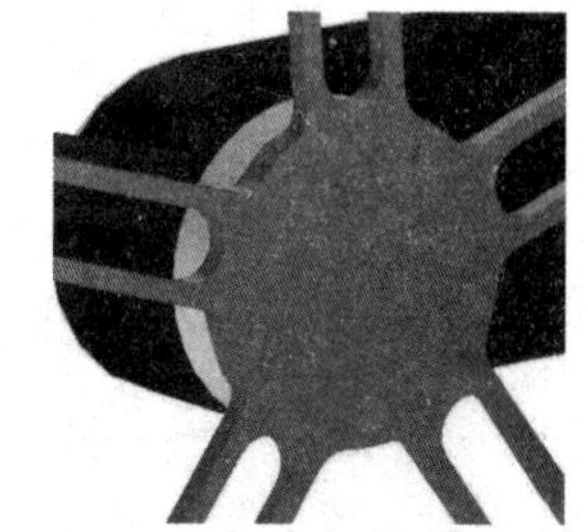

图 8-352 复制另外 4 个螺钉

步骤 23：装配完成的共享单车，如图 8-353 所示。检查无误后，以“共享单车”为文件名进行保存并关闭文件。

图 8-353 共享单车装配结果

拓展练习

创建榨汁机造型。榨汁机的爆炸图及工程图如图 8-354～图 8-362 所示。

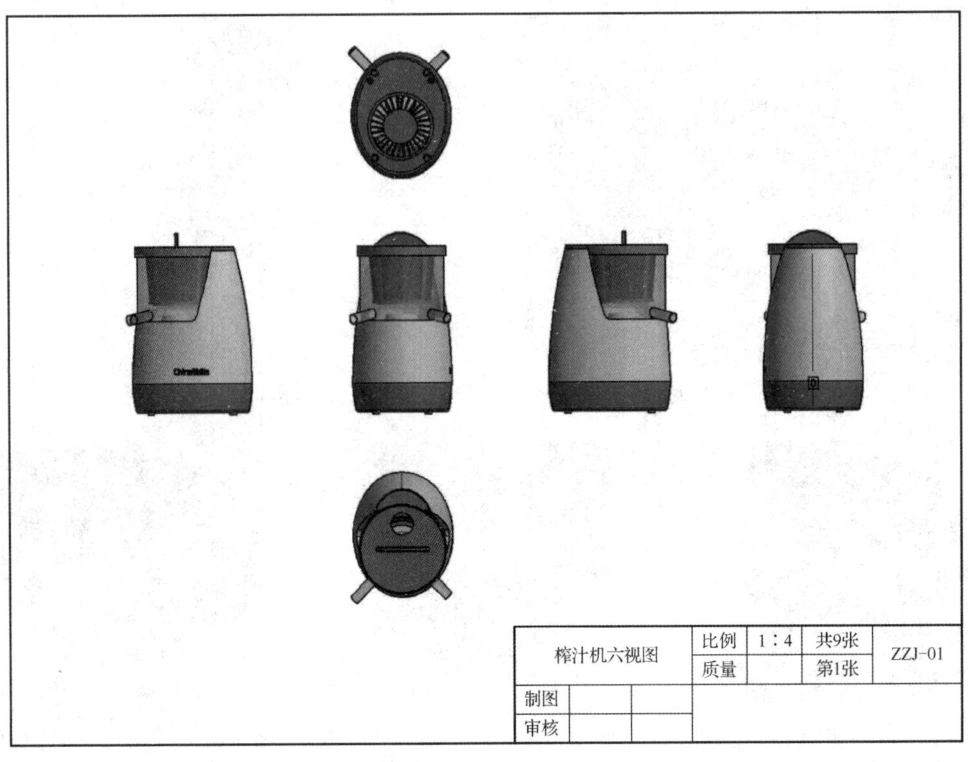

图 8-354　榨汁机六视图

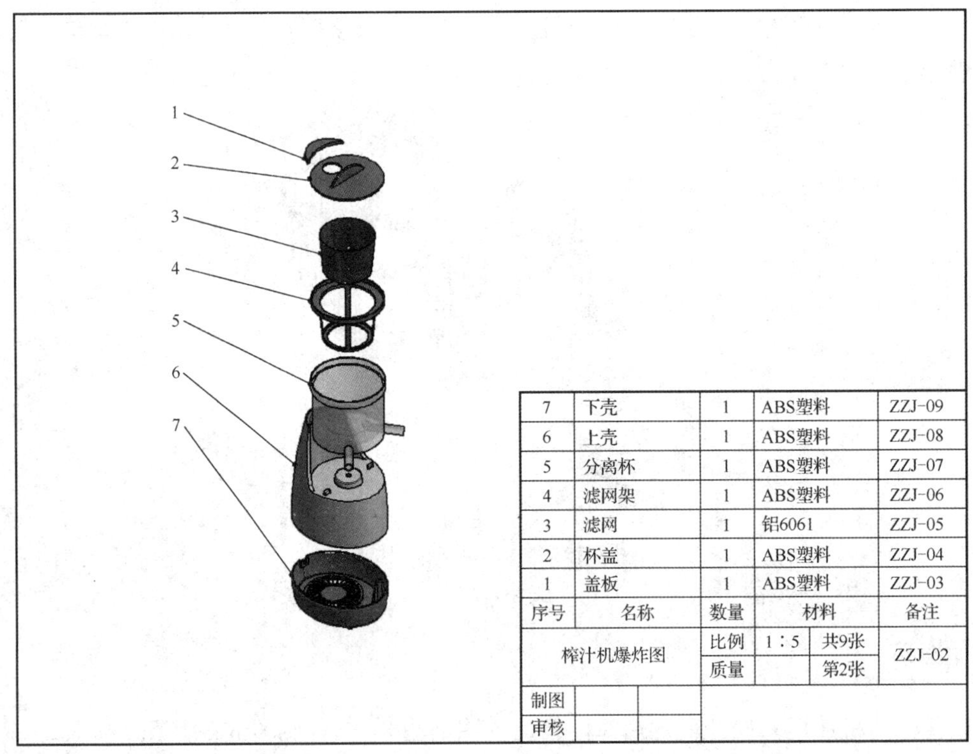

序号	名称	数量	材料	备注
7	下壳	1	ABS塑料	ZZJ-09
6	上壳	1	ABS塑料	ZZJ-08
5	分离杯	1	ABS塑料	ZZJ-07
4	滤网架	1	ABS塑料	ZZJ-06
3	滤网	1	铝6061	ZZJ-05
2	杯盖	1	ABS塑料	ZZJ-04
1	盖板	1	ABS塑料	ZZJ-03

图 8-355　榨汁机爆炸图

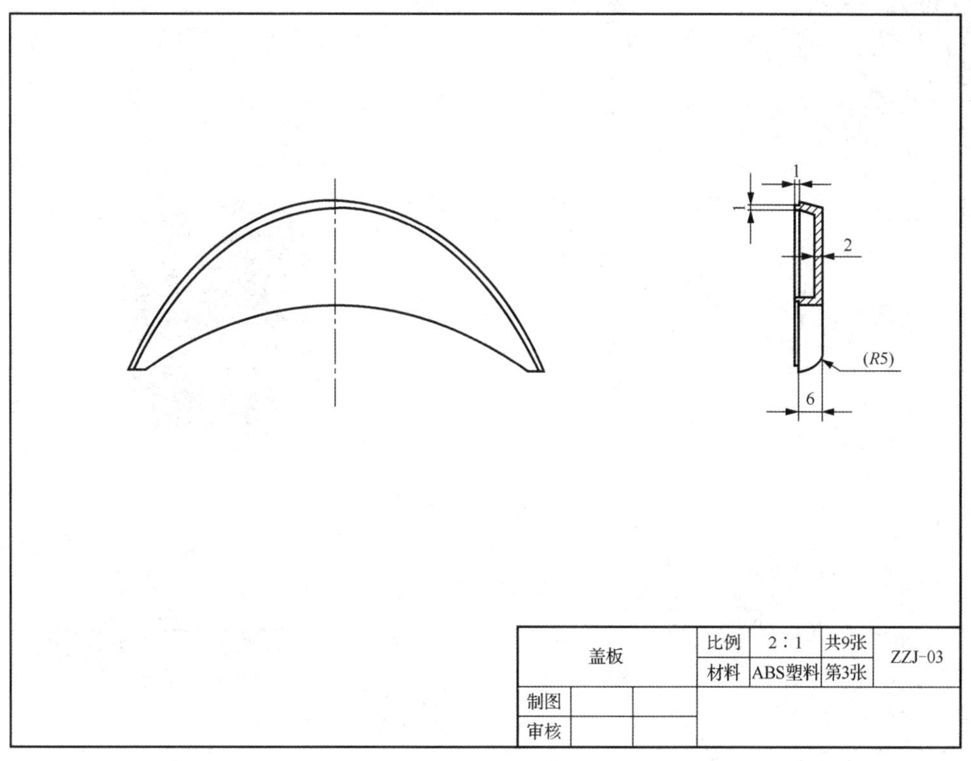

图 8-356 盖板

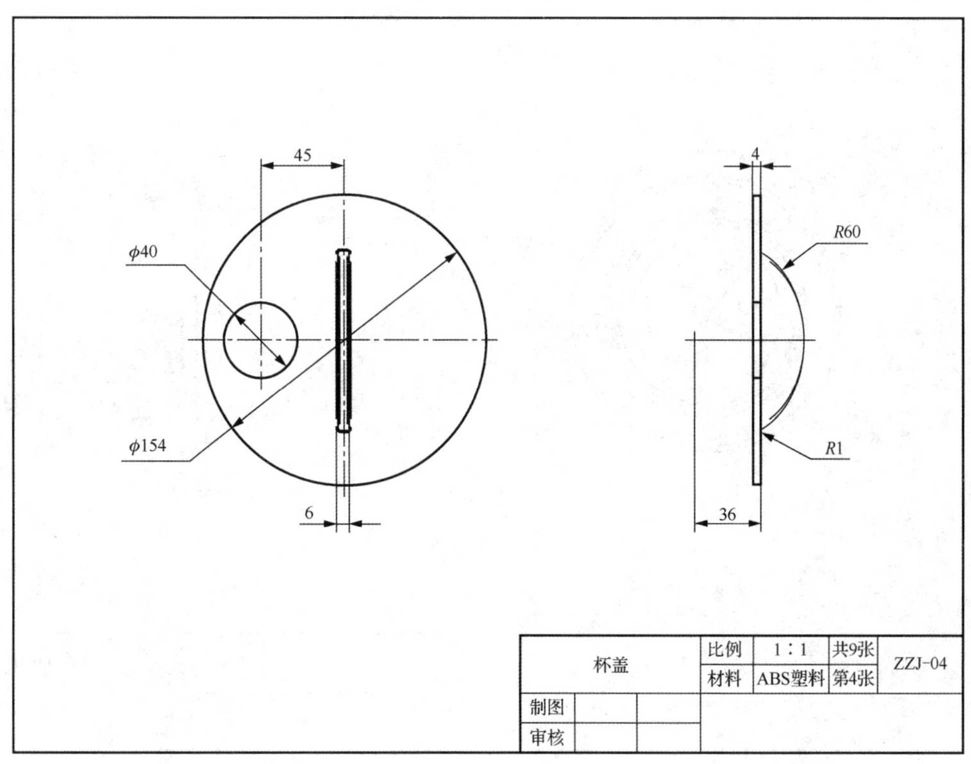

图 8-357 杯盖

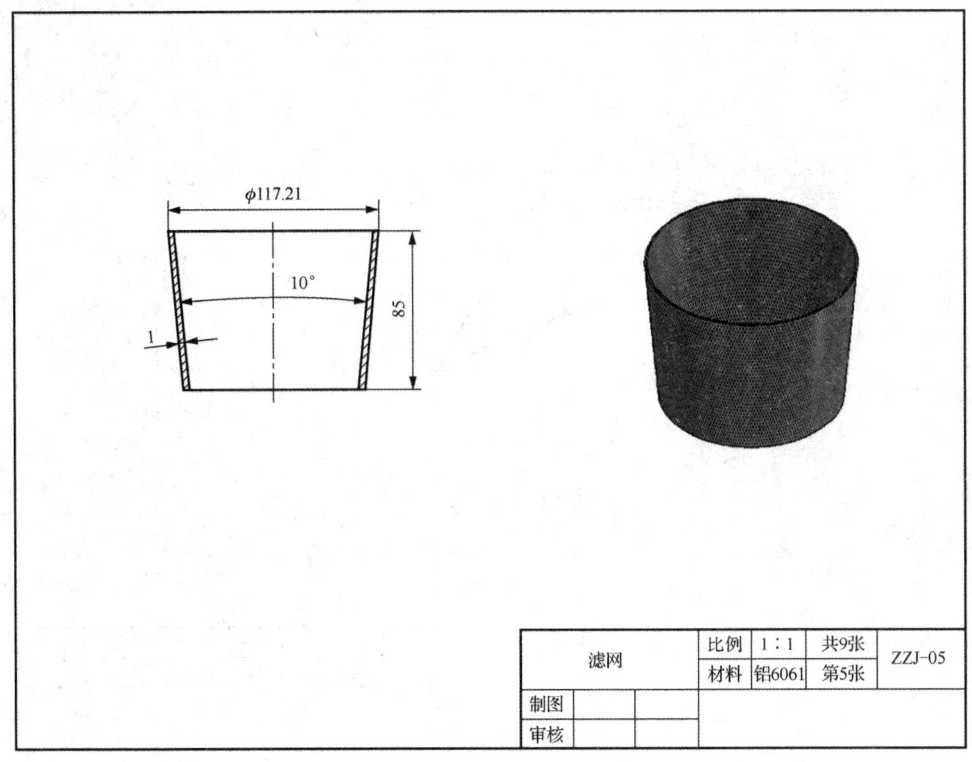

图 8-358　滤网

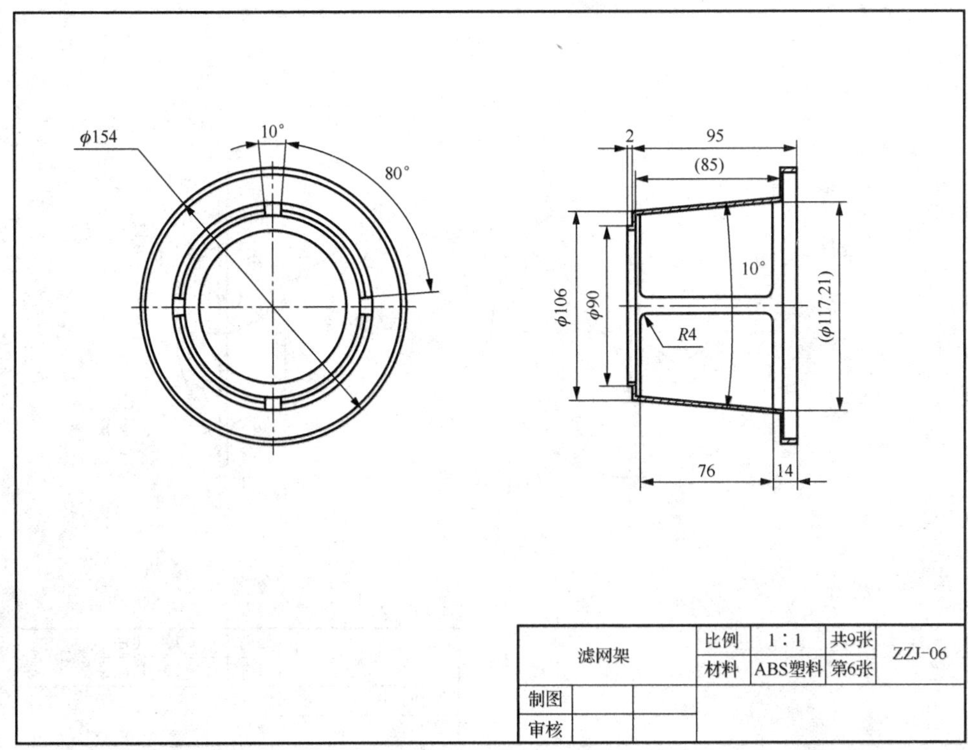

图 8-359　滤网架

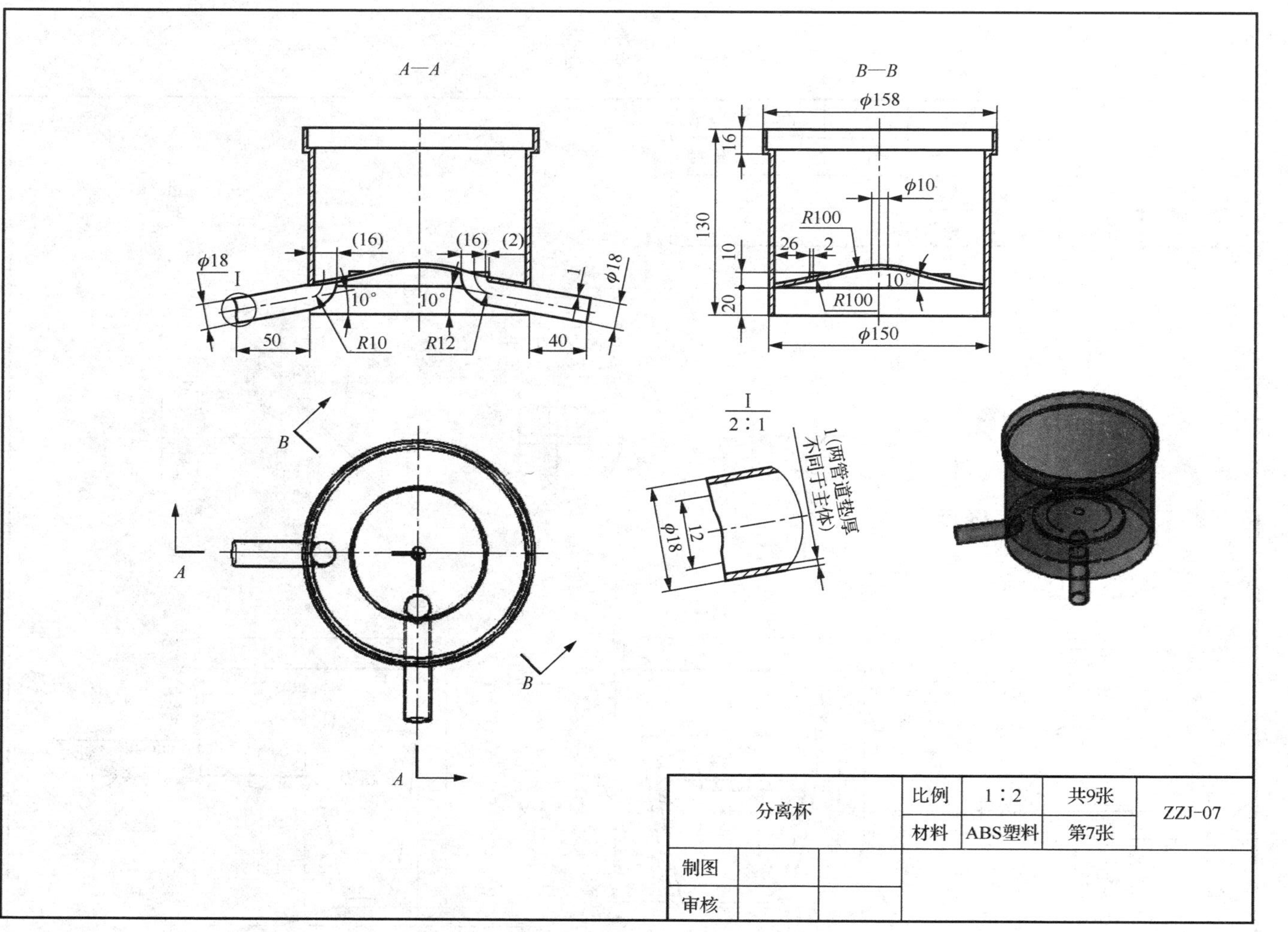
A—A
B—B
φ158
φ150
φ10
10°
R100
R100
2
26
16
10
20
130
(16)
(16)
(2)
10°
10°
R10
R12
50
40
φ18
φ18
I
I
B
B
A
A
I
2:1
1(两管道垫厚
不同于主体)
12
φ18
分离杯
比例
1:2
共9张
ZZJ-07
材料
ABS塑料
第7张
制图
审核

图 8-360 分离杯

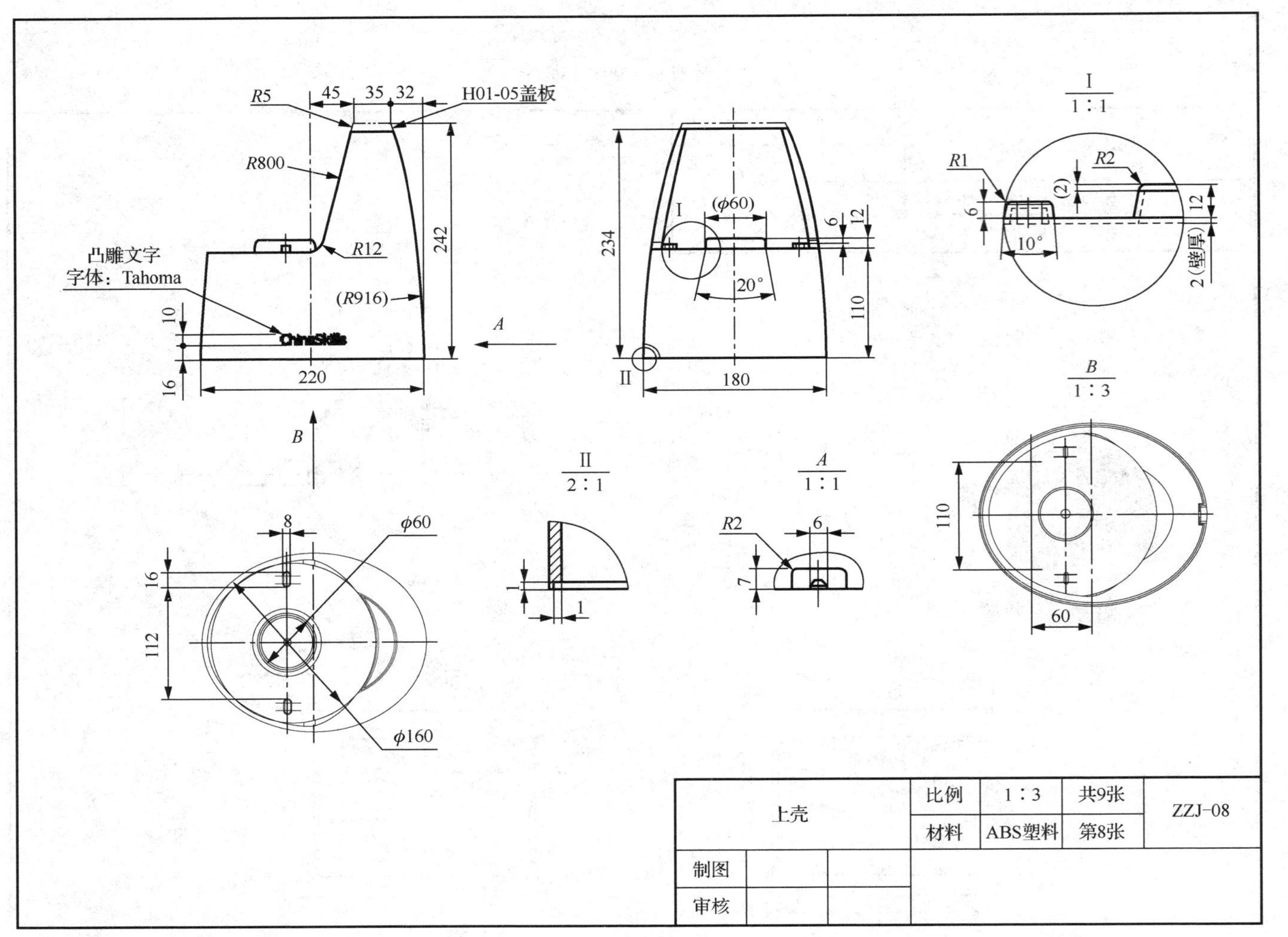
R5
45
35
32
H01-05盖板
R800
R12
凸雕文字
字体：Tahoma
(R916)
242
220
10
16
A
B
234
(φ60)
20°
180
110
6
12
I
II
I
1：1
R1
R2
(2)
10°
2(壁厚)
B
1：3
60
II
2：1
1
A
1：1
7
φ60
φ160
8
112
上壳
比例
1：3
共9张
材料
ABS塑料
第8张
ZZJ-08
制图
审核

图 8-361　上壳

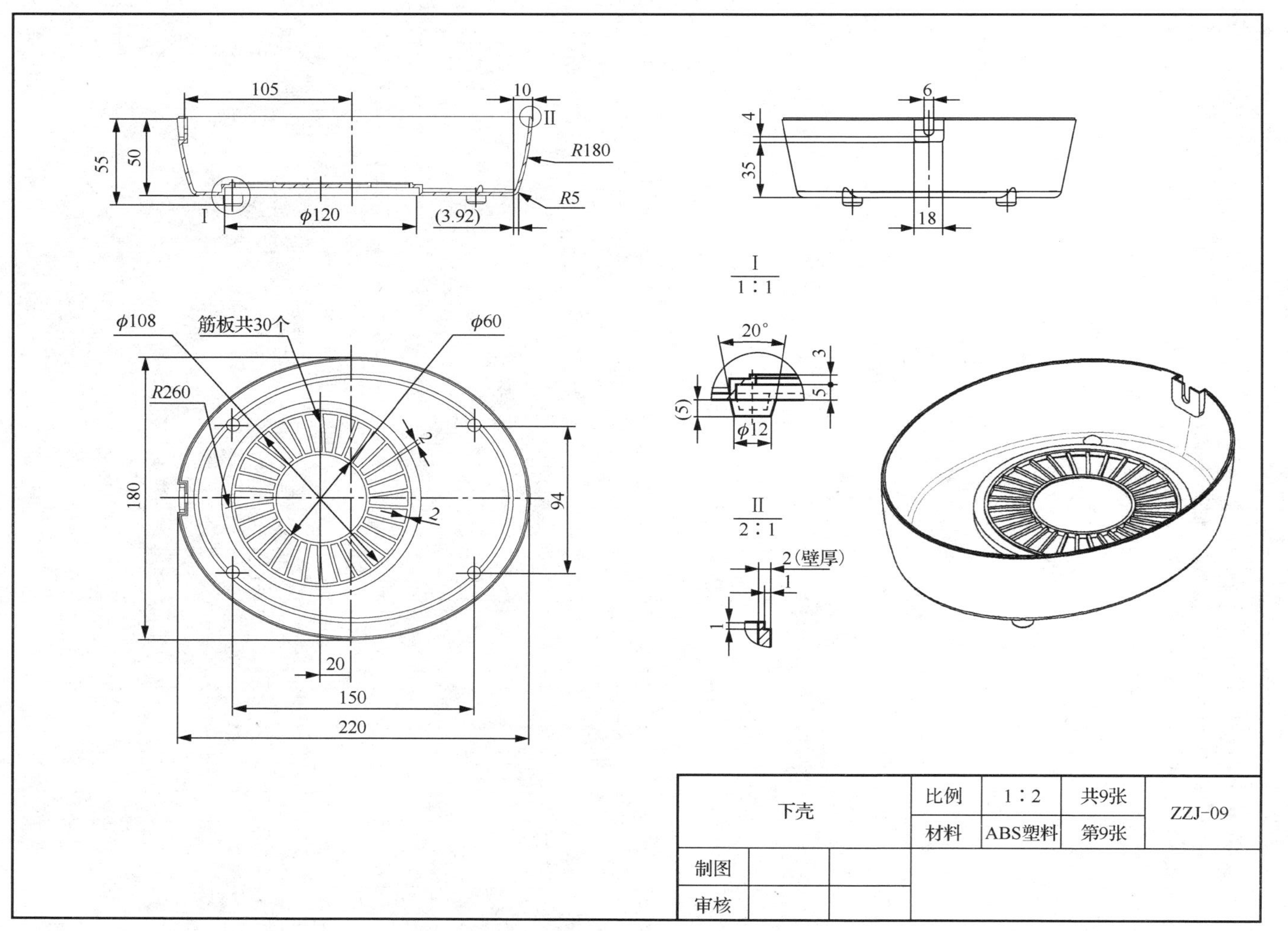
105
10
II
55
50
R180
R5
I
ϕ120
(3.92)
6
4
35
18
I
1 : 1
20°
3
5
(5)
ϕ12
II
2 : 1
2(壁厚)
1
1
ϕ108
筋板共30个
ϕ60
R260
2
2
180
94
20
150
220
下壳
比例
1 : 2
共9张
ZZJ-09
材料
ABS塑料
第9张
制图
审核

图 8-362 下壳

参 考 文 献

王姬，2012．Inventor 软件应用项目训练教程[M]．北京：高等教育出版社．

王姬，2015．Inventor 2014 基础教程与实战技能[M]．北京：机械工业出版社．

王姬，吕斌，2008．CAD/CAM 建模与实训[M]．北京：高等教育出版社．